Probabilismus und Wahrheit

Sebastian Simmert

Probabilismus und Wahrheit

Eine historische und systematische Analyse zum Wahrscheinlichkeitsbegriff

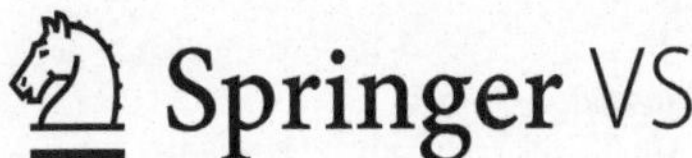

Sebastian Simmert
Halle (Saale), Deutschland

Dissertation zur Erlangung des Doktorgrades der Philosophischen Fakultät (I, II oder III) der Martin-Luther-Universität Halle-Wittenberg

ISBN 978-3-658-17877-2   ISBN 978-3-658-17878-9 (eBook)
DOI 10.1007/978-3-658-17878-9

Die Deutsche Nationalbibliothek verzeichnet diese Publikation in der Deutschen National-bibliografie; detaillierte bibliografische Daten sind im Internet über http://dnb.d-nb.de abrufbar.

Springer VS

Springer VS ist Teil von Springer Nature
Die eingetragene Gesellschaft ist Springer Fachmedien Wiesbaden GmbH
Die Anschrift der Gesellschaft ist: Abraham-Lincoln-Str. 46, 65189 Wiesbaden, Germany

Vorwort

Die vorliegende Untersuchung ist eine sprachlich überarbeitete und geringfügig erweiterte Fassung meiner im Wintersemester 2016 / 2017 von der Philosophischen Fakultät I der Martin-Luther-Universität Halle-Wittenberg angenommenen Dissertation.

Für gewöhnlich geben Vorworte wissenschaftlicher Abhandlungen eine Liste von Menschen an, die maßgeblichen — nach Meinung des Autors — Einfluss auf das Entstehen der Arbeit selbst genommen haben. Das bleibt in diesem Vorwort nicht aus. Zuvor möchte ich kurz auf meinen persönlichen Beweggrund zur intensiveren Beschäftigung mit Wahrheit und Wahrscheinlichkeitstheorien eingehen.

Wahrscheinlichkeiten sind im Alltag und den Wissenschaften ominöse Rechtfertigungsgründe für alles Mögliche. Während meines Studiums sind sie mir in der Politikwissenschaft, bei Physik- und Wirtschaftswissenschaftsvorlesungen begegnet und selbst in der Philosophie bei den großen Themen der Entscheidungsfindung und dem freien Willen. Jedes Mal, wenn ich hinterfragt habe, was denn mit der Wahrscheinlichkeit gemeint ist, hat man entweder zirkuläre Erklärungen gegeben oder konnte es einfach nicht erklären. Wobei Letzteres nur wenige zugegeben haben.

Als Student gewinnt man somit schnell den Eindruck, dass Wissenschaften durch Wahrscheinlichkeiten unglaubwürdig werden. Denn die Wissenschaftler, die sie zur Untermauerung ihrer Position oder Forschungsergebnisse anführen, können nicht erklären, was sie da anführen.

Wie es mit Begriffen allgemeinhin ist, sind sie nicht die Ursache für die Unglaubwürdigkeit von irgendetwas, sondern ihre Anwendung. Daher bin ich davon ausgegangen, dass der Begriff der Wahrscheinlichkeit eine verständliche Bedeutung hat. Meine ersten Nachforschungen in meiner Masterarbeit hatten dank Laplace gezeigt, dass er verstehbar ist, aber die laplace'sche Theorie nur ein Aspekt seiner Bedeutung ist.

Um verstehen zu können, welche Aspekte es noch gibt und worin diese letztlich gründen, habe ich zu weiteren Nachforschungen entschieden, die in der vorliegenden Dissertation versammelt sind. Sie soll jedem verstehen helfen, was mit Wahrscheinlichkeiten gemeint ist und in welcher Hinsicht sie überhaupt nur Rechtfertigungsgründe sein können.

Meinem Promotionsprojekt sind vielerlei Bedenken vorausgegangen, die im Nachhinein alle mehr oder weniger eingetroffen sind. Diesen Bedenken zum Trotz motivierte mich das Secretaria Status und Papst Franziskus in einer postalischen Antwort vom 24.02.2014 das Projekt zu verfolgen. An erster Stelle gehört daher mein Dank für die unterstützenden Worte. In gleichem Maße danke ich den Herren PD Dr. phil. habil. Alexander Aichele (Halle/Saale) und Prof. Dr. jur. Renzikowski (Halle/Saale), die mir unter Einsatz ihrer eigenen Ressourcen sowohl fachlich als auch freundschaftlich während der Abfassung der Arbeit beistanden. Ohne ihren positiven Zuspruch und die vielen konstruktiven und vor allem freundschaftlichen Gespräche der letzten Jahre würde ich an der Wissenschaft wohl keine Freude haben.

Des Weiteren danke ich der Besetzung des Lehrstuhls für Strafrecht und Rechtstheorie/Rechtsphilosophie an der Martin-Luther-Universität Halle-Wittenberg, die stets im regen Austausch mit mir Probleme erörtert haben, die nichts mit meiner Fragestellung zu schaffen hatten. Namhaft sind dies im Besonderen die Herren Dr. jur. Stephan Ast (Halle/Saale) und Dipl.-Jur. Sascha Sebastian (Halle/Saale). Das Besprechen fachfremder Probleme ist manchmal sehr zuträglich für die Lösung facheigener Probleme. Außerdem muss ich diesbezüglich ebenfalls den Herren Matthias Seidel (Prag) und Gamal Wakileh (Ulm) danken. Ersterem von beiden habe ich Einsichten in die Wissenschaft der Biologie aus der Sicht eines Entomologen zu verdanken und zweiterem ein Verständnis für den Menschen aus der Perspektive eines Mediziners. Beide sind langjährige Freunde, die mich mit ihren eigenen Interessengebieten immer wieder neu in Staunen versetzen und mich damit stets selbst bereichert haben.

Ein besonderer Dank gilt Alena Abel für ihre Fürsorge, die sie während der ganzen Zeit der Abfassung der Arbeit für mich aufbrachte.

Den größten Dank verdienen meine Eltern Harald und Regina Simmert sowie meine Schwester Ramona Simmert, die mich von Kindesbeinen an in so vielen Dingen unterstützt haben, dass man wohl selbst darüber ein Buch schreiben könnte. Ihnen verdanke ich zu großen Teilen, dass ich heute immer noch an so vielen Dingen interessiert bin und stets versuche einen moralisch guten Weg einzuschlagen.

Halle, im Februar 2017   Sebastian Simmert

Inhaltsverzeichnis

I Einleitung

Seitdem Natur- und Gesellschaftswissenschaften mathematische Methoden für sich nutzen lernten, ist vor allem der Begriff der Wahrscheinlichkeit von zentraler Bedeutung. Er begegnet uns in den Statistiken der Soziologie genauso wie in der Biologie oder Medizin. Grundlage der Erstellung einer solchen Statistik ist stets die Mathematik. Denn sie stellt durch den Teilbereich der Stochastik wahrscheinlichkeitstheoretische und statistische Methoden in abstrakter Weise bereit. Abstrakt deshalb, weil der genaue Gegenstand der mathematischen Methoden unbestimmt ist, bis die Methoden beispielsweise innerhalb einer Biostatistik auf die Merkmale von Käfern angewandt werden. Erst durch den Gegenstandsbereich einer empirischen Wissenschaft erlangt die mathematische Methode somit ihre Konkretheit.

Aufgrund des unbestreitbaren Erfolgs im Umgang mit Wahrscheinlichkeiten in den empirischen Wissenschaften scheint selbstverständlich, dass jeder Anwender von Wahrscheinlichkeiten auch weiß, was Wahrscheinlichkeit ist und was ihre Anwendung voraussetzen muss, wenn sie etwas aussagen soll. Offensichtlich ist dies selbst in den Lehrbüchern nicht der Fall. Denn aus ihnen ist nicht ersichtlich, was Wahrscheinlichkeit ist. Im besten Fall geben sie nur an, wozu man Wahrscheinlichkeitem gebraucht oder welche Beispiele für ihren Gebrauch angegeben werden können.[1] Ganz dem mathematischen Verständnis folgend, setzt man dabei Wahrscheinlichkeit als ein Maß, also als eine reele Zahl, das man selbsverständlich Ereignissen zuweisen kann, voraus. Doch nur weil Wahrscheinlichkeit als ein Maß bestimmt ist, ist nichts darüber gesagt, wie sich dieses Maß konstituiert und wie seine Anwendung überhaupt möglich ist. Das geht erst aus der Beantwortung der Frage hervor, was Wahrscheinlichkeit sei. Ohne diese Frage zu beantworten, bleibt auch die Verwendung des Begriffs dunkel oder verworren.

---

[1] Um nur einige der zahlreichen Lehrbücher zu nennen, siehe: Bosch, Karl: Statistik für Nichtstatistiker: Zufall und Wahrscheinlichkeit. 6. Auflage. München: Oldenbourg (2012); Kohn, Wolfgang: Statistik: Datenanalyse und Wahrscheinlichkeitsrechnung. Berlin, Heidelberg: Springer (2005); Büchter, A.; Henn, H.-W.: Elementare Stochastik. Eine Einführung in die Mathematik der Daten und des Zufalls. 2., überarbeitete und erweiterte Auflage. Berlin, Heidelberg: Springer (2007).

Freilich ist die Begriffsanalyse nicht Aufgabe der Mathematik oder der Wissenschaften, die auf ihre Methoden zurückgreifen, sondern vielmehr der Philosophie. Schließlich nutzt der Mathematiker, wie jeder andere Wissenschaftler auch, nur das Resultat des Philosophierens, nämlich möglichst klare und deutliche Begriffe. Wenn daher ein Begriff dunkel und verworren ist, ist dies nicht dem Mathematiker als Mathematiker zu Lasten zu legen, sondern dem Mathematiker oder Wissenschaftler, sofern er auch Philosoph ist. Wer sich als Wissenschaftler vom historischen Anspruch, auch Philosoph zu sein, freispricht bzw. nur oberflächlich philosophiert, muss sich nicht wundern, wenn seine oder ihre Aussagen für andere unverständlich oder schlichtweg in sich widersprüchlich sind. Wie Stewart Shapiros lehrreiches Werk *Philosophy of Mathematics* zeigt, interessiert sich kaum ein Mathematiker für die philosophischen oder historischen Aspekte seines Faches.[2] Dies lässt sich leicht bestätigen, wenn man selbst nach einschlägiger Literatur zum Thema sucht. Diese besteht größtenteils aus der Darstellung der Hauptargumente der Theorien berühmter Mathematiker und Philosophen. Eine philosophische oder historische Analyse folgt meist nicht. Viele Darstellungen wirken daher wie ein Gang über den Kirchhof mathematischer Ideengeschichte und nicht wie eine konstruktive Auseinandersetzung mit den Theorien selbst. Wohlgemerkt, dies ist kein universales Urteil. Denn dem entgegen bietet unter anderem als eines der wenigen Werke *The Oxford Handbook of Philosophy of Mathematics and Logic* zumindest für die Theorien des 20. Jhd. die immer noch aktuellste philosophische Auseinandersetzung mit der Mathematik dar. Das ist sonderbar, weil durch die Philosophie eine genauere Einsicht in die Mathematik und die Möglichkeit ihrer Anwendung gewonnen werden könnte.[3] Was zum allgemeinen Verständnis der Mathematik überhaupt beitragen würde.

Dass eine solche genauere Einsicht in den Wahrscheinlichkeitsbegriff notwendig und wünschenswert ist, ist aus dem Fortschreiten und der Weiterentwicklung der Wahrscheinlichkeitstheorie ersichtlich. Wie die *Cambridge Studies in Probability, Induction and Decision Theory* eindrucksvoll zeigen, dehnt sich die Anwendung von Wahrscheinlichkeiten auf immer mehr Fachbereiche aus. Ohne einen klaren und deutlichen Begriff der Wahrscheinlichkeit bzw. Probabilität können diese Weiterentwicklungen zwar durchaus angewandt werden, doch nicht in der Weise verstanden werden, dass man weiß, weshalb sie anwendbar sind. Wenn durch Wissenschaft im Allgemeinen nicht nur herausgefunden werden soll, was kraft des Verstandes oder der Technik an-

---

[2]   Vgl. Shapiro, Stewart: Philosophy of Mathematics. Structure and Ontology. S. $7^{12\text{-}14}$.
[3]   Vgl. ebd. S. $7^{27\text{-}31}$.

wendbar ist, sondern auch das Wissen dazu aufzeigen soll, warum eine Anwendung möglich ist, dann darf kein verwendeter Begriff dunkel oder verworren sein, sondern muss klar aufzeigen, was durch ihn ausgesagt ist. Die Klarheit und Deutlichkeit des Begriffs der Wahrscheinlichkeit bzw. Probabilität zu befördern, ist der Zweck des vorliegenden Werks. Wegweisend sind dafür die Fragen: Wie konstituiert sich Wahrscheinlichkeit? und Was sind die Bedingungen der Möglichkeit von Wahrscheinlichkeitsaussagen?

Weil der Begriff der Wahrscheinlichkeit selbst nicht rein mathematisch ist, sondern seine Wurzeln auf viele philosophische Gebiete erstreckt, ist auch das vorliegende Werk nicht bloße Philosophie der Mathematik. Daher umfasst die vorliegende Untersuchung sowohl rechtsphilosophische, metaphysische, epistemische und logische Analysen. Sie alle greifen zur Begriffsklärung ineinander, weshalb die einzelnen Kapitel für sich allein genommen schwer verstehbar sind. Wie für eine Analyse angemessen, ist daher jeder Teil, der einem anderem vorausgeht, Voraussetzung für dessen Verständnis. Wohlgemerkt, ist damit nicht der Anspruch auf vollständige Klarheit verbunden. Dieser kann höchstens dann erhoben werden, wenn absolute und unmittelbare Gewissheit über die begriffliche Bestimmung der Wahrscheinlichkeit für den Menschen besteht. Weil der Begriff „Wahrscheinlichkeit" kein einfacher, mithin nicht unmittelbar einsehbarer Begriff ist, bleibt für ein fehlerhaftes Wesen wie den Menschen auch dessen Analyse zweifellos nicht ohne Makel. Folglich ist jeder bestehende Makel dem Urheber der Analyse zuzuschreiben, zu dessen Behebung der wissenschaftliche Austausch dient.

Um eine genauere Einsicht in den Wahrscheinlichkeitsbegriff zu erlangen, geht die Untersuchung historisch- und systematisch-analytisch vor. Ausgangspunkt ist die Theorie des Probabilismus des Bartholomé de Medina in der spanischen Spätscholastik. Historisch bildet sie den Anfang einer intensiveren moraltheologischen und philosophischen Auseinandersetzung mit der Bedeutung des Begriffs der Probabilität in verschiedenen Kontexten. Diese Auseinandersetzung ist systematisch nicht ohne ein grundlegendes Verständnis der thomistischen Theorien zu Wahrheit, Verstand und Willen nachvollziehbar. Deshalb beginnt die Analyse zuvörderst mit einer Auseinandersetzung mit der thomistischen Theorie und schreitet darüber zu Medinas Argumentation fort. Dem schließt sich die Analyse einiger weiterer Aspekte der Weiterentwicklung der medinaischen Position, die das Augenmerk vor allem auf das Verhältnis von Wahrscheinlichkeit und freien Willen legen. Im Zuge dessen wird auf theologischphilosophische Positionen wie der Martin Luthers und Luis de Molinas eingegangen. Von ihnen ist auszugehen, dass sie maßgeblich für die Weiterentwicklung des Wahrscheinlichkeitsbegriffs vorauszusetzen sind. Ohne die Darlegung dieser Positionen bleibt nämlich die Analyse der fortgeschritten Ausarbeitungen Franscisco Suárez' und Caramuel y Lobkowitz' zum Probabilismus unverständlich. Zum Abschluss dieser Untersuchungen sind die wichtigsten Erkenntnisse in einem Entwurf einer Logik probabler Aussagen zusammengefasst. Für die Analyse der Weiterentwicklung des Probabilismus ist nur auf die markantesten Autoren zurückgegriffen wurden. Denn das Ziel der Untersuchung ist nicht die Darstellung jeder Abart einer probabilistischen Theorie, sondern das Erlangen einer möglichst klaren Einsicht in den Begriff des Probablen bzw. Wahrscheinlichen.

Der Analyse des spätscholastischen Ausgangspunktes des Wahrscheinlichkeitsbegriffs folgt eine Untersuchung zum mathematischen Wahrscheinlichkeitsbegriff. Dieser erstreckt sich von den Schriften Gerolamo Cardanos bis zu denen Hans Reichenbachs. Währenddessen wird aufgezeigt, was man durch eine Wahrscheinlichkeitsaussage aussagt und wie sie hinsichtlich eines Wahrheitsbegriffes zu sehen ist. Dabei wird vor allem auf den empirischen Charakter von Wahrscheinlichkeitsaussagen eingegangen und welche extramentalen Voraussetzungen für die Bildung von Wahrscheinlichkeiten überhaupt anzunehmen sind. Systematisch wird dabei auf verschiedene Beiträge zur Klärung und Anwendung des Wahrscheinlichkeitsbegriffs unterschiedlicher Mathematiker eingegangen. In einem Entwurf einer Logik für empirische Wahrscheinlichkeitsaussagen wird auf Verstandesoperationen und die formale Struktur eingegangen, die für die Bildung von Wahrscheinlichkeiten vorauszusetzen sind. Dabei wird auf das Werk Georg Booles, John Venns und Hans Reichenbachs zurückgegriffen. Schließlich folgt eine kurze Auseinandersetzung mit dem strukturellen Unterschied einer Wahrscheinlichkeitsaussage und dem Deduktiv-nomologischen Erklärungsmodell Hempels und Oppenheims. Dass sich die Analyse nur bis Reichenbach erstreckt und Kolmogorovs Text zur Wahrscheinlichkeit nicht berücksichtigt, ist dem Umstand geschuldet, dass ersterer zuletzt einen wesentlichen Beitrag zur grundlegenden Klärung des Begriffs in philosophisch durchdachter Weise beigetragen hat, während Kolmogorov dies nur in ausführlicher mathematischer Weise vollbracht hat.

Den Abschluss bildet ein zusammenfassender Teil. Neben der Darstellung des Ergebnisses der Untersuchung geht er auf Fragen ein, die während der Verteidigung der Dissertation aufgekommen sind. Die Beantwortung der Fragen soll verdeutlichen, dass die vorliegende Arbeit keine Interpretation des Wahrscheinlichkeitsbegriffs darstellt. Sie legt zumindest aus der Sicht eines gemäßigten Nominalisten die Grundlagen dar, die ihn überhaupt erst ermöglichen und in der Welt praktisch anwendbar machen. Somit ist in ihr dargelegt, was man vor aller Interpretation überhaupt erst annehmen muss.[4]

---

[4] An dieser Stelle bedanke ich mich bei Eberhard Knobloch, Jan von Plato und Rudolf Schüßler für die nützlichen Hinweise, die sie mir bei der Beantwortung der Fragen gegeben haben.

II Bartholomé de Medina und die doctrina probabilitatis

Charakteristisches Merkmal des Menschen ist, dass dieser stets unter Bedingungen eingeschränkter möglicher Erkenntnis agiert. Denn er ist ein Wesen in der Welt, welches als solches relational zu anderen Dingen in ihr bestimmt ist. Daraus ergibt sich eine definite Ordnung der Welt, in der der Mensch als Individuum verortbar ist. Somit erstreckt sich seine eigene Erkenntnis nur auf die Dinge, die durch Ordnung der Welt für ihn möglich sind. Also ist er epistemisch beschränkt. Indes ist er selbst Bestandteil dieser metaphysischen Ordnung der Welt, weshalb er selbst relational zu dieser Ordnung bestimmt sein muss. Andernfalls wäre er in der Welt lokal-temporal unbestimmt. Konsequenz seiner relationalen Bestimmtheit ist die stete Unsicherheit seiner eigenen Erkenntnis. Verändert sich die Ordnung der Dinge in der Welt, nimmt dies zwangsläufig Einfluss auf die relationale Bestimmtheit seiner Erkenntnisorgane. Versteht man darunter sowohl das Sensorium als auch den Verstand, verändern sich diese ständig und sind in ihrem Tätigsein bedingt, wenn sie dem sukzessiven Fortgang der Welt ausgesetzt sind.

So trübt beispielsweise die Photorezeption immer heller werdenden Lichtes das Auge und die Resorption von Ethanol den Verstand. Indem sowohl das Licht als auch das Ethanol eine Veränderung in der Welt vollziehen, bewirkt diese eine Veränderung von Auge und Verstand. Wenn dadurch sowohl die Sinne wie der Verstand getrübt sein können, ist davon auszugehen, dass stete Unsicherheit über die tatsächliche Anwendbarkeit einer vermeintlichen Erkenntnis auf die Welt besteht. Eine dauerhafte Beeinflussung der Erkenntnisorgane durch die Dinge in der Welt ist schließlich nicht auszuschließen. Wenn man über keine unbedingte Methode verfügt, durch die die eigene Erkenntnis über die Welt überprüfbar ist, besteht die Erkenntnis folglich nur in scheinbarer Weise. Aufgrund fehlender Beweisbarkeit ist sie somit ungesichert.

Diese Problematik, welche spätestens seit Aristoteles[5] bekannt ist und das Einfallstor des Skeptizismus darstellt, ist gleichsam eine der treibenden Kräfte der Morallehren der Scholastik. Spätestens seit dem 13. Jhd. wurde nämlich mit der Einführung der Gewissenslehre nach Mitteln und Wegen gesucht, wie moralischer Unsicherheit bei-

---

[5]   Vgl. Aristoteles: An., Buch Γ, Kapitel 3, 427a17-429a9.

zukommen ist.[6] Diese Entwicklung lässt sich aus der Erkenntnis erklären, dass jede nicht geoffenbarte Erkenntnis potenziell unsicher sein muss, wenn das menschliche Erkenntnisvermögen beschränkt ist. Daher besteht im Umgang mit moralisch bewerteten Aussagen über Handlungen die gleiche Unsicherheit, wie bei Aussagen, die sich auf die Erkenntnis der Gegenstände der Welt beziehen.

Solche Aussagen, die in den scholastischen Texten nicht als Aussagen (propositio) sondern zumeist als Meinung (opinio) bezeichnet werden, bilden ein gesondertes Problem. Wenn die Forderung besteht, dass über solche *opiniones* Erkenntnis vermittelt sein soll, müssen diese beweisbar und rechtfertigbar sein. Nur so lässt sich die bestehende Unsicherheit darüber beseitigen. Die primäre Methode dafür war die argumentative Rechtfertigung durch das Berufen auf Autoritäten.[7] Ein solches *argumentum ad verecundiam*, wie John Locke es titulierte,[8] nimmt seine Überzeugungskraft nicht aus notwendig wahren Aussagen. Vielmehr überzeugt das Argument aufgrund der individuellen Eigenschaften seines Urhebers. Maßgeblich dafür ist beispielsweise sein akademischen Ansehen, seine kulturelle Anerkennung oder politische Macht.[9] Wie die aristotelische Topik und Rhetorik zeigen, ist damit kein wissenschaftlich zwingender Beweis gegeben. Denn damit besteht kein unbedingter Maßstab für Wahrheit und Falschheit.[10] Ein zwingender Beweis erklärt nämlich durch eine Deduktion aus unveränderlich wahren Grundsätzen, *warum* eine bestimmte Aussage mit Notwendigkeit wahr oder falsch sein muss. Weil die Wahrheit oder Falschheit einer Aussage aus den Meinungen bestimmter gelehrter Autoritäten abgeleitet ist, muss der Wahrheitswert einer solchen Meinung als dialektisch angesehen werden. D.h.: der Wahrheitswert variiert mit den jeweils herangezogenen autoritären Aussagen. Jede dieser Aussagen erhält ihren Wahrheitswert somit ohne zwingende Notwendigkeit. Denn deren Wahrheitswert gibt nur an, was hinsichtlich der Aussagen bestimmter Autoritäten zumeist der Fall ist, auch wenn es nicht immer der Fall ist.[11] Auf den ersten Blick lässt sich somit konstatieren, dass die Methode der Scholastiker keineswegs zuverlässig mit der Unsicherheit von Erkenntnis umzugehen weiß.

---

[6]   Vgl. Schüßler, Rudolf: Moral im Zweifel. Band II. Die Herausforderung des Probabilismus. S. 82.
[7]   Vgl. ebd.
[8]   Vgl. Locke, John: An Essay Concerning Human Understanding. S. 581[11-28].
[9]   Vgl. ebd. S. 581[12-14].
[10] Vgl. Aristoteles Top., Buch A, Kapitel 1, 100a 25-b25.
[11] Vgl. Aristoteles: Rhet., Buch A, Kapitel 2, 1357a-b25.

Die methodische Überlegung zeigt, dass der Wahrheitswert jeder Aussage verhandelbar ist, wenn die Aussage nicht aus unveränderlich wahren Grundsätzen deduziert ist. Das gilt für Aussagen mit Weltbezug genauso wie moralisch-bewertende Aussagen. Zuverlässigkeit ist nur dann gegeben, wenn die Begründung einer Aussage deduktiv geschieht. Denn eine aus unveränderlich wahren Grundsätzen gefolgerte Aussage ist eine notwendige Folge dieser Grundsätze. Wohlgemerkt, damit ist nicht ausgesagt, dass die Grundsätze notwendigerweise wahr sein müssen. Schließlich kann eine Deduktion mit notwendiger Folge auch aus als nur wahr angenommenen Grundsätzen erfolgen bzw. von deren Wahrheit man trotz Falschheit nicht absehen mag. Die deduzierten Aussagen explizieren schließlich nur, was in den Grundsätzen implizit enthalten ist. Das macht sie zu einem intrinsischen Teil der Grundsätze. Insoweit kann sie nicht wesentlich von ihrem Ganzen verschieden sein. Andernfalls wäre der intrinsische Teil nicht durch das Ganze allein bedingt, sondern durch von unveränderlich wahren Grundsätzen verschiedene Aussagen. Wenn der Wahrheitswert der Grundsätze niemals verändert werden kann, folgt, dass auch der Wahrheitswert ihrer Ableitungen unveränderlich ist. Der Wahrheitswert besteht somit mit Notwendigkeit. Ist der Wahrheitswert einer Aussage durch veränderliche autoritäre Meinungen abgeleitet, so ist die Aussage kein intrisischer Teil eines Ganzen mehr. Denn ihr Wahrheitswert ist durch andere Aussagen bedingt, deren Wahrheitswert nicht unbedingt wahr ist. Mag dies sein, weil die Grundsätze solcher Aussagen selbst unbekannt sind oder dieselben bestritten werden sollen. Wenn auch der Wahrheitswert einer Aussage mit Notwendigkeit aus autoritären Meinungen deduziert ist, kann deren Wahrheitswert somit selbst nicht notwendig sein. Denn die Meinungen von Autoritäten sind keine unveränderlich wahren Grundsätze, weil sie veränderlich sind. Selbst dann besteht also Unsicherheit.

Die Meinungen von Autoritäten sind also nur dann ein zuverlässiger Maßstab zur Überprüfung eines Wahrheitswertes einer Aussage, wenn sie aus notwendig wahren Grundsätzen ableitbar sind. Denn nur dann besteht ein unbedingter Wahrheitsanspruch und Sicherheit im Umgang mit moralischen und metaphysischen Problemen.

Aporetisch ist diese Ansicht dann, wenn autoritäre Meinungen scheinbar kontradiktorisch zueinander stehen und den Anspruch erheben, auf notwendig wahren Grundsätzen zu beruhen. Denn Zweifel besteht, wenn Meinungen mit demselben Wahrheitsanspruch auftreten, obwohl sie Gegensätzliches behaupten. Weil beide jedoch aus einer Deduktion hervorgegangen sind, so lässt sich behaupten, können sie bewiesen werden. Kennt man schließlich die Grundsätze, muss die Meinung aus ihnen folgen oder nicht.

Aufgrund dieser Beweisbarkeit solcher aporetischer Aussagen sind sie gemäß dem lateinischen *probare* als *probabilis* kategorisiert. Spätestens seit Cicero kategorisiert man sie so. Historisch gesehen wurden probable Aussagen vielfach bis in das 20. Jhd. hinnein bearbeitet. Zweck der Bearbeitung war die Auflösung des damit verbundenen Zweifels. Namhaft sind diesbezüglich die moraltheologischen Vertreter des Tutiorismus, Laxismus und Probabilismus.[12] So vertraten die Tutioristen *grosso modo* die Ansicht, dass aus der in Einklang mit dem göttlichen Gesetzen stehenden Meinung keine Todsünde resultiert, wenn man sie befolgt. Denn dies ist für das menschliche Seelenheil sicher und somit unbedingt gut.[13]

Zum anderen verfolgte man die Strategie, eine Meinung aufgrund eines quantitativen Kriteriums anzuerkennen. Eine Meinung ist dann annehmbar, wenn ihr die meisten Autoritäten folgten. Eine Vorgehensweise, die auf den ersten Blick eher pragmatisch als wissenschaftlich anmutet. Denn wenn man den Autoritäten unterstellt, dass sie von denselben unveränderlichen Grundsätzen ausgehen und dass die Anzahl dieser Grundsätze untereinander vereinbar sind, können aus den Ableitungen auf den ersten Blick keine Widersprüche hervorgehen. Ausgenommen, dass den Aussagen mehr oder weniger Grundsätze zugrunde liegen bzw. eine Aussage für unbedingt wahr gehalten wird, die aber nicht wahr ist. Vor dem Hintergrund wissenschaftlicher Philosophie und Theologie kann die Annahme solcher Grundsätze den Einzelnen nicht von der Überprüfung der Meinungen befreien. Denn auch die Meinung einer Autorität ist nicht vor Widersprüchen gefeit. Zumal wird durch die Anerkennung einer Meinung auf der Grundlage quantitativer Bestimmungen nicht ersichtlich, warum eine solche Aussage wahr oder falsch sein kann. Sofern dies nur aus den Grundsätzen ersichtlich ist, besteht auch für den Einzelnen nur dann eine gerechtfertigte Meinung, wenn dieser um die Grundsätze und deren Ableitungen weiß.

Andernfalls besteht nämlich auch für den Einzelnen stete Unsicherheit bezüglich einer autoritären Meinung, welche von den meisten für wahr gehalten wird. Somit würde die Methode der Abwägung folglich nicht leisten, was sie leisten soll. Insofern zeigt sich, entgegen der Ansichten Michael Williams',[14] dass eine *opinio*, wie sie in der

---

[12]   Vgl. Mahoney, John: Probabilismus. In: Gerhard Krause (Hg.), Gerhard Müller (Hg.): Theologische Realenzyklopädie. Band 27. Politik/Politologie-Publizistik/Presse. S. 466^{12}-467^{5}.

[13]   Vgl. Walten, N. Douglas: Legal argumentation and evidence. S. 130$^{4-16}$.

[14]   Vgl. Williams, Michael: Problems of Knowledge. A critical Introduction to Epistemology. S.42.

Scholastik vertreten werden konnte, nicht von vornherein als zweifelfrei angesehen werden konnte bzw. durfte.

Die in der Forschungsliteratur als maßgeblich angegebene Theorie, die im 16. Jhd. mit dem Vertrauen auf ein bloßes für wahr halten einer Aussage aufgrund einer Anzahl von Gelehrtenmeinungen bricht, ist die Lehre des Probabilismus des Dominikaners Bartholomé de Medina — die doctrina probabilitatis.[15] Das bedeutet nicht, dass die Lehre vom Probabilismus von Medina allein stammt. Zahlreiche Traktate dazu z.B. von Jean le Charlier de Gerson (1363-1429), Antonio Pierozzi (1389-1459), Francisco de Vitoria (1483-1546) oder Melchior Cano (1509-1560) gehen seiner Lehre voraus[16] bzw. knüpft er an die Erkenntnisse seiner Vorgänger an.[17] Medina kommt jedoch besonderes Verdienst zu, da dieser in seinem 1577 erschienen Thomaskommentar zur quaestio 19, articulus 6, formuliert:

[...] si est opinio probabilis, licitum est eam sequi, licet opposita probabilior sit: nam opinio probabilis in speculationis ea est, quam possumus sequi sine periculo erroris, & deceptionis. ergo opinio probabilis in practicis ea est quam possumus sequi sine periculo pecanndi."[18]

Denn damit ist erstmals mit der vorherrschenden Meinung im Umgang probabler Meinungen gebrochen. Die Orientierung an einer wahrscheinlichen Meinung, d.h. probablen Meinung, besteht nach Medina in zwei Zwecken. Zum einen soll in der Spekulation die Gefahr von Fehlern und zum anderen in der Praxis die Gefahr zu sündigen vermieden werden. Unverständlich ist, was unter der Gefahr von Fehlern und der Gefahr zu sündigen gemeint ist. Denn die philosophischen und theologischen Voraussetzungen Medinas sind noch unbekannt. Deswegen kann erst nach Darlegung dieses Fundaments ersichtlich sein, innerhalb welcher Grenzen Medinas weitere Ausführungen

---

[15]   Vgl. Schüßler, Rudolf: *Moral Self-Ownership and Ius Possessionis in Late Scholastics*. In: Virpi Mäkinen (Ed.); Petter Korkman (Ed.): Transformations in Medieval and Early-Modern Rights Discourse. The New Synthese Historical Libary. Volume 59. S.160$^{2-9}$.

[16]   Franklin, James: The Science of Conjecture. S. 69-72.

[17]   Maryks, Robert Aleksander: Saint Cicero and the Jesuits. The Influence of the Liberal Arts on the Adoption of Moral Probabilism. S.114-117.

[18]   Medina, Bartholomé de: Scholastica commentaria in D. Thomae Aquinatis Doct. Anglici. Primam Secundae. q. 19. a. 6. col. 464. [(...) wenn eine Meinung probabel ist, ist es zulässig ihr zu folgen, mag es auch sein, dass eine entgegengesetzte probabler ist: Denn eine probable Meinung in der Spekulation ist eine solche, der wir ohne Gefahr des Irrens und Betrugs folgen können. Also ist eine probale Meinung in der Praxis eine solche, der wir ohne Gefahr zu sündigen folgen können.]

einen Wahrheitsanspruch erheben können. Daher ist im Folgenden Medinas Fundament zu betrachten.

1 Interpretation der thomistischen Grundlagen

Wie aus dem Titel von Medinas Werk „*Scholastica commentaria in D. Thomae Aquinatis doct. Angelici. Primam Secundae.*" ersichtlich ist, entstammt das obige Zitat einem Schulkommentar zum ersten Teil des zweiten Teils der Summa Theologiae des Thomas von Aquin. Dem Charakter eines solchen Kommentars folgend, ist die Theorie vorausgesetzt, auf die sich dieser bezieht. Denn während der Scholastik galten Kommentare als Ergänzungen zu den Lehrbüchern, deren Inhalt als kanonisch galt.[19] Die Ergänzung der Autoren bezieht sich immer auf die Vereinbarkeit vertretener philosophischer und theologischer Positionen mit dem Lehrbuchinhalt. Weil Medina als dominikanischer Ordensbruder an der Universität in Salamanca lernte und lehrte, ist davon auszugehen, dass die Summa Theologiae des Heiligen Thomas für Medina kanonisch sein musste. An dieser war im 16. Jhd. Thomas' Summa Theologiae das verbindliche Lehrbuch für alle Theologen.[20] Folglich ist zunächst die thomistische Sichtweise zu untersuchen, weil aus dieser Medina seinen Kommentar verfasst.

1. 1 Untersuchung über die Erlangung von Wahrheit

Bevor eine genauere Untersuchung gegeben werden kann, ist die Methode selbst zu rechtfertigen. Denn eine Analyse wäre unverständlich, wenn sie sich von vornherein auf unbekannte oder nicht unveränderlich wahre Grundsätze stützt.

Für die Untersuchung Medinas Werk ist daher zu fragen: Welches sind die Grundsätze, die der Heilige Thomas selbst voraussetzt und wie werden sie durch ihn gerechtfertigt?

Zum Beginn seiner Summa Theologiae liefert Thomas einen Teil der Antwort auf die Frage. Dort steht bezüglich der Grundsätze der Wissenschaft (scientia) geschrieben:

„Sed sciendum est, quod *duplex* est scientiarum genus. *Quaedam* vero sunt, quae procedunt ex principiis notis lumine naturali intellectus, sicut Arithmetica, Geometria, et hujusmodi. *Quaedam* vero sunt, quae procedunt ex principiis notis lumine superioris

---

[19]   Vgl. Goetz, Hans-Werner: Proseminar Geschichte: Mittelalter. S. 198[11-22].
[20]   Vgl. Forschner, Maximilian: Thomas von Aquin. S. 209f.

scientiae: sicut Perspectiva procedit ex principiis notificatis per Geometriam; et Musica ex principiis per Arithmeticam notis."[21]

Hinsichtlich der zwei Arten von Wissenschaften sind also zwei Arten von Grundsätzen (principia) zu unterscheiden. Indem man die lateinische Bedeutung seines adjektivischen Wortstamms *princip* unter dem Adjektivabstraktum *principium* betrachtet, ist die Bedeutung des Grundsatzbegriffs gezeigt. Unter dem Adjektivabstraktum *principium* ist nämlich etwas was bezüglich einer bestehenden Reihenfolge das Erste ist zu verstehen.[22] In diesem Zusammenhang bezieht sich die Reihenfolge also auf die Anfänge der Erkenntnis. Denn wie aus dem Zitat zu entnehmen ist, wird zum einen durch das Licht der Vernunft erkannt und zum anderen durch das Licht einer höher stehenden Wissenschaft. Die Grundsätze der ersten Wissenschaft sind somit durch die Vernunft bedingt, während die Zweitere durch der Vernunft Übergeordnetes bedingt ist, nämlich Gott. Unter der Zweiteren zählt der Aquinat die Theologie (sacra doctrina).[23]

Die Vernunft liefert einen Einblick in die Grundsätze der Wissenschaften, während die Grundsätze der Theologie durch die göttliche Offenbarung gegeben sind.[24] In beiden Fällen liegt eine bestimmte Art von Wahrheit vor,[25] die sich allein durch die Bedingungen ihrer Erlangung unterscheidet.

Die Lichtmetaphorik erhellt die Art und Weise wie man zu beiderlei Erkenntnis der wahren Grundsätze gelangt in keinem Maße. Beides bedarf daher einer genaueren Erklärung. In der quaestio XVI, art. 5, der Summa Theologiae wird gesagt:

---

[21] STh I, q. I. a. 2. [Aber man muss wissen, dass die Gattung der Wissenschaften zweifach ist. Die einen sind gewiss, die aus Prinzipien fortschreiten, die durch das natürliche Licht des Verstandes bekannt sind, gleichwie die Arithmetik, Geometrie und dergleichen. Die anderen sind gewiss, die aus Prinzipien fortschreiten, die durch das Licht einer höheren Wissenschaft bekannt sind: gleichwie die Perspektive aus den Prinzipien fortschreitet, die ihr durch die Geometrie bekannt werden; und die Musik aus den Prinzipien, die durch die Arithmetik erfahren werden.]

[22] Vgl. Georges, Karl Ernst: Ausführliches lateinisch-deutsches Handwörterbuch. Bd. 2. col. 1922.

[23] Vgl. STh I, q. I. a. 2.

[24] Vgl. STh I, q. I. a. 4.

[25] Vgl. ScG, cap. III.

„[…], veritas inventur in intellectu, secundum quod apprehendit rem, ut est, et in rē, secundum quod habet esset conformabile intellectui. Hoc autem maxime inventur in Deo."[26]

Wahrheit kann also durch zweierlei Weisen entdeckt werden, nämlich im Verstand und in einer Sache (res). Sofern der Verstand eine Sache begreift, erkennt er Wahrheit. Einer Sache, die eine Übereinstimmung mit dem Verstand besitzt, kommt ebenfalls Wahrheit zu. Diese Behauptung ist problematisch, weil nicht ersichtlich wird, warum einer Sache Wahrheit zukommt. Denn seit Aristoteles gilt, dass nur Aussagen wahr oder falsch sein können.[27] Eine Antwort zu diesem Problem gibt Thomas in den Schriften „De veritate" und „De ente et essentia".

Unter Berücksichtigung der Metaphysik des Ibn Sīnā (980-1037) stellt Thomas in diesem Zusammenhang fest, dass Seiendes das erste ist, das vom *intellectus* begriffen wird. Denn seine Funktion besteht in der genauen Differenzierung von Arten des Seienden im Bezug auf die Gattung des Seienden.[28] Weil der Verstand (intellectus) nämlich dasjenige passive Vermögen ist, das durch die Wirkung von Seienden zum Erkennen aktualisiert wird,[29] muss vor aller differenzierter Erkenntnis die Erkenntnis des Seins überhaupt gegeben sein. Durch sie ist nämlich die Erkenntnis von unterschiedlich Seienden miteinander verbunden. Ist die Erkenntnis nicht gegeben, ist mit Ibn Sīnā einzuwenden, dass durch den Verstand nichts Bestimmtes erkannt werden kann. Ist die begriffliche Erkenntnis nämlich nicht durch einen letzten Gattungsbegriff begrenzt, ist man gezwungen *ad infinitum* anzunehmen, dass der Begriff durch einen extensiveren Gattungsbegriff erfassbar ist.[30]   Denn übt der Verstand seine Funktion durch seine Aktualisierung durch jedes einzelne Seiende im Ganzen aus, muss ihm die Eigenschaft gegeben sein, durch Seiendes in allgemeinster Weise aktualisiert zu werden. Dies ist aber nur dann möglich, wenn seine Funktion bereits durch die bestehende Erkenntnis der Gattung des Seienden als Maßstab für alles Seiende bedingt ist. Denn ohne einen solchen passenden Maßstab wäre seine Funktion, wie bei den Sinnen, nur auf einzelnes Seiendes beschränkt. Wie aus „De ente et essentia" zu entnehmen ist,

---

[26]   STh. I. q.XVI a.5. [(…), Wahrheit wird im Verstand erkannt, gemäß dass er eine Sache begreift, wie sie ist, und in der Sache, gemäß dass sie Übereinstimmung mit dem Verstand besitzt.]

[27]   Vgl. Aristoteles, Met. Γ , Kapitel 7, 1011b26-30.

[28]   Vgl. De ver. q.I. a.1

[29]   Vgl. STh I. q. LXXIX a. 2.

[30]   Vgl. Ibn Sīnā, Horten, Max (Hg./Übrs.): Die Metaphysik Avicennas enthaltend die Metaphysik, Theologie, Kosmologie und Ethik. S. 46[7-14].

folgt der Heilige Thomas in dieser Angelegenheit der Ansicht des Aristoteles und seiner Kommentatoren Ibn Rushd (1126-1198) und Ibn Sīnā. Der Verstand richtet sich auf das Seiende im Ganzen. D.h. auf das universale genauso wie auf das partikulare Seiende.[31] Denn „[...] omne illud quod intellectu quoquo modo capi potest, non enim res est intelligibilis nisi per definitionem et essentiam suam [...]"[32]

Erkenntnis in der ersten Weise besteht also im Haben einer Definition von einem Seienden. D.h. von den artspezifischen Eigenschaften eines Seienden.[33] Diese Erkenntnis ist selbst universal. Denn eine Definition bezieht sich in allgemeinster Weise auf eine Sache. Sie differenziert sie somit lediglich von anderen Gegenständen. Also wird nur die Form einer Sache erkannt. Das sind die bestimmten Eigenschaften, die der Sache von Natur aus zukommen[34] und welche sie aufweisen muss, damit sie ein Seiendes einer bestimmten Art ist. Solche Definitionen lassen sich auf unzählige andere Gegenstände derselben Art anwenden. Daher bestimmen sie den Gegenstand ihrer Anwendung niemals vollständig. Weiterhin ist durch sie die Aktualität des Gegenstandes nicht erkennbar. Wenn die Aktualität im Vorhandensein eines Gegenstandes in der Welt besteht und die Definition nur die artspezifischen Eigenschaften des Gegenstandes angibt, ist damit keine Relation zur Welt oder eines Gegenstandes in der Welt gegeben. Beispielsweise lässt eine Definition des Minotauros bilden, dessen Begriff besagt: dass ein Minotauros ein „zweibeiniges, stierköpfiges, mit dem Körper eines Menschen versehenes und menschenfressendes Wesen ist". Damit ist nicht gesagt, dass ein Minotauros tatsächlich in der Welt vorhanden ist.

Anders ist die Essenz eines Seienden zu verstehen. Sie bezieht sich auf die besondere Tätigkeit (propiam operationem) und auf dasjenige, wodurch ein Seiendes sein Sein hat (ens habet esse).[35] Die besondere Tätigkeit und das Sein eines Seienden sind von der bloßen Definition verschieden, weil sie sich auf die Aktualität eines besonderen Seienden beziehen. Denn etwas ist nur dann tätig sein, wenn es sich in Relation zu differenten Dingen befindet. Bestünde ein Seiendes für sich allein, so könnte es bezüglich seiner bloßen Definition nicht unterschieden werden, weil es als Seiendes nicht vollständig bestimmt ist. Ihm würden dann alle relationalen Eigenschaften fehlen. Wozu

---

[31]		Vgl. De ente. cap. I.
[32]		Ebd. cap. I. n. 41-43. [(...) all jenes, dass durch den Verstand auf jede Weise begriffen werden kann, ist nämlich keine verstehbare Sache außer durch eine Definition oder ihre Essenz (...)]
[33]		Vgl. ebd. cap. I. 14-31.
[34]		Vgl. STh. III, q. II a. 1.
[35]		Vgl. De ente. cap. I. n. 45-52.

quantitative eineindeutige Bestimmungen wie Länge, Breite, Höhe gehören. Diese sind stets durch einen Maßstab bedingt, der vom einzelnen Seienden verschieden ist.

Daraus ergibt sich die Frage, wie ein Seiendes überhaupt vollständig bestimmt sein kann. Mit Euklid ist festzustellen, dass die Eigenschaft der Größe ausschließlich im Verhältnis zu anderen der Größe nach definiten Gegenständen bestimmt werden kann.[36] Denn die Eigenschaft der Größe setzt einen Maßstab voraus, anhand dessen bestimmbar ist, wie groß etwas ist. Ist dieser Maßstab nicht gegeben, so ist zwar aus der Definition ersichtlich, dass etwas Größe aufweist, jedoch nicht wie groß es in Bezug zu allen anderen Seienden ist. Die Eigenschaft der Größe kommt dem Seienden somit in unbestimmter Weise zu und daher sind die Eigenschaften des Seienden auf eine unbegrenzte Anzahl anderes Seienden derselben Art anwendbar. Folglich wäre ein Seiendes ohne relationale Eigenschaften niemals wie ein singuläres Seiendes bestimmt.

Hieraus ist ersichtlich, wie ein Seiendes sein Sein hat. Damit ein Seiendes vollständig bestimmt sein kann, muss den Eigenschaften seiner Art etwas hinzukommen, dass stetig relational zu anderen Seienden bestimmt ist. Das Hinzukommende nennt man *Essenz*. Käme dem Seienden nur artspezifische Eigenschaften zu, wäre es unveränderlich. Weil die Art ihrem Begriff nach selbst statisch ist, ist durch sie keine Dynamik erfasst. Wären einem aktual Seienden nur seine artspezifischen Eigenschaften gegeben, so müsste es stets unveränderlich sein. Denn die Art ist ihrem Begriff nach nicht veränderbar. Ist jedoch ein einzelnes Seiendes in Relation zu anderen Seienden bestimmbar, mag es zeitlich oder räumlich sein, so ist durch die Veränderung der Relationen zwischen den Seienden auch die Veränderung alles Seienden gegeben. Allein so kommen dem Seienden also nicht nur die unveränderlichen artspezifischen Eigenschaften zu, sondern auch etwas, was die Veränderung eines Individuums einer Art für sich allein genommen ermöglicht.

Ist dies die Essenz, so ist sie mit Thomas gleichzusetzen mit dem inneren Prinzip der Bewegung (principium intrinsicum motus). Denn durch dieses bringt ein begrifflich erfasster Gegenstand eine bestimmte Bewegung hervor, welche mit Veränderung gleichzusetzen ist.[37] Diese Ansicht, die der aristotelischen Physik entnommen ist, verweist auf die Essenz in der Funktion einer *causa efficiens*. Denn mit ihr ist der Anfang

---

[36]   Vgl. Euklid; Thaer, Clemens (Hg./Übrs.): Die Data von Euklid. def. I-XI. S. 5^1-6^3.
[37]   Vgl. STh III. q. II. a. 1. resp.

einer Veränderung eines Seienden in der Welt erklärbar.[38] Verändert sich das Seiende selbst, indem durch seine Essenz Veränderung stattfindet, verändert das Seiende somit selbstständig die Relation zu anderen Seienden. Darauf ist also auch die Veränderung der relationalen Eigenschaften zurückzuführen. Durch ein solches Prinzip für ein einzelnes Seiendes ist somit erkennbar, worin seine Veränderung begründet liegt. Denn daraus ist erkennbar, warum ein Seiendes aus einer Vielzahl möglicher Veränderungen nur ganz bestimmte davon selbstständig vollzieht. Ein Seiendes kann eine Veränderung folglich den Eigenschaften seiner Art entsprechend vollziehen. Eine Essenz ergänzt nämlich nur die Art einer bestimmten Seinsweise um ein aktuales Individuum. Verändert sich folglich durch eine Essenz eine Eigenschaft der Art, so ist das Seiende kein Individuum derselben Art mehr, sondern ein Individuum einer anderen Art. Seine Seinsweise ist dann eine andere.[39] Ein solcher Fall liegt z.B. beim Körper eines sterbenden Menschen vor. Indem dieser stirbt vollzieht sein Körper eine Veränderung des Zustands, der durch die Veränderung artspezifischer Eigenschaften gekennzeichnet ist. Lebt der Mensch, so vollzieht der Körper aktive Bewegungen. Er ist durch den Menschen belebt. Ist der Mensch gestorben, so bleibt jede Veränderung an ihm eine passive. Weshalb er der Art nach nur noch eine Sache ist. Weiterhin kann eine Veränderung nur insofern hervorgehen, wie es die Eigenschaften der Art erlauben. Andernfalls könnte es keinen Anfang der Veränderung geben. Denn der Beginn der Veränderung würde etwas Artfremdes. So ist es ausgeschlossen, dass ein Wesen, dem Vierbeinigkeit artspezifisch ist, sein fünftes Bein hebt.

Damit ist bereits viel gesagt. Jetzt ist erkennbar, dass keine Veränderung durch die Essenz alleine möglich ist, sondern allein, wenn sie zusammen mit artspezifischen Eigenschaften auftritt. Denn dadurch sind die relational veränderbaren Eigenschaften eines Seienden zu anderem Seienden bestimmt. Wie gesehen, vollzieht sich Veränderung in bestimmter Weise an bestimmten Eigenschaften. Ist die Essenz die Ursache der Veränderung und nicht die Veränderung selbst, so wäre die Essenz unbestimmt, wenn nichts gegeben wäre, wofür sie ursächlich sein könnte. Folglich kann die Essenz ebenso wenig wie eine Definition für sich allein genommen aktual und in Relation zu anderem aktualen und relationalen Seienden bestehen. Folglich werden Essenz und

---

[38]   Vgl. Aristoteles Phys. B, Kapitel 3, 194b 29-32.
[39]   Vgl. De ver. q. I a. 7

Definition zwar als Verschiedenes erkannt, doch nur beide zusammen können einen bestimmten einzelnen Gegenstand in der Welt bezeichnen.[40]

Somit ist durch den Verstand sowohl Universales als auch Partikuläres erkennbar. Denn eine Definition bezieht sich in allgemeinster Weise auf die artspezifischen Eigenschaften von Seiendem. Die Essenz hingegen bezieht sich auf ein bestimmtes Einzelnes, wie es gemäß seiner Art Veränderung hervorbringt. Ist dies das Einzige, worauf sich der Verstand beziehen kann, so ist danach zu fragen, was diesbezüglich mit Wahrheit gemeint ist. Denn wenn eine Art von unveränderlich wahren Grundsätzen durch den Verstand erkannt wird, so muss Wahrheit aus entweder einer oder beiden Weisen der Erkenntnis bzw. den Objekten der Erkenntnis ersichtlich sein. Im Folgenden ist daher zu untersuchen, worin nach Thomas Wahrheit in diesem Zusammenhang besteht.

1. 2 Über Wahrheit

Der Summa Theologiae I. quaestio XVI. art. 1 ist zu entnehmen, dass Wahrheit in Analogie zum Begriff des Guten (bonum) zu verstehen ist:

„[…] sicut bonum nominat id, in quod tendit appetitus, ita verum nominat id, in quod tendit intellectus. Hoc autem distat inter appetitum, et intellectum, sive quamcumque cognitionem; quia cognition est in cognoscente."[41]

Die Erkenntnisse vom Guten und Wahren sind also stets dadurch bedingt, wodurch sie erlangt werden. Wenn etwas angestrebt wird, weil es gut ist, ist auch das Gute in einem Ding. Doch weil die Erkenntnis des Wahren im Verstand ist,[42] scheint die einzige Bedingung dieser Erkenntnis der Verstand zu sein. Wie Thomas betont, besteht eine bestimmte Interdependenz zwischen der Erkenntnis der Wahrheit und dem Gegenstand der Wahrheit:

---

[40]   Vgl. Aristoteles, Cat., Kapitel 5, 3a 28-3b24.

[41]   Vgl. STh I, q. XVI. a. 1. [(…) gleichwie man ein Gut dasjenige nennt, zu dem das Streben neigt, so nennt man dasjenige Wahrheit, zu dem der Verstand sich hinrichtet. Dahin besteht aber ein Unterschied zwischen Streben und Verstand oder irgendeiner Erkenntnis; weil eine Erkenntnis im zu Erkennenden ist.]

[42]   Vgl. ebd.

„Res autem intellecta ad intellectum aliquem potest habere ordinem vel *per se*, vel *per accidens*. *Per se* quidem habet ordinem ad intellectum, a quo dependet secundum suum esse: *per accidens* autem ad intellectum, a quo cognoscibilis est."[43]

Eine Erkenntnis, die sich auf ein Ding (res) bezieht, welches allein durch sein Sein (suum esse) erkennbar ist, ist für den Verstand nur möglich, wenn das Ding aktual ist. Denn ist es nicht aktual, so ist es nicht. Folglich könnte der Verstand keine Erkenntnis hervorbringen, wenn nichts vorhanden wäre, auf welches er sich richten könnte, um eine Erkenntnis davon zu haben.

Darauf ist einzuwenden, dass auch ein Nicht-Seiendes in potenzieller Weise ist. Denn es besteht der Möglichkeit nach, kann daher noch sein. Dem ist entgegenzuhalten, dass ein Nicht-Seiendes nicht in Relation zu anderem Seienden ist. Insofern ist es nur gemäß seiner artspezifischen Eigenschaften als Nicht-Seiendes erkennbar. Daraus erklärt sich die Erkenntnis *per accidens*, welche vom Verstand allein abhängt. Denn ein Akzidenz kein eigenständiges Seiendes, sondern etwas, dass, wie die Weiße einer Sache an einem Seienden veränderbar ist.[44] Denn um ein eigenständig Seiendes zu sein, müsste es bestehen können, ohne dass es von einem Träger (subjectum) abhängig ist. So wie es bei der Verbindung von Materie und Form der Fall ist.[45] Sofern nämlich die Materie das ist, woraus etwas ist und die Form das, was denselben Gegenstand differenzierbar macht, kann ein solches Seiendes in Abgrenzung zu anderen Seienden allein bestehen. Denn dann ist es vollständig bestimmt. Andernfalls wäre nicht ersichtlich, was dieser Gegenstand überhaupt sein soll. Weder wäre bestimmt, aus was er ist, noch welche Eigenschaften ihm zukommen. Ein Akzidenz ist weder Form noch Materie, noch muss es einem Seienden notwendigerweise zukommen, damit es seiend ist. Die Eigenschaften der Form konkretisiert es und bildet somit eine Art von zweitem Seienden an dem für sich allein Bestehenden.[46] „Unde ex accidente et subiecto non efficitur unum per se sed unum per accidens."[47]

Die Erkenntnis vom Nicht-Seienden muss daher als die Erkenntnis eines Akzidenz verstanden werden. Wenn ein solches Akzidenz nicht durch sich erkennbar ist, weil es kein Sein für sich hat, so kann sich auch der Verstand auf nichts von seiner Erkenntnis

---

[43]   Ebd.
[44]   Vgl. STh. I, q. XLV. a. 4.
[45]   Vgl. De ente. cap. 6.
[46]   Vgl. ebd.
[47]   Ebd. [Daher wird aus dem Akzidens und Subjekt nicht das eine durch sich bewirkt sondern das eine durch das Akzidens.]

Verschiedenes richten. Insofern der Verstand eine Erkenntnis von einem Akzidenz hat, muss diese folglich selbst dann noch im Verstand sein, wenn der ursprüngliche Gegenstand der Erkenntnis nicht mehr ist. Dann besteht die zweite Art der Erkenntnis *per accidens* in dem, was Thomas in *De veritate* eine „adaequatio rei et intellectus" nennt.[48]

Bei diesem Vorgang formt der Verstand sich zunächst vom Gegenstand ein *phantasma*,[49] welches ihn in gewisser Weise abbildet.[50] Wie aus der etymologischen Bedeutung des Wortes hervorgeht, verweist es auf nichts Materielles. Denn ein Phantombild (*phantasma*) verweist auf nichts selbstständig Seiendes. Ein Phantombild ist daher in seinem Bestehen von dem Phantombildwahrnehmenden abhängig. Insofern besteht ein Phantombild nicht ohne denjenigen, welcher es erkennt. Folglich ist es auch nicht selbstständig aktual in der Welt. Somit ist es nicht vollständig bestimmt, weil ihm die Bestimmung fehlt, woraus es ist. Ein Phantombild ist daher nur ein Abbild der Form einer Sache.[51] Ist dies der Fall, so muss es eine Art Universales sein, nämlich ein Partikulares.[52] Dass Abbild scheint nämlich dann nur artspezifische Eigenschaften darzustellen, die für sich allein genommen universal sind, obwohl sie Seiendes von anderem Seienden differenzierbar machen. Das *phantasma* hat somit eine vermittelnde Funktion. Denn ein Verstand hat keinen unmittelbaren Zugriff auf etwas von ihm Verschiedenes. Andernfalls wäre der Verstand von dem Ding nicht verschieden, auf welches er zugreift. Sofern ein artspezifischer Unterschied zwischen dem Verstand und seinem Objekt besteht, kann dieser nicht mehr Eigenschaften aufweisen, als ihm durch seine Art gegeben ist. Ein unmittelbarer Zugriff auf ein Ding würde bedeuten, dass der Verstand eine Veränderung herbeiführt, die in der Aktualisierung von Eigenschaften besteht, welche dem Verstand nicht zukommen. Dies ist widersprüchlich, weil dem Verstand dann Eigenschaften zukommen, die ihm seiner Art nach nicht zukommen. Ein *phantasma* ist also eine vermittelnde Entität.[53]

Die Angleichung des Verstands an die Sache besteht also in einem Abstraktionsverfahren. Nimmt der Verstand von dem *phantasma* die Eigenschaft der Materialität des ihn darstellenden Gegenstandes weg, so ist nur noch die Form des Gegenstandes er-

---

[48]　　Vgl. De ver. q. I a. 3

[49]　　Vgl. STh. I, q. LXXXIV a. 7.

[50]　　Vgl. STh I. q. LXXXV. a. 1.

[51]　　Vgl. ebd.

[52]　　Vgl. ebd.

[53]　　Vgl. Frede, Dorothea: *Aquinas on phantasia*. In: Dominik Perler (Ed.): Ancient and Medieval Theories of Intentionality. S.168[5-27].

kennbar. Das durch den Umwandlungsprozess Entstehende wird *species intelligibilis* genannt.[54] Bis der Verstand darauf zugreift, wird es im *intellectus possibilis* konserviert.[55] Somit ist die daraus gewonnene Erkenntnis über einen Gegenstand durch die Tätigkeit des Verstands bedingt. Im Zustand des Erkenntnisgewinns wird er von Thomas auch *intellectus agens* genannt.[56] Denn ist der Verstand aktiv, „facit intelligibilia actu, et recipiuntur in intellectu possibili."[57] Jedoch ist noch vollständig unklar, worin die Bildung der *species intelligibilis* und somit auch die Tätigkeit des *intellectus agens* besteht.

Geht man davon aus, wenn der Verstand tätig ist, sich nicht insofern verändern kann, als dass er immer noch derselbe Verstand bleibt, so kann eine Angleichung an ein Ding nicht stattfinden, die ihn in seiner Artzugehörigkeit verändert. Denn dann wäre er kein Verstand mehr, sondern etwas davon Verschiedenes. Folglich kann die Ähnlichkeit nur der Art nach bestehen. Der Verstand, so folgt Thomas Aristoteles, ist ein Vermögen der Seele. Er ist somit selbst nur Bestandteil einer Form.[58] Eine Form kann nur dann aktual sein, wenn sie in Verbindung mit Materie auftritt, weil sie erst dann in Relation zu anderem Seienden bestimmt ist. Ist der Verstand aktual, so muss er folglich in Verbindung mit demjenigen auftreten, welches ihn innehat. Der tätige Verstand ist somit der Art nach in Relation zu anderem auftretend. Besteht weiterhin die Funktion des Verstandes in der Erfassung von Eigenschaften von einem anderen Seienden, so werden diese nur relational zum Inhaber des Verstands erfasst werden können. D.h. durch einen Akt, der zum einen das andere Seiende differenziert und zum anderen Gleichheit konstatiert. Somit wird jede Erkenntnis bezüglich eines anderen Seienden in Bezug zu einem aktualen Verstand gewonnen, indem dieser durch seine Aktualität selbst das Subjekt einer Prädikation ist, die ihn hinsichtlich anderen Seienden bestimmt. Denn jede Erfassung von Eigenschaften ist nur in Bezug zu ihm möglich. Die Bildung einer *species intelligibilis* muss also in der Aufführung von Differenzen und Gleichartigkeiten bezüglich eines Seienden bestehen. Dies wird durch Thomas Auffassung bestätigt, wenn er meint: „[…] extra animam duo invenimus, scilicet rem ipsam et negationes et privationes rei, quae quidem duo non eodem modo se habent ad

---

[54]   Vgl. STh I. q. LXXXV. a. 1.

[55]   Vgl. STh. I, q. LXXXIV a. 7. ad. 1

[56]   Vgl. STh. I. q. LXXXVIII a. 1.

[57]   STh. I, q. LXXXVIII. a. 1.

[58]   Vgl. Aristoteles: An. Γ, Kapitel 8, 431b 20-432a 14.

intellectum [...]"[59] Denn insofern ein Ding (res) ein Seiendes (ens) ist, muss es bezüglich anderen Seienden Gleiches aufweisen. Sonst wäre es vom Seienden überhaupt verschieden. Ist das Ding aber in Bezug zu anderen Dingen ein verschiedenes Seiendes, muss es gemäß der Weise, wie es ist, von anderem Seienden differente Eigenschaften aufweisen.

Anders gesagt, besteht die *species intelligibilis* in dem, was ein Urteil (iudicium) genannt wird. Denn die Angleichung eines Dinges und eines Verstandes besteht in der Erfassung des Verstandes bezüglich eines Dings, dass durch ein Verstandesurteil (iudicium intellectus) dem Verstand eigentümlich wird.[60] Wie leicht gesehen werden kann, unterscheidet sich der Verstand *in actu* nicht von seiner Funktion. Wenn seine Aktualität in seiner Funktionsausübung besteht, weil er durch diese bestimmt wird, geht Identität hervor. Er kann somit auch nicht verschieden von seinem Urteil sein, weil dies seiner Funktion entspricht. Das so hervorgebrachte Urteil ist dem Verstand folglich eigentümlich, weil es von ihm nicht differenzierbar ist.[61]

Beschreibt das Urteil die Eigenschaften von anderem Seienden, so entspricht der tätige Verstand dem beurteilten Ding. Folglich besteht eine Ähnlichkeit des Verstandes mit einem Ding und vice versa, weil dasjenige, was das Urteil beinhaltet, die Zusammensetzung von dem ist, was die Washeit (quidditas) eines Dings aufweist, genauso wie das Ding seine Eigenschaften durch seine Aktualität aufweist.[62] Daher wird ein solches Urteil auch Definition genannt, weil daraus die *quidditas* einer Sache erkennbar ist, genauso wie aus der *quidditas* die Prädikate der Definition einer Sache. Stimmt die Angleichung des Verstandes mit einem Ding überein, so besteht laut Thomas Wahrheit bzw. bei der Nichtübereinstimmung Falschheit.[63]

1. 3 Metaphysische Grundlage der Wahrheit

Daraus ergibt sich die metaphysische Grundlage für Wahrheit, sofern sie einfach ist, d.h. sofern sie aus dem *intellectus agens* allein folgt. Geht Wahrheit aus dem Tätigsein des Verstands hervor, folgt, dass sie ohne Verstand überhaupt nicht gegeben ist. Denn ohne ihn ist kein Tätigsein, das die Wahrheit hervorbringt. Ist der Verstand die Bedin-

---

[59]   De ver. q. I. a. 5. [(...) außerhalb der Seele erkennen wir durch zwei, nämlich der Sache selbst sowohl die Negation als auch die Privation der Sache, die sich gewiss nicht in derselben Weise zum Verstand verhalten. (...)]

[60]   Vgl. De ver. q. I. a. 3.

[61]   Vgl. Spruit, Leen: Species Intelligibilis : From Perception to Knowledge. I. Classical Roots and Medieval Discussions. S. 160[7-20].

[62]   Vgl. De ver. q. I. a. 3.

[63]   Vgl. ebd.

gung für Wahrheit und ist er selbst ein Seiendes, so ist Wahrheit durch ein Seiendes bedingt. Ist Wahrheit durch ein Seiendes bedingt, so besteht keine Wahrheit ohne ein Seiendes. Also ist keine Wahrheit ohne ein Seiendes, das diese bedingt. Dieser Schluss zeigt, dass innerhalb dieser Konzeption für das Bestehen von Wahrheit ein weiteres Kriterium gegeben sein muss, welches das Bestehen von Wahrheit unabhängig von der Gegebenheit irgendwelcher Gegenstände absichert. Denn eine stimmige Angleichung des Verstandes an ein Ding bestünde nur dann, wenn dieser den dazu nötigen Akt vollzieht. Doch selbst wenn dieser Akt nicht vollzogen wird und die *species intelligibilis* wie auch immer im *intellectus possibilis* konserviert wird, ist muss zu einem späteren Zeitpunkt zu sagen sein, dass diese wahr war bzw. ist.

Denn besteht ein Ding in derselben Weise über längere Zeit, so kann die hervorgebrachte *species intelligibilis* zu einem späteren Zeitpunkt nicht verschieden sein von einem früheren Zeitpunkt. Sie ist daher mit sich selbst zu verschiedenen Zeitpunkten identisch, weil sie gemäß der Definition, die sie darstellt, ununterscheidbar ist. Die hervorgehende Wahrheit besteht somit zu unterschiedlichen Zeitpunkten.

Daraus folgt, wenn ein Ding nicht mehr besteht, die Wahrheit zu den Zeitpunkten bestand, als sie hervorgebracht wurde. Dies bedeutet, dass die Wahrheit auch dann noch besteht, wenn zum einen das Ding, zu dem die *species intelligibilis* gebildet wurde, vergangen ist und zum anderen das Seiende, welches die *species intelligibilis* gebildet hat, vergangen ist. Ersteres ist der Fall, weil selbst dann noch die *species intelligibilis* weiterhin mit den Eigenschaften des vergangenen Dings notwendigerweise übereinstimmt. Was aus der Notwenigkeit des Vergangenen hervorgeht. Denn ein vergangener Moment ist unveränderlich, d.h. dass auch die so hervorgebrachte Wahrheit zu diesem Moment unveränderlich ist. Dies bedeutet, dass ab diesem Moment die Wahrheit immer besteht, weil die so gebildete *species intelligibilis* mit dem Vergehen des Moments selbst unveränderlich ist. Denn sie ist die Angleichung des Verstandes an das Ding, dessen korrekte Angleichung Wahrheit ist. Ist sie durch das Vergehen des Moments unveränderlich, folgt, dass sie nicht mehr ist. Woraus hervorgeht, dass sie kein aktual Seiendes ist, wenn sie nicht durch den Verstand hervorgebracht wird. Sie ist bezüglich des *intellectus possibilis* also als ein potenziell Seiendes zu deuten. Darunter ist zu verstehen, was sein kann, aber zurzeit nicht ist und nur dann aktual ist, wenn der Verstand der *species intelligibilis* gemäß tätig ist. Der *intellectus possibilis* ist insofern die Instanz, welche die *species intelligibilis* in ihrem Sein erhält, auch wenn sie nicht aktual ist.

Wenn die Wahrheit in unveränderlicher Weise ab dem Moment besteht, in dem die *species intelligibilis* hervorgebracht wird, so muss sie auch bestehen, wenn das den Verstand beherbergende Indivuum nicht mehr ist. Schließlich kann man sich durch literarische Aufzeichnungen von Wahrheiten in Büchern darauf beziehen. Obwohl deren Urheber tot sind, bleiben die darin mitgeteilten Wahrheiten bestehen. Dies ist ganz unabhängig davon, ob sie geoffenbart oder wissenschaftlich erlangt wurden.

Dann liegt Wahrheit in zweifacher Weise vor. Denn zum einen besteht die Wahrheit im Verstand eines einzelnen seienden Menschen.[64] Ein solches Wesen verfügt jedoch nur über begrenzte Wahrheiten, weil sie von der Tätigkeit seines eigenen Verstandes abhängig sind. Sofern die daraus hervorgehende Angleichung des Verstandes immer nur ein bestimmtes Ding umfasst, besteht auch nur Wahrheit bezüglich der Tätigkeit des singulären Verstandes für sich und zu den durch die *species intelligibilis* erfassten Eigenschaften.[65] Daher meint Thomas in seiner Anselm von Canterbury-Auslegung dazu: „[…], sic sunt plurium verorum plures veritates, et etiam unius veri plures veritates in animabus diversis.“[66] So viele Seelen, die es gibt, so viele verschiedene Wahrheiten können in Anbetracht eines Dinges ausgemacht werden. Jede dieser Wahrheiten entspricht dem *intellectus agens* des Einzelnen. Insofern beinhalten die so gebildeten *species intelligibilis* die relationalen Bestimmungen der Einzelnen zu einem bestimmten Ding. Setzt man Wahrheit mit der vollständigen Angleichung des Verstandes mit dem Ding gleich, folgt, dass eine vollständige Angleichung unmöglich ist, ohne dass der Verstand dabei selbst zum Gegenstand der Angleichung wird. Keine Wahrheit besteht also in vollkommener Weise, sondern immer nur in Bezug zum *intellectus agens* des Einzelnen. Diese Art von Wahrheit ist somit unvollkommen und würde mit der Inaktivität des Verstandes vergehen. Jede Wahrheit scheint ab ihrem Bestehen jedoch unveränderlich zu sein. Insofern bestehen sie der Möglichkeit nach immer.

Das legt die Vermutung nahe, dass ihr Bestehen durch etwas anderes bedingt sein muss, als sie selbst ist, und sie als Gegenstand möglicher wahrer Erkenntnis erhält. Denn der Begriff der Selbsterhaltung möglicher Entitäten ist widersprüchlich. Dies setzt nämlich voraus, dass möglicherweise Seiendes sich selbst erhält. Dafür müsste es jedoch wirklich sein und nicht möglich. Zum anderen kann die bloße Möglichkeit von

---

[64]   Vgl. De ver. q. I. a. 4.

[65]   Vgl. ebd.

[66]   Ebd. [(...), so gibt es viele Wahrheiten über viel Wahres, und auch viele Wahrheiten in den Seelen über ein Wahres.]

etwas nur dann gegeben sein, wenn diese durch etwas erhalten und hervorgebracht wird. Allein durch das die Wahrheit hervorgebrachte aktual Seiende ist dies nicht möglich. Wenn es vergeht, würde auch die Wahrheit nicht mehr bestehen. Sie besteht aber unveränderlicherweise und ist Gegenstand möglicher Erkenntnis. Insofern muss etwas vorausgesetzt werden, was weder bloß möglich noch wirklich ist, sondern in seiner erhaltenden Tätigkeit Unvergängliches und Ewiges. Für Thomas, wie für alle anderen Scholastiker, ist das Gott. Als *causa prima* ist er die Ursache für alles Seiende und dessen Erhalt.[67] Denn sein Tätigsein erhält die Dinge in der Schöpfung, wie das Feuer das Brennen.[68] Das ist vorauszusetzen, weil sich kein Seiendes von allein erhalten kann. Wie Thomas nämlich zum zweiten Weg der Erkenntnis Gottes bemerkt: „[…], nec est possibile, quod aliquis sit causa efficiens sui ipsius, quia sic esset prius seipso, quod est impossibile […]"[69] Wenn daher vor seinem Sein ein Seiendes nicht seine Ursache sein kann, ist auszuschließen, dass sich das Mögliche und Wirkliche für sich genommen allein erhält. Denn die Möglichkeit kann genauso wenig für sich selbst ursächlich sein, wie es die Wirklichkeit für sich ist. Also ist das Bestehen allen Möglichen und Wirklichen durch etwas anderes bedingt, das diese ständig im Sein erhält. Das ist mit dem Tätigsein Gottes gemeint. Daraus folgt, dass Gott nicht nur die erste Ursache allen Seins ist, sondern auch der Möglichkeit der temporalen Veränderung allen Seins. Wechselt ein aktual Seiendes nämlich von einem aktualen Zustand in einen möglichen anderen, ist dies nur möglich, wenn der aktuale Zustand Vergangenheit wird und der mögliche Zustand aktuale Gegenwart.

Daraus ergeben sich nun Konsequenzen bezüglich des Bestehens von Wahrheit im obigen Sinne. Wenn Gott diejenige Ursache ist, welche alles Seiende in seiner Seinsweise und Veränderung ermöglicht, dann muss sein Tätigsein zweckgebunden sein, i.e. die Bestimmung der Wirkung. Besteht sie in der Erhaltung allen Seins und der Ermöglichung von Veränderung, muss bereits durch die Ursache bestimmt sein, was durch die Wirkung erst sein soll. Wenn die Ursache den Beginn einer Veränderung bestimmt, kann aus dieser zum Ende nicht mehr hervorgehen, als wofür sie ursächlich ist. So ist auszuschließen, dass ein Feuer als Ursache des Brennens in derselben Weise Ursache für Regen ist. Denn das Feuer besteht aus Flammen, deren Zweck ist, dass sie das Brennen bewirken. Ist folglich das Feuer nicht gegeben, ist auch kein

---

[67]   Vgl. ebd.
[68]   Vgl. STh. I q. VIII. a. 1
[69]   STh. I q. II a. III [(…), weder ist möglich, dass etwas seine eigene bewirkende Ursache sei, weil es so vor sich selbst wäre, was unmöglich ist (…)]

Brennen gegeben. Ist Gott daher Ursache in obiger Weise und sind die Erhaltung allen möglichen und wirklichen Seins Wirkung seines Tätigseins, muss in ihm als Ursache bereits alles mögliche und wirkliche Sein gemäß seiner Seinsweise bestimmt sein. Andernfalls wäre es nicht.

Mit Thomas ist auf eine Unterscheidung hinzuweisen. Die Ursache der Bestimmtheit des Seins ist von der Ursache des Tätigseins Gottes, welches das Sein in bestimmter Weise hervorbringt, verschieden.[70] Das geht aus einem kategorialen Unterschied hervor. Unter der Bestimmtheit von Seienden können dessen Eigenschaften verstanden werden, die es aufweisen muss, um ein Seiendes einer bestimmten Art zu sein. Tätigsein ist eine sich in bestimmter Weise vollziehende Veränderung. Wird durch das Tätigsein allein die Hervorbringung von Seiendem bewirkt, so kann es nicht die Ursache der Bestimmtheit des Seienden sein. Es it schließlich nur die Ursache von dessen Hervorbringung. Also kann das Seiende nur dann hervorgebracht werden, wenn dem Tätigsein bereits die Bestimmtheit des Seienden zugrundeliegt. Denn würde das Tätigsein Seiendes in unbestimmter Weise hervorbringen, so wäre es überhaupt kein Seiendes. Thomas sieht diese Ursache im Wissen Gottes, welches in der Erkenntnis allen Seins besteht.[71]

Diese Erkenntnis muss schon vor der Schöpfung gegeben sein, weil das Tätigsein Gottes erst dann bestimmtes Seiendes hervorbringen könnte, wenn dieses als solches bestimmt ist. Somit miss Gott die Ursache für die Beschaffenheit der Dinge sein. Denn die Dinge können nicht verschieden von seinem Wissen sein.[72] Im Gegensatz zu den Wahrheiten einzelner *intellectus agentes*, bedeutet dies, dass Gott aufgrund seines vollkommenen Wissens auch vollkommene Wahrheit hervorbringt. Wenn das Wissen Gottes von ihm nicht verschieden ist und die Dinge seinem Wissen durch seine Erstursächlichkeit entsprechen, dann ist ein jedes Seiendes vom Wissen Gottes nicht verschieden.[73] Gilt dies für jede Art von Seienden, folgt, dass die Wahrheit Gottes nur eine einzelne ist, die sich auf das Ganze des Seins erstreckt.[74] Eine Tatsache, die vor allem bezüglich der *contingentia futura* problematisch sein kann, aber aus rein thomistischer Sicht nicht sein muss.[75] Wenn alles Seiende dem Wissen Gottes entspricht und

---

[70]   Vgl. STh. I q. XIV a. 8.
[71]   Vgl. STh. I q. XIV. a. 1
[72]   Vgl. ebd.
[73]   Vgl. Rose, Miriam :Fides caritate formata. Das Verhältnis von Glaube und Liebe in der Summa Theologiae des Thomas von Aquin. S.45.
[74]   Vgl. De ver. q. I. a. 4.
[75]   Vgl. STh. I. q. XIV. a. 13

er die Ursache für dessen Bestehen ist, so ist keine Wahrheit ohne Gott. Denn ein jedes mögliches und wirkliches Seiendes ist nur, insofern es dem Wissen Gottes entspricht. Ist folglich die Angleichung des menschlichen Verstands an ein Ding korrekt und somit wahr, so muss der Verstand des Menschen dem Wissen Gottes entsprechen. Entspricht der Verstand des Menschen bezüglich einem Seiendem dem Wissen Gottes, so kann er nur Anteil an der Wahrheit haben, weil es ein begrenztes Wissen ist. Ist folglich dem Wissen Gottes nur eine Wahrheit gegeben, so stellt das Wissen des Menschen nur einen Teil davon dar bzw. „[…] a qua in intellectu humano derivantur plures veritates […].“[76] Weiterhin, wenn Gott von seinem Wissen nicht verschieden ist, so besteht auch die Wahrheit mit Gott. Folglich besteht die Wahrheit so lang, wie Gott besteht, i.e. nach Thomas ewig.[77] Daraus ist zu schließen, dass durch Gott auch jede Wahrheit, die an seiner Wahrheit teilhat, ewig besteht, weil sie durch sein Wissen besteht.

Für die metaphysische Grundlage der Wahrheit folgt, dass das vollkommene Richtmaß durch Gott gegeben ist. Ein jedes Seiendes entspricht seinem Wissen in vollkommener Weise. Somit ist das Seiende selbst der Inbegriff des Wissens Gottes. Ist weiterhin Erkenntnis nur dann möglich, wenn der Verstand sich einem Ding durch ein *phantasma* angleicht, so ist jegliche Erkenntnis eines Dings durch das Ding selbst gegeben. Das bedeutet, dass für den menschlichen Verstand der Maßstab der vollkommenen Wahrheit das Ding selbst ist. Wenn er dem Wissen Gottes entspricht, entspricht es allem, was über das Ding gewusst werden kann. Aufgrund dessen, dass es somit auch der einen Wahrheit Gottes entspricht, stellt es in seiner vollkommenen Bestimmtheit als Ding einer Art die vollständige Übereinstimmung mit dem Wissen Gottes dar. Folglich ist alles von einem Ding Wissbare auch durch das Ding erkennbar. Weshalb die Gegebenheit eines Dinges zur Erkenntnis der vollständigen Wahrheit über es ausreichte, wenn nur der menschliche Verstand nicht begrenzt wäre. Denn der Verstand könnte ein Ding nur dann vollständig erkennen, wenn er sich einem Ding vollständig angliche. Dies führte zum einen zur Zerstörung des Verstandes und zum anderen ist eine vollständige Angleichung durch sein relationales Erfassen des Dinges nicht gegeben. Denn selbst wenn eine vollständige Angleichung möglich wäre, so ist er dennoch an die Position des ihn beherbergenden Menschen gebunden.

---

[76]   Vgl. De ver. q. I. art. 4. [(…) davon werden im menschlichen Verstand viele Wahrheiten abgeleitet (…)]

[77]   Vgl. STh. I. q. X. a. 1

1. 4 Einwand gegen die thomistische Grundlage der Wahrheit

Gegen eine solche Konzeption kann ein Einwand des Heinrich von Gent (ca. 1240-1293) aus seiner Summa erhoben werden. Dieser setzt beim vermittelnden Gegenstand an, durch welchen die *species intelligibilis* gebildet wird. Heinrich meint:

„[…] ille non potest scire rem qui non percipit essentiam & quidditatem rei: sed solum idolum eius. Quia non novit Herculem, qui solum vidit picturam eius. Homo autem nihil percipit de re nisi solum idolum eius, ut speciem receptam per sensus, quae idolum rei est non ipsa res. Lapis enim non est in anima, sed species lapidis, ergo &c." [78]

Wie oben gesagt, erkennt der Mensch durch ein *phantasma*. Dieses ist vom Ding der Erkenntnis selbst verschieden. Herinrichs Einwand besteht darin, dass die Erkenntnis durch ein bloßes Bild (*solum idolum*) nicht gleichzusetzen sei mit der Erkenntnis des Gegenstandes selbst. Denn ein Bild ist weder die Essenz noch die wesentlichen Eigenschaften (*quidditas*) eines Gegenstandes. Wenn aber durch das Bild erkannt wird, erkennt man nur das Bild und nicht die Sache selbst. Ist zudem kein Merkmal gegeben, an welchem ersichtlich ist, dass das Bild tatsächlich abbildet, was es vorgibt abzubilden, kann gezweifelt werden, ob überhaupt ein äußerer Gegenstand vorhanden ist. Das trifft die Crux eines solchen Repräsentationalismus bis heute.[79] Wird bezüglich Thomas die *species intelligibilis* aufgrund eines bloßen *phantasma* hervorgebracht, besteht zunächst kein Grund zur Annahme, dass dieses dem Gegenstand entspricht. Zu bezweifeln ist daher, dass die für wahr gehaltene Erkenntnis auch wahr ist.

Doch kann Zweifel nur dort bestehen, wo die Möglichkeit zu irren ist. Thomas sieht den Verstand in Anlehnung an Aristoteles als ein Vermögen der Seele an.[80] Als solches kommt ihm die Funktion zu, alles Seiende zu beachten, sofern es allgemeine Eigenschaften aufweist, während die Sinne das Seiende beachten, sofern es keine allgemeinen Eigenschaften aufweist.[81] Allein in der Ausübung seiner Funktion, d.h. wenn der Verstand tätig ist, ist er aktual. Dies ist dann der Fall, wenn er von etwas seiner

---

[78]   Heinrich von Gent: Summae Quaestionum Ordinarium Theologi recepto praeconio Solemnis Henrici a Gandavo. a. 1 q. I. Fo. I. [(…) jener kann nicht von einer Sache wissen, der nicht die Essenz und Washeit der Sache wahrnimmt: sondern allein ihr Abbild. Weil es erschafft nicht den Herkules neu, der allein sein Bild sieht. Ein Mensch nimmt aber nichts von einer Sache wahr, außer allein ihr Abbild, wie eine gewöhnliche Erscheinung durch den Sinn, die das Abbild der Sache ist, nicht die Sache selbst. Ein Stein ist nämlich nicht in der Seele, sondern die Erscheinung des Steins, also etc.]

[79]   Vgl. Perler, Dominik: Zweifel und Gewissheit. Skeptische Debatten im Mittelalter. S. 48ff.

[80]   Vgl. STh. I q. LXXIX. a. 1. ad. I.

[81]   Vgl. STh. I q. LXXVIII. a. 1.

Funktion Entsprechenden ergriffen ist.[82] Das ist nur dann der Fall, wenn für den Verstand ein bestimmtes natürliches Streben (*appetitus naturalis*) wesentlich ist. Nach Thomas ist dies eine der eigenen Natur entsprechenden Neigung.[83] Dieses Streben wirkt auf den ersten Blick seltsam, weil es den Anschein eines stets aktiven Verstandes erweckt, da ihm ein Streben gegeben ist. Dies würde aber der Meinung des Aquinaten widersprechen. Er sagt vom Verstand, dass er ein passives Vermögen sei. Ein stets aktives Vermögen ist nach Thomas allein den göttlichen Wesen vorbehalten. Für den menschlichen Verstand gilt: „[…] potentia est, quae non semper est in actu, sed de potentia procedit in actum; sicut invenitur in generalibus, et corruptibilibus."[84] Weil die Funktion des Verstands im Verstehen liegt, gilt somit: „[…], est in potentia respectu intelligibilium; […]"[85] Das Vorliegen von Verstehbaren ist folglich die Bedingung für die Aktualität des Verstandes. Wie oben gesehen, kann für den Menschen nur dann etwas verstanden werden, wenn ein Seiendes vorhanden ist, dem sich der Verstand angleichen kann. Wenn der Verstand diese Angleichung nur durch ein Streben vollzieht und dieses Streben nur dann gegeben ist, wenn Verstehbares gegeben ist, und das Verstehbare nur, wenn Seiendes gegeben ist, dann bewirkt das Seiende das Streben des Verstandes.

Dass irgendein äußerer Gegenstand auf ihn unmittelbar einwirkt und so seine Aktualität bewirkt, ist ausgeschlossen, weil ein Vermögen *per definitionem* nicht ist, bis es aktual ist. Auf Nicht-Seiendes kann nicht eingewirkt werden. Folglich muss eine andere die Aktualität bewirkende Ursache gegeben sein. Wenn sie in der Eigenschaft besteht, dass die Aktualität des Vermögens stets dann gegeben ist, wenn allgemeine Eigenschaften gegeben sind, dann sind die allgemeinen Eigenschaften zwar Ursache seiner Aktualität, aber ohne direkte Einwirkung. Denn die Wirkung folgt aus ihrem Sein. In falscher Analogie kann dies am Beispiel eines Magneten verdeutlicht werden. Solang in seiner Nähe kein Eisenstück gegeben ist, sieht es so aus, als wenn von ihm keine magnetische Kraft ausginge. Ist jedoch ein Eisenstück gegeben, so aktualisiert sich seine magnetische Kraft und das Eisenstück wird herangezogen, weil der Magnet danach strebt, Eisen anzuziehen. Das Eisen wirkt nicht direkt auf den Magneten ein,

---

[82]   Vgl. STh. I q. LXXX. a. 2.

[83]   Vgl. ebd. ad. 3

[84]   STh. I. q. LXXIX a. 2. resp. [(…) er ist ein Vermögen, das nicht stets aktual ist, sondern vom Vermögen zum Tätigsein fortschreitet; wie man es im Allgemeinen und Vergänglichen erkennt.]

[85]   Ebd. [(…), es ist im Vermögen hinsichtlich de Verstehbaren; (…)]

doch wird seine magnetische Kraft aktualisiert, weil die wesentliche Eigenschaft des Magneten ist, dass sich seine magnetische Kraft aktualisiert, wenn Eisen gegeben ist.

Verhält sich der Verstand sich ebenso, ist ersichtlich, dass ihm keine andere Möglichkeit gegeben ist, seine Funktion auszuüben, als auf diese Weise. Der Verstand kann in seiner Funktion also niemals fehl gehen. Andernfalls wäre er kein Verstand, weil er durch etwas vom Verstehbaren Verschiedenes bedingt wäre.

Damit ist gezeigt, dass der Verstand in seiner Funktion des bloßen Verstehens unfehlbar ist. Das entkräftet nicht Heinrichs Einwand, weil, selbst wenn der Verstand unfehlbar ist, er alle Erkenntnis aus einem vom Gegenstand verschiedenen ihn abbildenden *phantasma* bezieht. Die funktionalistische Sicht auf den Verstand zeigt, dass jede Entität, die in ihrem Sein als ein Teil vom Verstand allein abhängt, ebenso fehlerfrei sein muss, wie der Verstand selbst. Denn eine Eigenschaft, die dem Ganzen zukommt, kommt genauso seinen Teilen zu. Kommt dem Verstand im Ganzen seine Fehlerfreiheit durch die Eigenschaft zu, dass er nur dann aktual sein kann, wenn Verstehbares gegeben ist, so kann auch jeder Teil nur aktiv sein, wenn Verstehbares gegeben ist. Dies bedeutet nicht, dass die Teile für sich genommen nicht unterschiedliche Funktionen haben können. Wenn Thomas daher meint, dass der Verstand nur etwas versteht, wenn er sich vom Gegenstand vorher ein *phantasma* gebildet hat, welches ein Exemplar eines Gegenstandes darstellt,[86] so wird dies ein Vorgang eines Teils des Verstandes sein, dessen Funktion genau darin besteht. Dieser als Vorstellungskraft (imaginatio) bezeichnete Teil gilt daher neben den Sinnen als eine Quelle der Erkenntnis, weil sie *phantasmata* hervorbringt.[87] Doch bezieht sich die daraus hervorgehende Erkenntnis auf Universales.

Alsdann ist der Begriff der *imaginatio* gleichzusetzen mit dem aristotelischen Begriff der φαντασία.[88] Aristoteles sieht die Bedingung zur Aktualisierung der φαντασία in der Wahrnehmung (αἴσθησις) begründet. Denn diese ist nach Aristoteles selbst eine Art von Bewegung, welche durch die Aktualität der Wahrnehmung von Bewegtem hervorgeht.[89] Folglich ist die Funktion der Wahrnehmung durch sich Bewegendes bedingt, wie die Funktion des Verstandes durch Verstehbares. Das bedeutet, dass es keine Wahrnehmung ohne sich Bewegendes geben kann. Folgt man darin Aristoteles, so

---

[86]   Vgl. STh. I. q. LXXXIV. a. 7. resp.
[87]   Vgl. ebd.
[88]   Vgl. Tellkamp, Jörg Alejandro: Sinne, Gegenstände und Sensibilia: Zur Wahrnehmungslehre des Thomas von Aquin. S. 254ff.
[89]   Vgl. Aristoteles: An. Γ, Kapitel 3, 428b 10 – 15.

kommen der aus der Wahrnehmung resultierenden Bewegung drei wahrheitsspezifische Eigenschaften zu. Richtet sich die Wahrnehmung auf das Eigentümliche (ἴδιος) des Wahrgenommenen, so ist diese selbst wahr (ἀληθής). Versteht man nun unter ἴδιος in Abgrenzung zu Aristoteles' Begriff der οὐσία nicht etwas Eigentümliches, sofern es mit dem Seienden fortbesteht, sondern sofern es einem aktual Seienden gemäß seiner Aktualität in der Welt zukommt, lässt sich zeigen, warum eine Wahrnehmung davon wahr genannt werden kann. Nach Aristoteles besteht Wahrheit und Falschheit in Folgendem:

„Zu sagen, dass ist, was nicht ist, oder dass nicht ist, was ist, ist falsch. Aber zu sagen, dass ist, was ist, und dass nicht ist, was nicht ist, ist wahr."[90]

Ist weiterhin ein Ding einzeln und in Bezug zu einem selbst oder anderem bestimmt,[91] so ist durch eine wahre Aussage entweder eine Relation ausgesagt, die zwischen Seienden besteht, oder die Aussage richtet sich auf das in Relation stehende Seiende. Der hier bestehende Unterschied ist, dass für die Möglichkeit, eine wahre Aussage über Relationen von Seienden zu formulieren, das Seiende selbst vorausgesetzt werden muss. Denn ohne Seiendes könnte es keine Aussagen über deren Relationen geben. Folglich müssen jene wahren Aussagen über Seiendes temporal früher gelegen sein, als über dessen Relationen. Epistemologisch bedeutet dies, dass die Erkenntnis von einzelnem Seienden vor der Erkenntnis des Seienden in Relation zueinander ist, weil eine Relation erst dann bestehen kann, wenn verschiedenes Seiendes differenzierbar ist. Insofern muss das Einzelne zunächst in seiner Eigentümlichkeit als Seiendes erkannt sein, auch wenn nicht genau ersichtlich ist, worin diese Eigentümlichkeit besteht. Denn eine Differenzierung gemäß der artspezifischen Eigenschaften ist schon allein deshalb nicht möglich, weil dies bereits das einzelne Seiende von anderen Seienden relational differenziert.

Wenn sich Wahrnehmung in einer Weise auf die Eigentümlichkeit von Seienden richtet, ist somit zu sagen, dass diese im übertragenen Sinne wahr ist. Denn besteht die fundamentale erste Funktion der Wahrnehmung im Erkennen von Seiendem und ist Wahrnehmung nur dann gegeben, wenn Wahrnehmbares in Form eines einzelnen Seienden gegeben ist, so besteht diese fehlerfrei. Ein auf solcher Wahrnehmung beruhendes *phantasma* muss daher eine fehlerfreie Abbildung von diesem Seienden sein. So-

---

90   Vgl. Arsitoteles: Met. Γ, Kapitel 7, 1011b 26-28.
91   Vgl. ebd. 1011b 9.

mit ließe sich dem Einwand Heinrichs entgegnen, dass der Verstand durch ein *phantasma* durchaus einen Gegenstand seinem Sein nach verstehen kann, weil das *phantasma* immer seinem Gegenstand entspricht.

Der Einwand ist damit noch nicht widerlegt, wenn man berücksichtigt, dass durch das *phantasma* auch Differenzen zu anderen Seienden verstanden werden sollen. Denn wie Aristoteles verdeutlicht, kann Wahrnehmung bei den Akzidenzien und relationalen Eigenschaften fehlerhaft sein.[92] Damit ist zum Ersten gemeint, ob ein Seiendes eine bestimmte Eigenschaft aufweist, und zum Zweiten, wie ein Seiendes in Bezug zu anderen Seienden bestimmt ist. So kann man irren, ob ein Holz im Wasser gebrochen ist oder nicht bzw. ob das Holz größer oder kleiner ist als ein ähnlicher Stock. Soll folglich das *phantasma* auch diese Eigenschaften darstellen, so ist durch den Verstand keine zweifelsfreie Erkenntnis gegeben.

Für Aristoteles' Definition der Seele, deren Vermögen der Verstand ist, ist dies plausibel. Weil sie kein eigenständiges Seiendes ist, sondern mit dem Körper untrennbar als dessen belebende *causa formalis* verbunden ist, vergeht sie mit dem Körper[93] und ist daher durch die Körper-Seele-Einheit durch seine Materie bedingt. Denn ohne die Materie besteht diese Einheit genauso wenig, wie ohne seine Form. Dies widerspricht nicht dem Charakter der Seele, sofern sie *Entelechie* ist. Dieser besteht darin, dass sie ein unveränderliches sich stets verwirklichendes Bewegungsprinzip von Körpern ist, die der Selbstbewegung fähig sind.[94] Diese Betrachtung bezieht sich auf die funktionale Eigenschaft der Seele im Allgemeinen, jedoch nicht auf deren Bedingtheit im Körperganzen. Verfügt ein Körper über eine Seele, so muss er sich selbst bewegen können und ist daher belebt. Inwiefern diese Bewegung umgesetzt werden kann, ist von den Eigenschaften des Körpers selbst abhängig, d.h. von seiner Materie. So liegt es z.B. in der Beschaffenheit des Körpers, ob dieser Wahrnehmung oder ein Sehvermögen besitzt, welches durch sein Belebtsein aktual werden kann.[95] Damit besteht eine unmittelbare Interdependenzbeziehung zwischen Seele und Körper, welche das belebte Seiende für sich genommen ausmacht.[96]

---

[92]   Vgl. Aristoteles An. Γ, Kapitel 3, 428b 15-30.
[93]   Vgl. ebd. 413a 1-6.
[94]   Vgl. Aichele, Alexander: Ontologie des Nicht-Seienden. Aristotles' Metaphysik der Bewegung. S. 249f.
[95]   Vgl. Aristoteles: An. B, Kapitel 1, 412b15-27.
[96]   Vgl. Aichele, Alexander: Ontologie des Nicht-Seienden. Aristotles' Metaphysik der Bewegung. S. 250f.

Ist Wahrnehmung ein Vermögen der Seele[97] und ist Wahrnehmung nur dann gegeben, wenn Bewegung gegeben ist, und Bewegung nur dann, wenn Körper sind, dann ist die Bewegung ebenso durch die Materie bedingt. Ist die Seele vom Körper nicht abtrennbar, so sind auch deren Vermögen durch Materie bedingt. Vollzieht die Seele die Verstandestätigkeit, indem sie aufgrund eines *phantasma* erkennt, so ist diese Erkenntnis nicht unabhängig von der Materie der Gegenstände zu betrachten. Ist das *phantasma* durch das Bewegtsein eines Körpers hervorgebracht, kann es wahr genannt werden, wenn es das Bewegtsein des Körpers im Ganzen darstellt. Weil jede Bewegung durch Materie bedingt ist, ergibt sich zwangsläufig für das aristotelische *phantasma*, dass die Komplexität des *phantasma* steigt, je mehr unterschiedliche Bewegung durch Materie bedingt ist. Wie Aristoteles in *De motu animalium* zeigt, kann jeder Teil eines Körpers gemäß seines Bewegtseins in unterschiedlicher Weise betrachtet werden.[98] Aber auch gemäß der Materie, die sein Bewegtsein bedingt, weil das Ganze nicht ohne seine Teile sein kann. Ist dies der Fall, so ist auch das *phantasma* durch diese Arten von Materie bedingt, weil es aus dem Bewegtsein verschiedener Materie wie eine Bewegung hervorgebracht ist. Daraus folgt, je mehr Materie unterschiedliche Bewegungen hervorbringt, dass durch die Wahrnehmung ein *phantasma* gebildet wird, das einen einzelnen Körper nicht allein darstellt, sondern mehr als nur diesen. Bezüglich des Holz-im-Wasser-Beispiels heißt dies, dass das *phantasma* des Holzes sowohl durch das Bewegtseins des Holzes wie des Wassers gebildet wird. Zweifelsfrei lässt sich sagen, dass das *phantasma* das Holz als Holz und das Wasser als Wasser erfasst. Doch ob das Holz aus Wasser und das Wasser aus Holz oder das Holz aus Holz und das Wasser aus Wasser besteht, kann durch das *phantasma* unmöglich erfasst sein. Schließlich ist es ja aus der Bewegtheit des Ganzen hervorgebracht. Diese Unterscheidung obliegt nach Aristoteles erst dem Verstand, der aufgrund der Wahrnehmung Differenzierungsurteile formuliert.[99]

Stellt das *phantasma* das Bewegtsein im Ganzen dar, so scheint der differenzierende Verstand verschiedene Bewegungsarten festzustellen bzw. sie den Körpern gemäß der Bewegtheit ihrer Materie zuzusprechen. Daraus ergibt sich eine Sonderbarkeit bezüglich der ersten sich auf die *phantasmata* richtenden Verstandesurteile. Denn wie Aristoteles bereits bemerkt, kann nur dann etwas differenziert werden, wenn bereits bekannt ist, was differenziert werden soll. Daher müssen dem Verstand entweder bereits

---

[97]   Vgl. Aristoteles An. B, Kapitel 2, 413a 11-b14.

[98]   Vgl. Aristoteles Mot. an., Kapitel 1, 698a1-698b 6.

[99]   Vgl. Aristoteles An. Γ, Kapitel 4, 429b 10-16.

phantasmata gegeben sein, bevor er sich auf sein erstes richtet, oder es sind keine *phantasmata*, sondern etwas, das nur mit ihnen verbunden ist.[100] Weil die Seele durch den Körper bedingt ist, welcher durch die Materie bedingt ist, sind beide Positionen plausibel. Beruht die Aktualität des einzelnen Individuums auf verschiedenen Bewegungen, so ist nicht auszuschließen, dass diese Bewegung anderen Bewegungen ähnlich sind bzw. gleichen. Genau darin liegt die Anfälligkeit für den Irrtum. Denn wenn durch die Darstellung des Bewegtseins eines Seienden durch das *phantasma* gewährleistet ist, dass ein Seiendes als dieses erkannt werden kann, ist diese Gewährleistung aufgrund der Vielfalt des Bewegten nicht mehr gegeben, weil die unterschiedlichen Materien der Körper die Bewegung im Ganzen bedingen. Wenn das Bewegtsein der Körper die Ursache der Bildung eines *phantasma* ist, könnte dieses somit niemals einen Gegenstand unabhängig von allen Einflüssen durch andere Körper darstellen. Woraus die oben bereits angegeben Zweifel des Aristoteles folgen.

Diese Zweifel können jedoch bezüglich Thomas' Definition der Seele entkräftet werden, weil sie als *principium intellectualis operationis* unabhängig vom Körper besteht und insofern der Verstand in bestimmter Hinsicht durch die Materie unbedingt ist.[101] So hält er fest:

„Si igitur principium intellectuale haberet in se naturam alicujus coporis, non posset omnia copora cognoscere: omne autem corpus habet aliquam naturam determinatam; impossibile est igitur, quod principium intellectuale sit corpus; et similiter impossibile est, quod intellegat per organum corporeum: quia natura determinata illius organi corporei prohiberet cognitionem omnium corporum; [...]"[102]

Besteht die Natur der Seele in der Ausübung verschiedener Tätigkeiten, so folgt, dass die Möglichkeiten zum Tätigsein durch die Artzugehörigkeit eines Seienden eingeschränkt sind. Wäre folglich die menschliche Seele an den menschlichen Körper gebunden, so müssten deren Funktionen, etwa wie bei Nemesius von Emesa (4. Jhd. n. Chr.),[103] an bestimmte Organe gebunden sein. Daraus ergibt sich eine Ungereimtheit bezüglich ihrer Funktion. Wie das angeführte Zitat zeigt, wird durch die Seele jeder

---

[100]   Vgl. ebd. Kapitel 8, 432a11-14.
[101]   Vgl. STh. I. q. LXXV. a. 1. resp.
[102]   Ebd. [Wenn folglich das intellektuale Prinzip in sich die Natur irgendeines Körpers hätte, könnte es nicht alle Körper erkennen: alle Körper haben aber irgendeine bestimmte Natur; folglich ist es unmöglich, dass ein intellektuales Prinzip im Körper sei; und ebenfalls unmöglich ist, dass er durch irgendein Organ des Körpers versteht: weil die bestimmte Natur jener körperlichen Organe die Erkenntnis von allen Körpern verwehrt; (...)]
[103]   Vgl. Nemesius von Emesa: De Natura Hominis. S. 94f[22-2].

Körper erkannt. Wäre die Seele oder Funktionen von ihr organisch, dann wäre ihre Tätigkeit durch das Organ selbst begrenzt. Dies bedeutet, dass ihr Tätigsein durch das Vorhandensein der die Organe affizierenden Gegenstände bedingt ist. Dann wäre die Seele nicht mehr wie ein Sinn. Denn wie der Sehsinn auf Sehbares reagiert, so würde die Seele auf alles ihrem Organ Entsprechendes reagieren. Wäre die Seele daher eine Art Sinn, dann könnte sie als *principium intellectualis operationis* niemals eine Verstandestätigkeit ausführen, die sich auf etwas sie gerade nicht unmittelbar Affizierendes richtet. Dies bedeutet, dass Vorstellungen von vergangenen Ereignissen oder bloß möglichen Entitäten nicht möglich wären, weil diese niemals aktual in der Welt sind und folglich die Seele auch nicht affizieren könnten. Gerade weil die Seele sich jedoch auf Vergangenes oder bloß Mögliches richten kann, ist es nicht plausibel anzunehmen, dass sie in irgendeiner Weise körperlich sei.

Bezüglich der Wahrnehmung und der Bildung eines *phantasma* ergibt sich sodann ein deutlicher Unterschied zur aristotelischen Position. Denn der Körper wird von der Seele nur *ex parte obiecti* gebraucht.[104] Dies ist nach Thomas in Analogie zum Sehsinn und zur Farbe zu erklären. Wie der Sehsinn etwas bedarf, in dem Farbe ist, damit er sehen kann, bedarf der Verstand etwas, in dem Verstehbares ist,[105] i.e. ein *phantasma*. Das ist so zu erklären, dass die Seele durch die Relationen von einem Körper zu einem anderen Erkenntnisse von den Körpern im Einzelnen erhält. Der Körper ist insofern ein in der materiellen Welt verhafteter Fixpunkt in Raum und Zeit und relational als Einzelnes bestimmt. Die Seele ist zwar einzeln, jedoch immateriell, was sie unabhängig von jeglichen materiellen Bestimmungen macht. Ist ihr ein Körper zugewiesen, muss ihr auch unmittelbare Erkenntnis über die Gegenstände der Welt zugesprochen werden. Wenn der Körper mit ihr besteht und durch sie besteht, was ihrer Funktion als *causa formalis* gerecht wird, dann kann der Körper nicht als Organ der Seele gedeutet werden, sondern ist aufgrund seiner Materialität ein Bestimmungspunkt in der Welt, der sowohl für sich bestimmt ist, als auch in Bezug zu anderen Dingen. Wenn daher andere sich verändernde Dinge in der Welt gegeben sind, verändert sich auch der Körper. D.h. die Seele muss unmittelbare Erkenntnis davon haben, weil sie die Bestimmungen der Eigenschaften des ihr zugehörigen Körpers ändern. Eine solche Konzeption einer selbstständigen Seele, setzt im Gegensatz zu Aristoteles' Konzeption eine stärkere metaphysische Behauptung voraus. Diese besteht in der Möglichkeit sofortiger Veränderung von singulärem immateriellem Seienden durch die Veränderung von

---

[104]   Vgl. Q. d. de anima, a. 1 ad 11.
[105]   Vgl. De potentia, q. 3 a. 9 ad 22.

materiellem singulärem Seienden. Damit ist keine logische Relation ausgesagt, sondern eine metaphysische.

Folglich muss die Wahrnehmung über allen Irrtum erhaben gedacht werden. Verändern sich die Gegenstände in der Welt, hat die Seele durch die metaphysische Relation zum Körper unmittelbare Erkenntnis von der Veränderung und den sich verändernden Gegenständen, weil sich dadurch die Bestimmung des Körpers in der Welt selbst ändert. Bildet ein *phantasma* dies ab, ist dessen Bildung allein von den Körpern und ihren Veränderungen abhängig, ohne dass die Seele durch die Materie bedingt wäre.[106] Notwendigerweise muss jedes *phantasmata* korrekt sein und den Gegenständen entsprechen, die es abbildet. *Ex parte obiecti* bedeutet dies, dass ein *phantasma* immer den Objekten selbst inhärent ist, weil diese in Bezug zu anderen Körpern durch ihre Eigenschaften und deren Veränderung zu jeden Körpern bestimmt sind. Damit lässt sich der Zweifel des Aristoteles als auch der Heinrichs entkräften, weil überhaupt nicht die Möglichkeit besteht, dass ein *phantasma* etwas anderes abbilden kann als den Gegenstand mit dem ihm zugehörigen artspezifischen Eigenschaften.

1. 5 Über die voluntas

Wenn der Verstand etwas durch ein *phantasma* versteht, folgt, dass eine Aussage über das Verstandene immer wahr sein müsste. Das wäre der Fall, wenn die Erkenntnis einfach wäre. D.h., wenn sie die Bestimmtheit der Welt im Ganzen erfassen würde. Weil der menschliche Verstand selbst beschränkt ist und daher seine Erkenntnis aus verschiedenen Quellen der Aufmerksamkeit (intentio) zusammensetzen muss,[107] ist die Möglichkeit für Irrtum gegeben. Das ist der Ausgangspunkt für jegliche probabilistische Diskussion. Je komplexer eine solche Zusammensetzung wird, die ihren Ausdruck in einem Urteil über etwas findet, desto mehr Relationen treten zwischen den Bestandteilen des Urteils auf, d.h. zwischen den verwendeten Begriffen. Dient die Wahrheit oder Falschheit von Urteilen in Schlussfolgerungen als Bedingung für die Wahrheit oder Falschheit anderer Urteile, sind die begrifflichen Relationen der einzelnen Urteile zueinander, nicht unmittelbar einsehbar. Verschiedene Erklärungen für einen bestimmten Sachverhalt scheinen somit wahr oder falsch, obwohl sie es vielleicht nicht sind. Daraus kann ein *error in compossibilitate* hervorgehen, weil die möglichen begrifflichen Relationen unterschiedlicher Urteile zueinander, unvereinbar miteinander bestimmt sein können. Insofern bietet die bloße Möglichkeit, die Begriffe in

---

[106]   Vgl. Aristoteles: De ente. cap. VI.

[107]   Vgl. STh I q. LXXVIII a. 4 resp.; De verit. q. 22. a. 13 ad 16.

Schlussfolgerungen sowohl in logischer wie grammatikalischer Hinsicht verschiedenartig aufeinander beziehen zu können, einen breiten Interpretationsspielraum über die adäquate Wiedergabe eines Sachverhalts durch ein Urteil.

Dies setzt die Bedingtheit der Urteilsbildung durch etwas voraus, das aus erlangter Erkenntnis neben wahren und falschen Urteilen auch irrtumliche Urteile anwendet. Wäre die Möglichkeit der Bildung irrtümlicher Urteile nicht gegeben, so wäre die Urteilsbildung selbst nicht viel mehr wie ein Streben (appetitus), welches von den Begriffen und den ihnen zugrundeliegenden Erkenntnissen determiniert wird.

In der thomistischen Lehre ist diese Anwendung durch den sich der Erkenntnis des Verstandes bedienenden individuellen Willen möglich. Obwohl auf den ersten Blick eine Analyse der Konzeption des Willens nichts mit der Wahrheit oder Falschheit von Aussagen zu tun zu haben scheint, stellt der Wille sowohl in der thomistischen wie ihm nachfolgenden Tradition ein wesentliches Element in der Anwendung von Erkenntnissen über die Welt dar. Daher besteht für das weitere Verständnis der Grundlage des Probabilismus die Notwendigkeit, auf die Relation zwischen Wille und Verstand einzugehen und zu zeigen, welche metaphysischen und logischen Konsequenzen aus diesen erwachsen.

Der menschliche Wille, so hält Thomas fest: „[…] est appetitus consequens apprehensionem appetentis secundum liberum judicum […]"[108], weshalb er auch „[…] *appetitus rationalis*, sive *intellectivus*, […]"[109] genannt wird. Folglich ist der Wille wie der Verstand durch etwas sein artspezifisches Streben Hervorbringendes bedingt. Der Wille muss also als ein Vermögen angesehen werden.[110] Doch anders als der Verstand besteht das Streben des Willens nicht im Erkennen und Verstehen von etwas, sondern in der Bewegung zu einem für seinen Anwender artspezifischen Guten. Woraus für Thomas hervorgeht, dass durch ihn diejenigen Vermögen aktualisiert werden können, die diesem Zweck dienen.[111] Dies geschieht, indem man etwas in bestimmter Weise will. Die Bestimmung selbst stellt ein Ziel dar, i.e. was gewollt wird.[112] Eine Bestimmung von einem Ziel kann nur dann erfolgen, wenn ein Ziel so erkannt ist, dass man es angestreben kann. Der Verstand muss also den Willen bei seinem Tätigsein bedin-

---

[108]   STh I-II. q. XXVI a. I. resp. [(…) ist ein Streben, das zusammengehend ist mit dem Erfassen von Anstrebbaren gemäß einem freien Urteil (…)]

[109]   Ebd. [(…) rationales oder intellektuales Streben, (…)]

[110]   Vgl. STh. I. q. LXXX a. 2. resp.

[111]   Vgl. STh. I. q. LXXXII a. 4. resp.

[112]   Vgl. STh. I-II q. IX. a. 1. resp.

gen. Wenn durch den Verstand einzelnes Seiendes in der Welt gemäß seiner artspezifischen Eigenschaften erkannt wird, dann können zielgerichtete Bewegungen in Bezug zur eigenen Position in der Welt bestimmt werden. Andernfalls wäre jede Bewegung unbestimmt und würde sich nicht in Bezug zu etwas anderem vollziehen. Dabei muss nach thomistischer Auffassung keine genaue Erkenntnis darüber vorliegen, was etwas genauerhin ist. Denn dem Willen ist bereits von vornherein ein bestimmtes unveränderliches Ziel seines Strebens gegeben, das in der Glückseligkeit (beatitudo) besteht.[113] Folglich ist die einzige Bedingung für die Tätigkeit eines Willens die Erkenntnis des Guten durch den Verstand,[114] sofern dieses zur Erlangung der Glückseligkeit dient.

Bezüglich des Verstandes ist das problematisch. Denn er bezieht sich auf die bestimmten Eigenschaften von Seiendem, sofern es ist oder nicht ist. Somit wird Wahrheit oder Falschheit ausgesagt, jedoch nicht, ob ein Seiendes gemäß der Erlangung der Glückseligkeit gut oder schlecht ist. Dieses gesonderte Urteil ist gemäß der thomistischen Seelenkonzeption auch nicht nötig. Denn Verstand und Wille bilden eine dynamische sich in der Hervorbringung ihrer Aktualität gegenseitig bedingende Einheit.[115] Auch wenn der Verstand sich auf die Dinge bezieht und dadurch durch Seiendes Wahres erkennt, ist seine Funktion nur mit der Möglichkeit des Strebens danach gegeben, Er muss sich also demgemäß aktualisieren können. Angestrebt kann nur das werden, was in irgendeiner Weise seiend ist, weil nur Seiendes bestimmt ist. Ist folglich etwas bestimmt, so kann es auch angestrebt werden. Wenn jedem Willen das unveränderliche Ziel der Glückseligkeit gegeben ist, welches ihn zum Guten zu streben bzw. andere Vermögen zu aktualisiere veranlasst, um ein Gut zu erreichen, dann ist auch nur irgendwie Seiendes erkannbar. Das würde jedoch bedeuten, dass Gutes nur durch Erkenntnis von Seienden angestrebt werden kann. D.h. dass Erkenntnis selbst allgemein gut ist. Erwiesen ist dies daraus, dass die Erkenntnis sich auf das Wissen von etwas gemäß dem göttlichen Verstand bezieht, welcher *per definitionem* als *prima causa* alles Guten selbst gut ist.[116] Daraus folgt, dass der Wille die Aktualität des Verstandes durch das Streben nach Gutem bedingt.

Der Verstand bedingt, was der Wille als Gut wollen kann. Daher schließt Thomas: „[...], quod voluntas, et intellectus mutuo se includunt, nam intellectus intelligit

---

113   Vgl. STh. I. q. LXXXII a. 1. resp.
114   Vgl. STh. I. q. LXXXII a. 4. resp.
115   Vgl. STh. I. q. XVI. a. 4 ad. I.
116   Vgl. STh. I. q. VI. a. 2. resp.

voluntatem, et voluntas vult intellectum intelligere."[117] Daraus geht zweierlei hervor. Zum einen ist der Wille jenes andere Vermögen aktualisierende Vermögen, sofern durch ihn etwas Gutes angestrebar ist. Zum anderen ist durch ihn die Zielgerichtetheit von Vermögen überhaupt erklärbar. Wenn durch den Willen andere Vermögen dafür genutzt werden, um Seiendes genauer zu bestimmen, ist das eigene Wollen des Guten bestimmter. Denn es ist genauer erfasst, was ein Gut im Einzelnen ist. Sofern sich der Verstand auf ein einzelnes Ding richtet und dadurch erkennt, was etwas ist, ist damit eine genauere Bestimmung eines möglichen zur Erreichung des Ziels dienenden Guts gegeben. Weiterhin ist daraus ersichtlich, dass Bestimmtheit und was als Gut angestrebt werden kann, gleichwertig zu betrachten ist. Denn alles kann angestrebt werden, was in bestimmter Weise ist, weil es Gegenstand von Erkenntnis sein kann. Folglich ist die Gutheit einer Sache in ihrer Bestimmtheit begründet, weshalb alles Bestimmte auch gut ist und somit angestrebt werden kann.[118]

Der Wille ist jedoch durch die Vorgabe des Verstandes nicht vollständig zu einem Gut determiniert. Dies wäre nur durch die vollständige Bedingtheit des Verstandes durch die Materie möglich. Würde der Verstand allein ein einzelnes Seiendes in der Welt erkennen können, wäre dies mit der Erkenntnis der Materie des Gegenstandes identisch. Denn erlangt ein Gegenstand seine Individualität nicht durch die relationalen Eigenschaften, die seine artspezifischen Eigenschaften genauer bestimmen, ist das einzige Prinzip der Individuation die Materie selbst. Demgemäß könnte der Wille auch nur nach der Materie von etwas streben. Dann richtet sich jede Bestimmung nur noch auf ein Gut, nämlich die Materie, weil dem Willen im Moment des Strebens keine Differenzierung zu anderen Gegenständen gegeben ist. Wie Thomas jedoch in *De malo* betont, „[…] forma intellecta est universalis sub qua multa possunt comprehendi; unde cum actus sint in singularibus, in quibus nullum est quod adaequet potentiam universalis, remanet inclinatio voluntatis indeterminate se habens ad multa […]"[119] Die vom Verstand vorgegebenen Bestimmungen, beziehen sich auf die artspezifischen Eigenschaften von Seiendem. Ein so bestimmtes Seiendes ist nicht in seiner vollständigen Singularität erfasst, sondern in Abgrenzung zu anderen Seienden als ein Vertreter einer Art. D.h. es ist in universaler Weise erfasst, die durch die *forma intellecta* ausge-

---

[117]   Vgl. STh. I. q. XVI. a. 4 ad. I. [(…), dass der Wille und Verstand sich wechselseitig einschließen, denn der Verstand versteht den Willen und der Wille will den Verstand verstehen.]

[118]   Vgl. STh. I. q. VI. a. 1. resp.

[119]   Mal. q. VI. resp. n. 287-292. [(…) die Verstandesform ist universal unter der vieles begriffen werden kann ; wenn es daher Akte in Singulären gibt, in denen nichts ist, dass einem universalen Vermögen gleicht, verbleibt: Die Neigung des Willens verhält sich zu vielem unbestimmt.]

sagt ist. Ist dies die Grundlage, nach welcher der Wille die Bestimmung von etwas als einem Gut erfährt, liegt ihm nur die Erkenntnis eines Seienden als Vertreter der Art des Guten vor. Weshalb er sich dazu nur unbestimmt verhalten kann.[120] Dies ist nur zu plausibel, weil der Wille selbst nach dem Guten strebt, was bedeutet, dass alles was durch ihn bedingt wird, selbst diesem und nur diesem Ziel folgt. Ist dieses Gute selbst keine singuläre Bestimmung, wie könnte der Verstand dann keine universale Erkenntnis hervorbringen? Richtet er sich doch auf alles erkennbare Seiende, weil er in seiner Aktivität vom Willen bedingt ist. Ist alles Seiende aufgrund seiner Bestimmtheit ein Gut in Differenz zu anderen Gütern, so ist alles Bestimmte möglicher Gegenstand des Verstands. Daher kann zu einem Moment auch jedes bestimmte Seiende Gegenstand einer potenziellen Strebung des Willens sein.

Doch wäre das Streben des Willens auf ewig unbestimmt, würde sein Streben nicht zu bestimmten der Erreichung seines Ziels dienenden Seienden bestimmt sein. Denn auch wenn der Verstand universal erkennt, so ist der Wille in seinem Streben durch den Menschen begrenzt. Ist dieser eine Singularität, die als Einzelnes im Verhältnis zu anderem bestimmt ist, so kann dieser sich auch nur in singulärer Weise zu bestimmten Seiendem verhalten, mag es singulär oder universal sein. Dieses Verhalten wird klassischerweise als *actio* bezeichnet. Doch anders als in moderneren Handlungskonzeptionen ist der *actio*-Begriff bei Thomas bis hinein in die Zeit der Aufklärung weiter zu fassen.[121] Er bildet ein Resultat der Interdependenzbeziehung von menschlichem Willen und Vernunft. Der menschliche Wille unterscheidet sich nach Thomas in Anlehnung an Aristoteles zwangsläufig vom bloß eine Handlung hervorbringenden animalischen Willen. Denn eine solche Handlung geht aus der unmittelbaren Wahrnehmung von etwas hervor und der Wille ist zu einer bestimmten Handlung determiniert.[122] Ein in universaler Weise erkennender Verstand kann keine alleinige Bedingung für die Hervorbingung einer singulären Handlung sein, wenn diese Universalität nicht durch eine Instanz begrifflich partikularisiert wird. Nichts kann nach universal Bestimmten

---

[120]   Vgl. Rhonheimer, Martin: Praktische Vernunft und Vernünftigkeit der Praxis. S. 205f.

[121]   Dies zeigt sich vor allem daran, dass moderne Handlungskonzeptionen eine Handlung immer schon durch die undurchschaubaren Bedingungen irgendwelcher Beispiele bestimmt sehen. Für einen Überblick dazu siehe: O'Connor, Timothy (Ed.); Sandis, Constantine (Ed.): A Companion to the Philosophy of Action. Wie aus Hruschkas *Strafrecht* jedoch zu sehen ist, kann dieses Verständnis dem Vergessen und Nichtbeachten der moral- und rechtsphilosophischer Grundlagen, die vor dem 18. Jhd. Liegen, geschuldet sein, wie dies seit dem 19. Jhd. Usus ist. Vgl. Hruschka, Joachim: Strafrecht nach logisch-analytischer Methode. Systematisch entwickelte Fälle mit Lösungen zum Allgemeinen Teil. S. 343[10]-350[8]

[122]   Vgl. STh. I. q. LXXVIII. a. 1 resp.

streben, wenn dies selbst nur eine Gattung darstellt. Denn daraus ist nicht ersichtlich, ob ein einzelnes Seiendes ein Vertreter einer Art ist. Ist die Gattung des Guten ein solches Universal, so begreift sie jeden Vertreter der Art des Guten in unbestimmter Weise unter sich. Um daher ein Seiendes als einen Vertreter der Art des Guten von anderen Vertretern zu differenzieren, bedarf es der genauen Ausdifferenzierung der Gattung des Guten, wie sie zunächst gemäß der Erkenntnis des Verstandes hervorgebracht wurde. Daher muss einem Willen als hervorbringendes von der Erkenntnis des Verstandes abhängiges Vermögen einer Handlung eine Eigenschaft gegeben sein, welche seine Singularität zur Universalität der Erkenntnis des Verstandes bestimmt. Er muss also eine Wahl (electio) treffen können.

Diese *vis electiva*, wie sie von Thomas genannt wird, ermöglicht die Gleichsetzung des Willens mit dem *liberum arbitrium*. Denn durch sie kann er alle verstandesgegebenen Möglichkeiten auswählen.[123] Dahingehend ist es mit dem Willen als Vermögen identisch.[124] Sofern das *liberum arbitrium* nur dann aktual sein kann, wenn überhaupt irgendwelche Wahlmöglichkeiten bestehen, ist dessen Differenzierung in differentes Seiendes die gezielte Aktualisierung des Willens bezüglich bestimmter durch die universale Erkenntnis des Verstandes erfasster Güter. Diese Wahl beinhaltet zwei unter den Begriff der *actio* fallende logische Operationen. Zum Einen wird die universale Erkenntnis ausdifferenziert, so dass nur noch auf partikulares Seiendes gemäß seiner artspezifischen Eigenschaften Bezug genommen wird. D.h. sie werden definiert. Zum Anderen, wird durch das *liberum arbitrium* bestimmt, welches Seiendes als Gut angestrebt werden soll. D.h. der Wille subsumiert und identifiziert hinsichtlich seiner Wahl das Seiende, für welches er sich entschieden hat und für welches nicht. Durch das *liberum arbitrium* wird also ausgewählt, welches Seiendes zu den nicht angestrebt gesollten Gütern gehört und welches Gut genauerhin angestrebt werden soll. Die Anwendung der Erkenntnisse des Verstandes durch das *liberum arbitrium* ist somit stets eine *actio* für etwas und gegen etwas. Deswegen bleibt eine Handlung selbst dann willentlich, wenn sich für nichts entschieden wird, was der Verstand vorgibt.

Aus den zwei logischen Operationen ergibt sich jeweils ein verschiedener Anwendungsbereich des *liberum arbitrium*. Zum einen richtet er sich auf das Gebiet der spekulativen Erkenntnis und zum anderen auf der praktischen Erkenntnis. Nach Thomas ist Spekulation „[...] videre causam per effectum, in quo ejus similitudo relucet;

---

[123]   Vgl. STh. I. q. LXXXIII. a. 4. resp.
[124]   Vgl. STh. I. q. LXXXIII. a. 2. resp.

[…]"[125] Folglich ist der spekulative Verstand (intellectus speculativus) durch den Willen nur insofern aktual, weil durch ihn erkannt wird, was bzw. weshalb etwas ist.[126] Für eine genaue Ausdifferenzierung einer Art gemäß einer Gattung bieten sollenden Definition ist beides notwendig. Denn durch die Angabe der artspezifischen Eigenschaften, d.h. durch die Beantwortung der Frage, was etwas ist, geht nicht hervor, unter welchen Bedingungen etwas das ist, was es ist, d.h. ob es überhaupt sein kann. So lässt sich definieren, dass ein Ikosaeder „zwanzigflächig", „dreißigkantig" und „zwölfeckig" ist. Die Definition des Ikosaeders setzt eine Geometrie, wie der Euklids voraus, aus deren Beschaffenheit ersichtlich wird, warum ein Ikosaeder als ein Seiendes mit diesen Eigenschaften möglich ist. Ein Ikosaeder ist dahingehend Wirkung von in der Beschaffenheit der Bedingungen liegenden Ursachen, unter denen er ein Seiendes mit artspezifischen Eigenschaften ist. Aus der Erkenntnis der Bedingungen geht daher hervor, ob die vermeintlich erkannten Eigenschaften auch wirklich miteinander kompossibel sind. Daher wird in dieser Weise nach Thomas die Wahrheit allein über Seiendes erkannt.[127]

Im Gegensatz dazu bezieht sich die praktische Erkenntnis auf die Erreichung eines Ziels, indem die Erkenntnis von Seiendem zum Ziel hingeordnet wird.[128] Die Folge ist eine bestimmte willentliche Handlung, wie z.B. eine Bewegung.[129] Dieses Ziel ist das höchste Gute, nämlich die Glückseligkeit (beatitudo). Das Gute kann vom Menschen nur insofern angestrebt werden, wenn es keine Gattung darstellt, sondern in ausdifferenzierter Weise bestimmt ist. Deshalb strebt der Mensch zu dessen Erreichung jene einzelnen Güter an, die ihm zur Erreichung der Glückseligkeit richtig erscheinen.[130] Wird daher durch den spekulativen Verstand erkannt, was etwas ist und warum etwas ist, so bietet dies die Bedingung für praktische Erkenntnis. Denn erst dann kann Seiendes in Bezug zu einem bestimmten Ziel betrachtet werden, das ein bestimmtes Gut ist. Denn im Allgemeinen bietet die spekulative Erkenntnis sowohl die Erkenntnis artspezifischer Eigenschaften und bestimmter Kausalzusammenhänge dar. Also, wie bestimmtes Seiendes hervorgebracht werden kann. Insofern wird im Kontext praktischer Überlegungen durch die spekulative Erkenntnis ein Wissen von den zur Verfügung

---

[125]   STh. II-II. q. CLXXX. a. 3 ad. 2. [(...) eine Ursache durch die WIrkung sehen, in der ihre Gleichheit zurückscheint (...)]
[126]   Vgl. STh. I. q. LXXIX. a. 11. resp.
[127]   Vgl. ebd.
[128]   Vgl. ebd.
[129]   Vgl. STh. I-II. q. IX. a. 1. resp.
[130]   Vgl. STh I. q. LXXXII. a. 2. resp.

stehenden Mitteln und wie diese zur Erreichung des Ziels verändert werden müssen erlangt. Weil die Mittel jeweils voneinander verschieden sind, können sie in unterschiedlicher Weise zur Erlangung eines Ziels betrachtet werden. Weil ein jedes Individuum Eigenschaften aufweist, welche nur ihm zu eigen sind, muss daher die Wahl der Mittel den Eigenschaften des Individuums angepasst sein. Im Gegensatz zum Tier besteht somit nach Thomas eine unmittelbare Herrschaft über die eigenen Handlungen. Denn der Mensch kann aufgrund der erlangten Erkenntnisse selbst wählen, wie und ob er sein Ziel erreicht.[131]

Damit ist noch mehr gesagt. Denn indem der Mensch durch den Willen wählt, welche Mittel zur Erlangung eines Guts geeignet sind und dies eine Handlung ist, ist auch jede Anwendung von Wissen eine auf die Erreichung eines Guts abzielende Handlung. Somit ergibt sich, dass die Operationen des spekulativen Verstands einen praktischen Aspekt haben, nämlich die Erlangung von Wahrheit, sofern diese ein Gut ist. Im Kontext scholastischer Ethik ist das nicht weiter überraschend. Liegt einem jeden Vermögen doch ein Habitus zugrunde, welcher die Aktualisierung zielgerichtet bestimmt.[132] Bei Thomas erfüllt die durch Petrus Lombardus (um 1095-1160) eingeführte Synderesis diese Funktion. Ursprünglich gilt diese als nach jedem Handeln bestehender Funke des Gewissens. Sie verursacht beispielsweise wie bei Kain das Missbehagen nach einer sündigen Handlung.[133] Nach Thomas lässt sie dies als natürlicher Habitus menschlichen Handelns, das Gute zu suchen und das Böse zu vermeiden, charakterisieren.[134] Der Mensch strebt somi von Natur aus in der Betätigung des spekulativen Verstands durch die Synderesis, die dem praktischen Verstand zugrunde liegt, zur Wahrheit im Allgemeinen. Doch erst durch das *liberum arbitrium* wird der einzelne Weg gewählt, der zur Erlangung der Wahrheit eingeschlagen werden soll. Dies bedeutet, dass die Wahl der Mittel zur Erlangung der Wahrheit vom einzelnen Menschen abhängig ist und deshalb mangelhaft sein kann.

Im Kontext der thomistischen Sündenlehre ist diese wahrheitstheoretische Feststellung sehr bedeutend. Eine Sünde, so Thomas, „[...] proprie nominat actum inordiantum: [...]"[135], i.e. „[...] voluntate averti a Deo; [...]"[136] Wenn der Mensch daher die Mittel

---

[131]   Vgl. STh. I-II. q.I. a. 1. resp.

[132]   Vgl. STh. I-II. q. XLIX. a. 1. resp.

[133]   Vgl. Langston, Douglas C.: Conscience and other virtrues: from Bonaventure to MacIntyre. S. 9.

[134]   Vgl. STh. I. q. LXXIX. a. 12. resp.

[135]   STh. I-II q. LXXI a. 1. resp.

für die Erreichung eines Zieles wählt und er eine Veränderung in der Welt hervorbringt, kann er aufgrund des *liberum arbitrium* stets entweder eine zum Ziel geordnete oder nicht-geordnete Handlung hervorbringen. D.h. die Handlung ist entweder sündlos oder sündhaft. Denn wenn die Aktivität des Verstandes in der Angleichung an den göttlichen Verstand besteht, indem der Verstand Seiendes erkennt und die Aktivität des Willens die Hinordnung zur Erreichung des Guten ist, so folgt daraus, dass eine erwählte zur Erlangung von Wahrheit oder des Guten widerstrebende Handlung eine Sünde ist. Denn der Verstand kehrt sich von Gottes absoluter Wahrheit und der Wille von Gottes Ursächlichkeit allen Guten in der Welt ab. Insofern besteht die Gefahr zu sündigen sowohl im Bereich der Spekulation wie der praktischen Anwendung spekulativer Erkenntnis.

Dies ergibt sich zudem aus der Interdependenzbeziehung von Verstand und Wille, weil der Umfang der spekulativen Erkenntnis einen weitreichenden Einfluss auf die praktische Erkenntnis hat. Denn je genauer und weitreichender das Seiende gemäß seiner artspezifischen Eigenschaften ausdifferenziert ist, desto genauer können die geeigneten Mittel zur Erlangung des Guten bestimmt werden. Wenn eine solche Spekulation einen praktischen Aspekt in sich trägt, weil die Wahrheit selbst ein Gut ist, ist der Mensch auch für den Umfang seiner spekulativen Erkenntnis verantwortlich zu machen. Kann Wahrheit nur durch die Anwendung von spekulativer Erkenntnis erlangt werden, so ist diese Anwendung eine Handlung, weil die spekulative Erkenntnis wie ein Mittel zur Erlangung eines Ziels gebraucht wird. Setzt jede Handlung auf der grundlegendsten Ebene die Erkenntnis von Seiendem und somit Gutem voraus, so muss dem Menschen bei der Erlangung weiterer spekulativer Erkenntnis die Verantwortung für diese Handlung zugesprochen werden. Ergo ist der Mensch auch dann für seine Handlungen verantwortlich zu machen, wenn er aufgrund willentlich mangelnder Erkenntnis irgendeine eine Veränderung in der Welt hervorbringt bzw. wenn er deshalb sündigt.[137]

Die Möglichkeit zu sündigen setzt daher die willentliche Anwendung der spekulativen Erkenntnis, i.e. Wissen, auf alle möglichen Bestandteile der zur Erlangung eines bestimmten Gutes ausgerichteten Handlung voraus. Diese Anwendung des Wissens wird von Thomas durch den Begriff „conscientia" bezeichnet. Auch wenn man diesen mit

---

[136] STh. I. q. XCIV. a. 1. resp. [(…) bezeichnet besonders einen ungeordenten Akt (…)] [(…) durch einen Willen, der abgewandt wird von Gott; […]]

[137] Vgl. STh. I-II. q. VI. a. 8. resp.

dem Wort „Gewissen" übersetzen könnte, so ist das keine adäquate Übersetzung. Denn die etymologische Bedeutung des Wortes vor der Abfassung der thomistischen Werke ist so vielschichtig, dass die Bezeichnung durch das deutsche Wort *Gewissen* irreführend wäre. Denn im Deutschen ist der Begriffsinhalt als bloße moralisch-anklagende Richtinstanz definit.[138] Daher wird auch im Folgenden die Bezeichnung *conscientia* beibehalten.

Nach Thomas stellt die *conscientia* zweierlei Betrachtung dar. Zum einen die Anwendung des Wissens in Bezug zum Handelnden, d.h. die Bestimmung einer Relation vom Handelnden und den Elementen einer bestimmten Handlung. Zum anderen, ob diese Relation zur Erreichung des Ziels der Handlung führt.[139] Diese sind jeweils notwendig, wenn nicht davon ausgegangen werden soll, dass der Handelnde für seine eigene Handlung blind ist. Im ersten Fall wird durch das Wissen eingesehen, was und nach welchen Prinzipien es zu tun ist.[140] Im zweiten Fall wird darüber geurteilt, ob die Wahl des zu Tuenden gemäß den Prinzipien ist, nach denen es getan werden sollte.[141] Daraus stellt Thomas fest, dass im ersten Fall „[…]dicitur conscientia instigare, vel inducere, vel ligare […]"[142] und im zweiten Fall „[…]dicitur conscientia accusare vel remordere, quando id quod factum est, invenitur discordare a scientia ad quam examinatur; defendere autem vel excusare, quando invenitur id quod factum est, processisse secundum formam scientiae."[143] Je nachdem, auf welches Ziel eine Handlung gerichtet ist, gehen aus dem eigenen Wissen die Prinzipien hervor, unter denen eine bestimmte Art von Handlung vollzogen wird. So ist der erfolgreiche Vollzug einer Addition von zwei Zahlen von anderen Bedingungen abhängig wie die erfolgreiche Durchführung einer Seeschlacht. Denn die Addition steht unter den Bedingungen der Gesetze der Mathematik, während die Seeschlacht unter den Bedingungen der Kriegskunst zu vollziehen ist. Sind insofern die Bedingungen des Vollzugs unter denen bestimmte Arten von Handungen zur Erreichung ihrer Ziele zu vollziehen sind bekannt, so stellt eine Anwendung dieses Wissens auf eine bestimmte Handlung einen Vergleich bezüglich

---

138 Vgl. Schwartz, Thomas : Zwischen Unmittelbarkeit und Vermittlung. Das Gewissen in der Anthropologie und Ethik des Thomas von Aquin. S. 9[25]-16[4].

139 Vgl. De ver. q. XVII. resp.

140 Vgl. ebd.

141 Vgl. ebd.

142 Ebd. [(…) conscientia nennt man reizend oder leitend oder bindend (…)]

143 Ebd. [(…) man nennt die conscientia anklagend oder beißend, wenn von dem, was getan worden ist ; entdeckt wird, dass es in Bezug auf das Wissen zu dem es betrachtet wird nicht übereinstimmt, verteidigend aber oder entschuldigend, wenn entdeckt wird, dass dasjenige, was getan worden ist, der Form des Wissens entsprechend verlief.]

der Bedingungen des Vollzugs einer bestimmten Handlung dar. Somit richtet sich die *conscientia* sowohl auf bloß spekulative Erkenntnis wie auch auf praktische Erkenntnis, sofern sie aus der Anwendung der spekulativen Erkenntnis durch das *liberum arbitrium* hervorgeht.

Durch die *conscientia* wird also die Definition eines scheinbar erfolgreichen Handlungsverlaufs gegeben. Mithilfe der spekulativen und praktischen Erkenntnis lässt sich diejenige Relation bestimmen, die hinsichtlich eines Handelnden und den zur Verfügung stehenden Mitteln für die Handlung der Erreichung des Ziels dienlich sind. Denn die Bestimmung einer Relation von einem Handelnden zu den Elementen einer Handlung ist nichts anderes als die Definition eines erfolgreichen Handlungsablaufs. Die Anwendung dieser Definition auf ein Ereignis stellt insofern ein Urteil darüber dar, ob das Ereignis ein Vertreter einer bestimmten Art von Handlung ist und ob die durch das *liberum arbitrium* getroffene Wahl der Mittel der Art der Handlung entspricht. Ist Letzteres nicht der Fall, so ist das unter Sündigen zu verstehen. Denn die Wahl der Mittel entspricht nicht den Bedingungen, unter denen eine bestimmte Art von Handlung hervorzubringen ist.

Aus den vorangegangenen Analysen ist ersichtlich, dass auf der Grundlage der thomistischen Lehre die *conscientia* mit den sie bedingenden Vermögen, i.e. *voluntas* und *intellectus,* den Ausgangspunkt eines jeden Disputs über die Anwendung von Wissen und dessen mögliche Folgen ist. Verändert sich die Beschaffenheit der Vermögen, so ändern sich auch die Möglichkeiten der *conscientia.* Ist dem *intellectus* z.B. nicht gegeben, dass durch ihn alles Mögliche erkennbar ist, sondern nur was gerade wirklich ist, so könnte niemals bestimmt werden, was für eine noch zu vollziehende Handlung zu tun ist. Denn Zukünftiges ist dem Modus des Seins nach nicht wirklich, sondern bloß möglich. Folglich könnte durch die *conscientia* auch nicht alles logisch mögliche Wissen auf eine Handlung angewandt werden, sofern sich dieses nicht auf eine aktuale Handlung bezieht. Wird hingegen die *voluntas* im Streben nach Gutem eingeschränkt, so kann nicht mehr jede Handlung vollzogen werden, welche auf Gutes abzielt. Kann nämlich jedes Gute angestrebt werden, weil es bestimmt ist, und daher erkannt werden, so könnte der Verstand für den Willen ein Seiendes als Gut bestimmen, welches vom Willen nicht angestrebt werden kann. Wenn der Wille dieses Gut nicht anstreben kann, so müsste er bezüglich des Gutes unbestimmt sein, obwohl er gemäß dem Verstand bestimmt sein müsste. Daraus ergibt sich ein Widerspruch in der Funktion des Willens. Somit wäre durch die *conscientia* zwar alles mögliche Wissen auf eine Handlung anwendbar, doch bliebe die Bestimmung des für eine Art von Handlung Zutuenden folgenlos, weil durch die *voluntas* das Zutuende nicht vollzogen werden könnte. Damit wäre die *conscientia* jedoch eine Handlung ohne Wirkung, weil für die *voluntas* unbestimmt bliebe, wonach und wie sie bei der Hervorbringung einer Handlung streben muss, um ein bestimmtes Ziel zu erreichen.

2 Ausgangspunkt des Probabilismus

Dieses feine Wechselspiel von Verstand und Wille bildet den Dreh- und Angelpunkt der Problematik, die von Bartholomé de Medina angeführt wurde. Denn je nachdem, welche Mittel aufgrund der Erkenntnis des Verstandes zur Erreichung eines Ziels gewählt werden, kann diese Wahl fehlerhaft oder aber sündhaft sein. Wenn daher die gewählten Mittel die Meinung eines anderen Menschen einschließen, ist nicht von vornherein davon auszugehen, dass die Erlangung dieser Meinung weder fehlerfrei noch sündenfrei ist. Das macht die Anwendung der *conscientia* zur Vermeidung dieser Gefahr notwendig. Eine solche Anwendung ist jedoch nur dann möglich, wenn man von vornherein davon ausgeht, dass die verwendete Meinung wahr ist. Denn nur wenn eine Aussage wahr ist, referiert sie auf anstrebbares Seiendes. Also auf ein mögliches Mittel zur Erlangung eines Gutes.

Daher formuliert Medina die Elemente der Lehre des Probabilismus im Thomas-Kommentar zur Frage „Utrum voluntas concordans rationi erranti sit bona.", weil dort unter anderem abgehandelt wird, unter welchen Bedingungen eine durch die *voluntas* hervorgebrachte aber durch den Verstand bedingte Handlung in ihrer Fehlerhaftigkeit und Sündhaftigkeit zu entschuldigen sei. Agiert man nach einer durch unbekannte Voraussetzungen bedingten bestimmten Meinung ist davon auszugehen, dass der Mensch aufgrund unvollständiger Erkenntnis handelt. D.h. dass die *conscientia* in ihrer Bedeutung als, wie Medina sie in Anlehnung an Thomas nennt, „[...] dictamen rationis, applicatum ad opus [...]"[144], versagt, weil durch sie nicht mit Sicherheit beurteilt werden kann, ob die verwendeten Mittel für die Erreichung eines Guts tatsächlich für eine bestimmte Art von Handlung geeignet sind.

Inwiefern die *conscientia* nicht irrt bzw. versagt, stellt Medina in einer Vierteilung der durch die *conscientia* vollziehbaren Handlungen dar. Demgemäß unterscheidet er die

---

[144] Medina, Bartholomé de: Scholastica commentaria in D. Thomae Aquinatis Doct. Anglici. Primam Secundae : col. 451$^{20\text{-}21}$. [(...) eine Vorschrift des Verstandes, die auf ein Werk angewandt ist (...)]

conscientia „recta, erronea, dubia, & scrupulosa."[145] Diese schlüsseln sich wie folgt auf:

„*Recta* conscientia est, quae per verum syllogismum, veram sententiam concludit; ut mandatum omne Dei servandum est: de dilectione Dei est mandatum; ergo servandum. *Erronea* est, quae per falsum syllogismum, falsam sententiam concludit, ut si quis ita ratiocinetur: Omne illicitum non est faciendum; iurare illicitum est, ut patet *Matt. 5 Nolite iurare omnino.* ergo iurandum non est. [...] conscientia erronea est, quae dictat esse verum, quod falsum est, vel e diverso. *Conscientia dubia* est, quae nec assentitur nec dissentit, sed manet in ambiguo, & in ancipiti. *Conscientia scrupelosa* est, quae alteri parti adhaeret, sed cum formidine, &anxietate que animum torquet."[146]

Einen Syllogismus zu formulieren und einzelne Aussagen zu bejahen oder zu verneinen, ist demnach die durch die *conscientia* vollzogene Handlung. Wenn man davon ausgeht, dass die *voluntas* nach dem Urteil der *conscientia* eine Handlung hervorbringen kann, dann ist dieses Urteil Mittel der Wahl, welches zur Erreichung eines bestimmten Gutes durch eine weitere Handlung hinführen kann. Dieses Mittel muss *ex parte objecti* verpflichtend sein, wenn allein dadurch die spekulative Erkenntnis eine praktische Anwendung erfährt. Doch scheint allein dem Begriff der *conscientia recta* ein unbedingt verpflichtender Charakter zu entspringen, weil sie in jedem Fall ein die Bestandteile einer Handlung und somit die Handlung selbst vorstellig machendes Urteil hervorbringt. Diese Betrachtung ist zunächst merkwürdig, weil die Formulierung eines Syllogismus durch die Verknüpfung von Aussagen geschieht und aus der logischen Notwendigkeit der Verknüpfung von Aussagen keine Notwendigkeit einer zu tuenden oder nicht zutuenden Handlung folgt. Schließlich ist eine Handlung ein einzelnes sich vollziehendes Ereignis in der Welt und keine Verknüpfung von Aussagen. Der Gedanke liegt hier nahe, auf den aristotelischen praktischen Syllogismus zu verweisen, welcher aus bestimmten Arten von Aussagen über eine Handlung eine Einzelhandlung deduziert. Dies kann jedoch nicht in adäquater Weise geschehen, weil die

---

[145]   Ebd. col. 452[49].

[146]   Ebd. col. 452[49-65]. [Die aufrichtige conscientia ist, die durch einen wahren Syllogismus, wahre Aussagen folgert ; wie der Befehl, dass alle Gott zu dienen haben, von der Liebe Gottes befohlen worden ist; also hat man zu dienen. Irrig ist die, die durch falschen Syllogismus, falsche Aussagen folgert, wie wenn etwas so gefolgert wird: Alles Unerlaubte darf nicht getan werden; Urteilen ist unerlaubt, wie es Matt.5. offenbart Du sollst überhaut nicht urteilen. Also darf nicht geurteilt werden. (...) die irrige conscientia ist, die sagt, dass es wahr ist, was falsch ist, oder umgedreht. Die zweifelnde conscientia ist, die weder zustimmt noch ablehnt, sondern im Gleichgewicht und im Wechsel bleibt. Die besorgte conscientia ist, die einen anderen Teil bevorzugt, aber mit Furcht und Angst, die die Seele quält.]

thomistische Lehre vom *intellectus* den Verstand Gottes zur Ursache der Wahrheit und des Seins macht. Ist eine Aussage wahr, dann entspricht sie dem Verstand Gottes. Werden durch einen Syllogismus verschiedene wahre Aussagen so verbunden, dass daraus eine Aussage über eine Handlung deduziert werden kann – mag dies die zu verwendenden Mittel oder das Ziel der Handlung betreffen –, so muss dies eine adäquate Entsprechung zum göttlichen Verstand hinsichtlich des Verlaufs der Handlung sein. Also der Ordnung des Ablaufs der Handlung bis zur Vollendung des Ziels, wie sie von Gott vorgesehen ist. Diese Handlung muss dann genau der *lex aeterna* entsprechen, welche gemäß Thomas die Ordnung des Kosmos, wie Gott sie eingerichtet hat, darstellt.[147] Wenn die Verknüpfung selbst wahr ist, muss somit die logische Verknüpfung von wahren Aussagen bezüglich einer Handlung der Ordnung des göttlichen Verstands bezüglich des Verlaufs von Veränderungen entsprechen. Andernfalls könnten die Aussagen und deren Verknüpfung nicht wahr sein.

Wird diese Angleichung an die Ordnung des göttlichen Verstands durch die *conscientia* allein geleistet, kann mit Medina gesagt werden: „Deus maioris autoritatis est quam conscientia nostra.“[148] Denn erst durch die *conscientia* kann die *voluntas* dasjenige für eine Handlung notwendige wählen, welches Gott und somit der Wahrheit gemäß ist.

Diese Sichtweise setzt fehlerfreie Erkenntnis bezüglich jedem Bestandteil eines Syllogismus voraus, die *ex parte subiecti* nicht in jedem Fall gegeben sein kann. Beziehen sich die Bestandteile eines Syllogismus auf Seiendes, welches durch die Erkenntniskraft anderer Individuen erkannt wurde, besteht immer die Gefahr, dass Prämissen des Syllogismus falsch sind, obwohl die daraus folgende Konklusion wahr scheint. Denn die Erkenntnis unterliegt Bedingungen, die nicht selbst unmittelbar einsehbar sind. In diesem Fall ist die *conscientia* irrend. Dies aber nur in bestimmter Art und Weise, die aus dem Zitat nicht unmittelbar hervorgeht, jetzt aber erwiesen wird.

Der im Zitat verwendete Syllogismus lautet wie folgt:

Obersatz:		„Omne illicitum non est faciendum.“

Untersatz:		„iurare illicitum est.

Konklusion:	„ergo iurandum non est.“

147		STh. I-II. q. XCI. a. 1.
148		Vgl. Medina, Bartholomé de: Scholastica commentaria in D. Thomae Aquinatis Doct. Anglici. Primam Secundae : col. 453[14-15]. [Gott ist die größte Autorität, wie unsere conscientia.]

Die Konklusion selbst folgt streng genommen nicht aus den Prämissen. Denn gemäß den formalen Kriterien der Syllogistik sind die Prämissen unvollständig, auch wenn die Bedeutung der Konklusion sicherlich aus den Prämissen wiedergegeben ist. Gemäß der Verknüpfung des terminus major, i.e. „faciendum", und des terminus minor, i.e. iurare, lautet daher die korrekte Konklusion:

Konklusion: „ergo iurare non est faciendum."

Nun ist auch in rein formaler Hinsicht der Syllogismus wahr, weil die Konklusion durch die Verbindung des terminus major und terminus minor durch den terminus medius, i.e. illicitum, notwendigerweise folgt. In materialer Hinsicht folgt die Konklusion nicht notwendigerweise, weil aus dem Begriff *iurare* nicht analytisch folgt, dass dieser *illicitum* ist. *Iurare* ist nämlich nur das Bestätigen der Richtigkeit einer bestimmten Aussage, i.e. schwören.[149] *Illicitum* beschreibt hingegen einen normativen Begriff, welcher ein Verhalten gemäß einer bestimmten Regelung verbietet.[150] Der Bereich der Begriffe, die unter dem Begriff *illicitum* subsumiert werden können, ist also durch die Regelungen bedingt, was bei *iurare* nicht der Fall ist. Denn *iurare* ist in materialer Hinsicht eine Begriffe zu einer Aussage verknüpfende Handlung. Weil der Begriff *illicitum* in materialer Hinsicht unter anderen Bedingungen steht als *iurare*, kann *iurare* folglich auch nicht material subsumiert werden, auch wenn dies in formaler Hinsicht korrekt erscheint. Insofern ist daher der Irrtum der *conscientia* zu verstehen.

Aus der Verwechslung der materialen mit der formalen Wahrheit innerhalb eines Syllogismus bzw. irrtümlicher Annahmen über Begriffe geht nach Medina die größte Gefahr hervor zu sündigen. Denn „[…] materialiter faciat aliquid quod sit contra Dei legem, sed formaliter agit secundum Dei legem […]"[151] Wenn daher ein Syllogismus nur formal betrachtet wird, besteht die Möglichkeit, dass aus dem göttlichen Gesetz, wozu beispielsweise die Mosaischen Gesetze gehören, Schlussfolgerungen über Hand-

---

[149]   Vgl. Georges: Karl Ernst: Ausführliches lateinisch-deutsches Handwörterbuch. Bd. 2, col. 498.

[150]   Vgl. Hardon, John A. (S.J.): Catholic Dictionary. An Abridged and Updated Edition of Modern Catholic Dictionary. S. 218.

[151]   Medina, Bartholomé de: Scholastica commentaria in D. Thomae Aquinatis Doct. Anglici. Primam Secundae : col. 455$^{9\text{-}11}$. [(…) materiell geschieht etwas, dass gegen Gottes Gesetz sei, aber formell geht es Gottes Gesetz gemäß (…)]

lungen deduziert werden, von denen „[…]creditur esse Dei praeceptum."[152] und die somit verpflichtend sind, obwohl sie sündhaft wären.[153]

Hieraus ergibt sich die Notwendigkeit der Überprüfung der formalen und materialen Wahrheit einer jeden Meinung. Denn die Kriterien der formalen Wahrheit stellen die logischen Gesetzmäßigkeiten dar, nach denen die Meinung selbst formuliert wurde, während die Kriterien der materialen Wahrheit das Vorhandensein des Seienden selbst sind. Insofern aus den logischen Verknüpfungen die Wahrheit der Konklusion des Syllogismus folgt, ist einzusehen, dass sie auch materialiter wahr sein kann. Denn nichts kann wahr sein, wenn es nicht dem Verstand Gottes entspricht. Geht folglich eine Wahrheit aus der Verknüpfung logischer Gesetze allein hervor, so muss auch dies dem göttlichen Verstand entsprechen. Auch wenn es sich nur auf den formalen Gehalt der Bildung eines Syllogismus bezieht. Materiale Wahrheit liegt nur dann vor, wenn die so verknüpften Bestandteile tatsächlich dasjenige Seiende in der Weise wiedergeben, wie es gemäß dem göttlichen Verstand bestimmt ist.

Die Überprüfung durch die allgemeinen Gesetze der Logik kann durch jedes verstandesbegabte Individuum vollzogen werden. Die materiale Überprüfung ist jedoch bedingt durch die Erkenntnisse der verwendeten Bestandteile innerhalb eines Syllogismus bzw. einer Aussage des Individuums. Ist daher auf der materialen Ebene keine Überprüfung des Wahrheitswerts möglich, so ergibt sich bezüglich zweier sich auf ein und denselben Gegenstand richtenden aber Unterschiedliches behauptenden Aussagen, dass bloß das formale Wahrheitskriterium zur Beurteilung verfügbar ist. Demgemäß ist durch die *conscientia* kein Urteil möglich, welches auf der Grundlage der eigenen Erkenntnis eine Aussage bejahen oder verneinen könnte. Insofern besteht nach Medina der obige Zweifel, i.e. dubium, weil man sich gegenüber solchen Aussagen unentschieden verhält.

Um trotz eines solchen Zweifels dennoch handeln zu können, bietet Medina zwei Entscheidungshilfen an, von welcher die eine pragmatisch begründet ist und die andere eine Konsequenz der thomistischen Lehre von *intellectus* und *voluntas* ist.

2. 1 Versuch der Beseitigung von Zweifel

Besteht Zweifel bezüglich einer Anzahl von auf dasselbe referierenden aber Unterschiedliches behauptenden Aussagen ist zunächst nicht ersichtlich, welche von ihnen

---

152   Ebd. col. 455[26]. [(…) man glaubt, dass sie Gottes Gebot sind.]
153   Vgl. ebd.

wahr ist oder nicht. Ist nämlich jede Aussage davon wahrheitsfähig, d.h. widerspruchs-frei, erscheint jede Aussage der Möglichkeit nach genauso wahr oder falsch, bis auch das materiale Wahrheitskriterium in Form des durch die Aussage ausgesagten Seien-den betrachtet wird. Erst dann ist überprüfbar, ob die Aussage mit demjenigen Seien-den übereinstimmt, von dem etwas ausgesagt wurde. Der Maßstab für eine Vorrang-entscheidung von Aussagen, welche auf dasselbe in unterschiedlicher Weise referie-ren, ist also nicht mit formal-logischen Mitteln allein festlegbar. Für Handlungen be-deutet dies, dass der Maßstab des Vorrangs einer Aussage bezüglich des Handlungs-ziels betrachtet werden muss. Denn dieses gibt vor, was für Gegenstände und Hand-lungen geeignet sind, um selbiges zu erreichen.

Im Kontext sündenfreien Handelns muss der Maßstab der zu präferierenden zur Hand-lung hinleitenden Aussagen Gott sein. Denn allein was Gott gemäß ist, ist auch sün-denfrei.

Weil die Wahrheit in Gott nur eine ist, ist auszuschließen, dass bezüglich des Hand-lungsziels widersprüchliche oder gemäß der Bestimmtheit des Seiendem falsche Aus-sagen von vornherein aus der Beurteilung der Wahrheit von Aussagen ausscheiden.

Denn geht alle Wahrheit von Gott aus, so können nicht zwei einander widersprüchli-che Aussagen zugleich wahr sein, noch kann ein Seiendes anders bestimmt sein, als Gott es gemäß seiner artspezifischen Eigenschaften bestimmt hat. Wird sich folglich für Widersprüchliches oder Falsches entschieden, um ein Handlungsziel zu erreichen, so muss dies als sündhafte Entscheidung aufgefasst werden.

Weil die Erkenntniskraft des Menschen nicht für die vollsändige Erkenntnis des Sei-enden aus der Erfassung aller auf Seiendes referierenden Terme einer Aussage zu-reicht, ist es möglich, dass bezüglich des Vorrangs von Aussagen Indifferenz in der Wahl von Aussagen hervorgeht. Dies ist nach Medina vor allem dann der Fall, wenn Aussagen gleich bezweifelbar sind oder zu sündhaften Verhalten führen können. Um zweiterem Problem bei ungleicher Sündhaftigkeit Herr zu werden, schlägt er vor: „[…] aut est equale dubium, vel est de equali peccato, vel non; si non est de aequali peccato, regula est certissima, quod minus malum est sequendum […]"[154] Diese Ent-scheidung für den sichereren Teil von Aussagen (tutorius pars) ist zunächst beden-

---

154   Ebd. col 459$^{32\text{-}36}$. [(…) entweder ist ein gleicher Zweifel oder er ist über die gleiche Sünde, oder nicht; wenn er nicht über die gleiche Sünde ist, ist die Regel am sichersten, dass dem we-niger Schlechten zu folgen ist (…)]

kenswert. Denn im schlechtesten Fall muss man sich stets für eine Aussage entscheiden, die irgendein sündhaftes Verhalten nach sich zieht. So wie z.B. im zweiten Buch Mose, wo die Hebammen Sephra und Phua vor der Wahl stehen, entweder alle männlichen Kinder zu töten oder stattdessen den Pharao anzulügen.[155] Auch wenn Gott die Handlung der beiden Hebammen belohnte, so stellen beide Handlungen nach christlicher Auffassung Sünde dar, wie demselben Buch im Dekalog entnommen werden kann.[156]

Natürlich ließe sich einwenden, dass man sich auch für keine Aussage entscheiden muss, wenn keine zu einer sündfreien Handlung hinführt. Vor allem dann, wenn alle Aussagen zu gleichen Sünden führen. In kryptischer Weise fragt Medina dahingegehen: „Nam alioqui homo esset perplexus sine culpa sua:" und stellt daraufhin fest: „quod recta ratio, & divinia Theologia non admittit."[157]

Warum dies nicht befürwortet werden kann und der Mensch ohne seine Schuld verwirrt wäre, bedarf einer genaueren Untersuchung, weil dies nicht auf den ersten Blick verständlich ist.

2. 2 Die menschliche Schuld vor Gott und das Wesen des Menschens
Die von Medina angesprochene Schuld (culpa) lässt sich zunächst im Lichte des augustinischen *peccatum originale* betrachten. Denn als Vater der Erbsündenlehre formuliert St. Augustin (354-430) die Schuldhaftigkeit des Menschen als ihm nach dem Sündenfall zugehörige artspezifische Eigenschaft vor Gott. Wie Augustinus bemerkt, ist die Sünde des Menschen in der Entscheidung Adams für das Fleischliche zu sehen, indem er das Körperliche begehrte.[158] Somit überschritt er das Gebot Gottes (mandatum Dei) willentlich.[159] Nicht verwunderlich ist daher, dass als Ausruck des *peccatum originale* von katholischer aber auch anderen Seiten lange Zeit die Konkupiszenz angeführt wird.[160] Schließlich lässt sich das körperliche Begehren sehr schnell

---

[155] Vgl. Ex 1, 15-19.

[156] Vgl. Ex 20, 13/16.

[157] Medina, Bartholomé de: Scholastica commentaria in D. Thomae Aquinatis Doct. Anglici. Primam Secundae : Col. 459[46-48]. [Denn andernfalls wäre der Mensch ohne seine Schuld perplex] [was mit der rechten Vernunft und göttlichen Theologie nicht übereinstimmt.]

[158] Vgl. Augustinus : PL 34 : De genesi ad litteram libri duodecim. lib. X, cap. XIV. n. 24 col. 418.

[159] Vgl. Augustinus : PL 44 : De peccatorum meritis et remissione et de baptismo parvulorum ad Marcellinum. Lib I, cap. IX. n. 10. col. 114-115.

[160] Vgl. Mausbach, Joseph : Die Ethik des Heiligen Augustinus. Zweiter Band: Die sittliche Befähigung des Menschen und ihre Verwirklichung. S. 170-172[15].

durch oberflächliche Überlegungen mit dem natürlichen Trieb zur Fortpflanzung gleichsetzen.

Doch kann die Abkehr von Gott nach Augustin auch so verstanden werden, dass sich Adam selbst dafür entschieden hat, durch etwas bedingt zu sein, was nicht Gott ist, sondern etwas Vergängliches. Dieses Vergängliche ist nicht etwa die Frucht vom Baum der Erkenntnis, sondern muss gemäß Augustinus in der Begierde (libido) bzw. Wollust (cupiditas) nach etwas gesehen werden.[161] Indem ein Gegenstand begehrt wird, richtet sich das eigene Handeln nach der Erlangung des Gegenstandes des Begehrens. Somit ist der Verstand (mens) Sklave des Begehrens, weil durch dieses ein Ziel des Handelns bestimmt ist, welches nicht auf vernünftiger Überlegung beruht, sondern durch niedere Bedürfnisse herbeigeführt wurde,[162] die nur in Bezug zur Gegebenheit anderer Gegenstände bestehen können.[163] Sich gegen Gott zu entscheiden und seiner Begierde nachzugehen, ist folglich die Entscheidung, sein eigenes Dasein unter die Bedingung der Vergänglichkeit zu stellen. Weil die Begierde nach etwas nur dann vergeht, wenn dieses erlangt wurde, setzt dies voraus, dass von einem Zustand in den anderen übergegangen werden kann. D.h. dass ein Zustand zugunsten des anderen Zustands vergeht. Dies ist entgegen der Umstände, unter denen Gott den Menschen in Eden geschaffen hat. Denn das Dasein des Menschen war von Gott allein bedingt, weil dieser für den Menschen alles zum Besten bestellt hatte.[164]

Gott wäre insofern für das Dasein Adams eine unveränderliche Bedingung, weil er gemäß der christlichen Tradition selbst ewig ist. Daraus würde das unendliche Dasein des Menschen im Paradies folgen, weil es für sein Dasein nicht notwendig ist von einem vergänglichen Zustand in einen anderen überzugehen, um etwas zu erlangen. Entscheidet sich der Mensch jedoch dafür, etwas zu erlangen, was ihm seiner Ansicht nach fehlt, so ist dies nur möglich, wenn er sich selbst der Bedingtheit des Vergänglichen aussetzt, d.h. sich entgegen seiner eigenen artspezifischen Bestimmtheit verhält, wie sie Gott für den Menschen im Paradies bestimmt hat. Indem er sich folglich gegen den Willen Gottes verhält, muss sein Dasein auf zweierlei Weise bedingt sein, nämlich durch Gott und das Vergängliche. Sofern Gott die Schöpfung im Dasein erhält, ist er die notwendige Bedingung für alles Seiende. Das vergängliche Seiende muss insofern

---

[161]   Vgl. Augustinus : PL 32 : De libero arbitrio lib. I, cap. III. n. 8. col. 1225 et cap. IV..n. 9. col. 1225-1226.

[162]   Vgl. Ebd. cap. XI. n. 21. col. 1233.

[163]   Vgl. Ebd. cap. XV n. 32. col. 1238-1239 et cap. XVI n. 34. col. 1239-1240.

[164]   Vgl. Gn 2, 1-25.

gegeben sein, wenn der Mensch nach seiner Erlangung strebt und durch dessen Erlangung von einem Zustand in einen anderen übergehen kann.

Weil diese Bedingung der Vergänglichkeit nicht Gott entspricht und durch Adams Entscheidung das menschliche Dasein nicht mehr durch Gott allein bedingt ist, muss nach Augustinus jeder Nachkomme Adams somit sterblich, also vergänglich, sein und ist mit den aus der Sterblichkeit resultierenden Übeln belastet.[165] Für jeden Mensch besteht somit durch das *peccatum originale* eine Schuld vor Gott, die seit jeher jedem Menschen innewohnt, weil er durch das Fleisch sterblich ist. Die Schuld lässt sich also auch nur durch die willentliche Entscheidung für das Gott Gemäße tilgen, indem man sich nicht wie Adam für das Vergängliche entscheidet.[166]

Aus thomistischer Sicht löst sich nun die Unklarheit bezüglich Medinas kryptischer Stelle auf. Die von Augustinus entwickelte Erbsündenlehre erfährt durch Thomas eine Spezifizierung der genauen Bedeutung des *peccatum originale* im Menschen. Thomas bestimmt sie wie einen Habitus, d.h. im Sinne einer Disposition zu etwas Bestimmten. Im Fall des *peccatum originale* ist diese Disposition ungeordnet (inordinata).[167] Versteht man das Wort „Disposition" so wie Thomas vom lateinischen „dispositio" her, so ist dadurch etwas bezeichnet, wodurch ein bestimmter Gegenstand zu etwas angeordnet, bestimmt oder eingeteilt wird (disponitur).[168] So verstanden ist der Habitus selbst eine Qualität eines Dinges. Im Fall der Art des Menschen bestimmt es sein Handeln zu den zwei Bedingungen seines Daseins. Denn wenn auch die Entscheidung Adams für das Vergängliche die Ursache des Sündenfalls ist, so ist die notwendige Bedingung für die Qualität des *peccatum originale* des Menschen die Gegebenheit von Gott und dem Vergänglichen. Ohne das Vergängliche wäre das Dasein des Menschen nur durch Gott allein bedingt. Weil das Vergängliche im Gegensatz zu Gott zahlreich ist, lässt sich der Mensch nicht nur in Bezug zu Gott bestimmen, sondern einer Vielzahl von Vergänglichen.

Weil Gott und die Vielzahl des Vergänglichen in ihrer Eigenschaft als mögliche Bestimmungsgründe indifferent sind, ist der Mensch durch das *peccatum originale* nicht nur zum Guten, sondern auch zum Schlechten in indifferenter Weise bestimmt. Insofern ist der Mensch nicht von vornherein zu einem bestimmten Verhalten oder einer

---

[165] Vgl. Augustinus : PL 32 : Confessiones lib. V. cap. IX. col. 713-714.

[166] Vgl. Augustinus : PL 34 : De genesi ad litteram libri duodecim. lib. X, cap. XIV. n. 24 col. 418.

[167] Vgl. STh. I-II q. LXXXII a. 1. resp.

[168] Vgl. STh. I-II q. XLIX a. 1. resp.

bestimmten Entscheidung bestimmt, sondern muss sich erst selbst dazu bestimmen.[169] Der Mensch kann also nicht anders, als sich entweder gemäß der Erbsünde zu verhalten und somit seine Schuld vor Gott zu bestätigen oder sie zu tilgen, indem er versucht, sich für dasjenige zu entscheiden, was Gott gemäß scheint. Eine jede Entscheidung ist insofern eine Bestimmung des Menschen zum Gottgemäßen oder dem Entgegengesetzten. Folglich ist bereits die Entscheidung, sich für eine wahre Aussage oder eine sündenfreie Handlung entscheiden zu wollen – unabhängig davon, ob die Aussage wirklich wahr ist oder die Handlung tatsächlich sündenfrei ist –, Gott gemäß, weil sie eine Entscheidung gegen das *peccatum originale* ist. Dem Menschen ist also niemals die Möglichkeit gegeben, dass er sich nicht zu etwas entscheiden könnte. Denn wollte er sich zu nichts entscheiden, so ist dies bereits eine Entscheidung für das Falsche oder Sündhafte, weil es die Abkehr von Gott ist.

Würde ein Mensch versuchen, sich so zu verhalten, dass er wählt, sich nicht zu entscheiden, müsste er sich so verhalten, als wäre er nicht durch seinen Habitus bedingt. Dies hieße, er müsste sich so verhalten, als wäre er nicht durch Vergängliches bedingt. Somit müsste er sich notwendigerweise verwirrt verhalten. Denn gemäß der *recta ratio* könnte er sich, ungeachtet des *peccatum originale*, nur von der Wahl einer Aussage als einer mehr oder weniger probablen Aussage entlasten, wenn er selbst in einem Zustand überginge, in dem keine Wahlmöglichkeit gegeben wäre. Dies wäre jedoch ein Zustand, in dem unmittelbare Einsicht in die Wahrheit und Falschheit von Aussagen bestehen müsste. Denn allein dann müsste nicht mehr entschieden werden, ob eine Aussage der Wahrheit gemäß ist oder nicht. Bestünde ein solcher Zustand, obwohl Auswahlmöglichkeiten gegeben sind, so wäre die unmittelbare Einsicht in die Wahrheit und Falschheit der Aussagen selbst eine Wahl. Denn durch die unmittelbare Einsicht können unter einer gegebenen Anzahl von Aussagen diejenigen Aussagen identifiziert werden, die wahr sind, indem sie von den falschen differenziert werden bzw. *vice versa*. Kraft seiner Einsicht würde der Mensch die wahren oder falschen Aussagen auswählen, obwohl er sich so verhalten wollte, als seien keine Wahlmöglichkeiten gegeben.

Allein wenn keine Anzahl von Aussagen gegeben wäre, sondern nur die Einsicht in die absolute Wahrheit, würde der Mensch sich so verhalten, als hätte er keine Wahlmöglichkeit. Denn dann würde sein Zustand nicht durch die Gegebenheit von Auswahlmöglichkeiten bedingt sein, die im Fall des sich seiner Entscheidung enthalten

---

[169]   Vgl. STh. I-II q. LXXXII a. 1. resp.

Möchtenden gegeben sind. Wollte sich folglich ein Mensch entgegen seines Vermögens Sich-entscheiden-zu-können verhalten, würde er mit sich selbst in Realrepugnanz treten. D.h., er würde einen Zustand herbeiführen wollen, dessen Bestimmtheit widersprüchlich ist. Weil dies solang nicht möglich ist, wie Auswahlmöglichkeiten gegeben sind, folgt, dass der Mensch nicht anders kann, als sich für oder gegen die Wahrheit einer Aussage zu entscheiden.

Der divina Theologia folgend, ist diese Ansicht zu bestätigen. Denn ein solcher Versuch ist unter Berücksichtigung des *peccatum originale* die Nachahmung des Menschen vor dem Sündenfall. Ein Mensch, der sich im Zustand der Vergänglichkeit befindet, wird dazu niemals in der Lage sein – ist er doch als Mensch im Diesseits an das Vergängliche gebunden. So ist auch diese eine wesentliche Eigenschaft des Menschen, welche ihm die Entgehung der Begleichung oder Bestätigung seiner Schuld vor Gott versagt. Daher ist er immer dazu gehalten, sich für oder gegen etwas zu entscheiden, d.h. eine Wahl zu treffen.

3 Problem der Wahl des Wahren

Die vorangegangene Interpretation lässt es nun zu, auf ein epistemisches Problem bei der Entscheidung für oder gegen verschiedene Aussagen zu einem bestimmten Thema einzugehen. Wenn man aufgrund der eigenen epistemischen Beschränktheit die Wahrheit oder Falschheit von Aussagen nicht erkennen kann, dann besteht Zweifel. Solang er besteht wäre die Entscheidung, einer Aussage zu folgen, stets mit der Gefahr zu sündigen oder Falsches als Wahres anzuerkennen behaftet. Im Rahmen der hier behandelten christlichen Lehre kann dies nur dann als gefährlich gelten, wenn die Entscheidung in der Absicht getroffen wird, dass das Gewählte sündlos bzw. wahr sein soll. Wie im vorherigen Kapitel gesehen, ist nur eine solche Entscheidung Gott gemäß. Daher gilt an dieser Stelle der augustinische Ausspruch: „Humanum fuit errare, diabolicum est per animositatem in errore manere."[170] Denn sich in dem zu irren, was das Sündlose und Wahre ist, obwohl dies durch eigene Bemühungen hätte vermieden werden können, liefert trotz epistemischer Beschränktheit keinen Entschuldigungsgrund für die Sünde. Schließlich ist der Irrtum auf die eigene Trägheit in der Erlangung der Erkenntnis des Sündhaften der Entscheidung zurückzuführen. Wer darin verharrt, sündigt insofern doppelt.

---

[170] Augustinus: PL 38, sermo CLXIV cap. X. col. 901^{59}-902^1. [Irren ist menschlich, teuflisch ist wegen Feindseligkeit im Irren zu verharren.]

Um diesem Irrtum Herr zu werden, rät Medina, dass die betreffenden Aussagen anhand bestimmter Gründe gestützt werden müssen, die deren Zustimmung oder Ablehnung verpflichtend machen.. D.h. dass einer Aussage umso mehr zu folgen sei, je mehr sie durch *maiores argumenta* bekräftigt wird.[171]

Zweierlei Hinsichten sind für diese Bekräftigung allem Anschein nach möglich. Wenn Argumente eine Aussage auf formalen Weg durch die logische Analyse ihrer Bestandteile als wahr erweisen, so ist diese formal wahr. Denn dann besteht zwischen den Begriffen der Aussage wie in den Begriffen selbst kein Widerspruch. Dies sagt nichts über ihre materiale Wahrheit aus. Denn die Referenz eines Begriffes ist von seinen formalen Eigenschaften verschieden. Ersteres gibt an, was ein Begriff bedeuten soll, während Zweiteres nur die Beziehungen und Eigenschaften der Bestandteile eines Begriffes zu sich selbst bzw. zu anderen Begriffen angibt. Aus der formalen Analyse kann daher nicht gesehen werden, ob eine Aussage Wahres oder Sündloses aussagt. Medina verdeutlicht dies am Beispiel einer Frau, die darüber zweifelt, ob ein bestimmter Mann ihr Ehemann ist. Aufgrund der vorrangegangenen Überlegung zur formalen Wahrheit bestünden zwingende Gründe, dass die Aussage, dass dieser Mann ihr Ehemann ist, wahr ist. Denn eine solche Aussage kann widerspruchfrei gebildet werden. Eine solche Vorgehensweise vernachlässigt nach Medina jedoch die praktischen Folgen, die aufgrund der Orientierung an dieser Aussage bestehen können. Aufgrund dieser rein spekulativen Erkenntnis besteht nämlich die Gefahr des Ehebruchs, weil nicht darauf geachtet wird, ob das Ausgesagte tatsächlich den Umständen entspricht.[172]

Unter Berücksichtigung der *conscientia*, aufgrund der man sich für oder gegen eine bestimmte Aussage entscheidet, darf sich diese nicht allein spekulativer Erkenntnis bedienen, sondern muss Erkenntnis über die Referenz der Bestandteile einer Aussage beinhalten. D.h. es müsste die Referenz der Bestandteile der Aussage im Einzelfall geprüft werden. Denn ohne diese Überprüfung ist die Gefahr gegeben, dass man sich für Aussagen entscheidet, die Sündhaftes oder Falsches aussagen. Zweifelsfrei stellt dies einen der schwierigeren Teile der Entscheidungsfindung dar. Denn die spekulative Erkenntnis bezieht sich nicht auf genau einen Einzelfall, sondern auf Arten von Einzelfällen. Sofern durch die *conscientia* eine Aussage gebildet wird, welche der *voluntas* die Ausführung oder Unterlassung einer Handlung bzw. Anerkennung der

---

[171]   Vgl. Medina, Bartholomé de: Scholastica commentaria in D. Thomae Aquinatis Doct. Anglici.
         Primam Secundae : col. 460.
[172]   Vgl. col. 460-461.

Wahrheit oder Falschheit einer Aussage empfiehlt, bezieht diese sich auch auf Arten von Einzelfällen.

Das ist durch die Verwendung von Begriffen unumgänglich. Weil durch deren Definition nicht genau ein Einzelding erfasst wird, kann ein jeder Begriff auf eine nicht bestimmte Anzahl von Einzeldingen angewandt werden. Das Einzelding bzw. eine einzelne Handlung sind durch die Umstände ihrer Aktualität präziser bestimmt als die auf sie angewandten Begriffe. Allein schon daraus ergibt sich, dass die *conscientia* sich unter keinen Umständen in ihrer Funktion als beratschlagende Instanz auf eine bestimmte einzelne Handlung oder ein bestimmtes Einzelding beziehen kann.

Ersteres erweist sich in zweierlei Hinsicht. Ist eine Handlung in erster Hinsicht vergangen und soll darüber beratschlagt werden, ob sie sündhaft oder sündlos war, bezieht sich auch die daraus resultierende Entscheidung auf Vergangenes. Vergangenes war bereits und ist daher notwendigerweise vollständig bestimmt, weil die Vergangenheit unveränderlich ist. Der Möglichkeit nach kann daher ein Begriff vollständig und eineindeutig auf etwas Vergangenes referieren. Dies ist nur unter der Bedingung möglich, dass die Referenz alle bestandenen Relationen der Handlung einschließt, i.e. die Beschaffenheit aller Einzeldinge im Verhältnis zueinander. Die Bildung eines solchen Begriffes ist gleichzusetzen mit der Definition eines Begriffes der Welt zu einem bestimmten vergangenen Zeitpunkt. Ein epistemisch eingeschränktes Wesen wie der Mensch ist dazu nicht fähig. Daher mangelt es auch seinen Definitionen an Bestimmtheit – weshalb durch den Begriff ein Einzelding oder eine Handlung auch nur differenziert und nicht identifiziert werden kann. Weil auch Gegenwärtiges vollständig bestimmt ist, gilt dasselbe, was für Vergangenes gilt, auch für die Referenz von Begriffen auf Gegenwärtiges. In zweiter Hinsicht kann der Begriff auf Zukünftiges referieren. Zukünftiges ist selbst noch unbestimmt, weil es noch nicht aktual ist und insofern veränderbar ist. Ein auf Zukünftiges referierender Begriff kann daher nicht auf ein bestimmtes Einzelding oder eine bestimmte einzelne Handlung verweisen, weil dies die vollständige Erkenntnis des Zukünftigen voraussetzt. Ist das Zukünftige nicht schon gewesen und damit vergangen, kann davon auch nichts gewusst werden. Folglich kann sich die *conscientia* auch nicht auf etwas bestimmtes Einzelnes in der Zukunft beziehen, sondern nur in allgemeinster Weise. Beziehen sich nämlich Begriffe auf Arten und werden nur auf Vertreter einer Art angewandt, so ist dies zum einen unabhängig von jeder zeitlichen Bestimmung und zum anderen von den Umständen unter denen eine Handlung oder ein Einzelding aktual ist. Weil die Begriffe dahingehend unbestimmt sind, können sie sowohl auf jeden beliebigen Vertreter der durch sie ausgesagten Art referieren als auch zu jedem beliebigen Zeitpunkt. Das Urteil der *conscientia* kann also auf bestimmte einzelne Handlungen und die damit zusammenhängenden Einzeldinge referieren.

Allem Anschein nach ist dies für die Analyse der Wahrheit von Aussagen problematisch. Denn ob der Ratschlag der *conscientia* richtig ist, hängt nicht von formalen Kriterien allein ab, sondern von der Entsprechung des Gegenstands der Aussage mit dem Ausgesagten. Allein dann scheint eine tatsächliche Referenz der Begriffe zu bestehen, i.e. die materiale Wahrheit. Weil sich die *conscientia* aus genannten Gründen nicht darauf in der nötigen Weise beziehen kann, um eineindeutig bestimmen zu können, ob eine Aussage sündlos oder wahr ist, kann der Zweifel aufgrund des Ratschlags der *conscientia* nicht beseitigt werden.

Diese Erkenntnis ist nach Medina nicht weiter problematisch. Denn wie er selber meint, ist aus Zweifel Gewissheit zu folgern, wie aus Falschem Wahres.[173] Auf den ersten Blick bedarf diese Position einer Rechtfertigung. Wie aus Falschem Wahres bzw. aus Zweifel Gewissheit gefolgert werden kann, ist zumindest vom Standpunkt der Aussagenlogik schleierhaft. Wird nämlich z.B. eine Aussage über ein Einzelding bezweifelt, so kann nicht entschieden werden, ob diese wahr oder falsch ist, weil sie dem Schein nach beides ist. Eine eineindeutige Entscheidung diesbezüglich könnte wie folgt als einfacher konditionaler Schluss dargestellt werden:

„Wenn Planeten rund sind, dann ist die Aussage: ‚Planeten sind rund.' wahr."

„Planeten sind rund."

Also: „Die Aussage: ‚Planten sind rund.' ist wahr."

Besteht jedoch Zweifel über das Ausgesagte im Antezedens der ersten Aussage, so kann das Konditional nicht mehr einfach sein, weil sowohl das Ausgesagte wie dessen Gegenteil für wahr bzw. falsch gehalten werden. Somit ist das Konditional der ersten Prämisse in formaler Hinsicht nicht mehr einfach, sondern Antezedens wie Konsequenz sind aus Aussagen zusammengesetzt, die Gegensätzliches behaupten, wie am Folgenden zu sehen ist:

„Wenn Planeten rund sind und nicht-rund sind, dann ist die Aussage: ‚Planeten sind rund.' wahr und die Aussage ‚Planeten sind nicht-rund.' wahr."

---

[173]   Vgl. col. 461³⁻⁵.

Wenn von zwei einander widersprechenden Aussagen eine wahr sein muss, dann kann innerhalb des Schlusses keine Konklusion gebildet werden, die notwendigerweise mit der Gegebenheit der zweiten Prämisse wahr ist. Ist nämlich die zweite Prämisse „Planeten sind nicht-rund." oder „Planeten sind rund.", so lässt sich aufgrund der ersten Prämisse nicht entscheiden, welche daraus hervorgehende Konklusion wahr ist, obwohl sie ausschließlich eine Verknüpfung der Bestandteile der Aussagen in den Prämissen darstellt. In gleicher Weise ergeben sich daher die Konklusionen:

K_1: Also: „Die Aussage: ‚Planten sind nicht-rund.' ist wahr"

K_2: Also: „Die Aussage: ‚Planeten sind rund.' ist wahr"

Aus dieser unsinnigen Schlussweise ist es schlichtweg beliebig, von welcher Konklusion man behauptet, dass sie wahr aufgrund des Schlussverfahrens sei. Denn obwohl beide aus den Prämissen deduziert werden können, ist nur eine von ihnen wahr, auch wenn in formaler Hinsicht nicht ersichtlich ist, welche es ist. Es zeigt sich somit: *Ex contradictione sequitur quodlibet.*

Medinas Meinung scheint vor dem Hintergrund der Aussagenlogik selbst schleierhaft. Berücksichtigt man, dass Medina nicht nur in der allgemeinen Logik, sondern auch in der Suppositionstheorie ausgebildet gewesen sein dürfte, lässt sich der Schleier lüften. Wie aus den Untersuchungen Parks zur Sprachphilosophie beim Heiligen Thomas zu entnehmen ist, stellten die Logik-Kompendien solcher Logiker wie Lambert von Auxerre, Wilhelm von Sherwood (ca. 1200-1272) und selbstverständlich Petrus Hispanus an den mittelalterlichen Universitäten Standardwerke für das Studium an den Artistenfakultäten dar. Die Werke selbst behandeln nicht nur die aristotelischen Überlegungen zur Logik, sondern unter anderem auch suppositionstheoretische Überlegungen.[174] Wie etwa aus den Logik-Kompendien Wilhelm von Ockhams (1288-1347) oder Walter Burleighs (ca. 1274-1344) ersichtlich ist, wird unter einer Supposition allgemeinhin ein Term verstanden, der in einer Aussage für etwas Bestimmtes steht.[175] Dies kann z.B. ein Begriff oder Einzelding sein. Eine Aussage ist insofern dadurch gekennzeichnet, dass ihre Bestandteile nicht nur referieren, sondern dass sie auch genau für dasjenige stehen, wovon etwas ausgesagt werden soll. Hieraus lässt sich nun

---

[174] Vgl. Park, Seung-Chan: Die Rezeption der mittelalterlichen Sprachphilosophie in der Theologie des Thomas von Aquin: mit besonderer Berücksichtigung der Analogie. S. 65-81.

[175] Vgl. Walter Burleigh: De puritate artis logicae hg. und übers. von Peter Kunze. (1988). Pars I. De suppositione 1-2.; Wilhelm von Ockham: Summa totius logicae. Prima pars cap. LXIII[54-58].

ein Kriterium materialer Wahrheit entwickeln, dass aus Falschem Wahres bzw. aus Zweifel Gewissheit schließen lässt.

Eine Eigenschaft, welche eine Aussage als solche in der Aussagenlogik kennzeichnet, ist ihre Möglichkeit zur Referenz. Sie ist dann gegeben, wenn die Bestandteile der Aussage widerspruchsfrei durch logische Operationen miteinander verbunden sind. Dadurch ist die formale Wahrheit einer Aussage beweisbar. Unter Zuhilfenahme der suppositionstheoretischen Überlegung zeigt sich, dass die bloße Referenzmöglichkeit nur dann bestehen kann, wenn die verwendeten Terme in der Aussage für genau dasjenige stehen, wovon etwas ausgesagt werden soll. D.h. sie müssen supponieren. Stünden die Terme nicht dafür, so wäre es unverständlich, auf welche Entität sich der Term in der Aussage richtet. Stünde der Term „Felsentauben" in der universalen Aussage „Alle Felsentauben können fliegen." nicht für alle Vertreter der Art Felsentaube, sondern für die lateinische Bezeichnung *Columba livia*, so könnte die Aussage im Ganzen nicht referieren. Denn die in der Aussage zugeschriebenen Prädikate können keiner Bezeichnung zukommen, sondern nur Subjekten, die für flugfähige Entitäten supponieren. Eine eineindeutige Referenz kann also nur dann bestehen, wenn alle Bestandteile in einer Aussage für dasjenige stehen, worüber etwas ausgesagt werden soll.

Das mag trivial sein. Doch ergibt sich daraus die Lösung für das Problem der beliebigen aus einander widersprechenden Aussagen folgerbaren Konklusionen. Formallogisch ist die Konjunktion der Prämisse, die einander widersprüchliche Aussagen enthält, stets falsch. Denn wenn ein Teil der Konjunktion wahr ist, dann muss der andere kraft der Negation falsch sein. Gemäß dem Kriterium der Supposition ist schließbar, dass eine der Aussagen der formal falschen Konjunktion keine Aussage sein kann. Denn damit die Referenz einer Aussage gegeben sein kann, müssen ihre Bestandteile supponieren. Ist eine Aussage formal falsch, so können ihre Bestandteile im Ganzen nicht supponieren, weil nichts gegeben sein kann, wofür die Bestandteile im Ganzen stehen könnten.

Ist das der Fall, ist mit einer Prämisse, welche einen Widerspruch der obigen Art enthält, aus formal Falschem material Wahres abgeleitbar. Ist die Prämisse widersprüchlich, so ist sie formal falsch. Durch das Kriterium der Supposition ist einsehbar, dass nur eine der scheinbar einander widersprechenden Aussagen eine echte — weil aktual-referierende — Aussage ist. Die andere stellt nur in formaler Hinsicht eine Aussage dar. Folglich ist nur eine Konklusion in korrekter Weise folgerbar. Das ist diejenige, welche der Wahrheit entspricht. Nur deren Bestandteile weisen sowohl eine Referenz wie auch Supposition zu demjenigen auf, worüber etwas ausgesagt werden soll.

Ohne Überprüfungskriterium für die Suppositionseigenschaft von Termen bleibt schleierhaft, woran zu erkennen ist, für was und ob ein Term supponiert. Geht man indes davon aus, dass man im obigen Beispiel bereits weiß, dass „Planeten rund sind", so ist ersichtlich, dass die gegenteilige Aussage in der Prämisse weder etwas bedeuten noch für etwas stehen kann. Folglich besteht in materialer Hinsicht auch keine Konjunktion zwischen zwei Aussagen, sondern zwischen einer Aussage und inhaltsleeren auf Nichts referierenden Termen. Weil Nichts unbestimmt ist, kann es auch nicht die Bedingung eines Wahrheitswertes einer bestimmten Aussage sein. Andernfalls wäre die Bedingung des Wahrheitswertes selbst unbestimmt.

Diese Feststellung enthebt aufgrund der epistemischen Beschränktheit des Menschen nicht des bestehenden Zweifels über Aussagen, die Verschiedenes oder Widersprüchliches über etwas aussagen. Die suppositionstheoretische Überlegung zeigt nur die bestehende Möglichkeit eine Aussage aus zweifelhaften Prämissen zu deduzieren, welche zu sündlosem Handeln führen kann bzw. selbst der Wahrheit entspricht. Umso mehr bedarf es für die Auffindung solcher Aussagen eines Richtmaßes, das – wenn dem Menschen schon keine unmittelbare Einsicht in die Welt gegeben ist – ihn bei seiner Entscheidung unterstützt, einer bestimmten Aussage zu folgen. Nach Medina stellen Meinungen über solche Aussagen einen Prüfstein dar, die sich in unterschiedlichster Weise bewährt haben. Dies mag durch die Untermauerung bezweifelter Aussagen mit Argumenten oder auf autoritäre Weise durch die Anzahl weiser Männer geschehen, welche einer bestimmten Meinung folgen.[176] Ein solches quantitatives Hilfsmittel ist gerechtfertigt, weil die Argumente zum einen in nachvollziehbarer Weise verdeutlichen, warum eine bestimmte Meinung über eine Aussage in formaler oder materialer Hinsicht für wahr haltbar ist.

Dies stellt nur eine spekulative Begründung einer Aussage dar, der es an praktischer Bestätigung ermangeln würde, wenn sie nicht durch Erfahrung affirmiert werden würde. Je mehr daher die spekulative Begründung einer Aussage der Erfahrung derjenigen entspricht, welche dazu in der Lage sind, bestimmte Aussagen durch Argumente zu stützen, desto mehr scheint die Möglichkeit der Entsprechung einer bezweifelten Aus-

---

[176]   Vgl. Medina, Bartholomé de: Scholastica commentaria in D. Thomae Aquinatis Doct. Anglici. Primam Secundae : col. 462$^{34\text{-}35}$.

sage mit der Wahrheit gegeben zu sein. Dies ist es nämlich, was durch Probabilität ausgesagt wird. Indessen reichen diese quantitativen Kriterien nicht aus, um jede Meinung zum Prüfstein einer Aussage zu machen. Insbesondere diejenigen Meinungen, deren Befolgung zu sündhaften Verhalten führt oder die offensichtlich falsch sind, können keine Orientierung in der Wahrheitsfindung sein. Denn sie begünstigen von vornherein die Entscheidung für das Falsche bzw. Sündhafte. Medina zufolge sind solche Meinungen daher von vornherein als improbabel anzusehen,[177] weil sie die Seele nur weiter im Zweifel halten.[178]

Die Orientierung an quantitativen Bestimmungen ist keine Universallösung für den sicheren Umgang mit der eigenen Ungewissheit. Tritt der Fall ein, dass die Anzahl an Argumenten und Autoritäten für einander entgegenstehende Aussagen gleich ist, so bestünde wiederum kein Grund, weshalb aufgrund einer Meinung einer bestimmten Aussage über ein bestimmtes Problem mehr zu folgen sei als einer anderen. In Auseinandersetzung mit den Ausführungen Domingo de Sotos stellt Medina fest, inwiefern ein Richter bei gleich probablen Meinungen ein Urteil gemäß der persönlichen Beziehung bzw. Einschätzung zum Angeklagten fällen darf.[179] Auch wenn eine Entscheidung durch gleich probable Meinungen jeweils anders getroffen werden könnte, sollte dies zumindest bei Richtern und Medizinern nicht ohne kohärentes Verhalten passieren.[180] Wie de Soto verweist Medina nämlich darauf, dass, wenn eine Entscheidung in einem Fall getroffen wurde, eine andere Entscheidung in einem gleichartigen Fall auf emotionale Gründe wie beispielsweise eine Gemütsbewegung zurückzuführen ist, — was vor allem beim Volk zu Ärgernissen führen könnte.[181]

Hier kristallisiert sich nun das Problem heraus, welches sowohl aus epistemologischer wie logischer Sicht die Position des Probabilismus kennzeichnet und von Medina verdeutlicht wird. Wenn auch in quantitativer Hinsicht nicht rechtfertigbar ist, dass die Orientierung an Meinungen zu Entscheidungen führt, die vollkommene Gewissheit – und damit die vollständige Beseitigung jeglicher Entscheidungsalternativen – darüber geben, ob eine Aussage der Wahrheit entspricht bzw. deren Befolgung zu sündlosen

---

[177]   Vgl. col. 463.

[178]   Vgl. col. 462[31-32].

[179]   Vgl. Domingo de Soto: De iustitia et iure. Lib.III. q. 6. a. 5. S. 96. (rechte Seite)[29-33] und S. 97. (linke Seite)[38-42].

[180]   Vgl. Medina, Bartholomé de: Scholastica commentaria in D. Thomae Aquinatis Doct. Anglici. Primam Secundae : col. 463.

[181]   Vgl. ebd.

Verhalten führt, ist das Verhältnis von probablen und probableren Meinungen selbst anzweifelbar.

Das Aufwiegen von Aussagen anhand bestimmter Quantitäten liefert keine unmittelbare Einsicht in die Wahrheit oder Falschheit derselben Aussage. Vielmehr ist dadurch die Findung der Entscheidung Justitias Waage übertragen, deren Höhe der Waagschalen rechtfertigt, warum eine Entscheidung eher zu treffen ist als eine andere. Doch wird hier der Qualität nach Wahres gegen Wahres aufgewogen. Deshalb hält sich bei gleichen Quantitäten die eine Wahrheit der anderen die Waage. Somit scheint aber beides in gleichen Maßen gerechtfertigt. Wenn der Qualität nach jede Meinung für wahr zu halten ist, ist in logischer Hinsicht – unabhängig von jeglicher quantitativen Bestimmung – jede Meinung dazu geeignet als Bedingung der Wahrheit der in Frage stehenden Aussage zu gelten. Mit Medina lässt sich daher fragen: „Utrum teneamur sequi opinionem probabiliorem relicta probabili, an satis sit sequi opinionem probabilem?"[182], wenn doch das probable wie das probablere der Wahrheit zu entsprechen scheint.

4 Medinas grundlegende Argumente für den Probabilismus

Nach der vorherrschenden Meinung zu Medinas Zeit, ist seiner Frage zu antworten, dass stets die probablere Meinung zu berücksichtigen ist. Denn sie ist durch die meisten Gründe bestätigt.[183] Dem setzt Medina seine eigene Ansicht entgegen. Sie lautet: „[...]si est opinio probabilis, licitum est eam sequi, licet opposita probabilior sit [...]"[184] Medina versucht sie mit fünf Argumenten zu plausibilisieren. Der Veranschaulichung halber werden sie im Ganzen zitiert und im Anschluss daran überprüft und interpretiert. Das dient dem Zweck, dass nicht nur die Grundannahmen des Probabilismus medinaischer Prägung verdeutlicht werden. Damit soll auch der Ausgangspunkt einer weiterführenden Analyse und Erarbeitung logischer Relationen ermöglicht werden, die eine solche probabilistische Position zu implizieren scheint. Zum leichteren Zugang ist Medinas Argumentation auf den folgenden Seite zunächst im Originaltext und dann in einer Übersetzung dargestellt:

---

[182] Vgl. ebd. col. 464$^{30\text{-}32}$. [Werde wir etwa verpflichtet einer probableren Meinng zu folgen, nachdem die probable vernachlässigt wurde, oder ist es genügend einer probablen Meinung zu folgen?]

[183] Vgl. ebd. col. 464$^{47\text{-}55}$.

[184] Vgl. ebd. col. 464$^{63\text{-}64}$. [(…) wenn eine Meinung probabel ist, ist es zulässig ihr zu folgen, mag es auch sein, dass eine entgegengesetzte probabler ist (…)]

„[...]: nam opinio probabilis in speculationis ea est, quam possumus sequi sine periculo erroris, & deceptionis. Ergo opinio probabilis in practicis ea est quam possumus sequi sine periclo peccandi. Secundo, opinio probabilis, ex eo dicitur probabilis, quod possumus eam sequi sine reprehensione & vituperatione: ergo implicat contradictionem, quod sit probabilis, & quod non possimus eam licite sequi. Antecedens probatur: nam opinio non dicitur probabilis ex eo, quod in eius favorem adducantur rationes apparentes, & quod habeat assertores, & defensores; nam isto pacto omnes errores essent opiniones probabiles: sed ea opinio probabilis est, quam asserunt viri sapientes, & confirmant optima argumenta, quem sequi, nihil improbabile. Ita definit Aristot. *I. Top.capit.I.&Ethicorum capitul.4*. Tertio, opinio probabilis est conformis rectae rationi, & existimationi virorum prudentum & sapientum: ergo eam sequi non est peccatum, consequentia evidens est, & probatur antecedens: nam si est contra rationem, opinio probabilis non est, sed error manifestarius, *Sed dices*, esse quidem rectae rationi conformem, tamen quia opinio probabilior, est conformior, & securior, obligamur eam sequi. *Contra est argumentum*. Nam nemo obligatur ad id quod melius, & perfectius est; perfectius est esse virginem, quam esse uxoratum; esse religiosum, quam esse divitem: sed nemo ad illa perfectiora obligatur. Quarto, licitum est opinionem probabilem in scholis docere, & proponere, ut etiam adversarii nobis concedunt: ergo licitum est eam consulere. Idem confirmatur. Nam licitum est interius assentiri huic conclusioni: ergo licitum est exterius eam proponere.[...] Ultimo, opposita sententia cruciat animos timoratos; nam semper oporteret inquirere, quae nam sit opinio probabilior; quod timorati viri nunquam faciunt."[185]

---

[185]   Col. 464$^{64-70}$ – col. 465$^{1-37}$.

„[…]: denn eine probable Meinung in der Spekulation ist diejenige, der wir folgen können ohne Gefahr des Irrens und der Täuschung. Also: Eine probable Meinung im Tätigsein ist diejenige, der wir folgen können ohne Gefahr zu sündigen. Zweitens: Eine probable Meinung nennt man daher probabel, dass wir ihr folgen können ohne Anstoß und Tadel. Also umfasst es einen Widerspruch, dass sie probabel sei und dass wir ihr erlaubterweise nicht folgen könnten. Der Antezedens wird bewiesen: Denn eine Meinung wird nicht daher probabel genannt, dass man für ihren Beifall offenkundige Gründe heranzieht und dass sie Vertreter und Verteidiger habe; denn auf diese Art wären alle Irrigen probable Meinungen. Doch ist die Meinung probabel, die weise Männer behaupten und die beste Argumente bestätigen, dem zu folgen, ist nichts Improbables. So bestimmt *Aristoteles es im ersten Kapitel des ersten Buchs der Topik und im vierten Kapitel der Ethik.* Drittens: Eine probable Meinung ist übereinstimmend mit der rechten Vernunft und Einschätzung aufrechter und weiser Männer. Also: Ihr zu folgen ist keine Sünde. Die Konsequenz ist einleuchtend und der Antezedens wird bewiesen: Denn wenn es gegen den Verstand ist, ist es keine probable Meinung, sondern ein offenbarer Fehler. *Aber du sagst*, sie ist ja doch der rechten Vernunft ähnlich, gleichwohl ist man, weil eine probablere Meinung ähnlicher und sicherer ist, verpflichtet, ihr zu folgen. *Dagegen ist ein Argument.* Denn niemand wird dazu verpfichtet, dass er besser oder vollkommen ist; es ist vollkommener eine Jungfrau zu sein, als eine Ehefrau zu sein; ein Gottesfürchtiger, als ein Habgieriger zu sein. Aber niemand wird zu jenen Vollkommenheiten verpfichtet. Viertens: Es ist zulässig, eine probable Meinung in den Schulen zu lehren und vorzulegen, wie auch die uns Entgegenstehenden einräumen. Also: Es ist erlaubt sie zu beratschlagen. Dasselbe wird bestättigt. Denn erlaubt ist, dass dieser Konlusion hier innerlich beigepfichtet wird: Also ist erlaubt sie äußerlich vorzulegen. […] Letztlich: Eine entgegengesetzte Aussage martert die gottesfürchtigen Seelen. Denn sie wäre stets angehalten, dass sie untersucht, welche denn eine probablere Meinung sei; dass die gottesfürchtigen Männer niemals machen.“

Betrachtet man das erste Argument, so ist augenscheinlich, dass aus den Bedingungen der Probabilität von Meinungen über spekulative Aussagen auf nötige Bedingungen geschlossen wird, durch die Meinungen über praktische Aussagen probabel sein können. Weil die jeweils angegebenen Bedingungen voneinander kategorial verschieden sind – denn der erste Fall beschreibt einen epistemischen Zustand und der zweite Fall einen gemäß göttlichen Rechts, also eine akzidentielle, sündhafte Handlung – ist auf den ersten Blick nicht ersichtlich, wie ein solcher Schluss möglich ist.

In Anbetracht der thomistischen Erkenntnis- und Wahrheitstheorie löst sich dieses Problem auf. Wenn mithilfe der *voluntas* aufgrund der Empfehlung der *conscientia* eine entweder sündfreie bzw. sündhafte Handlung vollziehbar ist und die *conscientia* sich dabei spekulativer auf eine bestimmte Art von Handlung angewandten Erkenntnis bedient, dann geht zwangsläufig aus der Wahrheit der durch eine Meinung ausgesagten spekulativen Erkenntnis die Sündlosigkeit der Befolgung einer Meinung hervor. Denn die Meinung richtet sich durch wahre spekulative Erkenntnis auf einen praktischen Sachverhalt. Entspricht das Ausgesagte der Meinung der spekulativen Erkenntnis und entspricht diese wiederum kraft des *intellectus* dem Gegenstand der Erkenntnis, folgt daraus, dass das durch die Meinung Ausgesagte dem göttlichen Verstand entspricht.

Weil jede Erkenntnis des Menschen aufgrund keiner unmittelbaren Einsicht in die Welt fehlerhaft sein kann, kann diese Erkenntnis nur weitestgehend der Wahrheit entsprechen – was nicht ausschließt, dass sie ihr vollkommen entspricht. Ist solche Erkenntnis auf einen praktischen Sachverhalt angewandt, indem eine Meinung empfiehlt, eine Handlung zu begehen oder sie zu unterlassen, kann die empfohlene Handlung selbst nicht sündhaft sein, weil sie im Idealfall vollkommen Gott gemäß ist. Daher ist zu schließen, wenn Meinungen über Aussagen praktischer Sachverhalte aufgrund spekulativer Erkenntnis oder als wahr erwiesener praktischer Erkenntnis hervorgehen, dann können diese Meinungen kein sündhaftes Verhalten empfehlen. Denn aufgrund der Probabilität der ihnen zugrundeliegenden Aussagen sind sie selbst Wahrheit und somit Gott entsprechend.

Hieraus ist das zweite Argument einsichtig. Ist eine Meinung ausschließlich dann probabel, wenn ihr ohne Anstoß (*sine reprehensione*) und Tadel (*vituperatione*) gefolgt werden kann, so ist dies darin begründet, dass es weder der *recta ratio* noch der *divina Theologia* widerspricht. Durch erste sind die Zusammenhänge in der Welt erkannt und erklärt, während Zweiteres die von Gott seit jeher bestimmte und in der Heiligen

Schrift offenbarte Ordnung darstellt.[186] Entspricht daher eine Meinung der Wahrheit bzw. ist sie Gott gemäß, so ist sie nicht bemängelbar, ohne dass gegen die Vernunft oder Gott argumentiert wird. Sollte daher eine Meinung probabel sein, so ist es ausgeschlossen, dass man dieser Meinung nicht folgen sollte.

Der von Medina angesprochene Widerspruch ergibt sich in enthymematischer Weise, i.e. aus einem verkürzten Schluss. Wird z.B. gesagt:

P1) „Die Meinung: ‚Durch das multiplizieren zweier Primzahlen lässt sich jede positive natürliche Zahl generieren.' ist probabel."

P2) „6 ist eine positive natürliche Zahl"

P3) „2 und 3 sind Primzahlen"

C) „Die Handlung, 6 durch die Multiplikation von 2 und 3 zu generieren, ist nicht zulässig."

So würde aufgrund einer probablen Meinung unter Vorliegen eines bestimmten Sachverhalts auf die nicht-zulässige Befolgung einer bestimmten Handlung geschlossen werden, i.e. die Generierung der Zahl 6 aus der Multiplikation von 2 und 3. Auch wenn der Schluss seltsam erscheint, so beinhaltet er dergestalt keinen Widerspruch.

Jedoch ergibt sich ein Widerspruch, wenn die Bedingungen verdeutlicht werden, die den Prämissen und der Konklusion beigelegt sind. Die erste Prämisse gilt aufgrund ihrer Probabilität wie der Wahrheit entsprechend. Der durch sie ausgesagten Handlung kann daher gefolgt werden. Die zweite und dritte Prämisse geben lediglich einen mathematischen Sachverhalt an. Dieser ist unter der Anerkennung der in der Zahlentheorie gängigen Ansichten wahr. Die Konklusion, weil sie sich auf einen Vertreter der in der ersten Prämisse ausgesagten Handlung bezieht, beinhaltet die Negation der Probabilität der ersten Prämisse. Wenn eine Aussage über einen Vertreter einer Art aussagt, dass ihm als Vertreter dieser Art eine allgemeine Eigenschaft nicht zukommt, dann impliziert dies die Negation einer bzw. mehrerer Eigenschaften, welcher der Art im Ganzen gemäß ihrer Definition zukommt. In diesem Fall ist das die Eigenschaft der Generierung positiver natürlicher Zahlen durch Multiplizieren zweier Primzahlen.

Wenn die Konklusion eine Aussage über einen Vertreter einer Art darstellt, der in der ersten Prämisse ausgesagten Handlung ist, muss die Konklusion durch folgende Prä-

---

[186] Vgl. Bartholome de Medina: Expositio in tertiam D. Thomae Partem. q. XXIIII a. 1 expositio articuli. S. 300.

misse ergänzt werden: „Durch das Multiplizieren zweier Primzahlen lässt sich nicht jede positive natürliche Zahl generieren." Gilt die erste Prämisse als unzweifelbar wahr und ist die Aussage in der Konklusion eine Aussage über einen Vertreter, der in der ersten Prämisse ausgesagten Handlung, ist offensichtlich, dass der Widerspruch in der Voraussetzung einer Prämisse der Konklusion besteht, die der ersten Prämisse widerspricht. Weiterhin ist die latente Prämisse selbst falsch kraft der Wahrheit der ersten Prämisse. D.h. der Schluss ist selbst ungültig — erlangt ein Schluss seine Gültigkeit doch aus der vollkommenen Wahrheit seiner Prämissen. Somit ist auszuschließen, dass dem, was falsch ist, aber von einigen für wahr gehalten wird, zu folgen ist. Denn was der Wahrheit bzw. Gott nicht entspricht, ist durch seine Falschheit von sich aus improbabel. Daher gibt es auch keinen vernünftigen Grund, weshalb einer solchen Meinung gefolgt werden sollte.

Ist durch weise Männer erwiesen, dass eine bestimmte Meinung probabel ist, so ist in zum dritten Argument zu schließen, dass die Befolgung einer solchen Meinung kein sündhaftes Handeln nach sich ziehen kann. Eine Meinung, die in Hinsicht auf eine andere Meinung bezüglich einer Aussage über denselben Sachverhalt aus quantitativen Gründen probabler scheint, ist entsprechend der vorherrschenden Meinung zu Medinas Zeit auch der *recta ratio* gemäßer. Denn die Anzahl an Argumenten und weisen Männern bestimmt, wie zuverlässig und wie abgesichert eine Meinung ist. Doch ist dies nach Medina nicht der ausschlaggebende Punkt, weshalb einer Meinung zu folgen ist. Denn niemand ist zu dem verpflichtet, welches besser (melius) oder vollkommener (perfectius) ist. Dass ein solches quantitatives Kriterium für ihn überflüssig scheint, ist an der auffälligen Verwendung des Hyperlativs des Wortes *perfectum* zu sehen. Denn ein Hyperlativ ist die Steigerungsform einer bestimmten Art von Adjektiv, welche grammatikalisch und inhaltlich unsinnig ist. *Perfectum* ist nämlich selbst ein Absolutadjektiv, welches einen Zustand der Vollkommenheit beschreibt. Dieser ist nicht komparierbar. Eine Meinung, die der Wahrheit bzw. Gott entspricht, ist daher auch nicht wahrer oder gottgemäßer, wenn sie durch mehr Argumente oder weise Männer gestützt ist als eine andere. Die Eigenschaft, wahr bzw. gottgemäß zu sein, kommt der Meinung nämlich *in perfectionem* entweder zu oder nicht. Ein Richtmaß, das diese Eigenschaft durch quantitative Bestimmungen zu verbessern sucht, ist daher überflüssig, weil es nicht das Richtmaß ist, das zur Befolgung einer Meinung verpflichtet, genau wie es nicht dazu verpflichten kann, ein Teufel anstatt eines Heiligen zu sein.

Die letzten beiden Argumente sind pragmatisch und beziehen sich auf den Umgang mit probablen Meinungen an den Schulen und im Alltag. Auch wenn der Text dies nicht kenntlich macht, ist das vierte Argument anscheinend de Soto entliehen, weil er genau dasselbe an einer von Medina bereits erwähnten Stelle anführt.[187] Allerdings macht de Soto deutlicher als Medina, dass zumindest in spekulativen Angelegenheiten jeweils verschiedene probable Meinungen disputiert werden, weil ohnehin einsichtig ist, dass die stets probablere Meinung zu wählen ist. Deshalb besteht bei der bloßen Disputation über solche Meinungen auch keine Gefahr, dass weniger probablen Meinungen der Vorrang vor anderen gegeben wird. Auch wenn Medina dies verschweigt, so könnte auch dies gemäß der vorangegangen Analyse durch die wahrheitstheoretischen Überlegungen gerechtfertigt werden. Schließlich wird nur was der Wahrheit entsprechen könnte und nicht bereits als falsch und sündhaft erweisen ist gelehrt.

Letztlich ist das letzte Argument wie eine allgemeine Feststellung zu interpretieren, welche sich auf eine mögliche Charakterschwäche des Menschen bezieht. Ist dieser verängstigt, weil er befürchtet zu sündigen, so scheint er aus Furcht ohne jegliche Prüfung der ihn von seiner Furcht befreienden Meinung zu folgen. Ein Verhalten, welches nur dann gerechtfertigt sein kann, wenn durch die Wahl, der probablen Meinung zu folgen, entweder das Wahre oder Sündlose gewählt werden sollte. Sollte einer Meinung allein deswegen gefolgt werden, weil der Zustand der Angst überwunden werden soll, so ist aus dem Obigen mit Augustinus zu sehen, dass dies eine Entscheidung für das Vergängliche ist. Diese besteht in der Wahl für einen bedingten angenehmen Zustand, der durch die Wiederkehr der Angst jederzeit vergehen kann, und somit das *peccatum originale* bestätigt.

5 Probabilistische Relationen

Nachdem durch die vorangegangenen Analysen hinreichend klar ist, auf welchem Fundament die Überlegungen des Probabilismus ruhen und welche Argumente nach Medina für die Befolgung der Theorie sprechen, kann versuchsweise auf die logischen Relationen eingegangen werden, die probable Aussagen zueinander aufweisen. An dieser Stelle sei jedoch daran erinnert, dass die folgende Analyse die angesprochene christliche Dogmatik voraussetzt. D.h. sie geht aus einem genuin christlichen Kontext hervor.

---

[187]   Vgl. Domingo de Soto: Iustitia et Iure. Lib. III. q. VI. a. 5 S. 97 (linke Seite)[31-34].

Diesbezüglich gilt, dass jede Aussage in Relation zum göttlichen Intellekt zu setzen ist, wenn ihr Wahrheitswert bestimmt ist. Denn der Inhalt des göttlichen Intellekts stellt die vollkommene Wahrheit des über die Welt Wissbaren dar. Dies schließt sowohl das Wissen über alle Einzeldinge wie über diejenigen Handlungen ein, die zu tun sind oder unterlassen werden sollen. Ist daher eine Meinung bzw. Aussage probabel, so impliziert dies, dass sie der Möglichkeit nach dem göttlichen Wissen entspricht. Probabilität setzt somit von vornherein eine logische Relation zum vollständigen Wissen über die Welt voraus, i.e. eine Implikation. Denn wenn vollständige Wahrheit im Verstand Gottes vorliegt und Gott die Ursache allen Seins ist, welches gemäß seinem Verstand geschaffen ist, dann ist jede Aussage die adäquat auf etwas referiert und somit wahr ist, aufgrund des göttlichen Verstand wahr. Denn ohne diesen gäbe es kein irgendwie geartetes Seiendes – also ein Referenzobjekt –, das durch eine Aussage ausgesagbar ist.

Somit gilt: Ist eine Aussage probabel, impliziert dies, dass diese Aussage referieren kann, weil sie im göttlichen Verstand enthalten ist. Aus diesem Grund besteht zwischen der vollkommenen Wahrheit des göttlichen Verstands und der Wahrheit einer probablen Aussage das logische Verhältnis der Inklusion.

Sind folglich zwei Aussagen über einen Sachverhalt probabel, unterscheiden sie sich gemäß ihrem angenommenen Wahrheitswertes nicht. Denn beide stimmen mit dem vollständigen Wissen über die Welt überein. Selbst wenn sie Gegensätzliches behaupten, sind sie daher als der Möglichkeit nach wahr anzusehen. Dies schließt in materialer Hinsicht nicht aus, dass eine von beiden oder beide Aussagen falsch sind. Weil es sich hier nämlich um Aussagen handelt, die dem Ausgesagtem nach epistemisch bedingt sind, ist ihr Wahrheitswert nur unterstellt, also *in hypothesin*.

Hypothetische Wahrheit setzt immer formale Wahrheit voraus. Sind die Relationen der Begriffe einer Aussage selbst widersprüchlich, so ist die Möglichkeit der Referenz der Aussage nicht gegeben. Rein formal gesehen können probable Aussagen daher niemals zugleich falsch sein. Weil sich die formale Falschheit einer Aussage aus der Widersprüchlichkeit der Relationen der in ihr enthaltenen Begriffe ergibt, ist ausgeschlossen, dass sie referieren kann. D.h. sie kann nicht probabel sein. Probable Aussagen sind daher immer der Möglichkeit nach zugleich formal wahr aber niemals falsch, i.e. eine Relation, die sich durch das neue Wort „Simultanverabilität" benennen lässt.

Wenn eine der grundlegenden Eigenschaften probabler Aussagen ihre formale Wahrheit ist, so scheinen improbable Aussagen formal falsch sein zu müssen. Sofern die Probabilität einer Aussage darin besteht, dass sie etwas über die Welt Wissbares aussagen könnte, wird durch den Mangel dieser Eigenschaft deren Negation ausgesagt, i.e. Improbabilität. Demgemäß muss also jede improbable Aussage in sich widersprüchlich sein. Aus diesem Grund stehen probable und improbable Aussagen gemäß ihrem formalen Wahrheitswerts im Verhältnis der Kontradiktion zueinander.

In materialer Hinsicht gilt dies nicht. Unter der Berücksichtigung der oben angeführten suppositionstheoretischen Überlegungen ist eine improbable von einer probablen Aussage aufgrund ihrer Referenzeigenschaft zu unterscheiden. Während eine probable Aussage referieren kann, ist dies bei der improbablen Aussage ausgeschlossen, weil sie im Ganzen nicht einen möglichen Sachverhalt in dieser Welt darstellt. Folglich ist sie von allen Aussagen über die Welt ausgeschlossen. In materialer Hinsicht besteht daher eine Relation der Exklusion zwischen probablen und improbablen Aussagen, aber auch zwischen der vollkommenen Wahrheit im göttlichen Verstand und improbablen Aussagen. Ist ausgeschlossen, dass eine improbable Aussage für etwas Seiendes stehen kann, weil sie nicht referieren kann, so kann sie auch nicht Gegenstand des göttlichen Verstandes sein – Nichts ist schließlich mangels Bestimmtheit nicht etwas, was geschaffen werden könnte.

Nachdem annähernd klar ist, welche Relationen zwischen probablen und improbablen Aussagen bestehen, kann auf die grundlegenden Eigenschaften eingegangen werden, welche derartige Relationen erst ermöglichen. Damit ist gemeint, dass näher darauf eingegangen werden muss, wovon die Relationen ausgesagt werden. Dies ist deshalb notwendig, weil bisher nur gesagt ist, welche Eigenschaften probable Aussagen aufweisen, wenn sie in Gebrauch genommen werden.

Dass solche Aussagen noch weitere sie von gewöhnlichen Aussagen differenzierende Eigenschaften aufweisen, zeigt sich bereits in ihrer hypothetischen Wahrheit. Während kategorische Aussagen unabhängig von jeglicher Bedingtheit wahr oder falsch sind, weil sie entweder adäquat oder inadäquat auf Seiendes verweisen, ist die Einschätzung der Adäquatheit bzw. Inadäquatheit einer probablen Aussage an die epistemischen Einschränkungen eines endlichen Verstandes geknüpft. D.h., weil die Wahrheit oder Falschheit komplexer Aussagen nicht unmittelbar einsehbar ist, müssen sie schrittweise durch die Untersuchung der Bestandteile der Aussage erwiesen werden.

Zwei dasselbe aussagende Aussagen, welche definitiv wahr sind, sind identisch, während zwei probable Aussagen, welche auf den ersten Blick dasselbe aussagen, voneinander verschieden sind. Unterliegen letztere unterschiedlicher epistemischer Bedingtheit, so ist jeweils die hypothetische Wahrheit verschieden. Dies kann beispielsweise an folgender probablen Aussage gesehen werden: „Der Mensch hat einen freien Willen." Obwohl das Ausgesagte der Aussage z.B. sowohl den Schriften Johannes Duns Scotus'[188] wie auch Luis de Molinas[189] entnommen werden kann, ist die Wahrheit der Aussage in unterschiedlicher Weise innerhalb der Schriften begründet. Ohne auf die jeweiligen Begründungen näher eingehen zu müssen, zeigt sich, dass die Wahrheit der probablen Aussage durch die jeweiligen Theorien bedingt ist. Denn sie ist als eine Folgerung der in den Theorien vorkommenden Aussagen anzusehen.

Obgleich die Aussagen gemäß ihrem Ausgesagtem identisch scheinen, sind sie durch ihre Begründung doch verschieden. Somit erlangt eine probable Aussage die Bestimmung ihres Wahrheitswertes durch die sie begründende Theorie, i.e. ihr *principium identitatis*. Allein dann sind nämlich zwei probable Aussagen, welche dasselbe aussagen, nicht identisch, weil sie ihre Bestimmtheit jeweils auf differente Weise erhalten.

6 Rechtfertigung probabler Aussagen durch den Besitz der Freiheit

Das vorangegangene Kapitel zeigte die Besonderheit des Wahrheitswerts probabler Aussagen. Demnach ist einer probablen Aussage nur dann zu folgen, wenn ihr Wahrheitswert als hypothetisch wahr bestimmt ist. Insofern ist die eigene Befolgung einer probablen Aussage sowohl epistemisch als auch wahrheitsmetaphysisch gerechtfertigt. Die epistemische Rechtfertigung ergibt sich nämlich aus dem Verweis auf die Glaubwürdigkeit des die Aussage begründenden Lehrgebäudes. Wahrheitsmetaphysisch ist eine solche Aussage durch die aus der epistemischen Rechtfertigung hervorgehende mögliche Übereinstimmung mit dem göttlichen Verstand respektive der Beschaffenheit des Seienden in der Welt gerechtfertigt.

In der Nachfolge Medinas ist eine Weiterentwicklung der Rechtfertigungsgründe des Probabilismus zu finden. Sie legt weniger Gewicht auf eine Argumentation bezüglich einer der *recta ratio* konformen Position, sondern macht eine seit jeher in der christlichen Dogmatik umstrittene Eigenschaft der *voluntas* geltend, i.e. ihre *libertas*.[190] Genauer gesagt betrifft dies die Auslegung und Ausdifferenzierung der Feststellung, die

---

[188] Johannes Duns Scotus: Lectura I d. 39 q.1-5, n.45.
[189] Luis de Molina: Concordia Liberi Arbitrii. q. 14. a. 13.dist. 3. S. 12$^{1\text{-}12}$.
[190] Vgl. Schüßler, Rudolf: Moral im Zweifel. Band I. S. 160-163.

wohl am besten Bernhard von Clairvaux (~1090-1153) formuliert hat, nämlich. „[…] ubi voluntas, ibi libertas. Et hoc est quod dici puto liberum arbitrium."[191] Denn je nachdem, wie der Begriff der Freiheit in Bezug zum Willen definiert ist, ist durch diesen die Möglichkeit gegeben, sich für die Hervorbringung einer bestimmten Handlung zu entscheiden. D.h. dass durch ihn einer vom Verstand erkannten wahren wie probablen Meinung gefolgt bzw. sich dagegen entschieden werden kann.

Die Frage nach der Definition von Freiheit ist innerhalb dieses Kontextes nichts weiter als die Frage nach der Bedingung, unter welcher sich der Wille selbst bestimmen kann. Erst wenn diesem nämlich ein solches Vermögen gegeben ist, gewinnt die Frage nach der Ausübung moralisch guter Handlungen oder die Frage nach der Wahrheit überhaut an Bedeutung. Um dies zu beweisen und zu erklären, warum in der Rechtfertigung des Probabilismus in der Nachfolge Medinas zumeist der Besitz der Freiheit, dem so genannten possidens-Prinzip, als Rechtfertigungsgrund der Befolgung einer probablen Aussage angegeben ist, ist im Weiteren auf die Position der Reformatoren über das *liberum arbitrium* einzugehen. Ein Großteil moralischer und metaphysischer Innovationen katholischer Theologen und Philosophen ist als Reaktion auf reformatorische Gegenmeinungen anzusehen. Um solcherart Neuerung daher genauer verstehen zu können, ist zunächst die Gegenmeinung zu betrachten.

6. 1 Reformatorische Position zum liberum arbitrium

Vor dem Hintergrund der reformatorischer Moraltheologie und Metaphysik des 16. Jhd. ist die Fragestellung nach der Beschaffenheit des Willens und dessen Freiheit eng verknüpft mit der Verbindlichkeit von Gesetzen bezüglich selbstbestimmten Handelns. Sollte ein Gesetz in der Lage sein, dass es den menschlichen Willen in einer bestimmten Art und Weise binden kann, so würde dies das menschliche Handeln bestimmen. Gelten Gesetze — welcher Art auch immer sie sein mögen — beispielsweise aufgrund der Wirkmächtigkeit des sie Erlassenden, kann dies die Möglichkeit zur Vollendung einer Handlung einschränken. Ein solches durch Zwang zu befolgendes Gesetz, kann den Menschen nicht anders handeln lassen. Ist ein solches Gesetz die Bestimmung, wie eine moralisch gute Handlung hervorzubringen ist, und die Zwang ausübende Macht der göttliche Wille, so ist eine moralisch gute Handlung stets durch den göttlichen Willen bedingt. Was eine gesetzartige Beeinflussung ist. Folglich müsste jedes

---

[191] Bernard von Clairvaux: Operum Tomus Quartus. De gratia, et libero arbitrio. 2 B$^{25\text{-}26}$ S. 63. [(…) wo ein Wille, da ist Freiheit. Und das ist was ich glaube, dass man den freien Willen nennt.]

durch ein solches Gesetzt erfasste Wesen in seiner Freiheit, eine moralisch gute Handlung hervorzubringen, limitiert sein. Denn sein Handeln ist diesbezüglich durch den göttlichen Willen eingeschränkt. Wie weit diese Einschränkung besteht und warum sie besteht, war nicht nur unter Katholiken umstritten, sondern bildet auch — wie noch zu sehen ist — eines der Hauptinteressen solcher Reformatoren wie Martin Luther und Johannes Calvin.

Die Art und Weise der Beantwortung dieser Fragen bringt Probleme hervor. Wenn den Gesetzen durch den göttlichen Willen eine absolute Verbindlichkeit zugesprochen ist, besteht keine Möglichkeit der Befolgung von Meinungen oder Aussagen mehr, die weder moralisch Gutes noch Wahres vorstellig machen. Denn auch wenn durch etwaige Meinungen und Aussagen die logische Möglichkeit moralischer Gutheit festgestellt ist, so ist diese nur durch die gegebenen Gesetze realisierbar. In Bezug zum Probabilismus bedeutet dies, dass diesen Gesetzen entgegenstehenden probablen Meinungen nicht gefolgt werden dürfte, obwohl sie möglicherweise wahr sind. Gilt z.B. die Aussage „Seinen Nächsten zu schützen ist ein Akt der Nächstenliebe." in probabler Weise und ist ein das Töten verbietendes Gesetz absolut verpflichtend, so dürfte der probablen Aussage nicht gefolgt werden, wenn zum Schutz des Nächsten — wie es zuweilen im Krieg der Fall ist — die Tötung eines anderen nötig ist. Ist dem Willen eine solche Bedingtheit auferlegt, ist eine jede epistemische und wahreitsmetaphysische Rechtfertigung der Befolgung probabler Aussagen hinfällig. Denn jedes gegen Gesetze verstoßendes Handeln ist *per se* auszuschließen und jede die Handlung bejahende Aussage muss per Gesetz falsch sein. Das Augenmerk einer solchen Position liegt daher nicht auf der möglichen Übereinstimmung von Aussagen mit dem göttlichen Verstand, sondern auf der Übereinstimmung der eigenen Handlung mit denen durch den göttlichen Willen vorgeschriebenen Gesetzen.

Solche Gesetze wären demnach nicht nur bloße normative Propositionen, die vorschreiben, wie eine Handlung vollzogen werden soll, um ein bestimmtes Ziel zu erreichen. Vielmehr wären sie ein essentielles Handlungsprinzip, das die Alternativen menschlichen Handelns in jeglicher Hinsicht durch das göttliche Wollen einschränkt. Verbindlich wäre nicht, was der Möglichkeit nach für die Vollendung einer Handlung übereinstimmend mit dem göttlichen Verstand gewählt werden könnte, sondern was durch göttlichen Willen per Gesetz getan werden muss bzw. zu unterlassen ist. Erlangt der göttliche Wille seine Bestimmtheit durch den göttlichen Verstand, muss alles den Gesetzen Entsprechende, die Realisierung des moralisch Guten sein. Denn der göttliche Wille bringt als beständige Wirkursache der Schöpfung das durch seinen Verstand bestimmte moralisch Gute hervor. Nimmt man daher das lateinischen *princeps* an dieser Stelle wörtlich, heißt dies für ein solches Handlungsprinzip, dass es den Beginn einer Handlung auf eine solche Weise bedingt, dass sie selbst nicht ohne dieses Prinzip sein kann.

Denn das Prinzip bestimmt den Beginn der Handlung, wodurch auch der mögliche Zustand ihrer Vollendung festgelegt ist. Ist ein solches Handlungsprinzip für das menschliche Handeln essentiell und kommt ihm nicht nur auf akzidentielle Weise zu, durch eine menschliche Entscheidung in einer bestimmten Weise zu handeln, kann nicht anders gehandelt werden als nach diesem Prinzip. Dann ist auch die Erreichung des damit verbunden Ziels diesem Gesetz unterworfen, weil es genau zu bestimmen scheint, welche Mittel zu dessen Erreichung zu nutzen sind. Folglich besteht die Freiheit der *voluntas* allein in der Befolgung des Prinzips oder im Bestimmtsein durch ein anderes Prinzips, i.e. die Negation des *liberum arbitriium*. Eine Position, wie sie unter anderem durch Reformatoren wie Martin Luther und Johannes Calvin vertreten wurde.

6. 1. α Position Luthers

Luther beharrt darauf, dass „Solius enim Dei praecepto conscientiae ligantur"[192] und dass sich der Mensch nicht von allein zum Guten entscheiden kann, außer wenn es von Gott seit jeher gewollt ist.[193] Demnach ist der Mensch durch Gottes Gesetze verpflichtet, in bestimmter Weise zu handeln, weil Gott ihn durch seinen Willen dazu vorherbestimmt hat, während alles andere Handeln nach Luther durch Satan selbst bestimmt wird.[194] Freiheit wäre also allein eine Eigenschaft des göttlichen Willens, der nach seinem Belieben zwar bestimmt haben könnte, dass der Mensch erkennt, was nach Gottes Verstand gut ist, dem Menschen jedoch versagt, dass dieser sein Handeln nach dem erkannten möglichen Guten ausrichtet. Somit ist das menschliche Handeln entweder durch das Gesetz des göttlichen oder satanischen Willens gebunden.

Die Frage nach der moralischen Güte der Befolgung einer Meinung oder Aussage bzw. der Entsprechung des Ausgesagten mit der Wahrheit stellt sich danach nicht mehr. Denn die bloße Erkenntnis des moralisch Guten oder der Wahrheit liefert keinen zureichenden Grund, dass so gehandelt werden sollte bzw. eine Aussage für wahr zu

---

[192]   Martin Luther: Lateinisch-Deutsche Studienausgabe Band 1. De Servo Arbitrio. S. 266[1]. [Die conscientiae werden nämlich allein durch das Gebot Gottes gebunden.]

[193]   Vgl. ebd. S. 288.

[194]   Vgl. ebd. S. 291.

befinden ist. Sofern keine unmittelbare Einsicht in die Bestimmtheit des göttlichen Willens besteht, kann nicht ersichtlich sein, was in jedem Augenblick der Schöpfung als moralisch gut oder wahr gilt. Wenn sich der göttliche Wille auf die ganze Schöpfung erstreckt, ist diese Art von Erkenntnis für ein endliches Verstandeswesen ausgeschlossen. Denn dies bedeutet die Erkenntnis der vollständigen Bestimmtheit der Schöpfung. Dies ist jedoch eine unendliche Definition. Daher könnte der Mensch, selbst wenn er durch probable oder wahre Aussagen erkennt, was gut ist, niemals wissen, ob es im Augenblick tatsächlich gut ist. Folglich ist durch solche Aussagen im besten Fall nur die hypothetischen Möglichkeiten realer moralischer Gutheit bzw. Wahrheit ausgesagt. Hypothetisch ist eine solche Möglichkeit, weil ihre Realisierung durch den Moment bedingt ist, zu welchem der göttliche Wille das moralisch Gute bzw. die Wahrheit als solche bestimmt. Wann und ob eine Aussage dem göttlichen Willen entspricht, bliebe durch bloße Spekulation unbestimmt. Davon ausgehend könnte der Mensch sein Handeln niemals selbst bestimmen. Denn ihm fehlt die nötige Einsicht zu bestimmen, was gut und wahr ist. Folglich wären seine Handlungen immer auf ein unbestimmtes Ziel gerichtet, würde dieses nicht durch Gott zum Guten oder durch Satan zum Bösen bestimmt werden.

Wohlgemerkt, heißt dies nicht, dass der Wille für die Bewertung einer Handlung als böse oder gut bei Luther unbedeutend ist. Der menschliche Wille bleibt Schauplatz sakralen Kräftemessens zwischen Gottes Gnaden und Satans Sünde, weil damit das menschliche Streben moralisch bestimmbar ist.[195] Ohne diese Voraussetzung wäre nicht entscheidbar, wer durch rechten Glauben handelt und wer nicht bzw. bliebe die Rechtfertigung dafür aus, wer bereits zu Lebtagen zu ewiger Verdammnis oder absoluter Glückseligkeit bestimmt ist. Dass der Mensch sich gegen Gottes Gnade und für die satanische Sünde frei entscheiden könnte, ist aufgrund vollständiger Determination ausgeschlossen. Zurecht zogen andere evangelische Theologen, wie etwa Melanchthon, daraus die Konsequenz, dass damit die Behauptung einhergeht, dass Gott ungerecht ist, weil die Menschen dermaleinst für Handlungen bestraft werden, von denen sie aufgrund der Determination durch den satanischen Willen nicht hätten ab-

---

[195]   Vgl. zur Mühlen; Karl-Heinz; Lexutt, Athina; Ortmann, Volkmar (Hg.): Reformatorische Prägungen: Studien zur Theologie Martin Luthers und zur Reformationszeit. S. 140.

stehen können. Luthers Lehre vom unfreien Willen ist einer der Gründe, weshalb Theologen wie Melanchthon sich von Luther abwandten.[196]

6. 1. β Position Calvins

Ähnlicher wie bei Luther ist die Bestimmung des Willens bei Calvin zu sehen, der dem Menschen nur vor dem Sündenfall die Freiheit zugesteht, sich für Verschiedenes entscheiden zu können.[197] Indem der Mensch sich von Gott abgekehrt hat, sind die Menschen Sklaven der Sünde (servi peccati) und können daher keinen Anspruch auf die Freiheit des Willens erheben.[198] Wenn der Mensch frei von dieser Knechtschaft handeln möchte, kann er dies nur durch den göttlichen Willen. Denn dann bewirkt Gott das Wollen des Menschen, gleichsam als besäße er den Willen des Menschen, den er zum Guten bestimmt.[199] Daher gilt aus der Sicht Calvins: „Ubi autem spiritus Domini, ibi libertas.“[200]

Wenn der Geist Gottes den Willen des Handelnden vollständig bestimmt, so handelt er durch den Menschen, indem er seine Handlung zum Guten leitet.[201] Damit das menschliche Handeln frei von jeglicher Sünde sein kann, muss das Geleit des göttlichen Geistes den menschlichen Willen vollständig bestimmen. Denn ist Gott frei von jeglicher Sündhaftigkeit, weil er absolut vollkommen ist, so kann auch nur sein Handeln als absolut vollkommen angesehen werden, also sündenfrei. Sofern der Zustand der Sünde ganz augustinisch die Bedingtheit des Willens durch äußere Umstände darstellt, wie sie etwa durch die Materie gegeben ist, kann nur derjenige vollständig gut handeln, dessen Handeln unter keiner anderen Bedingung vollzogen wird als der Gutheit selbst. Weil diese Gott zuzuschreiben ist, ist aus calvinistischer Sicht zu schließen, wenn das menschliche eine Handlung hervorbringende Wollen allein durch den Willen Gottes bewirkt ist, dann handelt der Mensch absolut gut. Folglich besteht die Freiheit des Willens darin, entweder durch Gott geleitet oder durch die Sünde im eigenen Wollen versklavt zu sein.

Solche Positionen sprechen dem menschlichen Willen die Freiheit ab, sich aufgrund durch den Verstand dargebrachten Aussagen über mögliche Handlungsalternativen in

---

[196]   Vgl. Hermanni, Friedrich: Luther oder Erasmus? Der Streit um die Freiheit des menschlichen Willens. In: Friedrich Hermanni (Hg.); Peter Koslowski (Hg.): Der freie und der unfreie Wille. Philosophische und theologische Perspektiven. S.165-166².

[197]   Vgl. Calvin, Johannes: Institutio christianae religionis. Lib. II cap. III n. 10. S. 90¹⁴⁻¹⁵.

[198]   Vgl. ebd.. Lib. II. cap. II. n. 8. S. 77⁴⁰.

[199]   Vgl. ebd. Lib. II. cap. III. n. 10 S. 90²⁰⁻²³.

[200]   Ebd. Lib. II. cap. II. n. 8. S. 77³⁹⁻⁴⁰. [Wo aber der Geist des Herren ist, da ist Freiheit.]

[201]   Vgl. Partee, Charles: Calvin and classical Philosophy. S.72²¹-82²¹.

einer bestimmten Weise selbst zu einer Handlung zu bestimmen. Man entledigt sich somit jeglicher Verpflichtung, das eigene Handeln rational rechtfertigen zu müssen. Denn die Fragen, weshalb einer bestimmten Aussage Folge geleistet werden bzw. weshalb eine Aussage über einen Sachverhalt als wahr anerkannt werden sollte, braucht sich in einem durch den göttlichen Willen vollständig determinierten Leben nicht mehr stellen. Was und wie etwas zu tun ist und was für den Menschen als wahr zu gelten hat, ist dann allein durch den göttlichen Willen bestimmt.

Soll die rationale Rechtfertigung von Handlungen ersichtlich sein und dadurch die Möglichkeit Handlungen selbstverantwortlich durch die Wahl und Beurteilung von wahrheitsfähigen Aussagen zu vollziehen, bedarf es eines bestimmten metaphysischen Fundaments. Dieses muss die Freiheit des menschlichen Willens, sich selbst bestimmen zu können, mit dem Willen Gottes als gleichberechtigt bzw. vereinbar darstellen. Erst dann bestehen entgegen Luther und Calvin wiederum die Fragen, wie zu handeln sei und woran die Wahrheit von ungewissen Aussagen erkennbar ist. Ist eine der essentiellen Eigenschaften des Menschen, dass sein Wille nicht vollständig durch das Wirken Gottes bestimmt ist, so ist diesem die Ursächlichkeit einer bestimmten Veränderung in der Welt zuzusprechen, die durch eine Handlung vollzogen worden ist. D.h. dass eine Wirkung allein durch den Willen eines bestimmten Menschen hervorgebracht wird, die von der göttlichen Erhaltung des Seins verschieden ist. Wird folglich in der Nachfolge Medinas die Wahl einer probablen Meinung durch die Eigenschaft des Besitzes der eigenen Freiheit des Willens gerechtfertigt, folgt, dass dies eine Theorie des freien Willens voraussetzt. Bevor daher auf diese Art der Rechtfertigung eingegangen werden kann, ist auf das mögliche Verständnis des freien Willens einzugehen, dass die Autoren aus Salamanca vorausgesetzt haben könnten.

6. 2 Vereinbarkeit des freien Willen mit den Eigenschaften Gottes
Allgemeinhin kann auf katholischer Seite in Hinsicht auf das Ende des 16. Jhd. auf zwei für die Debatte um die Vereinbarkeit des *liberum arbitrium* mit den Eigenschaften Gottes bedeutende Lehrmeinungen hingewiesen werden. Zum einen ist dies die Lehre des Jesuiten Luis de Molina und zum andern die des Dominikaners Domingo Báñez.[202]

---

[202]   Vgl. Stucco, Guido: The Catholic Doctrin of Predestination. From Luther to Jansenius. S. 161[12]-175[18].

6. 2. α *Liberum arbitrium nach Domingo Báñez*

Der der Lehrmeinung des Aquinaten näher stehende Báñez vertritt die Auffassung, dass das *liberum arbitrium* des Menschen in der Realisierung seiner Möglichkeiten durch Gott bedingt ist. Diese Bedingtheit ergibt sich sowohl aus der Prädestination wie auch der Gnade Gottes. Denn durch die Prädestination Gottes, welche die gewählte Beschaffenheit der Welt im Ganzen meint,[203] ist eine jede Entität zu einem Ziel bestimmt, dessen Vollendung durch die göttliche Vorsehung (providentia Dei) bewirkt wird. Damit, so Báñez, wird die Welt zu Gottes *finis supernaturalis* geordnet.[204] Dieses besteht in dem durch den göttlichen Willen für seine Schöpfung bestimmten Guten.

Dass die Möglichkeiten der Vollendung dieses Ziels für die Entitäten der Schöpfung jeweils verschieden ist, ist aus der von Gott gewollten Natur der Entitäten zu sehen. Denn was Gott gewollt hat, welche Möglichkeiten den einzelnen Entitäten zur Vollendung ihrer Ziele zu gelangen zur Verfügung stehen, ist aus deren Natur ersichtlich.[205] Sofern unter der Natur einer Entität nämlich deren Eigenschaften verstanden werden, welche sie als Individuum einer bestimmten Art bestimmen, geht daraus die Möglichkeit jeder Veränderung hervor, die allein aufgrund dieser Eigenschaften vollziehbar ist. Denn die Natur bestimmt eine Entität nur in allgemeinster Weise, d.h. sie ist die *causa formalis*, die jedem artspezifischen Individuum zugesprochen wird. Je nachdem, wie daher dessen Natur bestimmt ist, sind die Möglichkeiten der Vollendung des Ziels bestimmt.

Durch die *causa formalis* ist folglich die Art und Weise bestimmt, wie sich die *causa efficiens* einer Entität aktualisieren kann. Denn eine Wirkung kann nur aus dem des Wirkens Fähigen hervorgehen. Wäre dies unbestimmt, so ist auch die Möglichkeit des Wirkens unbestimmt. Sofern durch die *causa formalis* jeder mögliche Zustand einer Entität bestimmt sein kann, kann auch jeder mögliche Anfangspunkt einer Veränderung derselben Entität bestimmt sein. Versteht man unter einer Wirkung nämlich eine Veränderung, so ist der Beginn der Veränderung ein möglicher Zustand des sich Verändernden. Ist für das sich Verändernde kein möglicher Zustand bestimmbar, so kann von diesem auch keine Wirkung ausgehen, weil sowohl der Beginn der Wirkung unbestimmt bliebe als auch die Wirkung selbst. Eine Veränderung, die etwas verändert, von

---

[203]   Vgl. Domingo Báñez: Scholastica commentaria in primam partem Angelici Doctoris D. Thomae. col. 407.

[204]   Vgl. ebd. col. 403f.

[205]   Vgl. ebd. col. 408.

dem nicht bestimmt ist, was ist, was verändert wird, ist selbst ungereimt, weil dann überhaupt nicht bestimmt ist, ob sich überhaupt eine Veränderung vollzieht. Ist also keine einen möglichen Zustand bestimmende *causa formalis* gegeben, ist auch keine ein Ziel vollendende *causa efficiens* gegeben. Nimmt man beispielsweise an, wenn einem Fisch nicht durch seine Natur als ein Lebewesen bestimmt wäre, so wäre unbestimmt, wie er das Ziel der Fortpflanzung erreichen könnte, wenn dies nur von Lebewesen vollendet werden kann. Denn für dieses Wesen wäre kein Zustand bestimmt, der den Beginn einer Veränderung als Lebewesen in Bezug zu anderen Lebewesen darstellt. Ist die Fortpflanzung die Vollendung einer Veränderung zwischen Lebewesen, so könnte diese von einem Fisch aufgrund seiner Natur nicht bewirkt werden. Somit ist erwiesen, dass die Möglichkeit der Vollendung seines Ziels für jede Entität bereits durch ihre Natur bestimmt ist.

Ist einer Entität nicht auf anderen Wegen die Möglichkeit gegeben, entgegen ihrer Natur das von Gott gegebene Ziel zu vollenden, bleiben ihre Möglichkeiten durch ihre eigene Natur beschränkt. Ein solches Dasein wird von Báñez in Einklang mit dem Heiligen Thomas als „*vita natura*" bezeichnet.[206] Dieses ist vom menschlichen Dasein unterschieden, da ihm aufgrund der Eigenschaft, gegen seine Natur die Vollendung eines Zieles wählen zu können, ein „*vita libera*" zukommt.[207]

Wenn durch Gott die Natur jeder Entität bestimmt ist, dann könnte auch der Mensch nicht entgegen seiner Natur handeln, außer Gott lässt es zu. Insofern der Mensch daher durch seinen Willen eine Veränderung herbeiführen will, die entgegen seiner Natur und somit gegen die von Gott gewollte Ordnung ist, bedarf es der Hilfe Gottes. So bewirkt nach Báñez Gott z.B. das sündhafte Handlungen durch das *liberum arbitrium* hervorgebar sind, obwohl diese nicht dem von Gott bestimmten Ziel des Menschen — dass er allein schon dann erreichen könnte, wenn er sich nur entsprechend seiner Natur verhielte, wie sie vor dem Sündenfall bestand[208] — entsprechen.[209] Dies bedeutet nicht, dass Gott die Ursache der Sünde selbst sei. Der göttliche Wille befähigt den menschlichen Willen nur dazu, sich entgegen der Natur des Menschen selbst zu bestimmen.[210]

---

[206] Vgl. ebd. I col. 473A und Thomas STh I. q. XXIV a. 2 ad 2.

[207] Vgl. ebd. col. 472 E-F und Thomas STh I. q. XXIV a. 2. resp.

[208] Vgl. Domingo Báñez: Scholastica Commentaria In Secundam Secundae Angelici Doctoris D. Thomae. col. 1197 E.

[209] Vgl. Domingo Báñez: Scholastica commentaria in primam partem Angelici Doctoris D. Thomae. col. 405.

[210] Vgl. ebd. col. 404.

Ist die Ordnung der Welt durch die Prädestination bestimmt und ist dadurch auch die Natur der Dinge bestimmt, so muss aus der Natur des Menschen auch ersichtlich sein, auf welche Weise er die Vollendung seiner Ziele erreicht. Ist die Natur eines Menschen z.B dadurch bestimmt, dass er tugendhaft ist, so wird dieser seine Ziele auf tugendhafte Weise erreichen können. Mangelt es einem Menschen an der Tugendhaftigkeit, d.h. besteht diesbezüglich eine Privation in Hinsicht anderer artzugehöriger Individuen, so kann der Mensch sein Ziel entsprechend seiner Natur nicht derart vollenden, dass er wahrlich tugendhaft zu nennen ist.

Bezüglich der Entscheidungsfindung zur Bestimmung des Willens ist hieraus ein Problem ersichtlich. Ob man selbst ein sündiger Mensch ist oder nicht, ist bezüglich Báñez nicht vom Menschen selbst abhängig, sondern allein von der vorausgehenden bewirkenden Gnade Gottes (efficax gratiae praevenientis), die er den Menschen aufgrund göttlichen Wohlgefallens ihm zuwendet.[211] Die dadurch erteilte göttliche Gnade soll somit dem Menschen ermöglichen von seinem verdorbenen Zustand geheilt zu werden.[212] Wie dies genau funktioniert: „Hoc autem obscurum est et in hac vita comprehendi non potest, [...]"[213] Somit ist der einzelne Mensch bezüglich seiner Möglichkeit Erlösung zu erlangen eingeschränkt. D.h., dass selbst die Entscheidung, einer bestimmten Aussage zu folgen, für von der Gnade Gottes Menschen ausgeschlossenen irrelevant ist. Denn aufgrund der Privation der göttlichen Gnade können sie keine Erlösung erlangen.

In dieser Auslegung des *liberum arbitrium* gibt es keinen Grund seine moralische Ausrichtung an probablen wie wahren Aussagen zu orientieren. Vielmehr hätte daher die Untersuchung solcher Aussagen einen rein informativen Nutzen, wenn dadurch erkannt wird, welche Aussagen der göttlichen Ordnung entsprechen können und welche nicht.

Weil die göttliche Gnade bewirkt, welcher Mensch Erlösung erlangt und welcher nicht, kann der Mensch somit seinen Willen nicht selbst zu Handlungen bestimmen, die ihm die Erlösung bringt. Der bestimmende Grund einer solchen Handlung ist näm-

---

[211]   Vgl. Domingo Báñez: Diversos escritos inéditos de Báñez sobre la materia de auxiliis. In : R.P. Mtro. Vicente Beltran de Heredia O.P.: Domingo Báñez y las controversias sobre la gracia. Textos y documentos. S. 640$^{17\text{-}29}$.

[212]   Vgl. Domingo Báñez: Scholastica Commentaria In Secundam Secundae Angelici Doctoris D. Thomae. col. 336 B.

[213]   Vgl. Domingo Báñez: Diversos escritos inéditos de Báñez sobre la materia de auxiliis. S. 640$^{29\text{-}30}$. [Dass aber ist unverständlich und kann in diesem Leben nicht verstanden werden, (...)]

lich in der göttlichen Gnade selbst zu finden. Bestimmend ist er deshalb zu nennen, weil, wenn Gott die Natur einiger Menschen mit seiner Gnadenwahl versehen hat und er als *causa prima* die Schöpfung erhält, dann die Ausführung jeder physischen der Erlösung des Menschen förderliche Handlung durch den göttlichen Willen in ihrer Hervorbringung bestimmt ist. Konsequenterweise ist der Mensch nämlich durch Gott zu solchen Handlungen physikalisch determiniert, damit der Mensch Erlösung erlangt.

Dies bedeutet, dass er gemäß dem göttlichen Willen handeln muss und nicht nur danach handeln kann. Báñez' Position ist diesbezüglich ungereimt, denn einem solchen Menschen kommt beim Vollzug einer solchen Handlung kein *vita libera,* sondern ein *vita natura* zu. Denn in Momenten, in denen die Möglichkeit sündenfrei oder sündlos zu Handeln möglich ist, ist das *liberum arbitrium* durch die Natur des Menschen zum sündhaften Handeln bestimmt, wenn nicht Gott ihm durch seine Gnade vom sündhaften Handeln abhält. D.h. die *voluntas* ist nicht bedingungslos bestimmbar. Somit folgt daraus, dass der Mensch allein durch den göttlichen Willen sündenfreie Handlungen vollbringt, wenn dies der Erlösung förderlich ist und es Gott gefällt. Also ist der Mensch nicht selbst Ursache seines Wirkens.

6. 2. β Liberum arbitrium nach Luis de Molina

Entgegen der báñezianischen Lehrmeinung ist Luis de Molina mit seiner Interpretation des *liberum arbitrium* aus seinem Werk „*Concordia liberi arbitrii cum gratiae donis, divina praescientia, providentia, praedestinatione, et reprobatione*" zu beachten. Denn Molinas *doctrina* ist der direkte Opponent der báñezianischen Ansichten und zugleich vorrangige Interpretation des freien Willen der Societas Jesu nicht nur in Salamanca, sondern bis heute weltweit. Molina spricht den Willen von jeglicher nötigenden Bedingtheit Handlungen hervorzubringen los, indem er meint:

„[…] ut opponitur necessitati: quo pacto illud agens liberum dicitur, quod possitis omnibus requisitis ad agendum, potest agere, & non agere, aut ita agere unum, ut contrarium etiam agere possit. Atque ab hac libertate facultas, qua tale agens potest ita operari, dicitur libera."[214]

---

[214] Luis de Molina: *Concordia liberi arbitrii cum gratiae donis, divina praescientia, providentia, praedestinatione, et reprobatione* q. 14 a. 14. disp. 3. S. 12$^{1-5}$. [(…) dass wird der Notwendigkeit entgegengesetzt: Auf welche Weise nennt man jenen Handelnden frei? Dem alles Nötige zum Handeln gegeben ist, kann agieren, und nicht agieren, oder allein so agieren, dass er auch das Entgegengesetzte durchführen könnte. Und so nennt man von dieser Freiheit das Vermögen frei, insoweit ein so beschaffener Handelnder so tätig sein kann.]

Ist ein Handelnder dazu in der Lage, dass er eine Handlung vollziehen bzw. nicht vollziehen kann, in dem Sinn, dass er ebendieselbe Handlung vollziehen kann, aber auch eine dazu entgegensetzte Handlung vollziehen könnte, so unterliegt die Hervorbringung seines Handeln keiner einschränkenden Bedingung. D.h. ihm kommt eine *facultas libertatis* zu, i.e. das Vermögen der Freiheit. Der Wille kann dadurch selbst dann noch von der Hervorbringung einer Handlung abstehen, wenn er bereits durch ein Urteil des Verstands dazu bestimmt ist.[215] Folgt man diesbezüglich dem Aquinaten, so ist es hinsichtlich Molinas erklärungsbedürftig, wie die *voluntas*, nachdem sie mithilfe des Verstands zur Hervorbringung einer Handlung bestimmt ist, davon ablassen kann. Denn die *voluntas* ist die sich durch den Verstand bestimmende *causa efficiens* des Handelnden, wenn der Verstand der *voluntas* bestimmte Urteile über Handlungsalternativen zur Auswahl stellt. Folglich müsste sie durch den Verstand, nachdem eine Wahl getroffen wurde, auch vollständig zur Hervorbringung einer bestimmten Handlung determiniert sein.

Dies ist nur dann der Fall, wenn die *voluntas* so auf sich selbst einwirkte, dass sie sich in den Möglichkeiten einschränkte, sich selbst zur Hervorbringung einer Handlung zu bestimmen. Denn dann ist ausgeschlossen, dass die *voluntas* diesbezüglich anders bestimmt werden könnte. Wie Molinas Verständnis der *voluntas* zeigt, ist daraus die Veränderung einer essentiellen Eigenschaft der *voluntas* zu folgern. Wenn in ihr die Freiheit formaliter geregelt ist[216] — weshalb derjenige, der eine solche besitzt, immer frei von jeglicher Notwendigkeit zu handeln ist[217] — ist die Möglichkeit zu wählen und dadurch eine Wirkung hervorzubringen eine essentielle Eigenschaft.

Ist die *voluntas* des Menschen als dessen *causa efficiens* allein dadurch bestimmt, dass sie aus den vom Verstand dargebotenen Urteilen auswählt bzw. diese ablehnt und somit wirksam wird, kann sie nicht ohne diese Eigenschaft aktual sein. Sofern folglich die einzige Bedingung für die Möglichkeit des Wirksamkeit-Seins der *voluntas* die Gegebenheit von Urteilen des Verstandes über Handlungsalternativen wäre, müsste dies die einzige notwendige Bedingung sein, um eine Handlung hervorzubringen. Dies ist ein Scheinschluss. Wäre die Möglichkeit zur Wirksamkeit der *voluntas* allein durch die Gegebenheit solcher Urteile bedingt, so müsste diese Möglichkeit selbst akzidentialiter bestimmt sein. D.h. die Möglichkeit dazu wird allein durch den Ver-

---

[215] Vgl. ebd. S. 12$^{5\text{-}7}$.
[216] Vgl. ebd. S. 12$^{7\text{-}9}$.
[217] Vgl. ebd. S. 12$^{9\text{-}12}$.

stand bestimmt und ist somit jedes Mal verschieden, wenn die zur Wahl stehenden Urteile verschieden sind. Ist die Eigenschaft des möglichen Wirksam-Seins jedes Mal verschieden, müsste auch die *voluntas* als *causa efficiens* jedes Mal verschieden sein. Denn ihre Eigenschaft, mögliche Wirkungen hervorzubringen, ist immer anders bestimmt. Diese ist dann nämlich durch die Anzahl der Urteile über Handlungsalternativen bestimmt.

Ist die Eigenschaft, mögliche Wirkungen hervorzubringen, die der *voluntas* essentieller Weise zukommende Eigenschaft, so muss diese Eigenschaft durchgängig erhalten sein und kann nicht durch das Vorliegen von Handlungsalternativen allein bedingt sein. Andernfalls ist die *voluntas* gemäß ihrer *causa formalis* stets anders bestimmt. Ist dies wahr, muss die Eigenschaft, eine Wahl treffen zu können bzw. davon abzustehen, bis zu deren vollständigen Umsetzung immer gegeben sein, wenn die *voluntas* dadurch die Hervorbringung einer möglichen Wirkung bestimmt. Also auch dann, wenn die *voluntas* sich dazu bestimmt hat, eine Handlung entsprechend einem Urteil des Verstandes hervorzubringen. Nur dann kann nämlich davon gesprochen werden, dass es stets dieselbe Handlung hervorbringende *voluntas* ist.

Dass dies der Fall sein muss, ist daraus ersichtlich, dass die *voluntas* selbst ein Vermögen der Seele ist. Wenn ein Vermögen der Seele essentieller Weise zukommt, ist es ausgeschlossen, dass ein und dasselbe Vermögen in seiner Bestimmung als Vermögen stets verschieden ist. Dies würde bedeuten, dass auch die Seele jedes Mal anders bestimmt ist, wenn ihr Vermögen anders bestimmt ist. Dies ist ausgeschlossen, wenn dem Menschen seine Seele kontinuierlicherweise zukommt, d.h. so, dass sie zu jedem Zeitpunkt identisch mit sich selbst ist.Daraus folgt, dass der durch eine solche *voluntas* Handelnde in seinen Handlungen durch nichts anderes bestimmt ist als durch seine eigene *voluntas*. Denn wie und ob eine Handlung hervorgebracht wird, ist allein durch eine Wahl der *voluntas* bestimmt.

Zieht man diesbezüglich Molinas Verständnis dahingehend hinzu, was es heißen mag, dass etwas formaliter besessen wird, so wird dies bestätigt. Denn wenn etwas formaliter besessen wird, dann ist jemand aufgrund der Form einer Sache ein Besitzer, i.e. gemäß der ihr zukommenden Eigenschaften.[218] Molina folgt diesbezüglich ganz dem römischen Recht,[219] welches den Besitzer durch die *detentio corporis* und *detentio*

---

[218]   Luis de Molina: De Iustitia. Tract. II. disp. 12. col. 106$^{25\text{-}27}$.

[219]   Vgl. e.g. Dig. 41.2.1.3, Paulus 54 ad ed.

animi kennzeichnet.[220] Ist daher dem Menschen die *voluntas* als *causa efficiens* seines Leibes eigen und zudem eine Bestimmung seiner eigenen *causa formalis*, i.e. die Seele, so muss er als Besitzer seiner *voluntas* angesehen werden. Somit ist er auch Besitzer der ihr zukommenden Freiheit. Wenn der Mensch die *voluntas* sowohl körperlich als auch seelisch aktual innehat, dann kann diese nur als integraler Teil eines einzelnen Menschen im Ganzen verstehbar. Denn ohne *causa efficiens* wäre er selbst nicht wirksam, d.h. aktual seiend. Unter einem integralen Teil ist entsprechend dem lateinischen *integer* etwas zu verstehen, ohne welches ein Ganzes als Ganzes nicht sein könnte, weil es unberührt von allen anderen Einflüssen ist, die nicht das Ganze sind.

Ist ein Mensch aktual, so ist darunter bereits eine Wirkung in der Welt zu verstehen, deren aktuale Bestimmtheit vom Menschen selbst ausgeht, wenn er als ein Ganzes durch seine *voluntas* eine Wirkung hervorbringt. Dies bedeutet nicht, dass die Erhaltung der Möglichkeit, diese zu bestimmen, ebenfalls von ihm ausgehen kann. Denn dazu bedürfte es wiederum einer *causa efficiens*, die von der *voluntas* des einzelnen Menschen verschieden sein muss. Die Aktualität einer Wirkung kann nämlich nicht vor deren Möglichkeit sein und insofern kann die eigene Möglichkeit der Wirkungshervorbringung nicht durch das noch zu Bewirkende hervorgebracht werden. Folglich muss die *causa efficiens* der Erhaltung der realen Möglichkeit des Wirkens verschieden sein. Diese ist nach christlicher Lehre in Gott zu sehen.

Davon ausgehend besteht nach Molina bezüglich des Handelnden Menschen eine doppelte Hervorbringung einer Handlung. Zum einen wird die Möglichkeit der Verwirklichung einer bestimmten Wirkung durch die andauernde Erhaltung der Schöpfung durch Gott erhalten und zum anderen wird durch den Menschen die reale Möglichkeit verwirklicht, indem er durch seine *voluntas* eine zu verwirklichende Möglichkeit bestimmt. Dies ist unter Molinas *concursus Dei generalis* zu verstehen, der zwar Gottes Wirken für die Hervorbringung menschlicher Handlungen voraussetzt, sie jedoch in keinster Weise beschränkt oder auf sie direkt einwirkt — wie es etwa bei den Positionen der Reformatoren oder Báñez der Fall wäre.[221]

Bewirkt Gott durch die Erhaltung der Schöpfung als eine erste Ursache jede reale Möglichkeit der Verwirklichung von Seiendem, ist er somit auch die Ursache alles aktual Wirklichen. Denn dieses kann nicht sein, wenn dessen reale Möglichkeit nicht

---

220   Vgl. Luis de Molina: De Iustitia. Tract. II. disp. 12 ebd. col. 107$^{25\text{-}26}$.

221   Vgl. Luis de Molina: : *Concordia liberi arbitrii cum gratiae donis, divina praescientia, providentia, praedestinatione, et reprobatione.* S.168^{40}-169$^{1\text{-}8}$.

gegeben und auch dann erhalten bleibt, wenn sie verwirklicht ist. Folglich ist Gottes Allmacht nach Molinas Lehre auch dann nicht geschmälert, wenn durch eine andere zweite Ursache, wie beispielsweise dem Menschenwillen, bestimmt ist, welche mögliche Wirkung hervorzubringen ist. Denn sein Wirken ist die *conditio sine qua non* der Wirklichkeit. Besteht Gottes Wirken in dieser Weise und ist dem Menschen durch seine *voluntas* das Vermögen gegeben sein Wirken selbst zu bestimmen, folgt: „Est insuper homo constitutus dominus earum suarum operationum, quae facultati liberi sui arbitrii subsunt."[222] Denn die bestimmte Hervorbringung eines jeden menschlichen Wirkens (operatio), geht auf die unmittelbare Aktualisierung des Vermögens durch den einzelnen Menschen selbst zurück. Dadurch kann er durch die Wahl der *voluntas* eine Wirkung bestimmen bzw. bis zu deren Verwirklichung diese Bestimmung wieder abändern[223] und somit eine Möglichkeit aus dem Ganzen der Schöpfung verwirklichen, d.h. realisiert.

Hieraus folgt, dass der Mensch von Natur aus jede Wirkung hervorbringen könnte, die gemäß dem göttlichen Verstand real möglich ist. Das setzt voraus, dass der menschliche Verstand vollständig dem göttlichen Verstand gleicht. Denn dann sind zu jedem Zeitpunkt alle Urteile über die Hervorbringung realmöglicher Wirkungen gegeben. Für ein endliches Wesen wie den Menschen ist dies auszuschließen. Dies ist nämlich die Erkenntnis einer Definition der Welt, die nicht allein den aktualen Zustand der Welt erfasst, sondern alle zukünftigen real möglichen Zustände aller Wesen der Schöpfung.

Wenn das eigene Wirken auf alle Bestandteile der Schöpfung einwirkt, dann verändern sich diese selbst. Eine solche Art von Erkenntnis setzt die Omniszienz des Erkennenden voraus, weil nur dieser von der Schöpfung im Ganzen und den Veränderungen ihrer Bestandteile wissen kann. Ein beschränkter Verstand schließt nicht die Möglichkeit aus, dass alles was Inhalt des göttlichen Verstandes ist, nicht auch in begrenzter Weise — nämlich wie ein nicht omniscientes Wesen — erkannt werden könnte. Kann durch den Verstand der Möglichkeit nach alles was Gegenstand des göttlichen Verstands ist erkannt werden, ist der Verstand des Menschen, was seine Möglichkeit der Bestimmtheit angeht, vom göttlichen Verstand nicht verschieden. Darin besteht nach Molina das göttliche Abbild des Menschen, aus dem hervorgeht, dass es eine wesentli-

---

[222] Luis de Molina: De Iustitia et Iure. Tract. III. disp. I. col. 511[68-70]. [Überdies ist ein Mensch, der bestimmt hat, Herr dieser seiner Tätigkeiten, die dem freien Vermögen seines Willens unterliegen.]

[223] Vgl. ebd. col. 512[2-5].

che Eigenschaft des Menschen ist, dass er sowohl erkennen kann, was gut und wahr ist und warum es dies ist.[224]

Kann sich der menschliche Verstand nur auf real Mögliches bzw. aktual und notwendig Seiendes beziehen, ist die Erkenntniskraft des menschlichen Verstandes in bestimmter Hinsicht verschieden. Während der Mensch kraft seines Verstandes von den Gegenständen der ganzen Schöpfung wissen kann, weiß Gott auch von den Kausaldefinitionen, die jegliche Modalität weltlichen Seins überschreitet. Was, wenn überhaupt, nur durch den geoffenbarten Glauben gewusst werden kann.[225] So kann der menschliche Verstand zwar durch die Genesis davon wissen, dass Gott die Welt geschaffen hat, indem er sprach, doch bleibt dem Menschen der kausale Zusammenhang verschlossen, wie genau durch Gottes Wort etwas hervorgehen kann. Selbst wenn man diesbezüglich auf seine Allmacht verweisen würde, so würde dies ja doch nicht erklären, wie die Schöpfung hervorgebracht worden ist, sondern nur, dass sie durch seine Allmacht hervorgebracht wurde.

Aus der molinistischen Freiheitskonzeption ist nun zu sehen, dass der Mensch seine Erlösung oder Verdammung selbst wählt. Denn wenn der Mensch kraft seines Verstandes der Möglichkeit nach alles erkennen kann, was Gegenstand des göttlichen Verstandes sein kann und er durch seinen Willen sich in jedem Moment frei entscheiden kann, sich diesen Erkenntnissen gemäß oder zuwider zu verhalten, kann er entweder der erkennbaren göttlichen Ordnung gemäß oder zuwider handeln. Wenn er dies vollbringt, dann ist er selbst Ursache seiner guten und schlechten Handlungen, sofern jede Handlung gut ist, die der göttlichen Ordnung gemäß ist und jede Handlung schlecht ist, die sich gegen sie richtet.

Daher kann jeder Mensch, unabhängig von der Offenbarung, allein durch die Erkenntnisse seines Verstandes Ursache guten und schlechten Handelns werden.[226] Insofern liegt entgegen der báñezianischen *doctrina* es nicht von vornherein in der Natur des Menschen, dass er die Erlösung durch die Gnade Gottes erlangt. Vielmehr liegt es nach Molina im Willen Gottes, dass dieser alle Menschen erlösen will, sofern auch der

---

[224] Vgl. Luis de Molina: Concordia liberi arbitrii cum gratiae donis, divina praescientia, providentia, praedestinatione, et reprobatione q. 14.a. 13. disp. 5. S. 22$^{18-24}$.

[225] Vgl. Luis de Molina: Commentaria in primam Divi Thomae partem, In duos Tomos divisa. q.I.art.I disp.2 B$^{29-37}$ S. 5.

[226] Vgl. Aichele, Alexander : The Real Possibility of Freedom : *Luis de Molina's Theory of absolute Willpower in Concordia I*. In: Alexander Aichele (Ed.); Matthias Kaufmann (Ed.): A Companion to Luis de Molina. S. 14-16.

Mensch will.[227] Weshalb Gott durch seine *voluntas absoluta* auch unterschiedslos jede Handlung ermöglicht, die durch das *liberum arbitrium* gewollt wird.[228] D.h. dass sich der Mensch durch das *liberum arbitrium* entweder zur Gnade Gottes bestimmt, und somit seine Errettung will, oder dieser entgegen, und somit seine Verdammnis will.[229]

Ohne auf die von vielen als problematisch thematisierte *scientia media* Gottes eingehen zu wollen und zu können, ist somit klar, dass die Erlösung eines Menschen erst dann feststeht, wenn sie tatsächlich eintritt. Bis zu deren Eintreten kann von ihr also nur als reale Möglichkeit gewusst werden. Wenn der Mensch bis zu seiner Erlösung oder Verdammung zu jedem Zeitpunkt davon absehen kann, sein Handeln so auszurichten, dass er Gottes Gnade gemäß handelt, dann ist die Erlösung eine zukünftige Wirkung, deren Ursache die Bestimmung von Handlungen durch das *liberum arbitrium* zum Moment von deren Hervorbringung ist. Folglich bedarf es in jedem Moment der Erkenntnis des Verstandes, was der göttlichen Gnade gemäß ist, d.h. was gemäß dem göttlichen Verstand wahr bzw. gut ist, wenn sich die *voluntas* entsprechend den Urteilen des Verstandes bestimmt. Also ist der Mensch aufgrund seiner Freiheit darauf angewiesen, wenn er Gott entsprechend handeln will, möglichst solche Art von Erkenntnis zu erlangen, aus der wahre Propositionen formulierbar sind bzw. Wahrheitsdefinitheit rechtfertigt ist.

In beiden Fällen kann sich — immer ausgehend von der thomistischen Handlungstheorie — die *voluntas* aufgrund des Verstandes dahingehend bestimmen, dass sie als Ursache einer Handlung der göttlichen Gnade entspricht. Das auch dann, wenn die daraus resultierende Handlung aufgrund der epistemischen Beschränktheit des Menschen nicht immer der göttlichen Gnade gemäß sein muss.

Dies bedeutet nicht, dass die epistemische Beschränktheit selbst ein Entschuldigungsgrund für das eigene Fehlgehen sein kann. Steht es dem Menschen durch seinen Willen frei, jede durch ihn berücksichtigte Proposition unter der Zuhilfenahme aller möglichen Mittel auf ihre Wahrheitsdefinitheit zu überprüfen, so bleibt er die Ursache seines eigenen Fehlgehens. Folglich kann sein Handeln gemäß einer der Wahrheit zu entsprechen scheinenden Proposition aufgrund der hier angenommenen Freiheit anscheinend nur dann entschuldigt sein, wenn der Vorgang der Überprüfung unter die An-

---

[227] Vgl. Luis de Molina: Concordia liberi arbitrii cum gratiae donis, divina praescientia, providentia, praedestinatione, et reprobatione. q. 19. a. 6. disp. 2. S. 360^{35}-361^{3}.
[228] Vgl. ebd. q. 19. a. 6. disp. 2. S. 361$^{4\text{-}27}$.
[229] Vgl. ebd. q. 14. a. 13. disp. 22. S. 136$^{15\text{-}26}$.

wendung der zur Überprüfung geeigneten Mittel einschränkenden Bedingungen stattfindet. Z.B. wenn Heliodor seinen Teledemos den Beischlaf mit der verheirateten Demänete vollziehen lässt, obwohl dieser in tiefster Dunkelheit denkt, dass die Sklavin Thisbe ihrem Versprechen des Beischlafs mit ihm nachkommt.[230] Aufgrund der Dunkelheit waren Teledemos Mittel zur Überprüfung, ob es Thisbe ist oder nicht, die ihrem Versprechen nachkommt, eingeschränkt. Wenn es unter den gegebenen Bedingungen jedoch der Wahrheit zu entsprechen scheint, dass es Thisbe ist, die ihrem Versprechen nachkommt, ist Teledemos scheinbar kein sündhaftes Verhalten eines Ehebruchs zuschreibbar. Denn die zur Überprüfung geeigneten Mittel sind in jedem Moment durch äußere Bedingungen eingeschränkt, auch wenn ihm zu jeder Zeit die Möglichkeit gegeben wäre, andere Mittel zur Überprüfung seiner Meinung zu benutzen — was jedoch eine Überprüfung der Meinung zu einem anderen Moment unter anderen Bedingungen bedeuten würde.

Doch bleibt selbst bei epistemischer Beschränktheit eine solche Handlung nach Molina sündhaft.[231] Denn aus physikalischer Sicht ist zu sagen, dass Teledemos stets die Möglichkeit hätte wahrnehmen können, die Bedingungen seines Handelns derart anzupassen, dass er keinen Ehebruch begeht. Indem er dies nicht tat, entschied er sich in diesem Fall aufgrund seiner eigenen Konkupiszenz entgegen eines vorsichtigen und der rechten Vernunft gemäßens Vorgehens. D.h. somit, dass er sich, weil dies leichter ist, zum Sündigen und für seine verdorbene Natur entschied.

6. 3 Begründung der Wahl der voluntas durch probable Aussagen

Wie aus dem Vorangegangenen hervorgeht, ist der Mensch selbst die Ursache für die Hervorbringung von guten Handlungen durch sein *liberum arbitrium*, ohne dass Gott ihn zu diesen nötigen müsste. Gesteht man dem Menschen eine solche Art von Freiheit zu, so ist ersichtlich, dass er durch eigene Bemühungen die Gutheit seiner Handlungen rechtfertigen muss, indem er den Grund für die Wahrheit derjenigen Propositionen angibt, nach denen er seine *voluntas* bestimmt. Wie gesehen, gäbe es ohne einen solchen Grund überhaupt keine Wirkung, die auf die menschliche *voluntas* zurückgeführt werden könnte, weil sie schlichtweg durch den Verstand unbestimmt bliebe. Weiterhin ist für die reale Möglichkeit der Handlungen kein Grund angegebar, der eine real mögliche Handlung einer anderen als vorzuziehen angibt, wenn der Mensch die Wahrheit

---

[230]   Vgl. Heliodor: Die Abenteuer der schönen Chariklea. S. 24f.
[231]   Vgl. Aichele, Alexander : The Real Possibility of Freedom : *Luis de Molina's Theory of absolute Willpower in Concordia I.* S. 33-42.

oder Falschheit von Propositionen nicht unmittelbar einsieht und durch seinen Verstand in begrenzter Weise jede Proposition über real Mögliches im Verstand Gottes erkennt. Denn würden sie allein wegen einer der göttlichen Gnade gesollten Entsprechung gewählt, ist die Befolgung jeder Proposition aus dem göttlichen Verstand dazu geeignet ihr zu entsprechen.

Unter Berücksichtigung der Kritik des verehrten Herrn Leibniz an der molinistischen Position bedeutet dies, dass die *voluntas* überhaupt keine Wirkung hervorbringen würde, weil kein Grund besteht, dass sie in ihrer Wahl zu einer bestimmten Handlung geneigt sein kann.[232] Auch wenn Leibniz dieses Problem aus der Welt zu schaffen versucht, indem er unter der Berufung des *principium rationis sufficientes* darauf verweist, dass:"Il y a toujours une raison prévalente qui porte la volonté à son choix, [...] Jamais la volonté n`est portée à agir que par la resprésentation du bien, qui prévaut aux resprésentations contraires."[233] so ist die *resprésentation du bien* doch nicht ausreichend, um für die *voluntas* ein Grund zur Wahl der Hervorbringung einer bestimmten Handlung zu sein. Bezieht sich die *resprésentation du bien* nämlich auf die *causa finalis* der Handlung, so ist dies ein zukünftiges Gutes, dass durch unendlich viele real mögliche Handlungen vollendet werden kann.

Bezieht es sich auf die gegebenen Mittel, die als Güter zur Vollendung einer Handlung gewählt werden können, so wäre durch die Wahl der *voluntas* zwar begründbar, womit die *causa finalis* einer Handlung am besten vollendet werden könnte. Doch ist daraus nicht ersichtlich, wie dies geschehen kann. Weil auch bezüglich des Einsatzes geeigneter Mittel davon auszugehen ist, dass der menschliche Verstand in begrenzter Weise Einsicht in die real möglichen Handlungen hat, wäre wiederum für die Wahl der *voluntas* kein Grund gegeben, die gewählten Güter in einer bestimmten Weise zur Vollendung der *causa finalis* der Handlung zu verwenden. Wenn durch die Wahl der geeignetsten Mittel keine geeignetste Verwendungsweise derselben gegeben ist, dann besteht auch kein Grund, nach welchem sich die *voluntas* bezüglich des Gebrauchs der Mittel bestimmen könnte.

Dem ist Folgendes zuzusetzt: Auch wenn dem Menschen durch das *liberum arbitrium* die metaphysische Eigenschaft der Freiheit in der Art und Weise zukommt, dass die *voluntas* bis zur Vollendung einer Handlung von ihrer Bestimmung dazu Abstand

---

[232]   Vgl. Leibniz, G.W.: Theodizee. § 43.
[233]   Ebd. § 45.

nehmen kann und der Mensch durch seinen Verstand der Möglichkeit nach alles dem göttlichen Verstand real Mögliche erkennen kann, so sind die Mittel zur Erkenntnisgewinnung doch nicht unbedingt. Sie sind zum einen in Bezug zur aktualen Schöpfung bestimmt, weil die Bestandteile der Schöpfung alles umfassen, was erkannt werden kann. Zum anderen sind sie durch die lokale und temporale Position des Menschen in der Schöpfung bestimmt. Diese bedingt, wie etwas erkannt werden kann. In Hinsicht auf die Temporalität bedeutet dies, wenn der Mensch nur zum gegenwärtigen Moment aktual sein kann, dass die Mittel zur Hervorbringung von Erkenntnis auch nur durch gleichzeitig Aktuales bestimmt sein können. Folglich kann Zukünftiges genauso wenig Gegenstand seiner Erkenntnis sein wie Vergangenes.

Damit ist nicht die Erkenntnis von real Möglichen über Vergangenes und Zukünftiges ausgeschlossen. Das real Mögliche ist nämlich hinsichtlich der göttlichen Allmacht als nicht verschieden von logisch Möglichen anzusehen. Vor der Schöpfung hätte der göttliche Wille schließlich alles hervorbringen können, was Gegenstand seines Verstandes ist. Enthält der göttliche Verstand nur Entitäten, die hinsichtlich ihrer Bestimmungen widerspruchsfrei sind, so wird sein Wille sich nur gemäß diesen Entitäten bestimmt haben können. Weil jede logisch mögliche Entität hätte erschaffen werden können, müssen diese ausnahmslos vor jeglicher Temporalität als real-möglich angesehen werden. Besteht also die reale Möglichkeit von etwas unabhängig von jeglicher temporalen Bestimmtheit immer aktual, so kann alles, was real möglich ist, auch immer aufgrund der widerspruchsfreien Bestimmtheit seines Begriffes und der ihn bedingenden Aussagen erkannt werden.

Ist von Vergangenem wie von Zukünftigen stets dessen reale Möglichkeit aktual gegeben, so ist davon auch mithilfe temporal bedingter Mittel Erkenntnis hervorbringbar, auch wenn eine Aussage darüber nur hypothetisch wahr sein kann. In Hinsicht auf die Lokalität bedeutet dies, wenn der Menschen nur dann vollständig bestimmt ist, wenn er in Relation zu den Gegenständen der Schöpfung bestimmt ist, dann ist jede Veränderung dieser Relation auch eine Veränderung der aktualen Eigenschaften des Menschen. Sofern die Mittel zur Erkenntnisgewinnung auch diesen Veränderungen unterliegen, weil sie nicht unabhängig vom Menschen sind, kann ist etwas nur so erkennbar, wie die relationale Bestimmtheit des Menschen zum Gegenstand der Erkenntnis es zulässt. Denn die relationale Bestimmtheit bedingt die Mittel zur Erkenntnisgewinnung, weil dadurch die relationalen Eigenschaften des Gegenstands der Erkenntnis jeweils verschieden sind.

Durch den Verstand ist zwar alles real Mögliche erkennbar, doch besteht kein Grund die Befolgung einer Proposition über dieses einer anderen darüber vorzuziehen, wenn die Proposition nicht auch mindestens die angeführten Bedingungen aussagt, unter denen sie tatsächlich zu befolgen bzw. für wahr zu befinden ist. Weil aus der bloßen Erkenntnis von etwas als etwas nicht hervorgeht, inwieweit die Mittel zur Erkenntnisgewinnung eines einzelnen Menschen bedingt sind — dies würde nämlich das Wissen aller den Menschen bedingenden Bestandteile der Schöpfung voraussetzen —, folgt unter den gegebenen Bedingungen der Freiheit und den Bedingungen der Erkenntnisgewinnung des einzelnen Menschen, dass dieser selbst einen Grund für die Befolgung und Wahrheit einer Proposition bestimmen muss. Denn die bloße Erkenntnis von etwas kann nicht die Übereinstimmung einer Proposition mit dem Erkannten rechtfertigen. D.h. dass unter der Angabe der genauen Bedingungen, unter denen eine bestimmte Proposition von einem einzelnen Menschen für wahr gehalten werden kann und weshalb diese daher zu befolgen ist, ein metaphysischer Grund für deren Befolgung angegeben werden kann. Dieser besteht in der Beschaffenheit der Welt zum Moment der Erkenntnis und Beschaffenheit eines einzelnen Menschen.

Hieraus ist zu erkennen, dass die von Medina begründete Lehre des Probabilismus als eine Lehre vom Umgang mit der eigenen Freiheit und Begründung von Handlungen zu verstehe ist. Die Identität einer probablen Meinung konstituiert sich nämlich durch die Theorie, welche deren Wahrheit bedingt. Sofern durch die Theorie die Bedingungen bestimmt sind, unter denen die probable Meinung als wahr gilt, ist damit ein Grund für den Vorrang einer Aussage über real Mögliches vor einer anderen Aussage gegeben. Wird nämlich vom Verstand nicht jede real mögliche Bedingung erfasst, unter der eine Handlung vollziehbar ist, so können auch nur Aussagen deren Theorie die Bedingungen einbezieht als wahr begründet werden, unter denen die Aussage anerkennbar ist.

Die die probable Aussage begründende Theorie darf selbst nicht nur beinhalten, weshalb einer bestimmten Aussage zu folgen ist, sondern auch unter welchen Bedingungen. D.h. dass sowohl die zu verwendenden Mittel als auch die Bedingungen, unter denen mit diesen umzugehen ist, enthalten sein müssen, um die Wahrheit einer Aussage zu bestätigen. Betrifft dies z.B eine spekulative Aussage in der Arithmetik, so ist nur dann anzunehmen, dass eine solche Aussage wahr ist, wenn in der Theorie der Arithmetik bestimmt ist, was unter einer Zahl zu verstehen ist. Denn daraus erhellt, wie sie als solche und in Bezug zu anderen Zahlen definiert ist, und wie mit diesen umzugehen ist, um die Wahrheit einer Aussage bestätigen zu können.

Gleichfalls muss innerhalb einer Theorie bezüglich einer probablen praktischen Aussage über eine Handlung definiert sein, was die Gegenstände der Handlung sind, unter welchen Bedingungen diese als solche bzw. in Bezug zueinander erkannt werden und wie mit diesen am besten umzugehen ist, um die *causa finalis* der Handlung zu vollenden. Nimmt man dies als wahr an, so bietet sich der *voluntas* bezüglich der probablen Aussagen zugrundeliegenden Theorien ein Grund aus der Anzahl aller real möglichen Verwendungsweisen der als gut erkannten Mittel sich zu einer bestimmten Art von Vollendungsweise zu bestimmen. Das ist die der eigenen temporalen und lokalen Bestimmtheit am meisten entsprechenden.

Das mag zwar das Problem nicht lösen, wie sich die *voluntas* bei der Gegebenheit durch Theorien die durch die sie begründeten probablen Aussagen gleich gut begründet sind Doch kann mit dem Probabilismus ein Grund dafür angegeben werden, inwiefern sich ein Mensch durch das *liberum arbitrium* mit der Wahl einer probablen Aussage zur Befolgung des Ausgesagten bestimmen kann.

7 Probabilität und die Rechtfertigung der Freiheit durch das possidens-Prinzip

Ersichtlich ist, dass die Annahme von Freiheit im Sinne eines in seiner Wahl uneingeschränkten *liberum arbitrium* eine grundlegende Voraussetzung für eine gerechtfertigte Auseinandersetzung und Befolgung von probablen Aussagen. Bestünde diese Art von Freiheit nicht in der Weise, dass der Mensch durch seinen Verstand die *voluntas* selbst bestimmen kann, müsste die *voluntas* durch die Wirkung einer anderen Ursache — etwa bei Luther oder Calvin durch Gott — bestimmt werden. Sofern die *voluntas causa efficiens* des Menschen ist, ist dann keine Möglichkeit gegeben, dass der zu einer Wirkung determinierter Mensch eine Wirkung entgegen ihrer Ursache nicht hervorbringen kann.

Wie bereits bei Molina anklingt, setzt dies voraus, dass der Mensch seine Freiheit in einer bestimmten Art und Weise besitzt, nämlich derart, dass sie nicht von äußeren Bestimmungen bedingt ist. Dann ist die *voluntas* nämlich durch nichts bestimmt, was nicht auch Teil des Menschen ist. Der thomistischen Lehre entsprechend ist dies durch die *conscientia* der Fall. Dass diese Annahme bezüglich probabler Aussagen problematisch ist, geht vor allem aus Franscisco Suárez Traktat „De bonitate et malitia humanorum actuum" hervor.

Nimmt man nämlich wie Suárez das possidens-Prinzip, welches aussagt, dass der Mensch seine Freiheit besitzt, als wahr an,[234] kann nicht mehr allein auf eine rein externe Rechtfertigung, wie es beispielsweise eine bestimmte Vorschrift oder bloße Erkenntnis von etwas ist, zur Hervorbringung einer Handlung oder Anerkennung der Wahrheit einer Aussage verwiesen werden. Denn auch wenn die *conscientia* urteilt, dass eine Vorschrift richtig ist, so kann doch Zweifel über die Bedingungen der Einhaltung der Vorschrift bestehen bzw. könnte die *conscientia* urteilen, dass eine Aussage wahr ist, doch zugleich über die Bedingungen der Wahrheit im Zweifel sein.

Besteht in irgendeiner Hinsicht Zweifel, so meint Suárez, ist der Mensch in Besitz seiner Freiheit, weil die bezweifelte Vorschrift ihn zu keiner Handlung verpflichtet.[235] Z.B. könnte ein Hethiter urteilen, dass die Vorschriften des Codex Hammurabi zu befolgen sind, weil sie das Leben der Menschen in Babylon sehr gut regeln. Doch kann er daran zweifeln, ob die Ansichten des Hammurabi bereits eine ausreichende Rechtfertigung dafür sein können, dass daraus eine Verpflichtung zur Befolgung dieser Vorschriften hervorgeht. Geht daraus nämlich keine Verpflichtung hervor, so besteht auch kein Grund, weshalb der Hethiter danach handeln müsste. Kann ein Mensch aufgrund des Zweifels zu nichts verpflichtet werden, so bedeutet dies, dass die *voluntas* selbst unbestimmt ist, so lang seine *conscientia* kein Urteil hervorbringt, welches die vollständige unbezweifelbare Einsicht bezüglich einer Vorschrift bzw. Aussage enthält.

Dies scheint jedoch widersprüchlich, weil aus dem Dargelegten folgt, dass die *conscientia* sowohl urteilen kann, dass einer Aussage zu folgen, als auch nicht zu folgen ist. Wird eine Vorschrift als gut oder eine Aussage als wahr erkannt, so besteht ein Grund, weshalb die *voluntas* diesen folgen sollte, wenn die *conscientia* darüber urteilt. Bezweifelt man die Bedingungen, unter denen die Vorschrift als gut und die Aussage als wahr erkannt sind, so besteht ein Grund, weshalb die *voluntas* diesen nicht folgen sollte, wenn die *conscientia* darüber urteilt. Somit sind für die Befolgung einer Vorschrift bzw. der Anerkennung der Wahrheit einer Aussage durch die *voluntas* sowohl ein Grund für wie gegen die Wahl einer solchen Vorschrift bzw. Aussage gegeben. Wie Al-Gazalis dürstender Mann[236] bzw. der sog. Esel des Buridan könnte sich die *voluntas* folglich zu keiner Hervorbringung einer Handlung bestimmen, weil ihr vom

---

234   Vgl. Suárez: De bonitate et malitia humanorum actuum. (Opera Omnia Tomus Quartus) disp. XII sect. 5 n. 5 und n. 7.

235   Ebd.

236   Vgl. Al-Ghazali; Kamali, Sabih Ahmad (Übers.): Tahafut Al-Falasifah [Incoherence of the Philosophers]. S. 25f.

Verstand kein eineindeutiges Urteil darüber vorliegt, ob eine Aussage wahr bzw. deren Befolgung gut ist.

Dass hier ein Scheinproblem vorliegt, ist ersichtlich, wenn man Suárez darin folgt, dass die Urteile der *conscientia* gemäß dessen, worüber sie urteilt, in zweifacher Weise aufgefasst werden müssen. Sofern sie nämlich darüber urteilt, ob einer bestimmten Vorschrift oder Aussage Folge zu leisten ist, ist dies ein Urteil über das Vorliegen eines Grundes, der zur Befolgung der Vorschrift bzw. Aussage verpflichtet.[237] Für Suárez ist der Grund der Verpflichtung die Erkenntnis davon, ob die Durchführung der Handlung tugendhaft (honestum) bzw. schändlich (turpe) ist.[238] Offenbar wird dem Menschen der Grund für die Verpflichtung *per judicium*.[239] Wenn die *conscientia* „judicat de actione in particulari cum omnibus circumstantiis ejus in ordine ad executionem:",[240] liegt dieses vor. Diesem liegt die aristotelische Ansicht zugrunde, dass ein Streben nach etwas nur dann richtig sein kann, wenn der Grund des Strebens mit dem Grund, der etwas erstrebenswert macht, übereinstimmt.[241] Wird also darüber geurteilt, ob eine Vorschrift zu befolgen ist, so muss dies als ein Urteil über die Übereinstimmung des Grundes, der etwas erstrebenswert macht, mit dem eigenen Grund, dieses erstreben zu wollen, verstanden werden. Der Grund muss daher etwas sein, das das eigene Streben zu etwas bestimmen kann.

Wenn der Mensch durch sein *liberum arbitrium* darüber entscheidet, ob er eine Handlung vollzieht oder nicht, die durch einen solchen Grund bestimmt ist, kann er selbst nichts sein, was vom Menschen verschieden ist. Andernfalls wäre die *voluntas* nämlich durch etwas vom Menschen Verschiedenes bestimmt. Wenn der Mensch sich auch entgegen dieses Grundes entscheiden kann, eine Handlung nicht hervorzubringen, so kann dieser Grund auch keine essenzielle Bestimmung des einzelnen Menschen sein. Denn sonst könnte er nicht anders handeln. Ihm müsste also der Grund in akzidentieller Weise zukommen, wie es z.B. die Disposition zur Tugendhaftigkeit ist. Denn Tugendhaftigkeit kommt ihm nur insofern zu, wenn er tugendhaft handelt bzw. gehandelt hat.

---

[237] Vgl. Franscisco Suárez: De bonitate et malitia homanorum actuum. disp. XII sect. I n. 4-6. S.438 (links) 38-(rechts)38.

[238] Vgl. ebd. disp. XII sect. I n. 5. S.438[11-15].

[239] Vgl. ebd. S. 438[15].

[240] Ebd. n. 6. S. 438 [26-27].

[241] Vgl. ebd. n. 4. S. 440[55-11].

Hieraus ergibt sich, wenn die Ausübung einer vorgeschriebenen Handlung tugendhaft wäre und der Mensch danach strebt tugendhaft zu sein, dass die *conscientia* urteilen müsste, dass die Vorschrift für den Menschen verpflichtend ist, wenn er tugendhaft sein will bzw. bleiben möchte. Dann ist durch das Urteil der *conscientia* nicht nur erkannt, dass etwas tugendhaft bzw. die Wahrheit einer Aussage anzuerkennen ist, sondern die *voluntas* ist zur Befolgung bzw. Anerkennung bestimmt.[242] Ist der Tugendhafte nämlich so bestimmt, dass er Tugendhaftes vollbringt bzw. der Wahrheitsliebende, dass er Wahrhaftes anerkennt, so wird er der *conscientia* entsprechend die Handlung vollbringen bzw. Wahrheit anerkennen müssen, wenn er diese Eigenschaft beibehalten bzw. erlangen will. Andernfalls ist seine *voluntas* so bestimmt, dass der Mensch weder tugendhaft noch wahrheitsliebend ist.

Gleiches ist zu folgern, dass die Vorschrift nur probabel ist, wenn die *conscientia* urteilt, d.h. wenn nicht unmittelbar einsehbar ist, ob die Ausführung der vorgeschriebenen Handlung tugendhaft oder schändlich ist. Wenn der Tugendhafte danach strebt tugendhaft zu sein, gilt auch eine Vorschrift, die nur probablerweise tugenhaftes Handeln vorschreibt, als verpflichtend. Nicht jedoch, wie Suárez betont, weil sie tatsächlich tugendhaft ist, sondern weil sie ihm — trotz der Furcht, Schändliches zu tun — als tugendhaft erscheint.[243]

Ein solch praktisches Urteil der *conscientia* muss von dem Urteil unterschieden werden, das unabhängig von der Bestimmung des einzelnen Menschen zur in Frage stehenden Handlung feststellt, ob die Befolgung einer vorschriftsmäßigen Handlung bzw. Anerkennung der Wahrheit einer Aussage tatsächlich tugendhaft ist bzw. mit dem Ausgesagten übereinstimmt. Dieses bezieht sich nämlich nicht auf die Hervorbringung einer einzelnen Handlung, sondern auf die gegebenen oder gegeben sein müssenden Bedingungen bzw. Grundsätze, damit Tugendhaftigkeit bzw. Wahrheit besteht, i.e. ein spekulatives Urteil.[244]

Bezüglich eines Sachverhalts kann daher durch die *conscientia* in Hinsicht auf dessen Bestandteile verschieden geurteilt werden, so dass sich das Urteil als praktisch wahr erweist, jedoch spekulativ falsch ist.[245] Das für Suárez einschlägige Beispiel ist die

---

[242]   Vgl. ebd. n. 4. S. 440$^{28\text{-}34}$.

[243]   Vgl. ebd. disp. XII. sect. II. n. 7. S. 441$^{36\text{-}42}$.

[244]   Vgl. disp. XII. sec. I n. 6. S. 438$^{28\text{-}38}$.

[245]   Vgl. disp. XII. sect. II n. 5. S. 441$^{4\text{-}16}$.

Geschichte Jakobs.[246] Jakob glaubte nämlich, nachdem er seine sieben Jahre um Rahel diente, von Lea, die er aufgrund einer Täuschung von Laban für Rahel hielt, etwas einfordern zu können.[247] Weil er diese für Rahel hielt, entsprach das Urteil, dass er von Lea den Vollzug der Ehe aufgrund des Versprechens des Vaters einfordern kann, der Wahrheit — weshalb er zu handeln hatte, wie jemand, dem es zusteht, dass er ein Versprechen einfordert. Weil folglich für Jakob das Urteil, dass er ein Versprechen einfordert, nicht schändlich sein kann und er deshalb handelt, um das selbige einzufordern, ist das Urteil aufgrund der Übereinstimmung des Grundes zu Handeln mit dem Grund, weshalb es anzustreben ist, praktisch wahr. Weil Lea jedoch frei von jeder Täuschung nicht Rahel war, bezieht sich der Anspruch Jakobs auf einen Menschen, von dem er kein Versprechen zur Ehe einfordern kann. Folglich stimmt der Mensch, an den der legitime Anspruch besteht, nicht mit dem von Jakob tatsächlich beanspruchten Menschen überein, d.h. Jakob erhebt aufgrund der täuschenden Bedingungen einen spekulativ falschen Anspruch.

Aus dieser Einteilung von Urteilen, die der *voluntas* zur Wahl durch die *conscientia* vorgelegt werden können, ergeben sich verschiedene Kombinationsmöglichkeiten zwischen spekulativen und praktischen Urteilen. Dies gilt sowohl hinsichtlich feststehender Wahrheitswerte, wie auch bloß probabler Aussagen. Wird folglich durch das spekulative Urteil bestimmt, ob zum einen die Bedingungen gegeben sind, damit ein bestimmter Grund für die Durchführung einer Handlung gegeben ist, bzw. zum anderen, dass die Wahrheit einer Aussage anzuerkennen ist, so folgt aus der Wahrheit oder Falschheit dieses spekulativen Urteils mit Notwendigkeit das Vorliegen eines bestimmten Grundes zu handeln bzw. dass die Wahrheit einer Aussage anerkannt werden muss. Sofern durch diese nämlich vollständige Erkenntnis über die Bedingungen des Grundes und der Wahrheit besteht, kann diesbezüglich kein Irrtum vorliegen. Folglich könnte durch solche Erkenntnis kein praktisches Urteil durch die *conscientia* gebildet werden, welches dem spekulativen Urteil widerspricht. Dies wäre ein solches, welches aussagt, dass der Grund des eigenen Handelns nicht mit dem Grund, etwas Bestimmtes anzustreben, übereinstimmt bzw. die Wahrheit einer Aussage nicht anzuerkennen ist. Denn wie aus der Ableitung aus ersten unbedingt wahren Prinzipien wäre unmittelbar einsehbar, dass zu handeln ist bzw. dass die Wahrheit einer Aussage besteht. D.h. der Mensch wäre durch seine Erkenntnis zum Handeln bzw. zur Anerkennung der Wahr-

---

246   Vgl. disp. XII sect. II. n. 5. S. 411[22-35].
247   Gen 29 15-30.

heit verpflichtet.[248] Weil diese umfassende Erkenntnis einer solchen Art von Bedingungen jedoch für ein endliches Wesen wie den Menschen nicht gegeben ist, kann auch nur bedingt davon ausgegangen werden, dass dem spekulativen Urteil der *conscientia* eine solche Erkenntnis zugrunde liegt.

Doch auch in Unkenntnis eines spekulativen Urteils der *conscientia* kann ein unbedingt wahres praktisches Urteil vorliegen, wenn dieses wahrhaft die Übereinstimmung des Grundes des eigenen Handelns mit dem Grund etwas anzustreben aussagt. Ist der Grund des eigenen Handelns nämlich eine bestimmte Eigenschaft des Menschen, wie es die Tapferkeit ist, so ist die Vollendung eines Ziels einer Handlung selbst dann als tapfer zu bestimmen, wenn man nicht weiß, ob dieses tatsächlich tapfer ist. D.h., das praktische Urteil ist hinsichtlich der Eigenschaft des Handelnden formuliert. Weil die Unkenntnis der Bedingungen für das tatsächliche Vorliegen des Grundes, das Ziel der Handlung anzustreben, nicht die Voraussetzung dafür ist, dass das praktische Urteil der Wahrheit entspricht, besteht die Möglichkeit der Übereinstimmung beider Gründe. Nichtsdestotrotz ist damit kein Überprüfungskriterium angegeben, durch welches die Übereinstimmung erwiesen wird. Eine Übereinstimmung wäre also nur zufällig bestimmt.

Ist das spekulative Urteil der *conscientia* nur probabel, besteht keine vollständige Erkenntnis über das tatsächliche Vorliegen der Bedingungen für das Vorliegen von Gründen zu handeln bzw. von der Wahrheit einer Aussage. Sie sind daher nicht wie unbedingt wahre Aussagen zu behandeln. Sondern, geht man auf Suárez Hinweis diesbezüglich ein,: „[...] in solo simplici termino, seu extremitate syllogismi, ex quo conficitur certum alioquod principium practicum in hunc, vel similem modum."[249]

Dient das probable Urteil wie ein Glied eines Syllogismus, welches zum Prinzip zum Handeln hinführt, ist aber die Wahrheit dieses Gliedes nicht vollständig bewiesen, so ist die Wahl dieses Prinzips nicht durch die unbedingte Wahrheit des Urteils begründet. Denn dem einzelnen Menschen ermangelt es bei der Überprüfung der die propositionalen Identität begründenden stützenden Theorie der probablen Aussage, sowohl an fachlichem Wissen als auch an Zeit, um die Wahrheit oder Falschheit der Aussagen zu

---

[248] Vgl. Siciliano, Ernest A. : *"Conscience", the Jesuits, and the Quijote*. In: Martinus Nijhoff: Aquila. Chestnut Hill Studies in Modern Languages and Literatures. Volume II. S. 288³²-289²⁸.

[249] Vgl. Franscisco Suárez: De bonitate et malitia homanorum actuum. disp. XII sec II n. 7 ⁴⁻⁷. [... allein in einem einzigen Term, oder äußeren Ende des Syllogismus, aus dem man sicher irgendein praktisches Prinzip in dieser oder ähnlicher Weise erschließt.]

erkennen. So ist das Urteil des Arztes, das sein Patient für probabel hält, durch Wissen um medizinische Theorien gestützt. Sie zu überprüfen verlangt selbst medizinisches Wissen und Zeit. Ist dem Patienten beides nicht gegeben, wird daher ein anderer Grund vorliegen müssen, der Aussage des Arztes zu folgen.

8 Rhetorische Begründung der Überzeugungskraft probabler Aussagen

Sofern die Befolgung einer Aussage nicht durch logische Mittel begründbar ist und bei der Begründung der Wahl der *voluntas* nicht bei den Vorlieben und Gemütsbewegungen des Wählenden Zuflucht zu nehmen ist — dies würde nämlich die zur Wahl stehenden Aussagen aus dem Fokus der Untersuchung nehmen — ist sich dem aristotelischen Gegenstück zur Logik zuzuwenden, also der Rhetorik.[250] Sofern sich die Rhetorik mit dem beschäftigt, was überzeugend (πιθανόν) an Aussagen ist,[251] ist sie auch auf die Aussagen anwendbar, deren Wahrheitswert nicht unmittelbar eingesehen und die deshalb über einen anderen Grund über deren Befolgung verfügen müssen.[252] Das schließt nicht aus, dass sie nicht auch auf die durch rein logische Mittel bewiesenen Aussagen anwendbar ist.

Wenn die bewiesene Wahrheit einer Aussage das deren Befolgung bzw. Anerkennung Überzeugende ist, dann sind die Aussagen der Logik ebenfalls Gegenstand der Rhetorik. Somit ergibt sich, dass in der Logik wie der Rhetorik das Überzeugende die Bestimmung einer Aussage ist, die deren Befolgung oder Anerkennung für den sich mit ihr Auseinandersetzenden begründet. Weil der Gegenstand der Rhetorik nicht die Wahrheit allein ist, sondern die Bestimmungen der durch sie behandelten Überzeugung vielfach sind, ist zu untersuchen, inwiefern die Rhetorik auf probable Aussagen im Allgemeinen anzuwenden ist. Denn dass probable Aussagen durch sie erfasst sind, muss erst noch bewiesen werden.

8. 1 Was überzeugt an probalen Aussagen?

Die probable Aussage ist auf latente Weise durch bestimmte Prämissen und Beweisführungen gestützt. Dieses ist das Fundament, das die Aussage der Wahrheit gemäß erscheinen lässt. Man kann es als Theorie bezeichnen. Diesbezüglich ist nach der Möglichkeit der Überzeugbarkeit solcher Aussagen zu fragen. Ratsam ist daher, sich den Ansichten eines Orators wie Cicero zuzuwenden, der durch probable Aussagen zu

---

[250] Vgl. Aristoteles: Rhet. A, Kapitel 1, 1354a 1.
[251] Vgl. ebd. 1355b 8-18.
[252] Vgl. ebd. Kapitel 2, 1357a 2-5.

überzeugen versucht. Denn daraus geht eine weitreichende Begründung hervor, die direkt an die Praxis im Umgang mit den Gründen von Überzeugungen anschließt.

Unter Berücksichtigung von Ciceros Ausführungen zu probablen Aussagen ist darauf hinzuweisen, dass solche probablen Aussagen selbst nur Ähnlichkeit mit den jeweiligen Wahrheitswerten aufweisen. Denn sie sind nicht der Grund der Überzeugung. Wie Ciceros Beispiele zeigen, ergibt sich die Überzeugung zum einen aus der Kenntnis der allgemeinen und partikularen Bestimmung der Begriffe, die in einer Aussage ausgesagt werden. Gilt e.g. die Aussage „Si mater est, diligit filium; [...]"[253] als probabel, so geht aus dem Begriff der Mutter im Allgemeinen hervor, dass diese einen Sohn oder eine Tochter hat bzw. hatte. Weil verschiedene Mütter aufgrund ihrer akzidentiellen Eigenschaften ihrer Art nach verschieden sind, können einzelne Mütter ihre Söhne sowohl lieben als auch nicht-lieben.

Sind diese Begriffsbestimmungen aufgrund des tatsächlichen Auftretens solcher Mütter anerkannt, so kann diese Aussage, bezogen auf eine bestimmte Mutter und ihren Sohn durchaus für wahr gehalten werden, auch wenn es nicht der Wahrheit entspricht. Wie zu sehen ist, ist der Grund dafür, dass die Aussage als überzeugend wie wahr angesehen werden kann, nicht etwa die Wahrheit der Aussage, sondern die Kenntnis von der logischen Möglichkeit der Kombination der Begriffe des sie Beurteilenden. Dies in der Weise, dass dadurch nicht nur Widerspruchsfreiheit erkannt wird, sondern auch dass ein real möglicher Sachverhalt ausgesagt wird, von dem gewusst wird, dass er tatsächlich auftreten kann. Denn allein dann ist gerechtfertigt, dass durch die Aussage, wie Cicero meint, etwas „fere solet fieri"[254] ausgesagt ist. Ohne die Erkenntnis der realen Möglichkeit des ausgesagten Sachverhalts, ist durch die Aussage nämlich nur logische Möglichkeit erkennbar. Ob diese Begriffe tatsächlich auf etwas in der Welt referieren aber nicht. Z.B. wird der über die Wahrheit oder die Falschheit der Lügengeschichten von Lukians Ikaromenippus Urteilende, ohne die Erkenntnis, ob darin real Mögliches ausgesagt ist, nur feststellen können, dass Ikaromenippus' Aussagen widerspruchfrei sind. Dadurch ist der Wahrheitswert seiner Aussagen nicht bestimmt, weil aus der bloßen Widerspruchfreiheit nicht hervorgeht, ob das Ausgesagte tatsächlich so etwas wie Helioten und Seleniten bezeichnet.

---

[253]   Cicero: De inv. Lib. I. cap. XXIX n. 46. [Wenn sie eine Mutter ist, dann liebt sie den Sohn ; ...]

[254]   Ebd. [gewöhnlich zu geschehen pflegt]

Weil die Wahrheit einer Aussage allein dann gegeben ist, wenn die logische Möglichkeit der Kombination ihrer Begriffe gegeben ist, ist zu folgern, dass dies selbst Bestandteil von Wahrheit sein muss. Ohne diese könnten die in Relation zueinanderstehenden Begriffe auf nichts referieren. D.h. dass ohne die logische Möglichkeit der Kombination auch nicht von der realen Möglichkeit eines Sachverhaltes durch eine Aussage gewusst werden könnte. Ist dieser Bestandteil auch bei falschen Aussagen unabdingbar, so ist es eine Eigenschaft, die ihrer Gattung nach sowohl den falschen wie den wahren Aussagen zukommt. Kommt dies den wahren und falschen Aussagen zu, so drückt die Eigenschaft selbst Teilidentität mit der Wahrheit oder Falschheit der Aussage aus, weil diese jeweils ohne die Eigenschaft der logischen Möglichkeit der Kombinierbarkeit der Begriffe der Aussage nicht zukommen könnten. Weil die Erkenntnis dieser Eigenschaft an einer Aussage nicht die vollständige Wahrheit oder Falschheit der Aussage umfasst, kann sie diesen aufgrund der Teilidentität nur ähnlich sein — sofern man unter Ähnlichkeit diejenige Relation versteht, welche ein Teil als ein Teil eines bestimmten Ganzen zu diesem Ganzen aufweisen muss, um als dessen Teil bestimmt zu sein.

Damit eine solche Aussage überzeugt, ist also sowohl die Kenntnis der allgemeinen Bedeutung der Begriffe in der jeweiligen Sprache nötig, wie der tatsächlichen möglichen Gegebenheit des Ausgesagten bzw. der Bedingungen, unter denen es tatsächlich gegeben sein kann. Ohne diese Kenntnis bliebe das durch die Aussage Ausgesagte allein logisch möglich, ohne dass dadurch wissbar ist, dass es irgendetwas in der Welt gibt, das dem Ausgesagten entsprechen könnte. So bedarf es, um etwa Ciceros Beispiel als wahrheitsgemäß anzuerkennen, sowohl der Kenntnis der Bedeutung der Begriffe wie der Bedingungen, unter denen sie wahrheitsgemäß miteinander kombinierbar sind. Andernfalls wäre nicht zu verstehen, wieso z.B. die Aussage über eine beliebige akzidentielle Eigenschaft, wie es die Liebe der Mutter für ihren Sohn ist, wahr sein sollte, wenn eine solche Eigenschaft einer Mutter in dieser Welt niemals zukommen würde, d.h. wenn diese Prädikation für den Beurteilenden bloß logisch möglich wäre.

Zum anderen ergibt sich die Überzeugung durch eine relationale Bestimmung, welche die Wahrheit oder Falschheit einer probablen Aussage hinsichtlich anderer Meinungen anhand bestimmter Kriterien postuliert. Ciceros einschlägiges Beispiel ist: „[…] impiis apud inferos poenas esse praeparatas; [...]"[255]. Das Beispiel setzt die Anerkennung des Vorhandenseins der Unterwelt (inferos) und einer Art Strafe (poena) für die Gottlosen (impii) voraus. Beispielsweise die Ansicht des Sokrates in Platons Gorgias, dass die Seele in der Unterwelt durch Rhadamanthys, Aiakos und Minos zur Seligkeit oder Strafe gerichtet werden.[256] Dass sowohl die Unterwelt mit Gottlosen genauso wie Strafe in derselben vorhanden sind, ist aus den Begriffen für den Beurteilenden allein nicht erkennbar. Denn aus dem Begriff des *impius* geht nicht hervor, dass dieser notwendigerweise in der Unterwelt Strafen erhalten wird; aus dem Begriff des *inferus* nicht, dass dort notwendigerweise bestraft wird, noch dass dort Gottlose sind; und aus dem Begriff der *poena* nicht, dass diese notwendigerweise in der Unterwelt erfolgt, noch dass diese den Frevelhaften zukommen muss.

Zum Ersten bezeichnet das Wort *impius* entsprechend seiner etymologischen Bedeutung Unreinheit.[257] Sie bezieht sich vor allem auf die moralische Einstellung eines Menschen, welche seinen Entscheidungen zugrunde liegt.[258] Zum Zweiten bedeutet *inferus* das Unterirdische,[259] welches gleichsam wie ein Fundament ein letztes abschließendes Teil von etwas ist.[260] Zum Dritten bezieht sich *poena* auf die aufgrund der Missachtung eines Gesetzes ein Leid nachsichziehenden Strafe.[261] Weil weder der Begriff des *impius* die Begriffe des *inferus* und *poena* noch diese die jeweils anderen unter sich begreifen, ist eine mögliche Relation zwischen den Begriffen nicht wie bei dem Beispiel mit der Mutter und dem Sohn einsehbar und muss folglich andere Kriterien für die Anerkennung der Wahrheit oder Falschheit der Aussage voraussetzen.

Sofern die Aussage für wahr gehalten werden soll, bedarf es eines Kriteriums, das die Kombinierbarkeit der Begriffe in Bezug zur Wahrheit bestimmt. Weil sich die Aussage selbst auf einen Ort bezieht, der für den normalen Sterblichen erst nach seinem Ableben erreichbar ist, kann diese Bestimmung, wenn sie durch Erfahrung überprüft sein soll, nicht durch einen solchen Menschen für wahr erkannt worden noch erkennbar sein. Die Anerkennung der Wahrheit der Aussage ist somit durch die Glaubwürdigkeit der die Wahrheit Behauptenden bedingt. Ist dies der Fall, ist keine solche Bestimmung anerkennbar, wenn nicht das tatsächliche Vorliegen der Erfahrung des Menschen ge-

---

[255] [den Gottlosen sind in der Hölle Strafen bereitet; ...]
[256] Vgl. Platon : Gor. Kapitel 80-82, 524e-526d.
[257] Vgl. Doederlein, Ludwig: Handbuch der lateinischen Etymologie. S. 119. und. S. 139.
[258] Vgl. Doederlein, Ludwig: Handbuch der lateinischen Synonymik. S. 202f.
[259] Vgl. Doederlein, Ludwig: Handbuch der lateinischen Etymologie. S. 87.
[260] Vgl. Doederlein, Ludwig: Handbuch der lateinischen Synonymik. S. 109.
[261] Vgl. Ebd. S. 242.

geben ist, der die Wahrheit des Ausgesagten bestätigt und somit das zu einem bestimmten Zeitpunkt Vorliegen des durch die Aussage Ausgesagten. Denn bei solchen Aussagen ist durch die Erfahrung und Kenntnisse eines anderen das Vorliegen des Ausgesagten unabhängig von den eigenen Erfahrungen und Kenntnissen bestätigt.

Andernfalls ist mit Peter Abelard (1079-1142) darauf hinzuweisen, dass aufgrund des nicht Vorliegens des Ausgesagten allein die Bedeutung der verwendeten Wörter vorliegt, die bezogen auf die Aussage im Ganzen auf nichts verweist.[262] Wie nämlich das Wort „Rose" ohne das Vorhandensein eines Dinges, welches eine bestimmte Rose ist, nur in allgemeinster Weise das bedeuten würde, was dadurch ausgesagt werden kann, wären die in der Aussage vorkommen Begriffe nicht mehr als ihre allgemeinen Bedeutungen. Sie mögen zwar aufgrund ihrer Widerspruchsfreiheit referieren können, doch wenn sie nichts bezeichnen, ist niemals einsehbar, ob die Referenz mit einer bezeichneten Entität übereinstimmt. Worin jedoch die Erkenntnis von Wahrheit und Falschheit besteht.

Bezeichnen die Begriffe einer Aussage nichts tatsächlich Erfahr- und Erkennbares, sind sie nicht mehr als bloße Definitionen. Das durch sie Ausgesagte entzieht sich sodann einer metaphysischen Deutung, weil ihre Bestimmung allein universal ist, d.h. allein die Bestimmung von Begriffen ist.[263] Beurteilt man daher eine Aussage aufgrund der Erfahrung und Kenntnisse anderer, ist sie nur dann für wahr oder falsch haltbar, wenn der Beurteilende weiß, dass das Ausgesagte mehr als die Bedeutung der verwendeten Begriffe ist.

Letztlich verweist Cicero auf diejenigen probablen Aussagen, die eine bestimmte Ähnlichkeit (similitudo) zu den vorangegangenen Beispielen aufweisen. Dahingehend sind zwei Arten zu unterscheiden: die Ähnlichkeit „ex paribus" und „in iis rebus, quae sub eandem rationem cadunt, [...]"[264]. Um erstere für wahr halten zu können, ist nicht nur die Kenntnis der Begriffe und der realen Möglichkeit des Ausgesagten vorauszusetzen, sondern auch rhetorisch-grammatische Kenntnis, durch die erkennbar ist, dass durch die grammatischen Relationen der verwendeten Wörter die Aussage im Ganzen etwas Anderes aussagt als dasjenige, auf welches die Begriffe referieren.

---

[262] Vgl. Peter Abelard: *Logica Ingredientibus*. In: Martin Grabmann (Hg.): Beiträge zur Geschichte der Philosophie des Mittelalters. Texte und Untersuchungen. Band 21. S. $30^{1\text{-}5}$.

[263] Vgl King, Peter: *Metaphysics*. In: Jeffrey E. Brower (Ed.); Kevin Guilfoy (Ed.): The Cambridge Companion to Abelard. S. 106^{38}-108.

[264] Cicero: De inv. lib. I. cap. XLVI. [aus Gleichen], [in denjenigen Dingen, die unter denselben Grund fallen, …]

Ciceros Beispiel hierfür ist: „Nam ut locus sine portu navibus esse non potest tutus, sic animus sine fide stabilis amicis non potest esse."[265] Ausgesagt ist das Bestehen einer bestimmten Analogie — i.e. gemäß dem altgriechischen ἀναλογία eine Entsprechung — des durch *sic* eingeleiteten Hauptsatz mit dem durch *nam* eingeleiteten Kausalsatzes. Weil sich die Analogie allein auf die beiden Sätze der Aussage im Ganzen beziehen, kann sie sich nicht, wie auf den ersten Blick angenommen werden könnte, auf eine etwaige Synonymie der in den Sätzen vorkommenden Wörter beziehen. Grammatisch geschieht dies gewöhnlich durch einen einfachen Aussagesatz, indem man das Subjekt durch das Prädikat mit einem Objekt zu einer synonymen Einheit bestimmt. Weil man durch die rhetorische Figur der Analogie eine Relation zwischen verschiedenartigen Sätzen und deren Aussagen ausgesagt, ist die Aussage im Ganzen nur dann für wahr haltbar, wenn zum einen die Relation der durch die grammatikalische Verwendungsweise bestimmten im Satz vorkommenden Wörter erkannt ist. Zum anderen muss ersichtlich sein, was durch die einzelnen Aussagen ausgesagt ist.

Ist das Erstere nicht gegeben, so sind die beiden Sätze nur als Aussagen erkennbar, die nicht aufeinander bezogen sind. Wäre Zweiteres nicht gegeben, so ist zwar erkennbar, dass sich zwei Sätze hypotaktisch aufeinander beziehen, doch ist nicht verstehbar, was die grammatikalische Relation ausgesagt. Folglich ist die Anerkennung der Wahrheit einer solchen probablen Aussage sowohl durch die grammatikalisch-rhetorischen Kenntnisse als auch der Erkenntnis desjenigen bedingt, was durch die einzelnen Aussagen ausgesagt wird.

Um die zweite Art von probabler Aussage für wahr halten zu können, ist nicht nur die grammatikalische Kenntnis der in den Sätzen vorkommenden Wörter vorauszusetzen, sondern auch die Kenntnis des Anwendungsgebietes, auf das sich die Aussage bezieht und innerhalb dessen deren Gültigkeit erkennbar ist. Ciceros Beispiel dafür ist: „Nam si Rhodiis turpe non est portorium locare, ne Hermocreonti quidem turpe est conducere."[266] Unter der Zuhilfenahme der Digesten des Justinian ist das Beispiel als ein Fall der *locatio conductio* zu identifiziert. Das ist eine Verbindung, die durch die Übereinstimmung von Rechtsparteien bezüglich eines Preises (merces) von etwas Bestimmtem zustande kommt.[267] Dabei stellt der *locator* etwas Bestimmtes zur Verfü-

---

[265]   Ebd. lib. I. cap. XLVII. [Denn wie ein Ort ohne Hafen für Schiffe nicht sicher sein kann, so kann das Gemüt ohne Treue für Freunde nicht belastbar sein.]

[266]   Ebd. lib. I. cap. 47. [Denn wenn es den Rhodiern nicht schimpflich ist einen Hafenzoll zu erheben, ist es Hermokreon gewiss nicht schimpflich zu pachten.]

[267]   Vgl. Dig. 19.2.1, Paulus 34 ad ed.

gung,[268] welches auf der Grundlage des festgelegten Preises durch den *conductor* genutzt und mitgeführt werden kann.[269] Die beiden Aussagen des Satzes im Ganzen beziehen sich somit auf das mögliche Rechtsverhältnis der Verpachtung.

Das Hermokreon das gleiche Recht zusteht zu pachten, wie den Rhodiern zu verpachten bzw. das eine das andere bedingt, ist nur dann einsehbar, wenn die verwendeten Wörter entsprechend den Rechtstexten verstanden werden, durch welche diese ihre Bedeutung erhalten haben. Ohne die Kenntnis des Rechts wäre völlig unklar, was durch die Wörter „locare" und „conducere" in diesem Kontext ausgesagt werden soll, noch inwiefern sich diese aufeinander beziehen können. Ohne dass sie im rechtlichen Kontext definiert wären, würde „locare" allein soviel bedeuten wie „setzen", „stellen" oder „legen" und „conducere" soviel wie „zusammenziehen" „verbinden" oder „versammeln". Fehlt die Kenntnis des rechtlichen Kontexts, so ist unverständlich in welcher Weise die beiden Aussagen des Satzes so aufeinander zu beziehen sind, dass die Verbindung der beiden Aussagen für wahr haltbar ist. Insofern ist die Anerkennung der Wahrheit oder Falschheit solcher probablen Aussagen durch die genaue Kenntnis des die Bedeutung der Begriffe bedingenden Kontextes bedingt.

8. 2 Enthymematische Begründung

Die Überzeugung von der Wahrheit oder Falschheit einer probablen Aussage ist also durch die Kenntnisse des über die infrage stehenden Aussagen Urteilenden bedingt. Ist dies der Fall, wird durch die Verwendung einer probablen Aussage innerhalb eines Schlusses nicht allein die sie stützende Theorie vorausgesetzt, sondern mindestens alles zur Überzeugung der Wahrheit oder Falschheit einer Aussage Hinführende. Denn ohne diese Voraussetzungen bestünde kein Grund, weshalb man eine probable Aussage überhaupt innerhalb eines Schlusses wie eine wahre oder falsche Aussage verwenden sollte. Wenn man daher Suárez in seiner Behauptung folgt, dass durch die Verwendung probabler Aussagen innerhalb eines Syllogismus die Herleitung von praktischen Prinzipien möglich ist, so setzt der Syllogismus mehr Prämissen voraus, als bei dessen Bildung angeführt sind. Ein solcher Syllogismus[270] entspricht dem, was nach Aristoteles „Enthymem" genannt wird.[271] Denn der Beurteilende des Syllogismus

---

[268] Was der locator zur Verfügung stellt kann alles sein, wofür ein bestimmter Preis ausgehandelt werden kann, d.h. sowohl Sachen wie Dienstleistungen können darunter fallen. Vgl. e.g. Dig. 19.2.2.1, Gaius 2 rer. cott.; Dig. 19.2.5, Ulpianus 28 ad ed oder Dig. 19.2.61pr., Scaevola 7 Dig.

[269] Vgl. Dig. 19.2.15pr., Ulpianus 32 ad ed.

[270] Vgl. Aristoteles: Top. A, Kapitel 1, 100a25-27; 100a29-30

[271] Vgl. Aristoteles: Rhet. A, Kapitel 2, 1356b 1-4.

muss von selbst die fehlenden Prämissen durch seine Kenntnisse ergänzen, um von dessen Wahrheitswert überzeugt sein zu können.[272]

Freilich kann man an dieser Stelle einwenden, dass das Enthymem ein bloß rhetorischer Schluss ist und das Obige allein dafür gilt, um jemanden von etwas zu überzeugen. Wie Christof Rapp herausgearbeitet hat, ist dies nicht der Fall.[273] Denn das hieße, dass das Enthymem alleiniger Gegenstand der Rhetorik wäre. Dies stimmt nur insofern, als es gemäß demjenigen betrachtet wird, was dadurch ausgesagt und für wen dies ausgesagt wird.[274] Denn dann ist es allein in Hinsicht auf seinen Gebrauch, d.h. als Mittel, betrachtet und ist, je nachdem für welches Fachgebiet es gebraucht wird, seiner Art nach verschieden. So ist ein Enthymem in der Physik von einem in der Politik dadurch unterschieden, dass es allein innerhalb dieser Disziplinen überzeugend sein kann, während derselbe Schluss in einer anderen Disziplin unverständlich oder nichtüberzeugend ist. Denn dem Enthymem-Adressaten fehlt es an den nötigen fachspezifischen Kenntnissen.

Betrachtet man jedoch das Enthymem unabhängig von dem, wovon überzeugt werden soll, so bleibt es seiner Form nach ein Schluss, dessen Prämissen durch andere Aussagen bedingt sind, die sich entweder auf Allgemeines, Partikuläres oder Singuläres beziehen. Das ist aus der Analyse von Ciceros Beispielen zu sehen.

Je nachdem, ob diese Prämissen selbst die Konklusion anderer Schlüsse darstellen oder für deren Gültigkeit weitere Aussagen voraussetzen, ist mit Rapp die Art der Prämisse zu unterscheiden. Im ersten Fall handelt es sich um eine Sentenz. Diese sind Teil des Schlusses, stellen jedoch selbst Konklusionen dar. Diese lassen sich in zwei Arten einteilen, nämlich solche Sentenzen, die nur eine Konklusion darstellen und solche, denen ein begründender aber nicht beweisender Nachsatz folgt.[275] Beispiel für erstere Sentenz wäre „Du verwechselst den Himmel mit den Sternen, [...]",[276] und zusammen mit dem Satz „[...], die sich nachts auf der Oberfläche eines Teiches spiegeln",[277] ist die zweite Art von Sentenz gegeben. Der erste Satz gibt eine Konklusion in Form einer Feststellung an, die als Feststellung begründet sein muss, wenn sie

---

[272]   Vgl. Aristoteles: Rhet. A, Kapitel 2, 1357a 13-16.

[273]   Vgl. Rapp, Christof: Aristoteles Werke in deutscher Übersetzung. Begründet von Ernst Grumach. Herausgegeben von Hellmut Flashar. Band 4. Rhetorik. Erster Halbband. S. 228f.

[274]   Vgl. ebd. S. 229$^{4\text{-}20}$.

[275]   Vgl. ebd. S. 226$^{10\text{-}11}$.

[276]   Sapkowski, Andrzej; Simon Erik (Übrs.): Das Erbe der Elfen. S. 299^{12}.

[277]   Ebd. S. 299$^{12\text{-}13}$.

glaubhaft sein soll. Der zweite Satz gibt die Begründung der Feststellung an, da angegeben ist, weshalb eine Verwechslung besteht. Dass die Verwechslung besteht und die Begründung wahr ist, bleibt unbewiesen. Ein solcher Beweis erfordert nämlich weiterreichende Kenntnisse der Optik. Solche Aussagen stellen die zweite Art von Prämisse dar, die innerhalb des Schlusses auftreten können. Als Axiome oder für einen Beweis vorauszusetzende Aussagen bedingen sie die Wahrheit oder Falschheit der Sentenzen. Dadurch ist eine Deduktion überhaupt erst möglich. Somit kann durch die Verwendung probabler Aussagen auch eine Konklusion mit Notwendigkeit folgen und der Wahrheitswert der Aussage durch das Schlussverfahren formal wahr oder falsch sein. Denn diese gleichen den Sentenzen innerhalb eines Enthymems.

Wenn sich die *conscientia* durch probable Aussagen eines Enthymems bedient, um zu beurteilen, ob gemäß dem eigenen Wissen ein Grund zu handeln vorliegt, so ist, wenn die Konklusion ein Handlungsprinzip aussagen soll, danach zu fragen, wie dieses abzuleiten ist.

Versteht man unter Prinzipien unbedingt wahre Aussagen, die durch keine anderen Aussagen begründbar sind, besteht ein Widerspruch, ein Prinzip durch einen Schluss ableiten zu wollen. Dann wäre die Gültigkeit des Prinzips durch die Aussagen begründet, aus denen es abgeleitet worden ist. Diesbezüglich ist der Rhetorik- Kommentar[278] des Johannes von Jandun (ca. 1280-1328) zu beachten. Er weißt zu dieser Thematik darauf hin, dass Prinzipien allein dann nicht innerhalb eines Schlusses die Konklusion bilden, wenn der Schluss entsprechend Aristoteles' Analytica Priora beweisend ist.[279] Denn der beweisende Schluss ist ein alle notwendigen Prämissen Anführender, um die Wahrheit der Konklusion herzuleiten.[280]

Dies kann nur dann der Fall sein, wenn die Prämissen unbedingt wahr sind, weil dann ausgeschlossen ist, dass die Konklusion nicht aus den Prämissen folgt. Weil solche Aussagen selbst Prinzipien sind, muss daher gelten: „Principia etiam licet non

---

[278] Zu den Besonderheiten des dialektischen und politischen Verständnisses der Rhetorik innerhalb der Rhetorikkommentare bis Johannes von Jandun siehe: Worstbrock, Franz Josef: Die *Rhetorik* des Aristoteles im Spätmittelalter. Elemente ihrer Rezeption. In: Aristoteles Rhetorik-Tradition: Akten der 5. Tagung der Karl und Gertrud Abel-Stiftung vom 5.-6. Oktober 2001 in Tübingen. Philosophie der Antike, Band 18. S. 181-194.

[279] Vgl. Johannes von Jandun: Questiones in libros Rhetoricorum Aristotelis. Lib. I. q. 10. S. 30²⁶⁻²⁸. (Zitiert nach der Transkription der Questionen zur aristotelischen Rhetorik des Johannes von Jandun von Bernadette Preben-Hansen und Sten-Ebbesen: http://www.preben.nl/pdf/JandunRH.pdf)

[280] Vgl. Aristoteles: An. pr. 41b 6-31.

reducantur ad conclusiones que ex principiis probantur tamen illa eadem […]"[281] Wäre ein Prinzip die Konklusion eines beweisenden Schlusses, ist sie durch andere Prinzipien bedingt. D.h. sie ist kein Prinzip, weil sie nicht unbedingt wahr ist und daher unter anderen Bedingungen auch falsch sein kann.

Anders verhält es sich nach Johannes jedoch bei Prinzipien, die in der Konklusion schließender Schlüsse ausgesagt werden. Denn:"[…] sunt principia in una ratiocinatione possunt fieri conclusiones alterius ratiocinationis saltem conclusiones illate […]"[282] Auch wenn dies von ihm nicht weiter erläutert wird, so lässt es sich unter Zuhilfenahme der Analytica Priora erklären. Die Überlegung, welche Prämissen zum Beweis einer Aussage benötigt werden, sind wie ein Schluss aufzufassen, der aus der vollständigen Analyse der verwendeten Begriffe und deren Relationen hervorgeht. Denn daraus können Aussagen gebildet werden, die sich in wahrer Weise auf eine Aussage beziehen.[283] Analysiert man die Begriffe und Relationen einer Aussage, so schließt man aufgrund der Begriffe auf das durch sie Aussagbare und aufgrund der Relationen auf die Begriffe, die man für den Schuss vorauszusetzen hat. Ähnlich wie bei der Induktion schließt man dabei auf allgemeine Aussagen. Doch können diese bei der Analyse allein universal sein, weil man sie inhaltlich allein aus den formalen Eigenschaften der Bestandteile der Aussage abgeleitet und nicht aus den Annahmen über die singulären und universalen Umstände, welche die Wahrheit der Aussage für den Einzelfall begründen. Denn die formalen Eigenschaften gelten für alle Begriffe und Relationen, weil sie ohne sie nicht inhaltlich bestimmt sind. Z.B. muss zum einen ein Begriff sowohl mit sich selbst identisch sein als auch widerspruchsfrei sein, damit durch ihn etwas Bestimmtes ausgesagbar ist. Zum anderen muss eine Relation einen bestimmenden Grund haben, i.e. was die Relata zueinander bestimmt. Ist durch diese in elementarer Weise bestimmt, was diejenigen Eigenschaften sind, die den Begriffen und Relationen essentieller Weise zukommen müssen, um ein Begriff oder eine Relation einer bestimmten Art sein zu können, ist kein Begriff noch eine Relation ohne diese Eigenschaft möglich. Hieraus ist zu sehen, wenn man durch die essentiellen Eigenschaften erkennt, was und ob etwas durch einen Begriff und deren Relationen ausgesagt wird, man durch das Verfahren der Analyse auf Prinzipien schließen kann.

---

[281]   Johannes von Jandun: Questiones in libros Rhetoricorum Aristotelis. Lib.I. q. 10. S. 30[29-30]. [Prinzipien kann man nicht auf Konklusionen zurückführen und jene aus Prinzipien auf demselben Weg beweisen …]

[282]   Ebd. S. 30[30-31]. [es gibt Prinzipien in einer Schlussfolge, sie können Konklusionen einer anderen Schlussfolge werden, nachdem mindestens die Konklusion gefolgert worden ist…]

[283]   Vgl. Aristoteles: An. pr. 43b1-38.

Man beweist sie dadurch nicht, sondern kann sie bloß erkennen. Denn wenn eine Aussage nicht ohne Prinzipien bewiesen werden kann, dann stehen die Prinzipien in einer bestimmten Relation zu den Begriffen der Aussage. Andernfalls würden die Prinzipien die Aussage nicht bedingen und könnten innerhalb eines beweisenden Schlusses keine Prämisse der analysierten Aussage sein.

8. 3 Keine Aussage ist gleichprobabel — singuläre Wahrheitswerte
Bildet die Konklusion des analytischen Schlusses die Erkenntnis eines Prinzips, das aus der Analyse einer bestimmten Aussage hervorgeht, ist ersichtlich, inwiefern durch die Verwendung eines formal enthymematischen Schlusses ein Handlungsprinzip durch probable Aussagen abgeleitbar ist.

Ist eine Aussage probabel, folgt aus der Analyse ihrer Bestandteile und deren Relation Aussagen, die dazu notwendig sind, damit die Aussage für wahr haltbar ist. Der Analysierende kann nur dann alle Aussagen auffinden, wenn er sowohl das durch die Begriffe Ausgesagt erkennt, als auch welche Relationen diese aufweisen. Denn ohne diese Kenntnis ist aufgrund der formalen Eigenschaften nichts Inhaltliches aus den Begriffen und Relationen ableitbar. Ist die Analyse durch die Kenntnisse des Analysierenden bedingt, so folgt die Kontingenz des Auffindens der Aussagen selbst. Ist durch fehlende Kenntnisse nicht vollständig erkennbar, was durch einen Begriff der Möglichkeit nach ausgesagt ist oder in welchen Relationen er zu anderen Begriffen und Aussagen stehen kann, kann die Analyse nur so weit fortschreiten, wie es die Kenntnisse des Analysierenden zulassen.

Bestehen die bestimmten Kenntnisse des Analysierenden kontingenterweise, so ist zweierlei ersichtlich. Zum einen können aus der Analyse ein und derselben Aussage bei zwei Analysierenden unterschiedliche Aussagen abgeleitet werden. Zum anderen kann die Analyse einer Aussage durch ein und denselben Analysten zu unterschiedlichen Zeitpunkten zu unterschiedlichen Ableitungen führen. Beispielsweise werden zwei Analysten aus der Aussage „Die lex talionis ist gerecht." zur Begründung von deren Wahrheit Verschiedenes ableiten, wenn zum einen der Begriff der *lex talionis* wie ein biblischer und zum andere wie ein naturrechtlicher Begriff verstanden wird und noch ganz anders, wenn er in beiderlei Hinsicht verstanden wird. Weiterhin heißt dies, dass nicht notwendigerweise alle Aussagen abgeleitet werden, die eine bestimmte Aussage begründen — was nicht heißt, dass dadurch nicht einige Prinzipien erkennbar sind. Denn werden dafür probable Aussagen verwendet, deren Wahrheit allein aufgrund der eigenen Kenntnisse angenommen ist, so ist sie in der Analyse zwar so verwendet, als ob sie wahr wäre, doch ohne im vollen Umfang erkannt zu haben, worauf die darin vorkommenden Begriffe verweisen und welche Relationen diesbezüglich bestehen. D.h. die Verwendung der probablen Aussage ermöglicht nur eine eingeschränkte Weiterführung der Analyse einer Aussage.

Soll man ein Handlungsprinzip erkennen, das aussagt, dass zu handeln sei, weil der Grund, etwas Bestimmtes anzustreben, entsprechend den eigenen Gründen zu handeln gegeben ist, folgt, dass zum einen auch das Auffinden dieses Handlungsprinzips nur in eingeschränkter Weise geschehen kann. Zum anderen ist durch die Zunahme der Kenntnisse desjenigen, der das Vorliegen des Handlungsprinzip bzw. -prinzipien erkennen möchte, die Analyse weniger eingeschränkt.

Die Auffindung eines Handlungsprinzips muss also bereits die Kenntnis der eigenen Gründe zu Handeln voraussetzen, sofern unter dem Grund die einen Handelnden zum Handlungsvollzug bestimmende Bestimmung zu verstehen ist. Ist der Handelnde gemäß seinen Eigenschaften selbst ein Relatum, das aufgrund einer bestimmten Aussage über eine Handlung handeln soll, muss ihm der Grund bekannt sein, der ihn in Beziehung zur Aussage über die Hervorbringung und Vollendung einer Handlung bestimmt. Andernfalls würde er durch eine Analyse nur erkennen, dass eine Aussage ein bestimmtes Handlungsprinzip voraussetzt, jedoch nicht, dass dieses ihn auch zum Handeln verpflichtet. So kann der sich selbst als tugendhaft Bestimmende nur durch ein solches Handlungsprinzip zur Vollendung einer Handlung verpflichtet sein, das ihn als Tugendhaften einbezieht. Denn wenn er sich nicht nach diesem Prinzip richtet, kann er auch nicht tugendhaft sein, weil er keine tugendhafte Handlung hervorbringt.

Weil dies wiederum durch die Kenntnis der Bedeutung der Begriffe und deren Relationen bedingt ist, heißt dies nicht, dass durch die Analyse einer Aussage, welche die Tugendhaftigkeit einer Handlung aussagt, man die Relationen so erkennt, dass daraus ein verpflichtendes Prinzip erkennbar ist. So mag z.B. eine Aussage eine gerechte Handlung aussagen. Weiß der Analysierende nicht, dass Gerechtigkeit eine Tugend ist, so wird er zwar erkennen können, dass nur derjenige gerecht ist, der eine solche Handlung vollzieht, doch nicht, dass dies für den Tugendhaften ebenfalls gilt, weil Gerechtigkeit eine bestimmte Art von Tugend ist. Folglich würde er ein Handlungsprinzip erkennen können, das verpflichtend ist, aber aufgrund seiner Unkenntnis wie ein für ihn nicht Verpflichtendes angesehen wird.

Gleiches gilt, wenn die so gebildete Konklusion im enthymematischen Schluss allein durch probable Aussagen bedingt ist. Denn wird aufgrund einer probablen Aussage die Bedeutung eines Begriffes oder bestimmte Relationen ausgeschlossen, welche dieser zu anderen aber tatsächlich aufweist bzw. werden aufgrund dessen den Begriffen Bedeutungen und Relationen zugeschrieben, welche sie nicht haben, so wird entweder kein verpflichtendes Prinzip erkannt oder aber eine Aussage, die für den Analysierenden als verpflichtend gilt, obwohl sie es nicht ist. Nur dann ist also ein verpflichtendes Handlungsprinzip durch einen entyhmematischen Schluss erkennbar, wenn die Begriffe der analysierten Aussage in direktem Bezug zu denjenigen Aussagen stehen, welche auf die Eigenschaften des Analysierenden referieren und diese von ihm gewusst werden.

Hieraus ergibt sich folglich, dass das Handlungsprinzip mit Notwendigkeit aufgrund des Schlussverfahrens folgt, wenn die Kenntnisse des Analytikers das Ganze gewusster spekulativer Aussagen darstellt, derer sich die *conscientia* in ihrem Urteil über das vorliegen eines verpfichtenden Grundes bedient, und das praktische Urteil der *conscientia* die Erkenntnis des Vorliegens eines ihn verpflichtenden Handlungsprinzips ist. Dass dieses Handlungsprinzip allgemeingültig ist, ist aufgrund der Bedingtheit durch die Kenntnisse des Individuums während der Analyse nicht beweisbar. Vielmehr ist es daher nur in Hinsicht der Kenntnisse des Individuums während der Analyse gültig. Ein praktisches Urteil kann daher falsch sein, während das spekulative Urteil wahr ist. Denn wenn auch die *conscientia* durch ein spekulatives Urteil bestätigt, dass ein Grund zum Handeln vorliegt, so kann die Analyse, die zur Erkenntnis des Handlungsprinzips führen soll, doch eine falsche Aussage als verpflichtend darstellen. Denn die Analyse war durch die Kenntnisse des Individuums selbst fehlerhaft.

Ist dies der Fall, so sieht man, dass es für ein Individuum bei der Beurteilung, ob probablen Aussagen zu folgen ist bzw. sie als wahr anzuerkennen sind, keine gleichprobablen Aussagen geben kann. Denn auch wenn sie dasselbe aussagen, dann sind sie doch durch unterschiedliche Theorien bzw. Kenntnisse begründet.

Wenn die Analyse aufgrund derselben Kenntnisse den Grund dafür erkennen lässt, weshalb eine Aussage bloß probabel ist, dann muss dieser bei jeder Aussage verschieden sein. Denn die in ihr vorkommenden Begriffe und Relationen sind verschieden, die in Bezug zu den Kenntnissen des Analysierenden analysiert sind.

Wenn Probabilität ein Wahrheitswert ist, ist er somit für jede Aussage singulär und nicht etwa universal. Universal wäre er nur, wenn er entweder unbedingt gültig ist oder aus einem beweisenden Schluss hervorgeht. Ist die Probabilität zweier Aussagen, die dasselbe aussagen, singulär, so können sie nicht gleichprobabel sein, weil dies bedeuten würde, dass sie gemäß ihrer Probabilität identisch wären. Können sie bezüglich ihrer Probabilität nicht identisch sein, so können sie auch nicht gleich probabel sein.

Hieraus ist zu fragen, inwiefern man probablen Aussagen folgen kann, wenn alles, was aus deren Analyse erkennbar ist, im Verhältnis zu wahren Aussagen keine universale Gültigkeit beansprucht. Es ist also die Frage zu stellen, was dem Urteil einer *conscientia* die Sicherheit gibt, dass das Urteil auch gut bzw. wahr ist. Erst durch die Erkenntnis dieses Grundes versteht man, weshalb man an der Wahrheit und Gutheit eines solchen probablen Urteils nicht vernünftig zweifeln kann.

9 Intrinsische und Extrinsische Probabilität und das Kriterium der Non-Certitudo

Interessanter Weise gibt der in der Literatur als der „Prinz des Laxismus" verschrieene Zisterzienser Juan Caramuel y Lobkowitz (1606-1682) umfangreiche Anhaltspunkte und Überlegungen bezüglich des Grundes, welcher der *conscientia* die infrage stehende Sicherheit gibt. Dies in einer Art und Weise, die kaum einem Laxismus gerecht werden könnte. Laxismus lässt sich nämlich in zweierlei Hinsicht bestimmen. Zum Ersten als die Ansicht, dass dem Menschen aufgrund seiner epistemischen Beschränktheit niemals Sicherheit in seinen Aussagen gegeben sein kann und daher nur für ein vollkommenes Wesen erkennbar ist, wann eine Aussage wahr oder gut ist. Zum Zweiten als die Ansicht, dass jeder beliebige Grund, der gegen eine verpflichtende oder wahre Aussage hervorbringbar ist, ausreicht, um der Aussage die Verpflichtung oder Wahrheit abzusprechen.[284] Beide Hinsichten sind nicht mit Caramuels Spätwerk — dem *Apologema* und der *Dialexis de Non-Certitudine* — vereinbar. Daher ist die Meinung, die Julia Fleming in ihrer Untersuchung über das Werk Caramuels vertritt, nachvollziehbar, dass zu viele Autoren die Textstellen, welche sie bearbeiten, nicht im Ganzen lesen und daher in seinem Text finden, was seinem Ruf in der Sekundärliteratur entspricht.[285]

---

[284]   Vgl. Leimbach, Karl Alexander: Untersuchung über die verschiedenen Moralsysteme. S. 58.
[285]   Vgl. Fleming, A. Julia: Defending Probabilism. The Moral Theology of Juan Caramuel. S. 45f.

9. 1 Sicherheit probabler Aussagen

Nachdem Caramuel sich im ersten Teil seiner *Apologema* gegen die von Cornelius Jansen (1585-1638) aufgestellten und durch Prospero Fagnani (ca.1598-1678) verteidigte Lehre über die Möglichkeit der Befolgung göttlicher Gebote ausgesprochen hat, wendet er sich einer genaueren Erörterung der Bedeutung des Probabilitätsbegriffes zu. Er führt sie anhand verschiedener Theoremata aus. Weil die *Apologema* gegen den Jansenismus gerichtet ist, ist zu erwähnen, dass sich Caramuel vor allem gegen Jansenius' Ansicht richtet, dass der Mensch die göttlichen Gebote befolgen will, dies jedoch oftmals nicht kann.[286] Daher fasst Caramuel den Ausgangspunkt der jansenistischen Lehre unter dem Grundsatz zusammen: „Deus impossibilia iubet"[287]. Gegen diesen Grundsatz zu argumentieren bildet den Fixpunkt seiner Gedankengänge.

Hinsichtlich der Frage um die Sicherheit der *conscientia* bei probablen Aussagen erweist sich das IX. Theorema als betrachtenswert, weil in diesem die Probabilität von Aussagen gemäß ihrer internen bzw. externen Bedingtheit untersucht wird. Dies zu dem Zweck, dass der formale Grund ersichtlich werden soll, der angibt, dass eine Aussage mit Sicherheit probabel ist. Dass die Erkenntnis dieses Grundes unabdingbar ist, zeigt sich darin, dass noch völlig unbekannt ist, welcher Grundsatz die Probabilität einer Aussage gewährleistet. Denn selbst wenn die *conscientia* eines Individuums eine probable Aussage hervorbringt, bleibt ohne formalen Grund der Probabilität einer Aussage nicht ersichtlich, was sie als probabel bestimmt. Selbst unter Einbezug aller Kenntnisse des Individuums ist dann immer bezweifelbar, ob die Aussage probabel ist. Wie der Satz vom Widerspruch und vom ausgeschlossenen Dritten die Wahrheit einer Aussage durch die sichere Falschheit des Gegenteils gewährleisten, so muss auch die Probabilität einer Aussage durch einen Grundsatz gewährleistet werden. Denn dass die Grundsätze, welche die Wahrheit von Aussagen sichern, für die Probabilität einer Aussage nicht zureichen, ist zum einen aus der Singularität des Wahrheitswertes einer probablen Aussage ersichtlich und zum anderen aus der damit einhergehenden Unabhängigkeit von anderen probablen Aussagen. Ist der Wahrheitswert einer probablen Aussage aufgrund der Bedingtheit durch die Kenntnisse eines Individuums im Ganzen als singulär zu betrachten, drücken die Aussage und die darin vorkommenden Begriffe

---

[286]   Vgl. Jansen, Cornelius : Augustinus seu doctrina S. Augustini de Humanae naturae sanitate, aegritudine, medicinâ adversus Pelagianos & Massilienses. Tomus III. lib. III. cap. XIII col. 324-337.

[287]   Vgl. Lobkowitz, Johannes Caramuel y: Apologema pro antiquissima, et universalissima doctrina de probabilitate. Contra novam, singularem, improbabilemque D. Prospero Fagnani Opinationem.: epist. I. n. 13. S. 7. [Gott befiehlt Unmögliches.]

selbst keine Relation zu anderen Aussagen oder Begriffen außerhalb der Kenntnisse des sie bildenden Individuums aus. D.h., eine solche Aussage drückt bloße Identität hinsichtlich der Kenntnisse des Individuums aus. Expliziert eine solche Aussage daher was in den Kenntnissen bereits enthalten ist, kann durch die notwendige Übereinstimmung des Ausgesagten mit den Kenntnissen des Individuums nichts anderes den Wahrheitswert bestätigen als die Identität selbst. Insofern ist der Wahrheitswert einer probablen Aussage eines Individuums auch nicht durch andere, vielleicht gegensätzliche probable Aussagen anderer Individuen bedingt. Denn diese explizieren nur die Übereinstimmung des Ausgesagten mit den Kenntnissen der Individuen. Aus dieser Vorbetrachtung folgt daher, dass der Wahrheitswert einer jeden probablen Aussage hinsichtlich derer, die sie hervorbringen, als gleichwertig betrachtet werden muss. Selbst dann, wenn die Übereinstimmung der einzelnen Aussagen mit demjenigen, worauf sie referieren, unterschiedlich ist.[288]

In dem erwähnten IX. Theorema untersucht Caramuel zunächst, welches der formale Grund für die Probabilität von Aussagen ist, die sich auf externe Quellen stützen. Solche Aussagen sind beispielsweise durch anerkannte Autoritäten als probabel anzusehen. Dazu definiert er: „Opinio probabilis ab extrinseco dicitur, qua habes sufficientem authoritatem: & probabilior qua maiorem habet authoritatem.“[289] Dies erweckt zunächst den Anschein, dass die Probabilität einer Aussage durch die Autorität der sie Vertretenden sichergestellt wird. Daraus ergibt sich die Frage, wie der Begriff der Autorität zu bestimmen sei und wie bzw. ob durch diesen die Sicherheit der Probabilität einer Aussage gewährleistet ist.

Definiert man ihn zunächst als quantitativen Maßstab, der sich aus der Anzahl anerkannter Gelehrter zu einem bestimmten Fachgebiet ergibt, so ist zwar verstehbar, weshalb eine Aussage von anderen für probabel gehalten wird, aber nicht, was den Wahrheitswert der Aussage als probabel bestimmt. Caramuel verdeutlicht dies durch den Hinweis, dass eine bloße Anzahl von Namen eine Meinung nicht probabel macht. So ist es z.B. ausgeschlossen, dass eine Meinung, die ganz sicher falsch oder wahr ist,

---

[288]   Vgl. Lobkowitz: Caramuel y: Dialexis de Non-Certitudine. n. 233 S. 102$^{42\text{-}44}$.

[289]   Vgl. Lobkowitz: Caramuel y: Apologema. Epist. II. n. 89. S. 39f. [Man nennt eine Meinung von außen her probabel, wo du ausreichend Authorität hast: und probabler wo sie mehr Autorität hat.]

allein durch die Anzahl gegensätzlicher Meinungen von anerkannten Gelehrten proba-bel wird.[290]

Ist bewiesen, dass der Wahrheitswert einer Aussage entweder wahr oder falsch ist, so ist dieser mit Notwendigkeit bestimmt. Denn ein Beweis bestimmt den Wahrheitswert einer Aussage in unabänderlicher Weise durch die Anwendung logischer Schlussver-fahren. Somit ist ein solcher Wahrheitswert gewiss wahr oder falsch. Wie aus Cara-muels Beispiel hervorgeht, ist dies nicht die einzige Art und Weise, wie man Gewiss-heit erlangen kann. Denn in theologischer Hinsicht ist die göttliche Offenbarung die unmittelbarste Einsicht in die Wahrheit oder Falschheit einer Aussage.[291] Diese gilt folglich selbst dann, wenn das durch sie Erkannte von niemandem für probabel gehal-ten bzw. die Probabilität ausgeschlossen wurde. Folglich schließt Gewissheit Probabi-lität aus. Des Weiteren scheint durch eine rein quantitative Bestimmung des Begriffs „Autorität" nicht erkennbar, worin die Probabilität einer Aussage begründet ist.

Ähnlich verhält es sich nach Caramuel auch die Begründung mit einer qualitativen Bestimmung des Begriffes. Zeichnet sich die Autorität eines Gelehrten durch seine Gelehrtheit aus, so ist die Größe der Autorität verschiedener Gelehrter schwierig zu entscheiden, wenn diese einander widersprechen.[292] Wenn die Ausprägung der Ge-lehrtheit eines Menschen als Eigenschaft jeweils singulär und somit von Mensch zu Mensch verschieden ist, dann kann auch ein Mensch gelehrter sein als viele Menschen zusammen. Um dies genau beurteilen zu können, scheint man wiederum eines quanti-tativen Maßstabes zu bedürfen, der eine Qualität quantitativ bestimmbar macht. Das widerspräche der singulären Bestimmtheit der Gelehrtheit eines Menschen. Denn die Gelehrtheit als Ganzes lässt sich als die Einheit von Erkenntnissen definieren, die das Wissen eines Menschen zu einem bestimmten Zeitpunkt darstellt. Sofern sie eine Ein-heit ist, kann sie nicht relational bestimmt werden. Jeder Versuch, eine solche Einheit zu zergliedern würde die Vernichtung der Identität der Gelehrtheit eines Menschen nach sich ziehen. Wenn durch die Quantifizierung aus der Einheit eine Vielheit von Bestimmungen von Gelehrtheit wird, dann müssten diese unabhängig voneinander als Bestimmungen bestehen können. Andernfalls sind sie nicht unabhängig von der Ein-heit als separate Einheiten des quantitativen Maßstabs betrachtbar. Somit ergibt sich, dass durch Quantifizierung nichts über die Gelehrtheit eines Menschen erkennbar ist.

---

[290]   Vgl. Ebd. epist. II n. 89. S. 40.
[291]   Vgl. Ebd. n. 90. S. 40.
[292]   Vgl. Ebd. n. 98. S. 44$^{12\text{-}15}$.

Insofern ist verständlich, dass Caramuel auf das Fundament verweist, von welchem aus die als Autoritäten anerkannten Gelehrten argumentieren. Dieses besteht vor allem in dem, welches die intrinsische Probabilität einer Aussage begründet, nämlich die von ihm betitelte „ratio gravis". [293]

Intrinsisch ist sie deshalb zu nennen, weil sich die Probabilität einer Aussage durch die eigene und selbstständige Überprüfung einer Aussage mit Blick auf ihre *rationes graves* erkennen und verteidigen lässt. Nach Caramuel kann für den Einzelnen eine Aussage nur dann probabel sein, wenn er sie mit Hilfe all seiner Fähigkeiten und Kenntnisse überprüft hat. Daher setzt die Erkenntnis von Probabilität genügend Bildung und Fähigkeiten hinsichtlich des Themengebietes voraus, auf die sich die Aussage bezieht. Denn dadurch ist sie entsprechend denjenigen Gründen untersuch- und bewertbar, die zur Anerkennung der Probabilität vorauszusetzen sind.[294] Insofern sind die *rationes graves* die Grundsätze, von denen die Aussage selbst abgeleitet ist.

Erst dann, so Caramuel, gewinnt eine Aussage aus der intrinsischen Probabilität ihre extrinsische Probabilität. Denn der Prüfende ist dann in der Lage die probable Meinung „*sine confusionis formidine*"[295] gegen andere zu verteidigen und argumentativ zu stützen.[296] Der intrinsischen Probabilität kommt daher eine bestätigende Funktion in Hinsicht auf die extrinsische Probabilität zu. D.h., dass durch die Analyse einer probablen Aussage, die man nicht auf der Grundlage der eigenen Kenntnisse deduziert, erweist, dass Gründe vorhanden sind, welche die Probabilität dieser Aussage gewährleisten.

Eine solche Analyse müsste darin bestehen herauszuarbeiten, welche Kenntnisse der Mensch besessen hat, als er die Aussage formulierte — ein Verfahren, das aufgrund der Anzahl an gelehrten Meinungen und der epistemischen Beschränktheit des Menschen durch einen Menschen kaum im Ganzen realisiert werden kann.[297]

Aus diesen Ausführungen ist ersichtlich, worin die Autorität extrinsisch probabler Aussagen besteht, die ihre Probabilität gewährleistet. Sie ist in zweifacher Weise aufzufassen. Wenn eine Aussage in ihrer Probabilität erst durch die Erkenntnis der vorauszusetzenden Gründe bestätigt ist, um sie als solche anzuerkennen, liegt in densel-

---

[293]   Vgl. Ebd. n. 91. S. 40f. [gewichtiger Grund]
[294]   Vgl. S. 40$^{35\text{-}37}$- 41$^{1\text{-}2}$.
[295]   Ebd. n. 91. S. 41^{8}. [ohne verwirrende Angst]
[296]   Ebd. n.91. S. 41.
[297]   Vgl. Ebd. n. 98. S. 44.

ben auch die Autorität begründet. Versteht man Autorität vom lateinischen „auctoritas" her, so bedeute dies unter anderem die Gültigkeit einer Behauptung.[298]

Der Wahrheitswert einer Behauptung kann nur dann bewiesen definit sein, d.h. gültig, wenn sich die Aussage ohne Widerspruch aus den sie vorausgesetzten Grundsätzen herleiten lässt. So kann die Behauptung: „Die Erde ist eine Scheibe." nur dann unter anderen Behauptungen gültig und probabel sein, wenn man eine Mechanik voraussetzt, zu deren grundlegenden Annahmen die Gravitationskraft im newtonschen Sinne nicht gehört. Ist insofern erkannt, aus welchen Grundsätzen die Aussage hervorgebracht wurde, so ist zu sagen, dass sie durch die erkannten und geprüften Gründe intrinsische Autorität besitzt. Weil die aus den Grundsätzen hergeleitete Aussage durch die Kenntnisse und Fähigkeiten desjenigen bedingt ist, welcher sie als probable Aussage formuliert hat, hat auch dieser als Autorität zu gelten. Wenn der Wahrheitswert der probablen Aussage durch ebendieselben Kenntnisse des Einzelnen bedingt ist, dann ist dieser die notwendige Bedingung, ohne die der Wahrheitswert überhaupt nicht definit sein kann. Denn würde dieses Individuum mit seinen Kenntnissen nicht gegeben sein bzw. wäre es nicht gewesen, so ist die Aussage selbst nicht zu verstehen, weil nicht ersichtlich wäre, ob den verwendeten Wörtern eine Bedeutung zukommt bzw. in welcher Weise die damit verbundenen Begriffe referieren. Dann wären es allein Zeichen bzw. Laute, die für sich selbst stehen würden.

Aus der Perspektive eines Logikers läßt sich diesbezüglich einwenden, dass der Wahrheitswert von Begriffen und Aussagen unabhängig davon ist, ob sie jemals geäußert wurden bzw. werden. Daher ist es widersinnig, dass die notwendige Bedingung für die Definitheit des Wahrheitswerts einer probablen Aussage die Kenntnisse eines Individuums sind. Schließlich sind die Begriffe in Aussagen stets universal und können daher von jedem Individuum in gleicher Weise zu denselben Aussagen verbunden werden. Folglich kann auch jedes Individuum dieselben Aussagen zu jedem Zeitpunkt herleiten, ganz unabhängig von den Kenntnissen eines anderen Individuums. Aufgrund dieser Universalität ist auch jede beliebige Aussage hinsichtlich ihrer vorausgesetzten Grundlagen untersuchbar und somit unabhängig von den Kenntnissen eines Individuums erkennbar. Worin die Autorität einer Aussage begründet sein muss.

---

[298]   Vgl. Georges, Karl Ernst: Ausführliches lateinisch-deutsches Handwörterbuch. Band 1, col. 706-708.

In metaphysischer Hinsicht ist zu entgegnen, dass ein Begriff zwar in universaler Weise referiert, wenn er definiert ist, die Definition und damit die Art der Referenz der verwendeten Begriffe jedoch in hergeleiteten Aussagen immer durch die Verknüpfung von Begriffen bedingt ist, aus denen man sie herleitet. Ist die genaue Definition eines Begriffes durch die Verknüpfung anderer Begriffe zu Aussagen bedingt, indem diese seine Prädikation modifizieren, ist dieser als integraler Bestandteil des Ganzen an Aussagen zu betrachten, aus denen seine Definition ersichtlich wird. Denn ohne genau diese Aussagen wäre er nicht in der Weise definiert, wie er in einer hergeleiteten Aussage referieren würde.

Erlangen die Begriffe eine modifizierte Definition durch die Erkenntnisse und Fähigkeit des Individuums, welches die daraus gebildeten Begriffe in Relation zueinander setzt, so ist das daraus hervorgebrachte Ganze als ein Artefakt zu betrachten. Denn die modifizierte Bedeutung der Begriffe ist erst durch das Individuum geschaffen. Sie ist also nicht durch einen bereits bestehenden Begriff ausgesagt, wie es der Begriff einer bestimmten Theorie ist. D.h., dass es sich bei solcherlei Art von Begriffen um Individualbegriffe handelt, deren genaue Definition man niemals vollständig erkennen kann.

Der Wahrheitswert einer probablen Aussage ist also aufgrund der in ihr vorkommenden Begriffe und deren Bedingtheit durch andere Begriffe und Aussagen nicht verstehbar, wenn nicht erkannt wird, inwiefern sie ein integraler Bestandteil eines Artefakts ist. Ohne diese Erkenntnis bliebe sie, wie eine Scherbe in einem Haufen zerbrochener Tonkrüge, nur ein Fragment unbekannter Herkunft.

9. 2 Non-Certitudo

Das genaue Problem der Sicherheit der Probabilität von Aussagen in Hinsicht auf die durch die *conscientia* als wahr oder falsch beurteilten Aussagen ist nun ersichtlich. Ist eine Aussage erwiesenermaßen wahr oder falsch, so besteht bei der Beurteilung der *conscientia* Gewissheit über die Befolgung einer bestimmten Aussage bzw. der Anerkennung ihres Wahrheitswertes. Denn ergibt der Beweis der Aussage, dass diese notwendigerweise wahr oder falsch ist, so kann kein Zweifel über das durch sie Ausgesagte bestehen. Folglich könnten nur als gewiss geltende Urteile der *conscientia* als sicher gelten.

Dies, so Caramuel, mag zwar die Meinung der Gelehrten seiner Zeit sein, ist jedoch ein „Pulcher Sorites."[299] Denn dies würde bedeuten, dass überhaupt nur jede Handlung, die aufgrund des Urteils der *conscientia* vollzogen wird, sicher sein kann, wenn das Individuum vollständiges Wissen über das Ausgesagte besitzt. Nur ein solches Individuum wäre in der Lage, moralisch korrekt zu handeln, d.h. in der Weise, dass es keine Sünde begehen kann. Besteht man darauf, dass ein Individuum nur dann moralisch korrekt handeln kann, wenn das Urteil der *conscientia* durch ein vollständiges Wissen gestützt ist, so würde daraus nach Caramuel folgen, dass eine aufgrund unüberwindbaren Unwissens (ignorantia invincibilis) begangene Sünde auch nicht entschuldigt werden könnte.

In Hinsicht auf die epistemische Beschränktheit des Menschen bedeutet dies aus theologischer Sicht, dass Gott dem Menschen Unmögliches befiehlt. Gott wäre demnach ungerecht.[300] Dies lässt sich genauer durch eine Analyse des Begriffes der Unwissenheit erklären. Unwissen, so lässt sich mithilfe Aristoteles' sagen, bezieht sich im Rahmen einer Handlung auf die Bedingungen und Bestandteile, die bei der Hervorbringung einer Handlung gegeben sind bzw. gegeben sein können, aber von einem Individuum nicht gewusst werden.[301] Das Wissen um eine Handlung bezieht sich daher auf dieselben Bedingungen und Bestandteile, nur dass diese von demselben Individuum gewusst werden. Beruht das Urteil der *conscientia* auf dem Wissen über eine bestimmte Art von Handlung, so sind dadurch die Bedingungen und Bestandteile jener Art von Handlung ausgesagt. Wenn die *voluntas* sich nach dem Urteil der *conscientia* bestimmt, dann bleibt sie selbst in ihrer Tätigkeit unbestimmt, außer wenn durch die *conscientia* nicht vorgegeben würde, was die Tätigkeit ist und unter welchen Bedingungen sie zu vollziehen ist.

Die *conscientia* gibt also der *voluntas* sowohl die *causa formalis* als auch die *causa finalis* der Handlung zur Wahl vor. Folglich kann keine Handlung durch die *voluntas* in anderer Weise hervorgebracht werden, als sie durch das Urteil der *conscientia* bestimmt ist. Dies bedeutet: Wenn man sich durch die *voluntas* für ein Urteil der *conscientia* entscheidet und eine Wirkung eintritt, die nicht durch das Urteil bestimmt war, so hat man sich auch nicht für die Hervorbringung der Wirkung entschieden. Weil diese Wirkung nicht ohne die Hervorbringung der Handlung durch die Wahl der *voluntas*

---

299   Vgl. Lobkowicz, Caramuel y: Dialexis de Non-Certitudine n. 290 S. 117$^{15\text{-}23}$. [vortrefflicher Trugschluss]

300   Vgl. Ebd.. pars I n. 291 S. 117$^{20\text{-}24}$.

301   Vgl. Aristoteles: EN. Γ, Kapitel 15, 1110b 30-1111a 2.

des Individuums gewesen wäre, ist zu schließen, dass das Urteil der *conscientia* nicht alle Bedingungen und Umstände enthalten haben kann, welche die Wirkungen betreffen, die durch die Handlung hervorgehen können. Man konnte bei der Wahl des Urteils der *conscientia* durch seine *voluntas* also nicht wissen, dass eine weitere Wirkung hervorgehen kann.

Bezogen auf die epistemische Beschränktheit des Menschen ist jedes Urteil der *conscientia*, welches sich auf eine hervorzubringende Handlung bezieht, durch unvollständiges Wissen gestützt. Denn weder weiß ein einzelner Mensch um alle möglichen Kausalrelationen, die sein Handeln beeinflussen können, noch weiß man mit Gewissheit um die zukünftigen Zustände der Welt. D.h., man ist notwendigerweise im Unwissen um viele Bestandteile und Umstände einer Handlung, die man hervorbringt.

Begeht ein Mensch aufgrund eines solchen unüberwindbaren Unwissens eine Sünde, so ist die Sünde als eine Wirkung anzusehen, für die sich der Mensch nicht entschieden hat. Anders verhält sich die Angelegenheit, folgt man wiederum Aristoteles. Wenn ein Mensch von seinem Unwissen weiß und dies, obwohl er dieses beseitigen könnte, nicht ausgleicht, dann wird eine Handlung im vollen Wissen darüber hervorgebracht, dass Wirkungen hervorgehen können, die durchaus auch schädlich sein kann. D.h., man hat sich auch dafür entschieden.[302] Ein Mensch sündigt also auch dann, wenn er von seinem überwindbaren Unwissen seiner Handlung weiß und sich, ohne dieses zu beseitigen, trotzdem für das Urteil der *conscientia* entscheidet. Caramuel argumentiert deshalb dahingehend, dass Gott, weil er um die Beschränktheit der Menschen weiß und er gerecht ist, nichts befehlen wird, was die Beschränktheit der Menschen übersteigt.[303] Denn wie im Alten Testament zu lesen ist: „ideo viri cordati audite me / absit a Deo impietas et ab Omni- / potente inquitas / opus enim hominis reddet ei et iuxta / vias singulorum restituet"[304]. Wenn Gott dem Menschen nach seinem Werk bzw. Handeln (opus) vergelten wird, so werden seine Gebote die menschliche Beschränktheit nicht übersteigen können, wenn er jene verdammt, welche seine Gebote missachten.

Sollte der Mensch aufgrund seiner Eigenschaften nicht in der Lage sein, sich nach den Geboten zu richten, so würden diese Gebote Arten von Handlungen gebieten oder verbieten, die vom Menschen nicht hervorgebracht oder unterlassen werden können. D.h.,

---

[302]   Vgl. ebd. 1110b 25-30.

[303]   Vgl. Dialexis. De Non-Certitudine. Pars I. n. 291 S. 117$^{24\text{-}29}$.

[304]   Iob 34, 10-11. [Darum höret mir zu verständige Männer ! Abgeneigt sei Gott von Ruchlosigkeit und der Allmächtige von Unrecht! Das Werk des Menschen wird er ihm vergelten und ebenso nach den Wegen der Einzelnen wird er es erstatten.]

der Adressat der Gebote müsste ein anderes Wesen sein, nämlich ein solches, welches sie aufgrund seiner Eigenschaften auch befolgen kann. Weil der Mensch alle Arten von Handlungen hervorbringen kann, die durch Gott geboten bzw. verboten sind, muss seine Vergeltung die Beschränktheit des Menschen einbeziehen. Andernfalls würde nach Gesetzen vergolten, die der menschlichen Art nicht entsprechen.

Hieraus sieht man, dass die Probabilität einer Aussage aufgrund der epistemischen Beschränktheit des Menschen ausreichend ist, damit dem Urteil der *conscientia* die Sicherheit gegeben ist, dass dem durch die probable Aussage ausgesagten gefolgt werden kann. Ist sie durch das Individuum mithilfe seiner Kenntnisse mit Blick auf die Gründe der Probabilität einer Aussage überprüft worden, so verfügt auch das Individuum über Wissen von den durch die Befolgung der Aussage hervorgebaren möglichen Wirkungen. So wird z.B. derjenige, der die Aussage „Mit einer Kugel, geschossen aus einem 32-Pfünder Schiffsgeschütz eines Linienschiffes, durchstößt man den Rumpf eines anderen Linienschiffes." aufgrund der klassischen Mechanik und Thermodynamik als probabel beurteilt, wissen, dass der Rückstoß der Kanone den Kanonier verletzen kann und das eine zu schnelle Kanonade zum Aufplatzen des Schiffsgeschützes führt. Dies ist aus den Grundsätzen der Mechanik und Thermodynamik ersichtlich, unter deren Kenntnis die Handlung vollziehbar ist, die die probable Aussage ausgesagt. Aus der Analyse der Gründe der Probabilität der Aussage geht also ein Wissen hervor, das das Wissen um die mögliche Wirkung übersteigt, die durch die Aussage selbst ausgesagt ist.

Weil die Gründe für die Probabilität einer Aussage nur erkennbar sind, wie die Kenntnisse des Individuums reichen, ist das Urteil der *conscientia* durch unüberwindbares Unwissen bedingt. Wenn das Individuum durch seine Kenntnisse in seiner Analyse der Aussage bestimmte begriffliche Relationen übersieht, ohne zu wissen, dass es diese übersieht, erfasst es nicht vollständig, was die Aussage ausgesagt. Entscheidet man sich durch die *voluntas* für ein Urteil der *conscientia* bezüglich einer probablen Aussage, so entscheidet man sich nur für das Hervorbringen der möglichen Wirkungen, die einem durch die Analyse der probablen Aussage bekannt sind. Hinsichtlich des Beispiels bedeutet dies: Wenn man nicht erkennt, dass sich eine Kugel, die aus einer Schiffskanone geschossen wird, nach den Gesetzen der Mechanik bewegt und das beim Entzünden und Explodieren des Schwarzpulvers Energieübertragungen stattfinden, ist das eigene Wissen um mögliche Wirkungen sehr begrenzt. Wie durch Caramuel gesehen wurde, besteht dann kein Grund, der die Aussage als probabel bestätigt. D.h. dass das Urteil der *conscientia* auch nicht sicher sein kann.

Die Analyse einer probablen Aussage und das damit einhergehende Unwissen liefert nur die materiellen Gründe für die Sicherheit des Urteils der *conscientia* eines einzelnen Menschen. Unabhängig vom Inhalt der Analyse einer Aussage ist diese in ihrer Probabilität nicht bestätigt. Weil die Begründung für die Probabilität einer Aussage individuell ist, ist die daraus begründete Sicherheit der *conscientia* als individuell zu betrachten. Dies erweist sich als problematisch, wie aus Caramuels Auseinandersetzung mit der Position des Franziskaners und Scotisten Johannes Poncius (ca. 1599 – 1661) hervorgeht. Denn eine solche Position ist zurecht als Laxismus bezeichenbar.

9. 3 Über die unzureichende Sicherheit probabler Aussagen durch materielle Gründe

Nimmt man an, dass die Sicherheit einer Aussage aus der materiellen Begründung ihrer Probabilität folgt, so läßt sich nach Poncius sagen, dass deswegen die *voluntas* jede Aussage wählen kann, die materiell begründbar ist. Denn ist sie materiell begründet, so ist damit aufgrund der widerspruchfreien Verknüpfung und bestehenden allgemeinen Referenz der Begriffe ausgesagt, dass sie wahr sein kann. D.h. sie referiert zumindest auf etwas, das Inhalt des göttlichen Verstands ist und daher wahr und gut sein muss.[305] Gilt dies folglich für eine probable Aussage und deren gegenteilige Aussage, ist mit Poncius zu schließen, dass die *voluntas* jede probable Aussage aus der Sicht des Individuums als wahr bestimmen kann und man ihr somit folgen darf.[306] Daraus schließt Caramuel entsprechend Poncius Meinung: „*Est licitum unicuique Christiano, in materia probabilii, eligere opinionem, quam velit.*[307] Ist dies der Fall, so könnte ein Mensch ganz ohne das Bestehen eines formalen Kriteriums der Sicherheit der Probabilität einer Aussage jede Aussage, die ihrem Inhalte nach probabel ist, verfolgen. Denn würde die bloße Kompossibilität der Begriffe genügen, damit eine Aussage als befolgbar gilt, müsste jede Aussage, die sich gemäß dem durch sie Ausgesagten nicht widerspricht, probabel sein.

---

[305]   Vgl. Poncius,Johannes: Integer Philosophiae Cursus ad Mentem Scoti. disp. XXIII. q. I. conclusio n. 3-4. S. 207 (303).

[306]   Vgl. Poncius, Johannes: Theologiae Cursus Interger ad Mentem Scoti. disp. XXIV. q. III. n. 6. S. 286$^{52\text{-}60}$.

[307]   Lobkowitz, Caramuel y:Dialexis de Non-Certitudine. n. 409. S. 148$^{30\text{-}32}$. [Jedem einzelnen Christen ist es erlaubt, in der Materie des Probablen, eine Meinung zu wählen, wie er will.]

Damit müsste Poncius zugeben, dass jede inhaltlich widerspruchsfreie Meinung eines jeden beliebigen Menschen befolgt werden kann, sofern man dies will. Wie Carmuel zeigt, ist diese Position unhaltbar, weil sie zu absurden Folgerungen führt. Nimmt man Poncius' Position ernst, so lässt sich nach Caramuel z.B. folgende Schlussfolgerung bilden:

„Hanc hostiam esse consecratam est probabile. [...] Fidei Articulos esse a Deo revelatos est probabile. [...]Ergo licite possum adorare hanc hostiam. [...] Ergo licite possum Articulis Fidei assentiri. [...] Ergo licite possum credere & asserere hanc hostiam non esse conscecratam, & illam pede terere. [...] Ergo licite potero credere Fidei Articulos a Deo revelatos non esse, & illos ut falsos decredere."[308]

Wenn jeder probablen Aussage allein aufgrund der Kompossibilität ihrer Begriffe gefolgt werden darf, so bedeutet dies, dass man genauso gut auch der gegenteiligen Meinung folgen kann. Wenn die affirmierende probable Aussage widerspruchfrei ist, dann muss es auch deren Negation sein. Denn die Negation gibt an, dass nicht der Fall ist, was die probable Aussage ausgesagt. Dies kann nur dann ausgesagt werden, wenn die Aussage widerspruchsfrei ist. Ist dies der Fall, so bedeutet dies, dass kein nachvollziehbarer Grund besteht, weshalb der affirmierenden Aussage eher zu folgen sei als deren negiertem Gegenstück.

Bestimmt sich die *voluntas* in dieser Weise durch ein Urteil der *conscientia* bezüglich einer probablen Aussage allein in dieser Weise, bleibt die Wahl der *voluntas* unbegründet. Dann würde der Mensch sich entgegen einer seiner wesentlichen Eigenschaften verhalten, die gerade in der Rationalität, d.h. in der Fähigkeit, Gründe für sein Handeln angeben zu können, zu sehen ist.[309]

Wenn der *conscientia* in allgemeinster Weise die Sicherheit zukommen soll, dass man ihrem Urteil über eine probable Aussage unabhängig von deren Inhalt folgen kann, so schließt Caramuel, kann nicht die Probabilität selbst und folglich auch nicht die damit einhergehende inhaltliche Begründung der formale Grund der Sicherheit der *conscientia* bei probablen Aussagen sein. Sondern, weil die Sicherheit von Aussagen, deren

---

[308]   Ebd. n. 409. S. 148[33-49]. [Dass diese Hostie geweiht ist, ist probabel. (...) Dass die Glaubensartikel von Gott offenbart sind, ist probabel. (...) Also können wir zulässigerweise diese Hostie verehren. (...) Also können wir zulässigerweise den Glaubensartikeln zustimmen. (...) Also können wir zulässigerweise glauben und behaupten, dass diese Hostie nicht geweiht ist, und jene mit dem Fuß zertreten. (...) Also werde ich zulässigerweise glauben können, dass die Glaubensartikel nicht von Gott offenbart worden, und jene wie falsche verunglimpfen.]

[309]   Ebd. S. 148[56-64].

Wahrheitswert gewiss ist, genauso besteht wie bei probablen Aussagen, muss der Grund für die Sicherheit beiden gemeinsam sein.[310] Daher meint Caramuel:

„Ratio formalis, que reddit meam conscientiam securam non est Certitudo, non est Probabilioritas, non est probabilitas, &, ut complectar omnia verbo, non est aliqua ratio specialis, persuadens sententiam, quam amplector, sed Non certitudo Contrariae.“[311]

Weil die Nicht-Gewissheit des Gegensatzes immer auf die deren Probabilität oder Gewissheit bereits erkennbaren bzw. beweisbaren Aussagen bezogen ist, kann es sich bei dem hier zur Untersuchung stehenden Gegensatz einer Aussage nur jeweils um einen bestimmten einzelnen handeln. Denn die Relation der Gegensätzlichkeit von zwei Aussagen ist stets durch das Ausgesagte der Aussagen bedingt. Andernfalls wäre nicht erkennbar, weshalb eine Aussage das Gegensätzliche einer anderen Aussage aussagt. Daher ist eine solche Relation aufgrund des Inhalts der Aussagen auch nur jeweils individuell zu betrachten, auch wenn sie unabhängig vom Inhalt allen gegensätzlichen Aussagen zukommen mag.

Hieraus ist mit Caramuel festzustellen: *„Ratio formalis unica & adaequata, [...], est sola partis contrariae Non-certitudo.“*[312] Denn ist eine Aussage bezüglich der in ihr vorkommenden Begriffe und deren Relationen zueinander betrachtet, so kann deren Gegensatz nur einzigartig (unica) sein. Dieser ist eine bloße Negation in Hinsicht auf eine bestimmte Aussage. Daraus folgt, dass der Gegensatz einer Aussage die Begriffe und deren Relationen vollständig erfasst. Wenn sich die Negation auf eine Aussage im Ganzen bezieht, ist der komplette Inhalt der Aussage negiert. Insofern erfasst die gegensätzliche Aussage einer Aussage, die Gegensätzlichkeit in Hinsicht auf eine andere Aussage vollkommen. Dies ist es folglich, was unter *adaequata* zu verstehen ist.

Hierauf ist einzuwenden, dass auf den ersten Blick die Nicht-Gewissheit des Gegensätzlichen schlichtweg den gegensätzlichen Wahrheitswert einer gewissen bzw. probablen Aussage bezeichnet und dass die Aussagen durch den entgegengesetzten

---

[310]   Vgl. ebd. pars II. a. I. n. 304 S. 120 [19-23].

[311]   Ebd. pars I. n. 293 S. 118[5-8]. [Der formale Grund, der meine conscientia in einen Zustand der Sicherheit versetzt, ist sowohl nicht die Gewissheit, nicht die Wahrscheinlicherkeit, nicht die Wahrscheinlichkeit, als auch, um alles auf ein Wort zusammenzufassen, nicht irgendein besonderer Grund, ein überzeugender Satz, den ich begreife, sondern die Nicht-Gewissheit des Gegensätzlichen.]

[312]   Ebd. S. 118[9-11]. [Der formale einzigartige und adäquate Grund, (...), ist allein die Nicht-Gewissheit des gegensätzlichen Teils.]

Wahrheitswert in ihrem Wahrheitswert bestätigt sind. Denn von einer Aussage, deren Wahrheitswert bewiesenermaßen als wahr bekannt ist, ist ersichtlich, dass der Inhalt ihrer gegenteiligen Aussage und somit ihre Falschheit nicht direkt beweibar ist. Ist schließlich das Gegenteil aufgrund der Wahrheit seines Gegenteils falsch, verweist die falsche Aussage auf nichts in der Welt. D.h. dass uns das Gegensätzliche nicht-gewiss ist, weil die gegenteilige Aussage ihrer Referenzfunktion entbehrt.

Dies ist ein Scheinschluss, der aus der Sicht Caramuels eine der wesentlichsten Eigenschaften des Menschen vernachlässigt. Wie er im Rahmen seiner Untersuchung betont, ist der Mensch ein *agens liberum*, das aufgrund des Besitzes seiner Freiheit alle Handlungen selbst bestimmt.[313] Insofern ist auszuschließen, dass die Sicherheit des Urteils der *conscientia* durch die nicht überprüfte Falschheit einer als wahr bewiesenen Aussage besteht. Dies würde den Menschen nämlich seiner Freiheit berauben, dass er dem Urteil der *conscientia* durch einen direkten Beweis des Wahrheitswertes ihre Sicherheit erweist, die nötig ist, um diesem unbezweifelbar folgen zu können.

So ist zwar zu sagen, dass nach den allgemeinen Regeln der zweiwertigen Logik das Gegenteil einer wahren Aussage falsch sein muss, wenn der Wahrheitswert der Aussage bewiesen ist, doch erweist dies in metaphysischer Hinsicht nicht unmittelbar die Falschheit der entgegengesetzten Aussage. Sie ergibt sich erst aus der Referenzfunktion der in den Aussagen verwendeten Begriffe und deren Relationen zueinander. Ist eine Aussage wahr, so muss diese auch referieren können. Sie referiert, wenn etwas vorhanden ist, welches ihr Referenzobjekt ist. D.h. dass das Referenzobjekt im Sinne einer *metaphysica universalis* entweder wirklich, möglich oder notwendig sein muss.

Wenn etwas wirklich ist, so referiert die Aussage auf etwas aktual Seiendes, was aber auch nicht sein kann; ist es möglich, so referiert sie auf etwas, was aktual sein kann, aber gerade nicht aktual ist und ist es notwendig, so referiert sie auf etwas, was immer aktual-seiend ist. Kurzum ist daher zu sagen, dass eine Aussage ihre Referenzfunktion nur dann erfüllt, wenn sie auf Seiendes in seinen unterschiedlichen Seinsweisen verweist.

Die Rechtfertigung der Sicherheit der Wahrheit durch die Falschheit des Gegenteils einer Aussage erweist sich hinsichtlich einer zweiwertigen Logik als zirkulär. Die Wahrheit einer Aussage würde dann unabhängig von ihrer Referenzfunktion durch die

---

[313]   Vgl. ebd. pars II. a. I. n. 305 S. 120$^{34\text{-}55}$.

Falschheit der entgegengesetzten Aussage gestützt werden, während die Falschheit derselben Aussage durch die Wahrheit ihrer entgegengesetzten Aussage gestützt ist.

Betrachtet man z.B. folgende Aussagen:

„Lazarus ist lebendig." und „Lazarus ist nicht lebendig."

so ist in Einklang mit der allgemeinen Logik zu sagen, dass die zweite Aussage falsch sein muss, wenn die erste Aussage wahr ist, und vice versa. Denn dass beide zugleich wahr sind, ist ein Widerspruch, weil Lazarus nicht ein und dasselbe Prädikat zukommen und nicht zukommen kann. Werden die Aussagen gleichsam metaphysisch verstanden, ist ersichtlich, dass beide Aussagen ihre Referenzfunktion erfüllen. Denn dass Lazarus lebendig ist, referiert auf eine mögliche Art des Seins von Lazarus, genauso wie die Aussage, dass Lazarus nicht lebendig ist.

Im ersten Fall referiert die Aussage auf Lazarus, sofern er ein Lebewesen ist und im zweiten Fall, sofern er tot und kein Lebewesen mehr ist. Wenn beide Aussagen ihre Referenzfunktion erfüllen und erfolgreich angeben, dass der Fall ist, was der Fall ist, kann der Wahrheitswert der Aussagen, sofern sie etwas aussagen sollen, nicht durch den jeweils gegensätzlichen Wahrheitswert bestätigt sein. Vielmehr ist darauf zu achten, inwiefern die Aussagen ihre Referenzfunktion erfüllen und unter welchen Bedingungen dies geschieht. So lassen sich oben genannte Aussagen z.B. so interpretieren, dass die erste Aussage den aktual-wirklichen Zustand von Lazarus beschreibt, während die zweite Aussage auf einen möglichen Zustand referiert.

Die Referenzfunktion ist nur dann erfüllt, wenn die Aussagen selbst durch die Gegebenheiten bedingt sind, durch die auch ihre Referenzobjekte bedingt sind. Dass Lazarus aktual lebendig ist, setzt eine Welt voraus, in der Lazarus auch aktual ist. Folglich referiert die Aussage unter der Gegebenheit der Bedingungen, unter denen Lazarus ist. Zudem, wenn Lebendigkeit das Vermögen zu selbstständigem Stoffwechsel und somit zu Alterung bedeutet, steht Lazarus unter der Bedingung der Temporalität. Folglich referiert eine sich auf Lazarus beziehende Aussage auch auf einen bestimmten temporalen Moment. Insofern ist es gerechtfertigt anzunehmen, dass auch die zweite Aussage ihre Referenzfunktion erfüllt, obwohl sie hinsichtlich ihrer gegenteiligen Aussage anderes aussagt.

Verlässt man sich bei der Sicherheit des Bestehens eines Wahrheitswertes allein auf eine zirkuläre Begründung im oben angegebenen Sinne, bestünde die Sicherheit also grundlos. Denn dadurch lässt man die Referenzfunktion der Aussagen außeracht. Des Weiteren wäre ein Mensch nach einer solchen rein logischen Begründung ohne weiteren Grund genötigt, die Wahrheit einer Aussage anzuerkennen. Denn nach den Regeln der Logik folgt mit Notwendigkeit, wenn eine Aussage wahr ist, dass dann deren Gegenteil falsch sein muss. Wenn dem Menschen daher die Notwendigkeit dieser Annahme bei seiner Entscheidung zugrunde liegen würde, wäre er in seiner Freiheit eingeschränkt. Denn wenn die *voluntas* nur jene Aussagen wählt, bei denen durch die *conscientia* bestätigt ist, dass diese aufgrund ihres Wahrheitswerts befolgt werden können, dann kann die Wahl der entgegengesetzten Aussage nicht in Betracht kommen. Die gegenteiligen Aussagen müssten dann schon von vornherein von der Betrachtung der *conscientia* ausgeschlossen sein.

9. 4 Spezifizierung der Nicht-Gewissheit des Gegenteils

Aus dem Vorangegangen ist ersichtlich, dass die Nicht-Gewissheit des Gegenteils nicht einfach als die Negation einer bereits in ihrem Wahrheitswert bewiesenen Aussage zu verstehen ist. Denn dies gibt aufgrund der Referenzfunktion einer solchen Aussage keinen Grund für das sichere Bestehen eines Wahrheitswertes durch einen anderen gegenteiligen Wahrheitswert an. Für ein genaueres Verständnis der Nicht-Gewissheit des Gegenteils, ist es ratsam, zunächst Caramuels Betrachtung darüber zu beachten, worauf sich Aussagen, wenn sie gewiss sind, beziehen können.

Allgemeinhin ist zu sagen, dass auf alles, worauf Aussagen referieren können, deren Wahrheitswert gewiss ist, auch probable Aussagen referieren können. Ist der gesuchte formale Grund bereits aus der Analyse der Aussagen ersichtlich, deren Wahrheitswert gewiss ist, muss er auch den probablen Aussagen zukommen.

Caramuel definiert, wiederum in einer anderen Auseinandersetzung mit Poncius, zunächst: „Certum universim illud dicitur, cuius Oppositum est improbabile."[314] Ist der Wahrheitswert einer gewissen Aussage bewiesen, muss auch deren Probabilität für denjenigen gegeben sein, der den Beweis der Wahrheit oder Falschheit der Aussage aufgrund von mangelnder Kenntnis um die vorauszusetzenden Grundsätze nicht vollständig nachvollziehen kann. Ist eine Aussage probabel, bis ihre Wahrheit oder Falschheit bewiesen ist, kann nur das der Möglichkeit nach gewiss sein, welches probabel ist. Was nicht einmal probabel ist, ist also auch niemals gewiss. Ist dies der Fall,

---

[314]   Lobkowitz, Caramuel y: Dialexis de Non-Certitudine. n. 345. S. 133[39-45]. [Gewiss nennt man allgemein jenes, dessen Gegenteil nicht probabel ist.]

folgt, was der Möglichkeit nach nicht gewiss sein kann, improbabel sein muss. Insofern ist gewiss jede Aussage, deren Gegenteil improbabel ist.

Weil es sich hierbei um metaphysische Aussagen handelt, ist zu betrachten, welches die Referenzobjekte von gewissen Aussagen sind. Denn daraus ist erkennbar, weshalb deren Gegenteil improbabel sein muss. Deshalb bestimmt Caramuel drei Gegenstandsbereiche, bezüglich deren gewisse Aussagen formulier- und letztlich auch beweisbar sind.

9. 4. α Metaphysische oder mathematische Gewissheit

Diese unterteilen sich in das „Certum Metaphysice, seu Mathematice"[315], „Certum Physice, seu Naturaliter"[316] und „Certum tantum Moraliter"[317]. Ersteres ist so definiert, dass es all jene Lehren (praeceptum) erfasst, über die nicht einmal Gott mit seiner Allmacht (potentia absoluta) verfügen (dispensare) kann.[318] Zweiteres umfasst alles, welches zwar gemäß den natürlichen Dingen ist, jedoch durch Gottes Allmacht auch nicht sein könnte.[319] Letzteres bezieht sich auf menschliche Lehren bzw. Vorschriften, die durch den Menschen sowohl erlassen als auch verändert werden können.[320]

Hierbei liegt eine bestimmte Graduierung von Gewissheit vor, die Aussagen bezüglich ihrer Referenzobjekte zukommen können. Ist eine Aussage in der Weise gewiss, dass nicht einmal Gott durch seine Allmacht den Wahrheitswert der Aussage verändern kann, so muss diese notwendigerweise wahr sein.[321] Wenn durch eine solche Aussage etwas Bestimmtes über etwas ausgesagt, gibt die Aussage selbst an, dass etwas an etwas in unabänderlicher Weise der Fall ist. Dies gilt selbst dann, wenn diese Aussage angibt, dass etwas nicht der Fall ist, weil jede Negation in positiver Weise zu prädizieren ist.

Weiterhin muss eine solche Art von Aussage auf etwas referieren, welches selbst unbedingt ist. Wenn es nicht einmal durch die Allmacht Gottes veränderbar ist, steht es entweder in keiner Relation zu ihm oder stellt selbst einen integralen Teil von ihm dar. Steht es in keiner Relation zu Gott, so ist zusagen, dass es in seinem Sein unabhängig von ihm erhalten ist und folglich selbst die Ursache seines Seins ist. Dies ist jedoch

---

315   Ebd. S. 133[37-40]. [Metaphysisch oder mathematisch gewiss]
316   Ebd. S. 133[44-46]. [Physisch oder natürlich gewiss]
317   Ebd. S. 133[49-51]. [Nur moralisch gewiss]
318   Ebd. n. 346 S. 133[7-10].
319   Ebd. S. 133[12-16].
320   Ebd. S. 133[16-19].
321   Vgl. ebd. S. 131[59-61].

widersinnig, weil es dann, wenn es nicht von Gott geschaffen wurde, entweder sich stets selbst als Wirkung voraussetzen müsste, um Ursache sein zu können, oder aber eine Wirkung ohne Ursache ist. Ersteres würde bedeuten, dass die Wirkung vor der Ursache ist. Dies ist aber widersprüchlich. Zweiteres würde bedeuten, wenn es sich selbst nicht als Wirkung voraussetzt, damit es Ursache sein kann, es nur als ewiges Wirken verstehbar ist. Denn sofern die einzige Eigenschaft von etwas Seienden darin besteht, dass es aktual-wirkend ist, bedarf es selbst keiner Ursache, die sein Wirken erhält. Dann käme sie jedoch Gott in seinem Wirken gleich und wäre folglich von einer seiner Eigenschaften ununterscheidbar.

Hieraus ist zu schließen, dass sich Aussagen, die metaphysisch oder mathematisch gewiss sind, auf einen integralen Teil Gottes referieren. Diese Annahme ist durch die Beispiele gestützt, die Caramuel selbst dafür angibt. So gilt als metaphysisch gewiss die Aussage: „Duae contradictoriae non possunt esse simul vere."[322] und als mathematisch gewiss: „Triangulus constat tribus lineis."[323]

Erstere Aussage ist deshalb metaphysisch gewiss, weil sie sich auf ein Prinzip der Logik bezieht, welches Gegenstand des göttlichen Verstands und der göttlichen Ordnung ist. Wenn in der Welt zu einem Zeitpunkt nichts findbar ist, dem ein und dieselbe Eigenschaft zukommt und nicht zukommt, und Gott die Welt seinem Verstand entsprechend eingerichtet hat, so ist über einen der göttlichen Ordnung teilhaften Gegenstand auch nicht ein und dasselbe auf eine Eigenschaft referierende Prädikat aussagbar und nicht aussagbar.

Zweitere Aussage erlangt ihre Gewissheit aus den wesentlichen Eigenschaften der mathematischen Gegenstände selbst. Diese erschöpfen die ihnen notwendigerweise zukommen müssenden Eigenschaften vollkommen, damit sie bestimmte mathematische Gegenstände sind. D.h. dass der mathematischen Gegenstand nicht mehr als seine Definition ist, die durch einen einzelnen Begriff aussagbar ist. So gehört es notwendigerweise zur Definition des Dreiecks, dass dieses drei Geraden hat. Weiterhin ist es von diesen drei Geraden auch nicht verschieden, wenn sie in bestimmter Weise miteinander verbunden sind. Ohne drei Geraden kann kein Dreieck sein, genauso wenig wie es mit vier oder fünf Geraden sein könnte. Folglich bedeutet eine Veränderung dieser Eigenschaften, oder was gleichbedeutend ist, der Definition, die Vernichtung des

---

[322]   Ebd. S. 131$^{62\text{-}63}$. [Zwei sich Widersprechende können nicht zugleich wahr sein.]

[323]   Ebd. S. 131$^{67\text{-}68}$. [Ein Dreieck besteht aus drei Geraden.]

Dreiecks. Daher ist zu schließen, dass das Dreieck in der Bestimmtheit seiner wesentlichen Eigenschaften unveränderlich ist und dass Gott, selbst mit seiner Allmacht, nichts vermag, um an den wesentlichen Eigenschaften des Dreiecks etwas zu verändern.

Hieraus ist zu sehen, worin bei metaphysischen und mathematischen Aussagen die Nicht-Gewissheit des Gegensätzlichen besteht. Mit Gewissheit kann bewiesen werden, dass die obigen Aussagen wahr sind. Sollte man versuchen zu beweisen, dass sie falsch sind, ist ersichtlich, dass dieser Beweis nicht durchführbar ist. Seine Durchführbarkeit setzt voraus, dass den Referenzobjekten der Aussage etwas zukommen könnte, was ihnen nicht zukommen kann. Ist es z.B. wahr oder probabel, dass die Mauer von Babylon blau war, so muss die Aussage, dass die Mauer von Babylon nicht blau war zwar als falsch angesehen werden, doch ist nicht beweisbar, wie dem Referenzobjekt der Aussage etwas zukommt, was ihm nicht zukommt, i.e. dass die Mauer von Babylon nicht blau ist.

Wenn Eigenschaften einen Gegenstand in positiver Weise bestimmbar machen, d.h. in der Art, dass ihm bestimmte Prädikate zuschreibar sind und er somit als Gegenstand einer Art innerhalb einer Aussage erkennbar ist, ist durch eine negative Bestimmung nichts ausgesagt, was irgendwie an dem Gegenstand erkennbar ist. Soll daher einem Gegenstand der Art der Mauer von Babylon die Eigenschaft der Nichtblauheit zukommen und soll diese Zuschreibung falsch sein, bleibt nach metaphysischen Kriterien die Aussage unüberprüfbar, weil Nichtblauheit keine Eigenschaft beschreibt, welche irgendein Gegenstand in der Welt aufweisen könnte. Diese müssen sie aufweisen, wenn die Wahrheit einer Aussage darin besteht, dass eine Aussage adäquat auf das Referenzobjekt der Aussage referiert, bzw. die Falschheit der Aussage darin, dass sie nicht adäquat referiert. Ist dies der Fall, dann ist die Falschheit einer Aussage, deren Gegenstück bewiesenermaßen wahr ist, nicht beweisbar. Sind daher nur die Aussagen gewiss, deren Wahrheitswert bewiesen ist, ist der Wahrheitswert der dazu gegensätzlichen Aussagen stets nicht-gewiss, weil nicht demonstrierbar ist, was bewiesen werden müsste.

9. 4. β Physikalische oder natürliche Gewissheit

Dies ist auch bei den durch Caramuel als physikalisch und natürlich gewiss bezeichneten Aussagen der Fall. Als physikalisch gewiss sieht er das sich der göttlichen Einrichtung der Welt (potentia Dei ordinaria) nicht anders verhalten Könnende, gemäß der göttlichen Allmacht jedoch anders sein Könnende an.[324] So gilt z.B. das Vorhandensein einer Stadt Namens Konstantinopel als natürlich gewiss. Als physikalisch gewiss gilt, wenn man 100 Würfel auf einmal aus einem Hut ausschüttet, dass nicht alle Würfel eine Sechs zeigen werden.[325]

Eine natürlich gewisse Aussage, ist so zu begründen, dass man damit etwas über ein Einzelding aussagt, das entweder in der Welt ist bzw. war. Gehen aus einem Eigennamen eines Einzeldings auch die lokalen und temporalen Bestimmungen hervor, die dieses in der Folge von Weltzuständen hat, d.h. gemäß der göttlichen Ordnung der Welt, so ist durch den Verweis auf diese Eigenschaften erweisbar, dass es ein solches Einzelding gibt bzw. gab. Ist eine Stadt an einem bestimmten Ort und zu einem bestimmten Zeitpunkt gegründet worden, so ist die Stadt in der Welt gemäß diesen Eigenschaften unabänderlich hinsichtlich der Folge von Weltzuständen bestimmt. Denn wenn ein Weltzustand war und nicht mehr ist, d.h. vergangen ist, ist er notwendig bestimmt, weil alles Vergangene unveränderlich ist. Ist es unveränderlich, heißt das, dass es selbst für Gott mit seiner Allmacht nicht veränderbar ist, ohne dass damit eine andere Welt geschaffen und die alte vernichtet ist.

Wenn ein aktueller Weltzustand die vorangegangenen Weltzustände notwendigerweise voraussetzt, weil er ohne diese nicht in der Weise bestimmt wäre, wie er bestimmt ist, ist zu schließen, dass die Veränderung auch nur eines Moments in der Folge von Weltzuständen einen anderen aktualen Weltzustand bestimmen würde. Weil die notwendigen Bedingungen nicht erfüllt wären, die gegeben sein müssen, damit der aktuale Weltzustand so bestimmt ist, wie er aktual ist, könnte dieser somit auch nicht bestimmt sein. Wenn daher der aktuale Weltzustand erhalten bleiben soll, ist zu folgern, dass auch ein allmächtiges Wesen die Vergangenheit nicht zu verändern vermag, ohne damit die Gegenwart zu vernichten.

Temporalität und Lokalität eines Einzeldings sind hingegen keine wesentlichen Eigenschaften, weil diese das Einzelding nur hinsichtlich eines Ortes und eines Zeitpunktes bestimmen. Sie kommen dem Einzelding also nur in akzidentieller Weise zu. Die lokalen und temporalen Eigenschaften können daher auch aktual anders sein, ohne dass das Einzelding dadurch zerstört werden würde. So bliebe die Stadt Namens Konstantinopel hinsichtlich ihrer wesentlichen Eigenschaften dieselbe Stadt, selbst wenn sie hun-

---

[324]   Vgl. ebd. n. 340 S. 131[70-2].
[325]   Vgl. ebd. S. 131[3-13].

dert Kilometer nördlich und zweihundert Jahre früher gegründet worden wäre oder wenn Gott sie durch seine Allmacht von einem Moment auf den nächsten an einen anderen Ort versetzt. Dies selbst dann, wenn damit alle ihre akzidentiellen Eigenschaften verändert sind. Wenn daher ein Einzelding hinsichtlich der Welt und deren Abfolge von Zuständen bestimmt ist, so ist es mit Notwendigkeit bestimmt. D.h. dass durch eine Aussage auch in der Weise darauf referiert werden kann, dass sie notwendiger Weise Wahrheit oder Falschheit ausdrückt. Das ist dann der Fall, wenn sie entweder angibt, dass dem Einzelding zu einem bestimmten Moment in der Abfolge von Weltzuständen bestimmte Eigenschaften zukommen oder nicht zukommen.

Wie bezüglich des Beispiels physikalischer Gewissheit zu sagen ist, ist die Gewissheit wiederum durch die göttliche Einrichtung der Welt begründet. Denn wie man Caramuels Erläuterungen zu seinem Beispiel entnehmen kann, gehören für ihn bestimmte Bewegungsgesetze zur Einrichtung der Welt. Schließlich gehen aus denen hervor, dass sich die Würfel aufgrund ihrer unterschiedlichen Lagen jeweils verschieden bewegen werden und es insofern „realiter impossible" ist.[326] Dies ist so zu verstehen, dass aus der Kenntnis der Bewegungsgesetze bei passiven Bewegungen ersichtlich ist, wie sich etwas der Möglichkeit nach bewegen kann.

Ist die *causa efficiens* der Bewegung nicht im Einzelding selbst, so muss es sich, sofern nichts anderes auf es einwirkt als eine einzelne bestimmte Wirkung, entsprechend diesen Gesetzen verhalten. Denn diesen kann es nicht entgegenwirken. So ist ersichtlich, dass zwei Würfel, denen dieselben Ausgangsvoraussetzungen gegeben sind, sich nach den Bewegungsgesetzen bewegen würden und sich gleich bewegten. Es gäbe schließlich nichts anderes, welches auf die Bewegung der Würfel einwirkt. Sind die Ausgangsvoraussetzungen verschieden, d.h. weisen sie verschiedene Positionen und Lagen auf, die z.B. ihre Bewegungen untereinander beeinflussen können, so werden die Würfel sich nicht mehr gleich bewegen können. Denn während sie in einem eingeschränkten Ort bewegt sind, werden sich die Würfel durch ihre artspezifischen Eigenschaften in ihrem Bewegtsein behindern. Dies bedeutet, dass einige Würfel der Möglichkeit nach Bewegungen vollziehen werden, die nicht zu einer Augenzahl von Sechs führen, sondern zu einer anderen Augenzahl. Andernfalls müssen alle Würfel die Bewegungen vollziehen, durch die sie der Möglichkeit nach eine Sechs anzeigen.

---

[326]   Vgl. ebd. S. 131$^{13\text{-}19}$. [real nicht-probabel]

Wenn verschiedene Bewegungen andere Bewegungen einschränken, geht aus der Möglichkeit der Bewegung von einhundert Würfeln hervor, dass sie sich, wenn sie bewegt sind, notwendigerweise in ihren Bewegungen einschränken. Denn ausgeschlossen ist, dass zwei bewegte Einzeldinge an ein und demselben Ort zugleich dieselbe Bewegung vollziehen können. Wenn die Art der möglichen Bewegung durch die artspezifischen Eigenschaften eines Einzeldings bedingt ist, dann könnten nur miteinander identische Einzeldinge an einem Ort dieselbe Bewegung vollziehen. Dann wären sie aber ununterscheidbar und folglich nicht zwei Einzeldinge, sondern ein Einzelding. Der Möglichkeit nach ist also ausgeschlossen, dass bei einem Wurf von hundert Würfeln aus einem Hut alle Würfel eine Sechs anzeigen werden, sofern die göttliche Ordnung während des Wurfes bestehen bleibt und die Identität der Einzeldinge während ihres Bewegtsein gewahrt bleibt.

Der Möglichkeit nach ist nicht ausgeschlossen, dass Gott durch seine Allmacht die Bewegungen der Würfel so beeinflusst, dass sie alle eine Sechs anzeigen. Wenn Gott während des Wurfs auf die Bewegungen der Würfel einwirkt,[327] dann müssen sie sich nicht mehr nach den Bewegungsgesetzen allein verhalten, sondern wie Gottes Wirken sie beeinflusst. Daher ist zu sagen: Wenn die Gesetze der Mechanik der gottgegebenen Einrichtung der Welt entsprechen, so lässt sich für ein Einzelding, ohne dass ihm selbst eine *causa efficiens* zukommt oder es durch eine andere beeinflusst ist, aufgrund der Kenntnis der Gesetzmäßigkeiten ableiten, wie es sich der Möglichkeit nach bewegt.

Hieraus und aus Caramuels Bezeichnung von physischer Gewissheit ist zu sehen, dass dies nur für die rein physikalischen Einzeldinge gilt. Denn nur diese sind aufgrund des Mangels einer aktiven inhärenten *causa efficiens* nicht dazu in der Lage, sich anders zu verhalten, als es gemäß der göttlichen Ordnung zu erwarten ist. Wird insofern aus der Kenntnis der Gesetzmäßigkeiten der Weltordnung erkannt, was ein Einzelding der Möglichkeit nach für eine Bewegung vollziehen kann, ist ersichtlich, dass die durch eine Aussage ausgesagte Gewissheit über ein solches Einzelding sich allein auf die Möglichkeiten bezieht, die einem solchen Einzelding hinsichtlich der Weltordnung gegeben sind.

Zum einen kann sich die Gewissheit nicht auf einen zukünftigen Zustand der Welt beziehen, weil dieser nicht wirklich ist und insofern eine Aussage über Zukünftiges, wel-

---

[327]   Vgl. ebd. S. 131$^{24\text{-}25}$.

ches wirklich sein soll, auf nichts referieren würde. Zum anderen kann durch einen beschränkten Verstand nicht gewusst werden, welche Wirkungen ein passiv bewegtes Einzelding während seiner Bewegung beeinflussen. Folglich kann sich eine solche gewisse Aussage nur auf die Möglichkeiten beziehen, wie sie hinsichtlich der Einrichtung der Welt bestehen.

Betrachtet man die Nicht-Gewissheit des Gegenteils natürlicher und physikalischer Aussagen, so ist zunächst ersichtlich, dass es sich dabei um die Prädikation von Eigenschaften bzw. allgemeinhin um Aussagen handelt, die dem Subjekt der Aussage zusprechen, dass ihm eine bestimmte Möglichkeit oder Aktualität nicht zukommt. Denn wie durch die Beispiele gesehen wurde, beziehen sich natürlich und physikalisch gewisse Aussagen auf aktuale oder mögliche Eigenschaften von Einzeldingen, die sie hinsichtlich der göttlichen Ordnung haben können, aber nicht notwendigerweise haben müssen, damit sie sein können.

Beweist man durch die von der göttlichen Einrichtung der Welt bestehenden Kenntnisse, dass einem Einzelding eine Eigenschaft zukommt bzw. zukommen kann, so ist eine Aussage mit Gewissheit wahr. Demnach ist die gegenteilige Aussage mit Gewissheit falsch, wenn beweisbar ist, dass demselben Einzelding die abgesprochene aktuale Eigenschaft bzw. deren abgesprochene Möglichkeit zukommt. Sieht man beispielsweise die Aussage: „Menschen sind zweibeinig und federlos." als bewiesenermaßen wahr bzw. probabel an, so muss deren gegenteilige Aussage lauten: „Menschen sind nicht zweibeinig und nicht federlos." Wiederum erweist es sich Wie bei den metaphysisch und mathematisch gewissen Aussagen erweist sich die Unmöglichkeit des Beweises der Aussage, dass dem Menschen die Nichtzweibeinigkeit und Nichtfederlosigkeit zukommt. Dies gilt für die aktualen Eigenschaften wie für die bloß möglichen Eigenschaften gleichermaßen.

Schreibt man dem Menschen eine solche negative Eigenschaft zu, so referieren die Prädikate der Aussage auf etwas, welches das Subjekt der Aussage nicht näher bestimmt. Seit spätestens Baumgarten nennt man eine Aussage, die solche Prädikate verwendet, auch ein unendliches Urteile (propositio infinita).[328] Wenn es das Subjekt der Aussage nicht näher bestimmt, so kann auch nicht bewiesen werden, dass die Prädikation der Aussage falsch ist. Gleiches gilt für Aussagen über mögliche Eigenschaften. Kommt dem Menschen bewiesenermaßen der Möglichkeit nach zu, dass er zwei-

---

[328]   Vgl. Baumgarten, Alexander Gottlieb: Acroasis Logica. §216. S. 58$^{3-5}$.

beinig und federlos ist, so muss eine Aussage, die das Gegenteil ausdrückt, die nicht vorhandene Möglichkeit zusprechen.

Erst wenn gezeigt ist, dass diese Aussage angibt, dass nicht der Fall ist, was der Fall ist, wäre sie bewiesenermaßen falsch. Die Falschheit der Aussage ist wiederum nicht gewiss, weil dem Subjekt der Aussage ein Prädikat zugewiesen wird, das es nicht näher bestimmt und insofern nicht überprüft werden kann, ob es seiner Definition entspricht oder nicht. Ist dies der Fall, so ist zu sehen, dass wiederum der Wahrheitswert einer bewiesenermaßen wahren oder probablen Aussage nicht gewiss ist.

9. 4. γ Moralische Gewissheit

Nachdem im Vorangegangenen gezeigt ist, inwiefern die Nicht-Gewissheit des Gegenteils einer Aussage hinsichtlich notwendiger, möglicher und wirklicher Referenzobjekte zu verstehen ist, ist auf Caramuels dritten Gegenstandsbereich von gewissen Aussagen einzugehen. Dieser bezieht sich auf dasjenige, „quod non solum divinitus, sed etiam humanitus, se potest aliter habere: non autem possum dicere, fortassis aliter se habet, quia non habeo rationem, qua possim hanc ipsam suspicionem fundare."[329]

Eine Aussage kann demnach moralisch gewiss sein, wenn sie sich auf etwas bezieht, das sich ganz sicher sowohl hinsichtlich göttlichen oder menschlichen Angelegenheiten anders verhalten kann. Daher ist es auch mit Gründen bestreitbar. Ist das Göttliche wie Menschliche in seinen notwendigen, wirklichen und möglichen Bestimmungen feststehend, so ist ersichtlich, dass sich die hier in Rede stehende Gewissheit nicht auf die Eigenschaften des Göttlichen oder Menschlichen beziehen. Dies ist dadurch deutlich, dass Caramuel darauf verweist, dass solche Aussagen nicht durch eine Verbindung (ex connectione), sondern aus den Termini (ex terminorum) bejaht werden und deshalb auch nicht im strengen Sinne bewiesen werden, sondern bloß überzeugen.[330] Wie im weiteren Verlauf des Textes ersichtlich ist, beziehen sich die Termini auf bestimmte Rechtsbegriffe, wie sie durch bestimmte Rechtstexte festgelegt worden sind. Denn Caramuel weist diese Art von gewissen Aussagen den „Praesumptiones Iuridicae"[331] zu, welche aufgrund ihrer Kenntnisse des Rechts und einer bestimmten

---

[329]   Lobkowitz, Caramuel γ: Dialexis de Non-Certitudine. S. 131[32-36]. [dass sich nicht allein göttlich, sondern auch menschlich anders verhalten kann: ich kann aber nicht sagen, es verhält sich vielleicht anders, weil ich keinen Grund habe, durch den ich die Vermutung begründen könnte.]

[330]   Vgl. ebd. S. 131[37-41].

[331]   Ebd. S. 131[43]. [juristischen Vorannahmen]

Sachlage nur unterstellen, jedoch nicht beweisen, dass etwas in bestimmter Weise bestimmt ist.[332]

Wenn ein Beweis erfordert, dass er aufzeigt, dass die in einer Aussage vorkommenden Begriffe Relationen aufweisen, welche aufzeigen, dass die Aussage im Ganzen auf etwas bestimmtes referiert, dann muss er von einer bloßen Zurechnung bestimmter Eigenschaften, die durch bestimmte Termini des Rechts oder der Moral erfasst werden, unterschieden sein. Wenn innerhalb von Rechts- oder Moraltexten festgehalten ist, welche Eigenschaften erlaubt oder verboten bzw. gut oder schlecht sind, dann sind diese Eigenschaften als etwas anzusehen, das man an den Individuen nicht von allein erkennt, sondern allein unter Rücksichtnahme auf bestimmte Rechts- oder Moraltexte.

Dass einem Individuum z.B. die Eigenschaft zukommt, ein Mörder zu sein, hängt davon ab, wie und ob der Terminus „Mord" definiert ist. Hinsichtlich eines Rechtstextes, welcher diesen Terminus nicht definiert, ist auch nicht ersichtlich, weshalb das geplante Messer-in-eine-Person-Stecken eine Handlung sein sollte, welche ein Individuum zu einem Mörder macht. Unabhängig von jeglichem Rechtstext ist dies eine Handlung, die, wie einen Grashalm über den Kopf zu heben, lediglich relational zum Individuum bestimmbar ist. D.h. indem man angibt, was das Individuum hinsichtlich eines anderen Objekts für eine Bewegung vollzieht. Ist dies der Fall, ist ersichtlich, dass es sich bei solchen Eigenschaften nicht um im strengen Sinn metaphysische Eigenschaften handelt, die einem Individuum entweder essentiell oder akzidentiell hinsichtlich der Beschaffenheit der Welt zukommen. Es sind akzidentielle Eigenschaften, die gemäß festgelegter Termini zu den bestehenden Eigenschaften zugerechnet, d.h. die unterstellt werden. Solche nennt Caramuel auch *entia moralia*.[333]

Wenn diese Eigenschaften durch keinen Terminus festgelegt wären, könnte man sie also auch nicht zurechnen. Insofern müssen diese Eigenschaften selbst als Artefakte angesehen werden, die nicht bestehen, wenn kein Rechts- oder Moraltext sie durch Termini als Eigenschaften bestimmt.

Hieraus ist ersichtlich, dass diese Art von Eigenschaften nur in Verbindung mit natürlichen Eigenschaften von Individuen Anwendung zu finden ist. Erhalten diese eine Referenzfunktion bezüglich eines Individuums durch die Definition ihrer Termini,

---

[332]   Vgl. ebd. S. 131[43-44].

[333]   Vgl. Caramuel y Lobkowitz: Caramuelis Praecursor Logicus. Complectens Grammaticam audacem, Methodica, Metrica, Critica. a. XXX. S. 199.

können sie auf nichts referieren, welches von diesem verschieden ist. Andernfalls referieren sie entweder überhaupt nicht oder auf etwas anderes als die Eigenschaften von Individuen, z.B. auf sich selbst.

Würden sie auf sich selbst referieren, bliebe unverständlich, auf was sie referieren, weil ihr Referenzobjekt nicht bestimmt wäre. Wenn man durch Rechts- und Moraltexte diejenigen Eigenschaften bestimmt, die verboten, erlaubt bzw. gut oder schlecht sind, so werden sich die Termini in ihnen auf Eigenschaften beziehen müssen, die dem Individuum entweder notwendigerweise, wirklich oder möglicherweise zukommen. Denn dies sind die Arten von Eigenschaften, die einem Individuum zukommen können. Wenn eine mögliche Eigenschaft aktual nicht ist, später aber sein kann, dann ist sie nichts, was durch einen Terminus erfasst sein könnte, wenn er auf bereits bestehende Eigenschaften eines Individuums anzuwenden ist.

Ist dies der Fall, so kann sich der Terminus nur auf notwendige oder wirkliche Eigenschaften eines Individuums beziehen. Diese bestehen bereits mit dem Individuum, sofern es in der Welt ist. Kommt dem Individuum eine Eigenschaft wirklich zu, so ist auch durch Erfahrung beweisbar, dass die durch die Termini erfassten Eigenschaften dem Individuum aktual auch zukommen. So ist ersichtlich bei der Kenntnis der Definition des Terminus „Mord", dass jemand, der aktual geplantermaßer einen anderen Menschen tötet, die Eigenschaft „Mörder zu sein" zugerechnet werden muss.

Anders verhalten sich Eigenschaften, die einem Individuum notwendigerweise zukommen, wie es Eigenschaften sind, die in der Vergangenheit erworben worden sind. Denn diese bestehen mit dem Individuum als einer Ursache, die einen bestimmten Weltzustand herbeigeführt hat, der für den aktualen Zustand des Individuums vorauszusetzen ist. Sonst würde das Individuum ein anderes Individuum nach einer anderen Abfolge von Weltzuständen sein. Weil ein endlicher Verstand diese Art von Eigenschaften nicht unmittelbar erfassen kann, weil ihm die vollkommene Einsicht in alle Weltzustände fehlt, wäre eine Aussage, die einem Individuum eine Eigenschaft zurechnet, die durch einen Terminus bestimmt ist, selbst nur der Möglichkeit nach wahr oder falsch. D.h., dass die Zurechnung einer solchen Eigenschaft aussagt, dass einem Individuum der Möglichkeit nach notwendigerweise eine Eigenschaft zukommt, die durch einen Terminus erfasst ist.

Insofern bezieht sich letztlich die moralische Gewissheit einer solchen Aussage auf die Gewissheit einer Möglichkeit einer Eigenschaft, die einem Individuum durch einen endlichen Verstand zurechenbar ist. Wenn es sich bei den durch die Rechts- oder Moraltexttermini ausschließlich um Eigenschaften handelt, die jedem beliebigen Vernunftwesen zukommen können, dann ist ersichtlich, dass die Gewissheit der Möglichkeit bei einer jeden solchen Zurechnung bestehen muss, wenn keine Gründe vorhanden sind, die deren gegensätzliche Aussage als wahr beweisen.[334] Wenn ein Wahrheitswert aufgrund der Gründe bestätigt ist, die vorauszusetzen sind, damit die Aussage wahr bzw. probabel ist, dann kann bei der Nichtkenntnis gegenteiliger Gründe auch kein Zweifel in Anbetracht des Wahrheitswertes der wahren bzw. probablen Aussage bestehen.

Daraus ist ersichtlich, dass die Sicherheit über die Gewissheit einer moralischen Aussage durch die Nicht-Gewissheit ihrer gegensätzlichen Aussage besteht. Wenn die moralische Gewissheit nur so lang besteht, wie der Wahrheitswert der gegenteiligen Aussage nicht bewiesen ist, dann muss eine solche gewisse oder probable moralische Aussage als sicher gelten. Denn aufgrund eines mangelnden Beweises des Wahrheitswerts der gegenteiligen Aussage ist diese selbst nicht gewiss und gibt daher keinen Grund an, der den Wahrheitswert einer moralisch gewissen oder probablen Aussage bestreitbar macht.

9. 5 Nutzen der Nicht-Gewissheit des Gegensätzlichen

Aus Analyse ist nunmehr offenbar, dass die Nicht-Gewissheit des Gegensatzes ein metaphysisches und epistemisches Kriterium für die Absicherung eines gewissen oder probablen Wahrheitswertes ist.

Soll gelten, dass die Bestandteile von gewissen und probablen Aussagen referieren, so vermögen sie dies nur, wenn auch das jeweilige Referenzobjekt gegeben ist. Ist der Wahrheitswert von Aussagen allgemeinhin darin bestätigt, dass das Referierende in welcher Art auch immer mit seinen Referenzobjekten übereinstimmt, gilt für gewisse Aussagen dasselbe wie für probable Aussagen. Schließlich sind diese selbst Aussagen mit einem bestimmten Wahrheitsanspruch.

Dass diese Übereinstimmung gerechtfertigtermaßen bestehen muss, geht nun aus Caramuels *ratio formalis* hervor. In metaphysischer oder mathematischer Hinsicht besteht der Wahrheitswert einer Aussage deswegen, weil man den Wahrheitswert der gegenteiligen Aussage nicht beweisen kann. Dann müsste diese Aussage einem Referenzobjekt gegenteilige Eigenschaften zusprechen, die dem Referenzobjekt aber nicht

---

[334]   Vgl. Lobkowitz, Caramuel y: Dialexis de Non-Certitudine. S. 131[44-45//59-64].

zukommen können, weil sie auf keine Eigenschaft referieren, die zur Bestimmung eines Einzeldings gehören können. Denn ein Einzelding ist stets positiv bestimmt, d.h. in der Weise, dass daraus hervorgeht, was es ist und nicht, was es nicht ist.

Wenn durch die Prädikation solcher Bestimmungen innerhalb einer Aussage hervorgeht, was das Subjekt der Aussage nicht ist, so ist zu sagen, dass die Prädikate auf etwas vom Subjekt Verschiedenes referieren, auch wenn nicht ersichtlich ist, auf was sie genauerhin referieren. Ist unbestimmt, auf was sie referieren, ist nicht feststellbar, ob durch die Verknüpfung der Bestandteile der Aussage eine Übereinstimmung der Referenz mit dem Referenzobjekt besteht. Folglich bleibt sie stets nicht gewiss.

Hinsichtlich natürlicher und physikalischer Aussagen ist der Wahrheitswert der Aussage in ähnlicher Weise gerechtfertigt, denn spricht man durch solche Aussagen den Dingen mögliche bzw. wirkliche Eigenschaften zu, sagen die gegenteilige Aussagen die nicht gegebene Möglichkeit bzw. nicht aktuale Wirklichkeit von Eigenschaften aus. Um diese feststellen zu können, müsste man erkennen, dass eine Übereinstimmung der Referenz mit dem Referenzobjekt besteht. Sofern die Referenzobjekte möglich bzw. wirklich sind, die zugeschriebenen Bestimmungen aber angeben, was die Nichtmöglichkeit und Nicht-Aktuale-Wirklichkeit des Subjekts der Aussage sind, kann man keine Übereinstimmung von Referenz und Referenzobjekt feststellen. Denn dies sind Eigenschaften, die dem Referenzobjekt aufgrund seiner metaphysischen Beschaffenheit nicht zukommen können. Folglich bleibt auch hier der Wahrheitswert einer solchen gegenteiligen Aussage nicht gewiss.

Letztlich ist hinsichtlich moralischer Aussagen zusammenzufassen, dass der Wahrheitswert solcher Aussagen durch die Kenntnisse desjenigen begründet ist, der ein Urteil über die juristische oder moralische Qualität einer bestimmten Handlung eines Individuums fällt. Weil ein solches Urteil auf der Grundlage der Kenntnisse eines Individuums von einer bestimmten Handlung und der juristischen bzw. moralischen Beurteilungsmaßstäbe erfolgt, ist der Wahrheitswert einer solchen Aussage stets epistemisch bedingt. D.h. dass man die Aussage unter der Gegebenheit der epistemischen Bedingungen, die bei der Bildung der Aussage vorausgesetzt wurden, beweist.

Der Wahrheitswert einer solchen Aussage besteht nur in hypothetischer Weise. Denn sofern unabhängig von den Kennnissen desjenigen, der eine juristische oder moralische Aussage hinsichtlich einer Handlung formuliert, aufgezeigt werden kann, dass er sich auf der Grundlage seiner eigenen Kenntnisse täuscht, besteht der Wahrheitswert nicht absolut. In epistemischer Perspektive bleibt daher eine solche Aussage solang gewiss, wie die Nicht-Gewissheit der gegenteiligen Aussage besteht. Erst wenn diese nicht mehr besteht, d.h. wenn der Wahrheitswert der gegenteiligen Aussage bewiesen ist, ist es unmöglich, dass die vormals juristisch- bzw. moralisch-gewisse Aussage auf der Grundlage der neuen Kenntnisse weiterhin gewiss bleibt, solang der bewerteten Handlung nur eine juristische bzw. moralische Qualität zukommen kann. Folglich besteht auch bei solchen Aussagen der Wahrheitswert der Aussage durch die Nicht-Gewissheit des Wahrheitswerts der gegenteiligen Aussage.

Nimmt man Caramuels *ratio formalis* ernst, so sieht man, dass die Sicherheit des Urteils der *conscientia* darüber, ob einer Aussage gefolgt werden darf oder nicht, tatsächlich von der Nicht-Gewissheit des Gegenteils herrühren kann. Sofern in metaphysischer Hinsicht nämlich damit ausgesagt ist, dass der Wahrheitswert einer Aussage deshalb bestehen muss, weil die gegenteilige Aussage auf nichts in der Welt referieren kann, weil durch sie etwas ausgesagt wird, dass keiner Bestimmung eines Dinges entsprechen kann, kann niemals Zweifel über den Wahrheitswert der bewiesenermaßen gewissen bzw. probablen Aussage bestehen. Gleiches gilt für die deren Wahrheitswert epistemischer Bedingtheit unterliegenden Aussagen. Denn der Wahrheitswert ist stets auf der Grundlage der Kenntnisse eines Individuums gewiss bzw. probabel. Wenn die gegenteilige Aussage die Kenntnisse des Individuums übersteigen, dann kann man deren Wahrheitswert auch unter keinen Umständen beweisen. Es sei denn, die Kenntnisse des Individuums ändern sich. Doch dann besteht für die vormals gewisse oder probable Aussage nicht mehr dieselbe Grundlage, aufgrund derer sie gebildet wurde, und sie steht insofern unter ganz anderen Bedingungen. D.h., dass aufgrund des Wechsels der Bedingungen zumindest für das Individuum selbst der Wahrheitswert der gegenteiligen Aussage unter der Beibehaltung derselben Bedingungen niemals ersichtlich sein kann. Daher bleibt der Wahrheitswert gewisser wie probabler Aussagen stets unbezweifelbar bestehen.

9. 6 *Caramuels* ratio formalis *als Absicherung größtmöglicher Freiheit*

Nach der Betrachtung verschiedener Positionen bezüglich des Probabilismus stellt sich letztlich die Frage, inwiefern durch Caramuels Überlegung zur *Non-Certitudo contrariae* als *ratio formalis* der Absicherung der Wahrheitswerte von gewissen und probablen Aussagen ein Aspekt in der Thematik des Probabilismus hinzugewonnen ist. Denn auf den ersten Blick scheint eine solche Überlegung überflüssig, wenn man etwa die Position eines Tutiorismus vertritt, dass sowohl spekulative wie praktische

Urteile der *conscientia* als sicher gelten können, wenn diese z.B. sündenfreies Handel empfehlen bzw. man erkannt hat, aus welchen anderen Aussagen der Wahrheitswert der beurteilten Aussage abgeleitet ist, so dass man scheinbar keine falsche Aussage vertreten kann.

Dies sind rein materielle Gründe für die Absicherung der Wahrheitswerte von Aussagen. Damit das Kriterium der Sündenfreiheit oder Ableitbarkeit eines Wahrheitswertes einer bestimmten Aussage anwendbar ist, muss bestimmt sein, was als sündenfrei gilt und was diejenige Aussage aussagt, die auf ihre Bedingungen zu prüfen ist. Solche Kriterien bestehen nicht unabhängig von demjenigen, was durch die Aussagen ausgesagt ist. Daher können sie auch nicht für alle Aussagen gültig sein. Denn sofern man den Begriff der Sünde hinsichtlich einer bestimmten Handlung verschieden fassen kann und der Wahrheitswert einer bestimmten Aussage aus verschiedenen anderen bestimmten Aussagen ableitbar ist, gelten diese Kriterien für die Absicherung der Wahrheitswerte stets nur individuell hinsichtlich der sie bedingenden Umstände.

Soll das Urteil der *conscientia* unumstößliche Sicherheit bezüglich der Wahrheitswerte einer beurteilten Aussage aufweisen, muss die *conscientia* selbst über ein Kriterium verfügen, das unabhängig vom Inhalt der beurteilten Aussage ihr Urteil bei jeder beliebigen Aussage absichert. Verständlicherweise liegt die Suche nach einem solchen Kriterium in der Logik nahe. Denn die Grundsätze der Logik lassen sich universal auf alle Aussagen anwenden und gelten demgemäß unabhängig von deren Inhalt.

So läßt sich sagen, dass das Urteil der *conscientia* durch das *principium contradictionis*, *principium identitatis* und *principium exclusi tertii* eine vollständige Absicherung des Wahrheitswerts der Aussage erlaubt. Wenn die *conscientia* nach diesen Prinzipien über Aussagen urteilt, kann man mit logischer Notwendigkeit über den Wahrheitswert einer Aussage entscheiden. Ist eine Aussage nicht widersprüchlich, so ist sie als wahrheitsfähig bestimmt. Stimmen die dem Subjekt zugewiesenen Prädikate der Aussage mit dem Subjekt überein, so ist durch sie Identität ausgesagt. Sie ist somit der Referenz auf ein Referenzobjekt fähig. Ist zudem erkannt, dass die Referenz mit dem Referenzobjekt übereinstimmt, ist jede Aussage, welche die Übereinstimmung der Prädikate mit dem Subjekt der Aussage negiert, als falsch anzusehen bzw. vice versa. Somit könnte geschlossen werden: Wenn die *voluntas* einem Urteil der *conscientia* in Anbetracht einer Aussage folgt und deren Urteil durch die Anwendung der genannten Kriterien allein hervorgeht, dann bestimmt sich die *voluntas* stets aufgrund der logischen Notwendigkeit des Wahrheitswertes der Aussage.

Ist der *voluntas* durch die *conscientia* nur ein solches Urteil zur Wahl vorgelegt, so würde dies die Wahl der *voluntas* von vornherein einschränken, indem ihr nur Aussagen vorgelegt würden, die den Bedingungen der allgemeinen Logik entsprechen, jedoch nicht zwangsläufig der metaphysischen Beschaffenheit der Welt. Eine Aussage, die nach den Regeln der Logik korrekt gebildet ist, kann nicht immer auf etwas in der Welt referieren. Denn die metaphysischen Bedingungen der Welt ermöglichen nicht immer das mögliche, wirkliche oder notwendige Sein des Subjekts der Aussage. Dies ist beispielsweise bei den Gegenständen der euklidischen Geometrie der Fall, über die nach den Maßstäben der allgemeinen Logik zwar wahre Aussagen bildbar sind, doch in der nicht euklidisch verfassten Welt kein Referenzobjekt auffinden.

Würden daher die Urteile der *conscientia* allein durch die Regeln der Logik bedingt sein, würde dies bedeuten, dass der Mensch nur im Rahmen der durch die *conscientia* vorgelegten logikgeprüften Urteile frei wäre. Wenn der Mensch aber, wie Caramuel und viele andere ihm vorausgehende Autoren betont haben, im Besitz seiner Freiheit ist, über die er verfügen kann, wie er will, so muss er sich durch seine *voluntas* auch entgegen dem logikgeprüften Urteil der *conscientia*, welches aus logischer Notwendigkeit hervorgeht, bestimmen können.

Wenn sie ihm nach den oben genannten Kriterien nur solche Urteile über Aussagen vorgibt, welche der logischen Notwendigkeit unterliegen, kann er sich nicht entgegen eines solchen Urteils bestimmen, weil die *conscientia* selbst dazu nicht in der Lage wäre, ein solches Urteil hervorbringen zu können. Die Nicht-Gewissheit des Gegensatzes liefert hingegen ein formales Kriterium für das Bestehen eines Wahrheitswertes, indem es die allgemeine Logik hinsichtlich der metaphysischen Bedingungen der Welt bestimmt. So mag man durch logische Mittel zwar den Wahrheitswert einer Aussage beweisen, doch ist er dahingehend feststehend, dass er nur unter den gegebenen Bedingungen dessen besteht, worauf die Aussage verweist. Dies verlangt, dass hinsichtlich dieser Bedingungen erkannt ist, dass eine gegenteilige Annahme nicht mehr bewiesen werden kann, weil die dann gegebenen Bedingungen sich eines metaphysischen Beweises entziehen würden. D.h. dass gezeigt wird, dass ein Referenzobjekt mit dem Subjekt der Aussage gemäß seinen Eigenschaften übereinstimmt.

Gilt das für den Wahrheitswert einer jeden Aussage, unabhängig davon, was durch sie ausgesagt ist, ist ersichtlich, dass das Urteil der *conscientia* die Bestimmtheit der *voluntas* keineswegs einschränken kann. Denn zum Urteil der *conscientia* bezüglich des Befolgens einer Aussage bzw. der Anerkennung des durch die Aussage Ausgesagten, besteht stets ein Urteil, das die gegenteilige Aussage unter den gegebenen Bedingungen hinsichtlich ihres Wahrheitswerts als unbestimmt auszeichnet. Denn dass das Referenzobjekt mit dem Subjekt der Aussage entsprechend den ihm negativ zugesprochenen Eigenschaften übereinstimmt, kann aufgrund der metaphysischen Bedingungen, die durch die Einrichtung der Welt vorgegeben sind, nicht festgestellt werden. Dies, obwohl die Aussage etwas über ein Referenzobjekt aussagt.

Wenn auch durch eine solche Aussage etwas ausgesagt wird, ist zu sagen, dass der Mensch durch die *voluntas* entweder dem sicheren Urteil der *conscientia* folgen kann oder aber sich für die Befolgung bzw. Anerkennung des durch die gegenteilige Aussage Ausgesagten entscheiden kann. Wie offensichtlich ist, ist die Wahl des Letzteren mit der Schwierigkeit verbunden, dass man unter den metaphysischen Bedingungen der Welt dies kaum bis überhaupt nicht hervorbringen bzw. anerkennen kann.

Schließlich ist nun zu sehen, dass durch Caramuels *ratio formalis* die Wahl der probablen Aussagen eine ihrer stärksten Absicherungen erfährt, weil ihr Wahrheitswert letztlich durch die metaphysische Beschaffenheit der Welt begründet ist und nicht durch die logische Relation zwischen einer logisch wahren und falschen Aussage allein. Wenn diese Erkenntnis mit dem Urteil verbunden ist, dass die gegenteilige Aussage der beurteilten Aussage nicht der metaphysischen Beschaffenheit der Welt entspricht und deshalb der Wahrheitswert der beurteilten Aussage besteht, wie er besteht, dann ist die gegenteilige Aussage zur Wahl der *voluntas* nicht ausgeschlossen. Sofern durch diese die Sicherheit des Wahrheitswerts der durch die *conscientia* beurteilten Aussage begründet ist, muss auch der *voluntas* diese Aussage bekannt sein. Andernfalls wäre die Wahl der *voluntas* selbst grundlos, da ihr nur ein Urteil vorgelegt würde, aus dem nicht hervorginge, weshalb es befolgt werden sollte.

Ist der *voluntas* stets durch das Urteil der *conscientia* die gegenteilige Aussage der beurteilten Aussage bekannt, so ist nicht ausgeschlossen, dass man sich durch die *voluntas* nach dieser Aussage bestimmen kann. Folglich besteht für den Menschen dann ein Höchstmaß an Freiheit hinsichtlich der metaphysischen Beschaffenheit der Welt. Denn er selbst ist durch das Urteil seiner *conscientia* nicht dazu genötigt, sich für das der der Einrichtung der Welt und somit dem Willen Gottes entsprechende zu entscheiden.

Daher ist eine Entscheidung gegen das Urteil der *conscientia* auch bei probablen Aussagen eine Entscheidung gegen die Einrichtung der Welt und somit gegen den Willen Gottes, wenn ein Urteil der *conscientia* stets als sicher gelten muss. Denn das Kriterium für die Bestätigung des Wahrheitswertes einer probablen Aussage ist die Einrichtung der Welt selbst. Durch das Urteil der *conscientia* ist daher zum einen ersichtlich, was die Beschaffenheit der Welt ist, und zum anderen, welche Aussage bezüglich ihren Urteils dieser entgegensteht. Daher ist zu schließen, dass der Mensch sich durch seine *voluntas* selbst dann für eine gegenteilige Aussage entscheiden kann, wenn er weiß, dass eine Aussage gewiss bzw. probabel ist.

III   Entwurf einer Logik probabler Aussagen

Nachdem aus den vorangegangenen Untersuchungen ersichtlich ist, was unter einer probablen Aussage des scholastischen Probabilismus zu verstehen ist, ist darzulegen, wie sich diese Aussagen und deren Bestandteile zueinander verhalten. Erst daraus ist ersichtlich, wie sich der Wahrheitswert einer probablen Aussage zu einer anderen probablen Aussage verhält bzw. zur Wahrheit überhaupt. D.h. für das bessere Verständnis von Probabilität ist unter Rückgriff auf Überlegungen zur allgemeinen Aussagenlogik ein Entwurf einer Logik probabler Aussagen zu geben. Ein Entwurf deshalb, weil die menschliche Erkenntniskraft begrenzt ist, und deshalb an dieser Stelle kein Anspruch auf absolute Vollständigkeit erhoben wird. Die Rückgriffe auf die Überlegungen zur allgemeinen Aussagenlogik dienen hingegen zum besseren Verständnis der Termini und der Darlegung des Verhältnisses von kategorischen zu probablen Aussagen, i.e. einer Relation von Wahrheit zu Probabilität.

10   Vom Begriff im Allgemeinen

Von der allgemeinen Aussagenlogik ausgehend, ist festzustellen, dass ein Begriff in Verknüpfung mit anderen Begriffen Aussage bildend ist. Durch die Begriffe in der Aussage ist die Aussage des Referierens fähig. D.h. durch sie kann auf dasjenige verwiesen werden, wovon die Aussage etwas aussagt. Dies ist darin begründet, dass ein Begriff für das durch ihn Bezeichnete steht. Damit ein solcher Begriff etwas bezeichnen kann, muss dieser selbst bestimmt sein, d.h. er bedarf einer Definition, die festlegt, auf was man den Begriff anwendet.

Eine solche Definition ist immer durch das sie Hervorbringende bedingt. Denn eine Definition ist nicht wie ein Stein als aktual-Seiendes bestimmt. Sie wird durch den Verstand (ratio) hervorgebracht. Weil eine Definition selbst nichts anderes als eine Verknüpfung von Begriffen darstellt, ist ein Begriff selbst durch den hervorbringenden Verstand bedingt. Kein Begriff ist daher aktual-seiend ohne einen Verstand und ist somit ein *ens rationis* zu nennen.

Der Verstand ist also als das Vermögen der Begriffsbildung anzusehen. Steht ein Begriff für das durch seine Definition Bezeichnete ist ersichtlich, dass ein Begriff seine Referenzfähigkeit erst durch den Verstand erhält. Wie aus dem Kapitel zum Heiligen Thomas zu sehen ist, muss der Verstand dafür selbst tätig sein, indem er sich dem Referenzobjekt angleicht bzw. sich auf dieses bezieht. Denn indem er sich angleicht, erfasst er, welches die besonderen Eigenschaften des bezeichneten Objekts sind.

Ist dies der Fall, so ist ein Begriff was durch den Verstand an Eigenschaften von etwas erfasst worden ist. Besteht der Begriff nur dann, wenn er durch den Verstand hervorgebracht ist, ist ersichtlich, dass der Begriff selbst ein bestimmter Zustand des Verstandes sein muss. Das ist der Zustand der Erfassung bzw. erneuten Erfassung der Eigenschaften des zu bezeichnenden Objekts. Wenn der Verstand nicht etwas von sich Verschiedenes verändern kann, welches unabhängig von ihm aktual-seiend ist, dann kann er nur selbst verändert werden. D.h. dass das Hervorbringen eines Begriffs die Veränderung des Verstandes sein muss. Folglich ist auch eine Aussage nichts weiter als ein bestimmter Zustand des Verstands, nur dass dieser aus der Verknüpfung verschiedener Zustände besteht, die allgemeinhin Begriffe genannt werden.

Zu diesem Verständnis ist ein spätestens durch den ehrwürdigen Antoine Arnauld (1612-1694) bekannter und widerlegter Einwand vorzubringen, der von ihm nur unzureichend aufgelöst ist.

Arnauld vermerkt unter Rückgriff auf Augustinus, dass manche Menschen der Meinung sind, dass ein Begriff nur bildlich erfassbar ist. Hierauf entgegnet er, dass man sich eine Vielzahl von Dingen ohne Bild vorstellen kann, wenn man sich bildlich Vorgestellte hinsichtlich seiner Eigenschaften vorstellt. So lässt sich z.B. ein Tausendeck als Bild genauso vorstellen, wie es sich entsprechend seiner ihm artspezifischen Eigenschaften vorstellen lässt.[335] Wenn der Verstand einen Begriff von etwas hervorbringt, indem er sich einem Ding angleicht, ist die von Arnauld angeführte Meinung auf den ersten Blick richtig. Denn wenn der Begriff Eigenschaften erfasst, die einem Ding in der Welt zukommen, wenn es aktual ist, dann bildet er dieses Ding hinsichtlich seiner aktualen Eigenschaften ab. D.h. obwohl der Begriff von dem Ding verschieden ist, stellt er das Ding hinsichtlich seiner Eigenschaften so dar, wie es entsprechend seinem aktualen Zustand ist. Denn der aktuale Zustand eines Dings ist durch die einheitliche Gesamtheit der Eigenschaften, die ein Ding zu einem Moment aufweist, bestimmt.

So gesehen ist die Veränderung des Verstands durch das Ding selbst bedingt, da sie ohne das aktuale Ding nicht vollzogen werden könnte. Denn der Verstand würde ohne die Gegebenheit eines aktual-seienden Dings nichts erfassen. Folglich würde in dieser Weise der Begriff das Ding, dessen Eigenschaften er erfasst, stets in diesem aktualen

---

[335]   Vgl. Arnauld, Antoine: Logik von Port-Royal. S. 28f.

Zustand darstellen müssen. Gleichsam, bedient man sich der metaphorischen Rede des platonischen Sokrates,[336] wie ein Abdruck eines Siegels auf einer Wachstafel wäre der Zustand durch den Begriff erfasst.

Wenn der Begriff das Ding allein in diesem aktualen Zustand darstellt, kann der Begriff nicht auf die einzelnen Eigenschaften referieren, die den Zustand des Dings ausmachen. Dies würde erfordern, dass nicht der Zustand des Dings im Ganzen erfasst ist, sondern die einzelnen Eigenschaften für sich genommen. Wenn der Verstand sich nur dem angleichen kann, welches dem aktualen Zustand des Dings entspricht, so kann die Angleichung nur bezüglich des Zustands im Ganzen sein, weil die Eigenschaften des Dings nur als Ganzes aktual und nicht losgelöst voneinander sind. Dann kann kein Verstand Begriffe von Eigenschaften hervorbringen, sondern nur von Zuständen von Dingen, so wie eine Wachstafel nur den Abdruck eines Siegels im Ganzen abbildet. Somit könnte kein Begriff eine Eigenschaft von etwas bezeichnen, sondern ein jeder Begriff würde den Zustand von etwas Einzelnen bezeichnen und allein auf diesen referieren. Wenn durch den Verstand Begriffe gebildet werden können, die einzelne Eigenschaften bezeichnen und auf diese referieren, ist diese Ansicht folglich auszuschließen.

Weil der Verstand selbst ein Vermögen ist, bedarf dieses einer *causa efficiens*, welche dieses Vermögen aktualisiert, d.h. die bewirkt, dass der Verstand einen Begriff von etwas hervorbringt. Sofern dem Menschen der Wille seine *causa efficiens* ist, durch die er Veränderungen in der Welt hervorbringt und die Hervorbringung eines Begriffs eine Veränderung in der Welt ist, bewirkt der Mensch durch den Willen die Veränderung seines Verstands. Somit kann sich der Verstand ausschließlich so verändern, wie der Wille es bewirkt. D.h. in der Hervorbringung seiner Veränderung ist der Verstand unabhängig von dem Ding, von dem er ein Begriff hervorbringen soll. Das erfordert, dass die Eigenschaften des Dings z.B. durch die Sinne erkannt sein müssen, damit die Veränderung bestimmt ist. Bildet sich der Begriff eines Dings dadurch, dass der Wille bewirkt, dass der Verstand sich entsprechend den Eigenschaften eines Dings verändern soll, ist ersichtlich, dass der daraus hervorgehende Begriff eine Verknüpfung der erfassten Eigenschaften des Dings ist, nicht jedoch die Erfassung der Eigenschaften eines Dings als Ganzes.

---

[336]   Vgl. Platon: Tht. 191c20-d24.

Damit sich der Verstand hinsichtlich der Eigenschaften des Dings verändern kann, muss er zunächst die einzelnen Eigenschaften des Dings erfasst haben, bevor er einen Begriff des Dings selbst bilden kann. — Auf welcher Grundlage dies passiert, d.h. etwa klassischerweise wie bei John Locke durch „sensation or reflection"[337] oder wie bei Rene Descartes durch *idea adventiciae* und *ideae innatae,*[338] oder sonstige andere Weise sei an dieser Stelle ohne Belang. — Andernfalls würde der Verstand wiederum nur den aktualen Zustand des Dings erfassen und einen Begriff von diesem Zustand haben, aus dem nicht hervorgehen könnte, was die Eigenschaften dieses Zustands sind, weil nur der Zustand als einheitliches Ganzes erfasst wurden ist.

11 Vom Begriff probabler Aussagen

Wie hinsichtlich probabler Aussagen zu bemerken ist, sind die darin vorkommenden Begriffe nicht allein durch eine Definition bestimmt, die kategorisch aussagt, was ein Ding seiner Art nach ist. So wie wenn man die Aussage bildet: „Ein Kitsune ist ein Fuchsgeist, der menschliche Gestalt annehmen kann." Denn eine probable Aussage bezeichnet und referiert auf etwas entsprechend denjenigen Aussagen, aus denen sie hergeleitet ist. Die darin vorkommenden Begriffe sind insofern nicht allein durch den Verstand hinsichtlich des Erfassens desjenigen bedingt, was durch Begriffe bezeichnet werden soll, sondern auch durch die Erfassung der Verknüpfungen hinsichtlich der probablen Aussage und deren Bestandteile. Denn das durch einen Begriff in einer probablen Aussage Ausgesagte ist durch andere Aussagen und deren Begriffe bedingt.

Ist ausgeschlossen, dass der Verstand eine probable Aussage als solche erfassen kann, wenn er nicht die dazugehörigen Verknüpfungen und Aussagen zu der probablen Aussage erfasst hat, müssen die Begriffe einer probablen Aussage relational-komplex sein. D.h. sie setzen sich aus den Begriffen anderer Aussagen und den Relationen dieser Aussagen zu anderen Aussagen zusammen. Daher ist auszuschließen, dass man aus der bloßen Kenntnis einer probablen Aussage ohne die Kenntnis der sie bedingenden Aussagen durch den Verstand erfassen kann, auf was die in ihr vorkommenden Begriffe referieren. Denn ohne die Kenntnis der sie bedingenden Aussagen kann man nicht genau erfassen, was durch die probable Aussage ausgesagt werden soll. So bleibt z.B. die probable aristotelische Aussage „Der Mensch ist ein ζῷον πολιτικόν." für den unverstanden, der Aristoteles Theorien zum Menschen, den Lebewesen und der Gesellschaft nicht kennt, sondern den Begriffen die Definition beilegt, die aufgrund der ge-

---

337 Locke, John: An Essay Concerning Human Understanding. Book II. Chap. I. § 2. S. 59.
338 Descartes, Rene: Meditationes de prima philosophia. Med. III §7 S. 66.

gebenen Kenntnisse des Individuums bestehen. Denn wie die Begriffe „Mensch" und „ζῷον πολιτικόν" in der aristotelischen Theorie genauerhin bestimmt sind, ist allein aus den von Aristoteles verwendeten Aussagen und deren Verknüpfungen miteinander ersichtlich.

Dies gilt auch für Aussagen und Begriffe, die Bestandteil eines axiomatischen Systems wie der euklidischen Geometrie sind. Denn wenn die Aussage „Wenn zwei Kreise einander schneiden, dann haben sie nicht denselben Mittelpunkt."[339] für den Gelehrten der euklidischen Geometrie wahr ist, bleibt sie für den, der die Definitionen der euklidischen Geometrie nicht kennt, nur probabel, wenn er die Begriffe der Aussage nach seinem Verständnis definiert. Denn wenn man die Aussagen, die zur Bildung der Begriffe innerhalb eines axiomatischen Systems vorauszusetzen sind, nicht kennt, ist nicht ersichtlich, ob die Begriffe tatsächlich das bezeichnen, auf was sie entsprechend der euklidischen Definition referieren.

Somit ist zu definieren, dass ein Begriff innerhalb einer probablen Aussage ein Zustand des Verstandes ist, der aus der Verknüpfung verschiedener Zustände miteinander und in Relationssetzung zueinander, hervorgeht. Aber sind aus ihm nicht alle Relationen und Verknüpfungen ersichtlich, die der Begriff bzw. die Aussage aufweisen müssten, damit sie auf das durch sie Bezeichnete referieren.

Wenn die Verknüpfung verschiedener Begriffe Aussagen sind und sie verschieden relational zueinander bestimmt sind und diese einen Begriff einer probablen Aussage definieren, dann ist dadurch für den Verstand also das durch den Begriff bezeichnete erfasst.

12 Von der Aussage

Ist ein Begriff die Erfassung von Eigenschaften bzw. einer Eigenschaft von etwas zu Bezeichnendenl, so ist ersichtlich, dass eine Aussage, die aus einer Verknüpfung von Begriffen besteht, etwas bezeichnet, das den erfassten Eigenschaften entspricht. Daraus ist klar, dass eine Aussage einem Ding nur dann entspricht, wenn die durch sie ausgesagten Eigenschaften tatsächlich dem Ding zukommen bzw. tatsächlich nicht zukommen. Denn stimmen die in der Aussage verknüpften Begriffe mit den Eigenschaften des Dings überein, weil sie die einzelnen Eigenschaften des Dings in bejahender Weise bezeichnen, erfasst die Aussage das an etwas Erfassbare.

---

[339] Vgl. Euclid; Heath, Thomas (Übrs.): The Thirteen Books oft he Elements. Book III. Prop. V. S. 12. (Eigene Übersetzung aus dem Englischen).

Spricht man die verknüpften Begriffe dem Ding hingegen in verneinender Weise ab, so bezeichnet eine solche Aussage das, welches an etwas nicht erfasst werden kann. Seit spätestens Aristoteles bezeichnet man eine solche Übereinstimmung des Ausgesagten mit dem Gegenstand der Aussage als Wahrheit, während man die Nicht-Übereinstimmung Falschheit nennt.[340]

Geht Wahrheit und Falschheit einer Aussage aus der bejahenden oder verneinenden Verknüpfung von Begriffen hervor, ist ersichtlich, dass diese Verknüpfung etwas ist, welches den Begriffen erst zukommen muss. Denn sonst bezeichnen sie in unverbundener Weise was durch sie ausgesagt wird, i.e. eine einzelne Eigenschaft. Durch diese Verknüpfung, die man Kopula nennt, werden die Begriffe erst zu einem Ganzen, nämlich der Aussage zusammengefügt. Die Kopula ist also die *causa formalis* einer jeden Aussage.

Weil eine Aussage als Ganzes etwas bezeichnet bzw. auf etwas referiert, geht aus der Kopula allein nicht die Wahrheit oder Falschheit einer Aussage hervor, auch wenn sie ohne die Kopula nicht festgestellt werden könnte. Besteht Wahrheit und Falschheit in der Übereinstimmung der Referenz der Aussage mit dem durch sie bezeichneten Gegenstand der Aussage, kann man die Übereinstimmung allein dann feststellen, wenn das Ding gegeben ist, das man durch die Aussage bezeichnet. Mag dies nun ein bloß mögliches, wirkliches oder notwendig Seiendes sein. Ist ein solches Seiendes nicht gegeben, würde die Aussage nichts bezeichnen bzw. wäre der Wahrheitswert der Aussage indifferent. Denn man kann keine Übereinstimmung feststellen. Insofern ist die Wahrheit und Falschheit einer Aussage metaphysisch begründet. Denn sie sind als definite Wahrheitswerte durch das Sein desjenigen Seienden bedingt, von dem die Aussage etwas aussagt.

13 Von der probablen Aussage

Freilich bleibt das Kriterium für Wahrheit und Falschheit auch bei probablen Aussagen bestehen. Denn wenn deren Begriffe durch andere Aussagen und Begriffe bedingt sind, so referiert und bezeichnet eine probable Aussage etwas. Deshalb muss auch das Bivalenzprinzip der klassischen Aussagenlogik gültig sein.

Weil eine Aussage nur so lang probabel ist, wie nicht alle Verknüpfungen und Relationen von Begriffen und Aussagen erkannt sind, die für die Feststellung der Überein-

---

stimmung der Referenz der Aussage mit dem durch sie Bezeichneten notwendig ist, muss das Kriterium für die Feststellung des Wahrheitswert einer probablen Aussage von dem Kriterium der Wahrheit und Falschheit einer kategorischen Aussage verschieden sein. Dieses Kriterium kann nicht unabhängig vom metaphysischen Kriterium für Wahrheit und Falschheit sein. Denn sofern eine Aussage, die improbabel ist, metaphysisch Nicht-Mögliches aussagt, muss eine probable Aussage mindestens metaphysisch Mögliches aussagen. Allein dann besteht überhaupt erst die Möglichkeit, dass eine probable Aussage tatsächlich auf etwas in der Welt referiert und dieses bezeichnet; kurzum etwas aussagt, weil nur was metaphysisch mindestens möglich ist, auch hinsichtlich seiner Eigenschaften bestimmt ist.

Wie aus den Ausführungen zu Suaréz hervorgeht, bleibt ein solches Kriterium immer epistemischer Natur. Denn wenn der Wahrheitswert einer Aussage nicht unmittelbar ersichtlich ist, weil die nötigen Kenntnisse zum Beweis der Wahrheit oder Falschheit der Aussage unbekannt sind, kann eine Aussage auf der Grundlage der Kenntnisse des die Aussage Überprüfenden nur probablerweise wahr oder falsch sein.

Die Probabilität der Wahrheit oder Falschheit der Aussage kann in zweierlei Weise begründet werden. Geht die Probabilität der Aussage allein aus den Kenntnissen hervor, die ein Individuum hinsichtlich des Befolgens des durch die Aussage Bezeichneten aufweist, bleibt unbekannt, ob das als probabel wahr oder falsch Beurteilte tatsächlich auf das referiert, was sie zu bezeichnen scheint. Denn wird die probable Aussage hinsichtlich des durch sie Bezeichneten beurteilt, unterliegt die Überprüfung durch das Individuum keiner Analyse der Aussagen und Begriffe, die für die Wahrheit oder Falschheit der Aussage vorausgesetzt werden müssen. Insofern unterliegt die Überprüfung der Aussage allein den Kenntnissen, die hinsichtlich des durch die probable Aussage Bezeichneten vorhanden sind und nicht erst aus den eigenen Kenntnissen hergeleitet werden müssen. Eine solche Überprüfung bezieht sich also auf die aktuale Anwendung der Aussage auf etwas. Daher muss sie praktisch sein, weil sie das Ausgesagte nicht hinsichtlich ihrer *causa formalis* und *causa materialis* überprüft. Die Überprüfung des letzteren würde sich nämlich auf die Kenntnis der vorauszusetzenden Relationen und Begriffe beziehen, damit die Aussage auch auf das durch sie Bezeichnete referieren kann.

Hieraus ist zu sehen, dass die probable Wahrheit oder Falschheit einer praktischen probablen Aussage durch die aktuale Kenntnis des Individuums hinsichtlich des durch die Aussage Bezeichneten bedingt ist. Eine solche Aussage kann daher in epistemischer Hinsicht wahr sein, auch wenn sie in metaphysischer Hinsicht falsch ist bzw. vice versa. Denn wenn das durch die probable Aussage Bezeichnete den Kenntnissen des Individuums entspricht, ist die Aussage selbst als kohärent mit den Kenntnissen des Individuums anzusehen. Dies bedeutet, dass die Aussage unter den Bedingungen der Kenntnisse des Individuums wahr oder falsch ist.

Offensichtlich liegt dann ein Wechsel der Bedingungen für die Wahrheit oder Falschheit der probablen Aussage vor. Denn dann gibt nicht die probable Aussage vor, welche Kenntnisse gegeben sein müssen, damit sie probabel ist. Vielmehr gibt das Individuum die Bedingung der Kohärenz bezüglich seiner Kenntnisse für die Probabilität des durch die Aussage Bezeichneten vor. Weil seine Kenntnisse selbst epistemisch bedingt sind, ist auch die Bedingung der Kohärenz mit diesen Kenntnissen ein epistemisches Kriterium, weil die Kohärenz nur so weit gefasst sein kann, wie das Individuum sie selbst erkennt.

Der Wahrheitswert einer probablen Aussage lässt sich aber auch durch die Überprüfung ihrer *causa formalis* und *causa materialis* feststellen. Wenn dies bedeutet, dass das Individuum nicht allein auf der Grundlage seiner Kenntnisse bezüglich des durch die probable Aussage Bezeichneten den Wahrheitswert der Aussage überprüft, sondern wie der Wahrheitswert hinsichtlich ihrer Referenz besteht, dann ist dies die Überprüfung der vorauszusetzenden Relationen und Begriffe, damit die Referenz der Aussage mit dem durch sie Bezeichneten übereinstimmt. Folglich bezieht sich eine solche Überprüfung nicht auf die Anwendung der Aussage auf etwas allein, sondern auch auf die Voraussetzungen der Übereinstimmung des durch sie Ausgesagten mit dem, auf was sie angewandt werden soll.

Weil man für die Übereinstimmung von Referenz und Bezeichnung die vorauszusetzenden Relationen und Begriffe erst auffinden muss, ist eine solche Überprüfung und Feststellung des Wahrheitswertes stets spekulativ, bis man beweisen kann, dass die probable Aussage tatsächlich wahr oder falsch ist. Wenn man unter einer spekulativen Feststellung eine unbewiesene Behauptung über die Relationen von Aussagen und Begriffen versteht, die für den Wahrheitswert einer probablen Aussage vorauszusetzen sind, dann kundschaftet diese dem Worte (speculari) nach nur eine mögliche Übereinstimmung aus.

Dies setzt zwar wiederum die Kenntnisse des Individuums als Anfangspunkt des Auffindens voraus, doch können sie nicht das Kriterium für die Probabilität der Wahrheitswerte der probablen Aussage vorgeben. Denn wenn man nach den Gründen für die Übereinstimmung von Referenz und Bezeichnetem sucht, ist dies die Untersuchung der Frage, ob die Aussage angibt, dass der Fall ist, was der Fall ist, bzw. dass nicht der Fall ist, was nicht der Fall ist. Daher bildet auch hier wiederum die Beschaffenheit der Welt die Bedingung, der der Maßstab des Auffindens der Gründe für die Übereinstimmung von Referenz und Bezeichneten ist. Dies selbst dann, wenn eine solche Untersuchung auf der Grundlage der epistemisch eingeschränkten Kenntnisse eines Individuums geschieht.

14 Relationen von probablen Aussagen

Entbehrlich ist nun darzulegen, in welchem Verhältnis Aussagen zueinander stehen, deren Wahrheitswert als wahr oder falsch bestimmt ist. Denn wie bereits mehrfach betont, unterscheidet sich eine probable Aussage von einer kategorischen Aussage hinsichtlich ihrer Eigenschaft zu referieren nicht. Auch eine probable Aussage kann nur auf etwas referieren, was unter den Bedingungen der metaphysischen Möglichkeit einer Welt sein kann.

Wie bereits festgestellt, geschieht das durch zwei Weisen von probablen Aussagen. Diese sind aufgrund ihrer zugrunde gelegten Bedingungen entweder spekulativ oder praktisch. Inwiefern sich diese relational zueinander bestimmen lassen, gilt es nun zu untersuchen. Dass diese in Relation stehen müssen, geht nämlich aus der Übereinstimmung des durch sie Bezeichneten hervor.

Wenn zwei probable Aussagen, von denen die eine spekulativ und die andere praktisch probabel ist, dasselbe bezeichnen, obwohl sie unterschiedlich referieren, ist klar, dass beide Aussagen einander entsprechend den Bezeichneten bestimmt sind. Denn bezeichnen beide Aussagen dasselbe Ding und referieren in unterschiedlicher Weise, sind sie hinsichtlich derselben Entität bestimmt. Insofern besteht mindestens eine Relation der Differenz der Referenzen zu dem Referenzobjekt beider Aussagen. Sie wäre nicht gegeben, wenn beide Aussagen Unterschiedliches bezeichnen. Auf den ersten Blick mag diese Behauptung widersinnig sein. Wenn Aussagen etwas nur bezeichnen und nicht in derselben Weise darauf referieren, dann ist aufgrund der unterschiedlichen Referenz davon auszugehen ist, dass die Aussagen Verschiedenes bezeichnen.

Indem man in Betracht zieht, dass eine Aussage wie deren Begriffe für dasjenige stehen, was und wie es durch den Verstand erfasst ist, kann man durch sie das bezeichnen, was durch sie erfasst ist. Was durch den Verstand erfasst wurde, ist eine bestimmte Anzahl von Eigenschaften eines Dings. Dieses an Eigenschaften Erfasste eines Dings ist der Begriffsumfang. Der Begriffsumfang bestimmt die mögliche Referenz des Begriffs bzw. der Aussage, sofern diese eine Verknüpfung von Begriffen ist. Denn je nachdem wie man die Referenz des Begriffs bestimmt, entspricht sie entweder seinem vollen Begriffsumfang oder aber nur einem Teil davon.

Je nachdem wie die erfassten Eigenschaften als bestimmte Kombination festgelegt sind, referiert ein solcher Begriff in verschiedener Weise. So gehört zum Begriffsumfang des Begriffes „Stuhl" dass dieser eine Sitzfläche hat, ein Sitzmöbel ist und mindestens ein Standbein besitzt. Bezeichnet man durch einen solchen Begriff einen solchen Stuhl, der diese Eigenschaften voll erfüllt, so referiert der Begriff mit seinem vollen Begriffsumfang. Doch ist seine Referenz nur so bestimmt, dass die Anwendung des Begriffs zur Unterscheidung eines Dings unter anderen Dingen genügt, muss der Begriff nicht gemäß seinem vollen Begriffsumfang referieren. Denn zur Unterscheidung eines Stuhls von einem Tisch genügt es, wenn der durch den Stuhl bezeichnete Begriff „Stuhl" auf ihn als Sitzmöbel referiert.

Das schließt nicht aus, dass man auf denselben Stuhl mit demselben Begriff in vollen Begriffsumfang referieren kann. Dann ist dieser Begriff nur in einem anderen Modus, der durch die festgelegte Kombination der erfassten Eigenshaften bestimmt ist. Hier kommt die Frage auf, ob der so verwendete Begriff nicht doch grundlegend verschieden ist. Er mag zwar ein Derivat eines anderen Begriffes sein, doch ist er als dessen Abkömmling doch anders definiert. So wie ein Artbegriff von seinem Gattungsbegriff verschieden ist, weil ihre Referenz unterschiedlich bestimmt ist. Denn die Gattung referiert auf mehr als die Referenz eines einzelnen Artbegriffs.

Dem widerspricht was zuvor gesagt wurde. Der Begriffsumfang bestimmt die mögliche Referenz des Begriffs, nicht die tatsächliche Referenz. In einem Gattungsbegriff ist zwar auch dessen mögliche Referenz bestimmt, dies aber in unbestimmter Weise. Andernfalls könnte er nicht verschiedene Derivate unter sich erfassen. Ein Artbegriff hingegen ist hinsichtlich seiner Referenz differenter bestimmt. Doch niemals in der Art und Weise, dass sie so bestimmt ist, dass alle möglichen Bestimmungen, die auf Eigenschaften referieren können, in bestimmter Weise aus ihr ersichtlich sind. Denn auch einen Artbegriff kann man weiter bestimmen, so dass er ein Gattungsbegriff der aus ihm hervorgehenden Art ist. Freilich lässt sich hinsichtlich der allgemeinen Logik von der Beschränkung des Verstandes absehen, so dass in allgemeiner Weise jeder Begriff entweder eine Gattung oder Art aussagt. Hinsichtlich der Probabilität einer

Aussage beansprucht dies keine Gültigkeit, weil Probabilität aus der epistemischen Beschränktheit eines Verstandes hervorgeht. Daher lässt sich diese Frage am leichtesten auflösen, wenn man sich der epistemischen Bedingtheit der hervorgebrachten Begriffe erinnert. Wenn der durch den Verstand hervorgebrachte Begriff diejenigen Eigenschaften erfasst, die dieser an etwas auffinden kann — mag dies eine logische oder metaphysische Entität sein — auffinden kann, dann ist der so hervorgebrachte Begriff notwendigerweise durch die epistemische Beschränktheit des zugehörigen Verstandes bedingt.

Diese Begriffe sind hinsichtlich ihrer möglichen Referenz durch den Begriffsumfang beschränkt. Ein solcher Begriff ist insofern hinsichtlich seiner möglichen Referenz beschränkt, auch wenn man ihn in logischer Hinsicht beliebig spezifizieren kann. Zieht man zusätzlich in Betracht, dass jeder Verstand seine epistemische Beschränktheit durch die metaphysischen Bedingungen der Welt erlangt, folgt daraus, dass eine Vielzahl von Verständen derselben Welt nichts anderes erfassen können, als was diesen Bedingungen entspricht. Erfassen verschiedene Verstände Unterschiedliches bezüglich einer Entität, kann also der Begriffsumfang differieren, während die Bezeichnung dieselbe ist.

Zuweilen schließt dies nicht aus, dass die Begriffsumfänge einander ergänzen und somit die mögliche Referenz auf bestimmte Eigenschaften einer Entität, weil der Begriff derselben Entität zugehörig ist. Hieraus erhellt, dass derselbe Begriff von etwas mit unterschiedlichem Begriffsumfang dasselbe bezeichnet, aber in unterschiedlicher Weise referieren kann. Jede andere Annahme führt, um mit Gottlob Frege zu sprechen, „[...] alles ins Subjektive und hebt, bis ans Ende verfolgt, die Wahrheit auf.“[341]

Erlangt der Mensch seine epistemische Bedingtheit nicht durch die metaphysischen Bedingungen der Welt, sondern würden diese allein aus seinem Verstand hervorgehen, unterläge der Verstand allein psychischen Bedingungen, die aufgrund der Individualität der Menschen stets verschieden bestimmt sind. Dann bliebe ein jeder Begriff und somit jegliche wissenschaftliche Bemühung der Begriffsklärung unverständlich, weil die Begriffe individuellen psychischen Bedingungen unterliegen würden, die immer nur ein Individuum einsehen könnte. Daher ermöglicht nur ein Verstand, der seine epistemische Beschränktheit durch die metaphysischen Bedingung der Welt erlangt, dass

---

³⁴¹ Frege, Gottlob: Die Grundlagen der Arithmetik. S. 20$^{33\text{-}34}$.

der Begriffsumfang eines Begriffs vollständig aufgedeckt wird, sofern sich andere Verstände mit diesem auseinandersetzen.

15 Der Modus der Wahrheitswerte

Wenn Begriffe probabler Aussagen dasselbe bezeichnen können, aber unterschielich referieren, zeigt sich, dass durch die Bestimmung der Referenz der Modus eines Begriffs festgelegt ist. Denn durch die Referenz wird festgelegt, in welcher Weise ein Begriff bzw. eine Aussage etwas bezeichnet. Hieraus erhellt, dass die noch aufzufindenden Relationen zwischen probablen Aussagen zwischen den modalen Bestimmungen derselben zu finden sind. Auf den ersten Blick scheint dies unverständlich. Sind doch die Relationen, wie z.B. die Kontradiktion oder Kontrarität, kategorischer Aussagen primär durch ihre Qualitäten von wahr und falsch bestimmt.

Von der qualitativen Bestimmtheit der Aussage pflegt man insofern auszugehen, weil man den definiten Wahrheitswert von Aussagen entsprechend dem Bivalenzprinzip und dem *principium exclusi tertii* als wesentliche Eigenschaft von Aussagen denkt. Daher kommt Aussagen der Wahrheitswert von wahr oder falsch mit Notwendigkeit zu. Beachtet man hingegen die Ausführungen des Petrus Hispanus zur Modalität von Aussagen, so ist deutlich, dass wahr und falsch ebenfalls nur Modi von Aussagen sind. Petrus weist darauf hin, dass „Propositio modalis est quae modifcatur aliquo istorum sex modorum scilicet possibile, contingens, impossibilie, nescessario, vere, & false, [...]"[342] Denn jeder aufgeführte Modus kommt einer Aussage dadurch zu, dass sie der Aussage erst prädiziert werden müssen.[343]

Zieht man in Betracht, dass die wesentlichen Eigenschaften von Aussagen durch die Gegebenheit eines Subjekts, Prädikats und einer Kopula bestimmt sind, kommt der Aussage selbst noch kein Wahrheitswert zu. Alles was man aus den grundlegenden Eigenschaften einer Aussage sehen kann, ist, dass die Kopula das Subjekt mit dem Prädikat verbindet bzw. dieses davon trennt.[344] In welcher Weise und ob die so gebildete Verbindung bzw. Trennung dem Subjekt zukommt, ist daher erst noch zu prädizieren. Die Prädikation eines definiten Wahrheitswertes ist daher selbst als ein Modus der Aussage anzusehen. Diese Prädikation bestimmt, wie das Prädikat der Aussage

---

[342]   Hispanus, Petrus: Summulae Logicales cum Verorii Parisiensis Clarissima Expositione. Trac. I. S. 40. C[35-37]. [Eine modale Aussage ist, die jemand durch diese sechs Weisen verändert, nämlich möglich, kontingent, unmöglich, notwendg, wahr und falsch, ...]

[343]   Vgl. ebd. D[39-40].

[344]   Vgl. ebd. S. 18 B-D[22-25].

ihrem Subjekt in bestimmter Weise, i.e. eine modale Bestimmung, zukommt oder abspricht.

Ohne an dieser Stelle Petrus umfangreiche Darstellung und die Erläuterungen seiner Kommentatoren zu den Modi von Aussagen wiedergeben zu müssen,[345] lässt sich an dem von ihm gewählten Beispiel schnell explizieren, inwiefern Aussagen hinsichtlich ihrer Modi in Relation zueinander stehen. Das einschlägige Beispiel dafür ist: „[…] Socratem currere est possibile, […]“[346] Auch wenn dieses Beispiel eine singuläre Aussage ist,[347] so erfüllt sie alle Kriterien kategorischer Aussagen, weil sie eine Aussage ist. Deswegen kann man sie genauso analysieren. Hinsichtlich der wesentlichen Eigenschaften von Aussagen und der lateinischen Grammatik ist festzustellen, dass die Aussage selbst aus zwei Aussagen besteht. Löst man den Accusativus cum Infinitivo auf, so ergibt sich zunächst „Sorcates currit“. Nach Petrus lässt sich dieser in die Normalform einer Aussage durch folgenden Umstellung bringen: „Socrates est currens.“[348] Denn was durch die Aussage, dass Sokrates geht, ausgesagt wird, ist, dass Sokrates gehend ist.

Aus der Aussage, dass Sokrates gehend ist, ist nicht ersichtlich, in welcher Weise dem Subjekt sein Prädikat zukommt. Ist das Prädikat dem Subjekt nur zugesprochen oder abgesprochen, geht daraus nicht wie bei der Explikation von Prädikaten eines Eigennamens hervor, mit welchem ontologischen Status die Prädikation erfolgt. Folglich bedarf die Prädikation einer Modifikation, die das Prädikat als solches ontologisch bestimmt. So dass man sehen kann, wie das Prädikat dem Subjekt zukommt bzw. nicht zukommt. Unumgänglich muss daher das Prädikat selbst prädiziert werden. Dies derart, dass sich seine Eigenschaft als bestimmte Eigenschaft erfassendes Prädikat nicht verändert. Wäre das Prädikat durch eine weitere Prädikation hinsichtlich dieser Eigenschaft verändert, würde das Prädikat nämlich ein anderes sein. Weil das so zugesprochene Prädikation des Prädikats das Prädikat nicht verändert, sondern nur genauer hinsichtlich seines Subjekts bestimmt, ist das Prädikat in seiner Eigenschaft als Prädikat in einer Aussage näher bestimmt. D.h., die Eigenschaft des Prädikatseins ist durch seine Prädikation verändert. Folglich wird dadurch sein Modus als Prädikat bestimmt. So wird Sokrates das Prädikat des Gehens im Modus der Möglichkeit zugesprochen. D.h.

---

345   Vgl. ebd. S. 43f E-H.
346   Vgl. ebd. S. 42 E^6. [Dass Sokrates geht, das ist möglich.]
347   Vgl. ebd. S. 17 B-C.
348   Vgl. ebd. S. 14 C. [Sokrates ist gehend.]

dass ihm das Gehen als Eigenschaft zukommen kann, jedoch nicht muss und gerade auch nicht tut.

Gleiches gilt für die Wahrheitswerte von Wahrheit und Falschheit. Dass Sokrates gehend ist, ist hinsichtlich des Wahrheitswerts zunächst indifferent, weil das Prädikat bezüglich seines Modus unbestimmt ist. Daher kann man auch erst über den Wahrheitswert der Aussage entscheiden, wenn das Prädikat ihm wahrhaft oder falscherweise zukommen. Wenn der Wahrheitswert selbst ein Modus einer Aussage ist, ist dieser nämlich erst überprüfbar, wenn er der Aussage zukommt bzw. abgesprochen wird.

Man kann dieser Ansicht widersprechen, indem man darauf verweist, dass eine Aussage eine Verknüpfung von Begriffen ist, die in bestimmter Weise definiert sind. Gerade aufgrund ihrer Kompossibilität untereinander ist entscheidbar, ob die durch die Aussage ausgesagte Verknüpfung wahr oder falsch ist. Gemäß dem *principium contradictionis* muss jedes Prädikat, das man einem Subjekt in inkompossibler Weise prädiziert, als fälschlich prädiziert angesehen werden. Hinsichtlich des *principium identitatis* ist das Prädikat als wahrhaft prädiziert, wenn man es dem Subjekt in kompossibler Weise prädiziert. Schließlich läßt sich aus der Anwendung dieser Prinzipien von vornherein erkennen, dass z.B. dem Begriff „Kreis" keine „Eckigkeit" in kompossibler Weise prädizierbar ist. Weshalb eine bejahende Aussage diesbezüglich falsch sein muss.

Gleichwohl ist zu entgegnen, dass man den Wahrheitswert auf diese Weise nicht wissen kann, wenn das Prädikat der Aussage modal unbestimmt ist. Kommt die Eckigkeit dem Kreis in unmöglicher (impossibile) Weise zu, ist das Prädikat mit dem Subjekt kompossibel. Insofern ist diese Prädikation als wahr prädiziert. Solange nur bekannt ist, dass das Prädikat mit dem Subjekt verbunden ist, bleibt unbegreiflich, wie diese Verbindung genau bestimmt ist. Man erblickt alsdann in der Verknüpfung nur eine indefinite Bestimmung von Subjekt und Prädikat.

Weiterhin ist zu bemerken, dass sich die angeführte Kompossibilität auf ein Subjekt bezieht, das selbst bereits entsprechend den Eigenschaften eines Kreises definiert ist. Soll das Prädikat kompossibel mit den Bestimmungen innerhalb der Definition eines solchen Subjekts bestimmt sein, so ist das allein dann möglich, wenn bekannt ist, in welchem Modus die Bestimmungen des Subjekts definiert sind. Enthält das Subjekt z.B. nur Bestimmungen, die möglich sind, erweist sich kein Prädikat als kompossibel, das seinem Modus nach kontingent ist. Ist eine kontingente Bestimmung dadurch charakterisiert, dass durch sie eine Eigenschaft erfasst ist, die momentan aktual ist, aber ebenso nicht aktual sein kann, kann diese keinem Subjekt zukommen, welches ausschließlich mögliche Entitäten erfasst. Denn obwohl dasselbe Prädikat im Modus der Möglichkeit mit dem Subjekt kompossibel wäre, bliebe unbegreiflich, wie etwas, was als etwas Mögliches bestimmt ist, eine aktuale Eigenschaft zukommt. Dann wäre das Mögliche selbst ein Wirkliches. Eine solche Annahme ist widersprüchlich. Ohne eine genaue Bestimmung des Modus des Prädikats ist also der Wahrheitswert einer Aussage nicht ersichtlich.

Nötig ist darauf zu zeigen, wie der Wahrheitswert solcher Aussagen bestimmt ist. Hieraus zeigt sich eine Besonderheit bei der Bestimmung des Wahrheitswerts von Aussagen. Entsprechend der angeführten Modi ist zu sagen, dass das Bivalenzprinzip von Aussagen zwar gültig ist, doch dass sich dieses nicht auf die Wahrheitswerte wahr und falsch allein erstreckt, sondern auf die Weise wie einem Prädikat sein Modus zukommt bzw. abzusprechen ist.

Wenn man in Betracht zieht, dass ein und dasselbe Prädikat z.B. entweder möglich oder nicht-möglich bzw. entweder unmöglich oder nicht-unmöglich usw. sein kann, ist die Gültigkeit des Prinzips ersichtlich. So kann ein und dasselbe Prädikat z.B. entweder möglich sein oder nicht-möglich bzw. entweder unmöglich oder nicht-unmöglich usw. Dass ein Prädikat einen bestimmten Modus mit Notwendigkeit aufweist, ist damit nicht gesagt. Die Bestimmtheit des Modus ist selbst kontingent, weil die Prädikate als universale Begriffe hinsichtlich ihrer modalen Bestimmtheit erst zu bestimmen sind, damit sie auf Einzeldinge anwendbar sind. Je nach Anwendung auf ein Einzelding differiert der Modus des Prädikats folglich.

Kommt dem Prädikat hingegen ein Modus mit Notwendigkeit zu, ist es ein und demselben Subjekt nicht in unterschiedlicher Weise zusprechbar. Wenn das Prädikat notwendigerweise in einem bestimmten Modus ist, kann ihm kein anderer Modus zukommen. Denn besteht etwas mit Notwendigkeit, so bedeutet dies, dass etwas niemals nicht sein kann. Kommt daher einem Subjekt das Prädikat des Weißseins im Modus der Notwendigkeit zu, ihm das Weißsein nicht mehr zusätzlich im Modus der Möglichkeit oder Wirklichkeit zusprechbar. Denn der metaphysische Modus der Notwendigkeit exkludiert die Modi der Möglichkeit und Wirklichkeit.[349] Ist das Prädikat des Weißseins als notwendig bestimmt, kann es nicht als gerade aktual seiend und später

---

[349]   Vgl. Hartmann, Nicolai: Möglichkeit und Wirklichkeit. S.135^{28}-136^{10}.

nicht mehr seiend bzw. gerade nicht aktual seiend aber später seiend können bestimmt werden. Denn das Prädikat des Weißseins kann niemals nicht aktual sein.

Hieraus geht hervor, wenn man dem Prädikat ein Modus mit Notwendigkeit zuspricht, der durch selbige nicht ausgeschlossen ist, dass dann das Beharren auf der Notwendigkeit eines Modus des Prädikats aus einem Prädikat viele voneinander differente Prädikate hervorgehen lässt. Kommen ein und demselben Prädikat zwei oder mehr Modi mit Notwendigkeit zu, so ist ausgeschlossen, dass dann noch von demselben Prädikat zu sprechen ist. Denn wenn die Modi der Prädikate mit Notwendigkeit bestehen, dann sind sie selbst als wesentliche Bestimmungen des jeweiligen Prädikats anzusehen. Denn sie können niemals ohne diese Modi sein. Sofern ein und derselben Entität nicht zwei voneinander verschiedene Modi notwendigerweise zukommen können, ist jedes Prädikat von einem anderen verschieden. Dann bleibt unbegreiflich, wie einem Subjekt dasselbe Prädikat in verschiedener Weise zukommen kann. Denn ihm würde bei jeder Prädikation durch einen differenten Modus ein differentes Prädikat zukommen. Beispielsweise könnte nicht erkannt werden, dass innerhalb der Aussagen „Kreise sind möglich rund." und „Kreise sind notwendig rund." ein und dasselbe Prädikat der Rundheit dem Subjekt „Kreise" zugesprochen wird. Die Prädikate der Rundheit wären dann entsprechend ihren Bestimmungen different voneinander.

In einer Logik wie der klassischen Aussagenlogik, innerhalb derer durch ein und dasselbe Prädikat alle Entitäten erfasst werden, denen dieses Prädikat zukommen kann, ist das widersinnig. Die Prädikate könnten dann nur jene Entitäten unter sich begreifen, denen das ausgesagte Prädikat mit derselben Notwendigkeit zukommt mit der auch der Modus des Prädikats besteht. D.h. ein Prädikat würde dann nur jene Entitäten erfassen können, denen die prädizierte Eigenschaft in demselben Modus mit Notwendigkeit zukommt. Wenn keine Entität bzw. wenn überhaupt nur eine Entität — nennen wir sie Gott — gegeben ist, deren Modus mit Notwendigkeit besteht, würden die Prädikate überhaupt keine Entität erfassen. D.h. solche Aussagen könnten nichts bezeichnen, weil sie auf nichts in der Welt referieren können. Folglich ist zu schließen, dass dem Prädikat einer Aussage sein Modus in kontingenter Weise zukommen muss, weil andernfalls eine Aussage weder etwas bezeichnen noch auf etwas referieren könnte, dass nicht notwendig ist.

Da nun gezeigt ist, dass der Modus eines Prädikats selbst kontingent ist, so ist ersichtlich, dass auch die Wahrheitswerte von wahr und falsch kontingent sein müssen. Hält man an der aristotelischen Definition von Wahrheit und Falschheit fest, muss Wahrheit und Falschheit selbst ein Modus einer Aussage sein, der durch die Übereinstimmung eines Prädikats mit demjenigen bestimmt ist, was durch die Aussage im Ganzen bezeichnet ist. Insofern ist die Wahrheitswertverteilung unter dem Bivalenzprinzip mithin kontingent. Denn erst durch die Übereinstimmung des Bezeichneten der Aussage mit ihrer Referenz — ausgedrückt durch die Verbindung eines bestimmten Subjekts mit einem bestimmten Prädikat — ist einsehbar, ob der Fall ist, was der Fall ist bzw. dass nicht der Fall ist, was nicht der Fall ist. Andernfalls blieben die Aussagen hinsichtlich der Wahrheit und Falschheit schlichtweg indefinit.

Hierauf ist also zurückzuführen, dass, wenn eine Aussage hinsichtlich ihrer Referenz überprüft wird, diese notwendigerweise wahr oder falsch sein muss. Gleichwohl ist dies hinsichtlich der dem Subjekt zugesprochenen Prädikate selbst kontingent. Schließlich läßt sich die Referenz mit demselben Subjekt und Prädikat auch durch andere Modi bestimmen.

Diese Position lässt sich bestärken, wenn man Walter Burleighs suppositionstheoretischen Überlegungen über die Termini von Aussagen berücksichtigt. In diesem Zusammenhang erklärt er, dass das Subjekt bzw. Prädikat als Terminus einer Aussage für das durch denselben Terminus Bezeichnete steht.[350] Dies ist hinsichtlich des Begriffsumfangs der Termini entweder in univoker oder äquivoker Weise möglich.[351]

Zum einen können die Termini für ihren vollen Begriffsumfang stehen und sind demgemäß bei ihrer Referenz nicht voneinander unterscheidbar, weshalb sie gemäß der lateinischen Entsprechung von ὁμώνυμος *univocus* zu nennen sind.[352] Zum anderen können sie nur für einen Teil ihres Begriffsumfangs stehen und sind demgemäß auch unterscheidbar. Weshalb sie einander gleichend (aequivocus) sind. So ist z.B. ein definiter Begriff vom Menschen innerhalb einer Aussage sowohl so zu verwenden, dass man durch denselben etwas über alle Eigenschaften des Menschen ausgesagt oder aber in verschiedener Weise. In verschiedener Weise werden durch den Begriff Eigenschaften des Menschen ausgesagt, wenn nur einige Bestimmungen seiner vollständigen Definition innerhalb der Aussage zur Referenz bestimmt sind. Ist durch den Begriffsumfang auch bestimmt, welche Bestimmungen ein Subjekt- oder Prädikatterm aufweisen

---

[350]   Vgl. Burleigh, Walter: Von der Reinheit der Kunst der Logik. Pars I. cap. I S. $4^{11\text{-}18}$.
[351]   Vgl. ebd. Pars II. S. $140^{8\text{-}13}$.
[352]   Pape, Wilhelm: Handwörtrbuch der Griechischen Sprache. In drei Bänden, deren dritter die Griechischen Eigennamen enthält. Zweiter Band. A- Ω. S. 325.

kann und für diese dementsprechend auch stehen kann, muss in diesem auch bestimmt sein, welche Modi die Bestimmungen aufweisen können.

Wenn der Begriff eines Subjekts bzw. Prädikats, ohne dass ihm bereits ein Modus zukommt, innerhalb verschiedener Aussagen nicht voneinander verschieden ist, ist es ausgeschlossen, dass ihm eine Bestimmung zukommt, die in ihm nicht bereits enthalten ist. Würde ihm daher von anderswo eine Bestimmung seiner möglichen Modi zukommen, müsste man ihn in differenten Aussagen als ein differenter Begriff ansehen. Denn ihm kommt eine Bestimmung zu, die er vorher nicht hatte. Insofern ist unter der Prämisse der stets gleichbleibenden Begriffe der Subjekt- und Prädikatterme zu folgern, dass die Modi eines Begriffes bereits in ihm als mögliche Modi bestimmt sind und die Begriffe somit gemäß ihren möglichen Modi referieren können, sofern der genaue Begriffsumfang bestimmt ist.

16 Probabilität als Modus einer Aussage

Nachdem ausreichend deutlich ist, dass eine jede sowohl bezeichnende und referierende Aussage einen bestimmten Modus aufweist, ist darzulegen, inwiefern sich die bereits von Petrus angegebenen Modi von dem der Probabilität unterscheiden. Dass Probabilität ein Modus einer Aussage ist, erhellt daraus, dass diese in bestimmter Weise referieren und etwas bezeichnen können. Dies wäre nicht möglich, wenn der Begriffsumfang ihrer Subjekt- und Prädikatterme nicht ebenfalls bestimmt wäre. Folglich ist zunächst eine Erläuterung der durch Petrus vorgegebenen Modi zu geben, um dann den Modus der Probabilität zu definieren und zu differenzieren, um letztlich genau bestimmen zu können, welche Relationen probable Aussagen zueinander aufweisen können.

Weil Petrus keine genaue Erläuterung der Modi gibt, ist zunächst unklar, was darunter zu verstehen ist. Doch kann in diesem Zusammenhang auf die Schrift „Introductiones in logicam" seines Zeitgenossen William of Sherwood zurückgegriffen werden. Williams Schrift erweist sich bezüglich der Passagen zu den Modi von Aussagen inhaltlich fast identisch. Einziger Unterschied ist, dass William den Gebrauch der Modi deutlicher bestimmt. So erklärt dieser: „impossibile dicitur duobus modis: uno modo, quod non potest nec poterit nec potuit esse verum, et est impossibile per se, [...] alio modo, quod non potest nec poterit esse verum, potuit tamen, […], et est impossibile per accidens."[353]

Angewandt auf die Grundstruktur von Aussagen sagt der Modus der Unmöglichkeit aus, dass ein bestimmtes Prädikat einem Subjekt nicht zukommen kann, weil das Prädikat durch sich mit dem Subjekt nicht kompossibel ist. D.h. dass das Prädikat einem bereits definiten Subjekt zukommt, dessen Bestimmungen denen des Prädikats widersprechen würden, wenn dieses dem Subjekt zugesprochen wird. Infolge eines solchen Widerspruchs ist ersichtlich, dass die Verknüpfung des Prädikats mit dem Subjekt nichts in der Welt bezeichnen, geschweige denn auf etwas in der Welt referieren kann. Daher ist diese Verknüpfung auch nicht als wahr prädizierbar. Denn ein modal bestimmtes Prädikat erweist sich mit dem Subjekt zwar als kompossibel und bezeichnet daher etwas in der Welt und könnte auf etwas verweisen, doch schließt die aktuale Bestimmtheit des Subjekts aus, dass diesem bestimmte Prädikate zukommen können. Denn welches Prädikat nicht zum definiten Begriffsumfang des Subjekts gehört, kann diesem auch unmöglich zukommen.

Demgemäß ist zusammenzufassen, dass der Modus des Unmöglichen ein Prädikat als ein dem Subjekt aufgrund seiner eigenen Definitheit nicht zukommendes bestimmt. Daher ist die Prädikation so bestimmt, dass durch sie aufgrund fehlender Referenz nichts in der Welt bezeichenbar ist. Der Erklärung des Modus der Notwendigkeit schließt William an: „necessarium per se, quod non potest nec potuit nec poterit esse falsum, […]. Necessarium autem per accidens est, quod non potest nec poterit esse falsum, potuit tamen, […]."[354]

Hieraus ist zu sehen, dass der Modus der Notwendigkeit aussagt, dass zum einen einem Subjekt ein bestimmtes Prädikat niemals nicht zukommen kann. D.h. dass dem Subjekt ein Prädikat zukommt, welches das Subjekt als ein Subjekt einer bestimmten Gattung oder Art immer aufweisen muss. Ist das Subjekt durch die in ihm vorkommenden Bestimmungen hinsichtlich seiner Gattung oder Art bestimmt, können ihm diese Bestimmungen niemals fehlen, egal was durch das Subjekt bezeichnet werden

---

[353] Sherwood, William of: Einführung in die Logik. Introductiones in Logicam. S. 34[435-439]. [unmöglich wird von zwei Weisen ausgesagt: von der ersten Weise, dass es nicht sein kann noch werden kann noch konnte, dass es wahr ist, und es ist durch sich unmöglich, (…) in anderer Weise, dass es nicht kann noch werden kann, dass es wahr ist, dochwohl konnte, (…) und es ist unmöglich durch Nebensächliches]

[354] Ebd. S. 34[440-443].[notwendig durch sich, das nicht falsch sein kann noch konnte noch werden kann, (…) Notwendig aber durch Nebensächliches ist, das nicht falsch sein kann noch werden kann, aber konnte,…]

soll. Denn fehlten ihm diese Bestimmungen ist das Subjekt hinsichtlich seiner Art unbestimmt und somit nichts. Folglich ist auch die Prädikation, die durch eine solche Aussage ausgesagt ist, wenn sie etwas bezeichnet, welches seiner Referenz entspricht, wahr und kann niemals falsch sein. Notwendigkeit *per accidens* sagt aus, dass dem Subjekt aufgrund seiner aktualen Bestimmung bestimmte Prädikate zukommen können, ohne die das Subjekt nicht ein Subjekt einer bestimmten Art wäre, doch die Prädikate selbst nicht notwendig sind, damit das Subjekt ein Subjekt derselben Art ist. Denn ist ein Subjekt hinsichtlich seiner Art aktual bestimmt, ist eine erneute Prädikation die Bestimmung des Subjekts zu einer anderen Art, die durch die Bestimmung der Art bedingt ist, welcher das Subjekt zugehörig ist. Denn eine solche Prädikation spricht dem Subjekt ein bestimmtes Prädikat entweder zu oder ab und verändert demgemäß lediglich die Bestimmungen seiner Art.

Dies ist also das Verhältnis von Gattung und Art, weil die Prädikation einer Gattung eines ihrer Derivate in Form eines Artbegriffs hervorbringt. Alsdann ergibt sich, dass es, wenn das Subjekt aktual durch seine Gattung bestimmt ist, ausgeschlossen ist, dass ihm diese aktual oder zukünftig nicht zukommen kann. Wenn die Gattung hinsichtlich ihrer Arten prädiziert ist, dann ist dem Subjekt, welches durch die Gattung bezeichnet wird, eine Referenz einer Art der Gattung zusprechbar.

Obwohl dem Subjekt die Zugehörigkeit einer Gattung notwendigerweise zugesprochen werden muss, kann die Referenz hinsichtlich der Art falsch sein, obwohl ihm die Bestimmung der Art notwendigerweise zuzusprechen ist. So lässt sich durch den Begriff der Gattung Mensch auf alle laufenden und stehenden Menschen referieren, trotzdem dass ein dadurch bezeichneter stehender Mensch nur dieser Art der stehenden Menschen zugehörig ist, während die andere Art falsch zugesprochen wäre. Diese Bestimmungen werden von William letztlich durch die Modi des Möglichen und Kontingenten ergänzt, indem er schreibt: „Possibile et contingens dubliciter dicuntur: uno modo solum de his, quae possunt habere veritatem et falsitatem, et tunc dicuntur proprie; alio modo dicuntur communiter et dicuntur de omni, quod potest habere veritatem, sive sit necessarium sive non."[355]

---

[355]   Ebd. S. 34[443-447].[Möglich und kontingent wird zweifach ausgesagt; in einer Weise allein von denen, die Wahrheit und Falschheit haben können, und dann nennt man sie besonders; in anderer Weise nennt man sie allgemein und man spricht von allem, das Wahrheit haben kann, dass entweder notwendig ist oder nicht.]

Die Modi des Möglichen und Kontingenten sind folglich so bestimmt, dass einem Subjekt ein Prädikat sowohl zukommen als auch nicht zukommen kann. Demgemäß kann das durch eine solche Aussage Bezeichnete hinsichtlich seiner Referenz wahr oder falsch sein. D.h. dass man einem Subjekt ein Prädikat zusprechen kann, dass für die Bestimmung seiner Gattungszugehörigkeit nicht notwendig ist, sondern eine unter die Gattung fallende Art als solche selbst näher bestimmt.

Wenn diese Prädikation die Gattung des Subjekts näher bestimmt, kann durch eine solche Aussage etwas hinsichtlich seiner Art bezeichnet werden und bezüglich der näheren Bestimmung der Gattung entweder tatsächlich auf das Bezeichnete referieren oder nicht referieren. Weil die nähere Bestimmung der Gattung für die allgemeine Bestimmung derselben nicht notwendig ist, kann ein einer Gattung im Allgemeinen zugehöriges Subjekt das prädizierte Prädikat aufweisen, muss es jedoch nicht. Denn ein Gattungsbegriff lässt sich in vielfacher Weise in seine Artbegriffe differenzieren, die alle in mannigfacher Weise ihren Bestimmungen entsprechend referieren, aber hinsichtlich der zugrundliegenden Gattung dasselbe bezeichnen können. Daher können solche Aussagen auch wahr und falsch sein, je nachdem, ob die Referenz des Artbegriffs der Gattung dem Bezeichneten entspricht oder nicht.

Daraus ergibt sich die zweite Bedeutung der beiden Modi. Diese besteht darin, dass sie von allem aussagbar sind, was wahr ist; egal, ob es notwendig ist oder nicht. Zieht man in Betracht, dass die Modi des Möglichen und Kontingenten aussagen, dass die dem Subjekt zukommenden Prädikate entweder seinem Gattungs- oder Artbegriff entsprechen und demgemäß etwas bezeichnen, ist ersichtlich, dass immer eine Referenz zu denjenigen Entitäten besteht, die entweder der Gattung oder aber der Art der Gattung entsprechen. i.e. der Gegenstandsbereich von Gattung und Art. Entsprechen die möglichen und kontingenten Prädikate der Gattung eines Subjekts in vollkommener Weise, so muss dieses alle Entitäten bezeichnen, die unter einen solchen Gattungsbegriff fallen. Weil die Bestimmungen einer Gattung dieser notwendigerweise zukommen, erhellt, dass durch die Modi des Möglichen und Kontingenten somit auch alle Prädikationen erfasst sind, die etwas hinsichtlich des Gattungsbegriffs bezeichnen. Folglich wird durch die Modi des Möglichen und Kontingenten sowohl erfasst, was wahr sein kann bzw. was notwendig wahr ist.

Probabilität weist Ähnlichkeit mit den Modi des Möglichen und Kontingenten auf, wenn man berücksichtigt, dass probable Aussagen mindestens metaphysisch Mögliches aussagen müssen, damit sie etwas bezeichnen bzw. auf etwas referieren können.

Denn dem Subjekt der probablen Aussage spricht man ein Prädikat zu oder ab, welches seinem Gattungs- oder Artbegriff zu entsprechen scheint. Demgemäß kann es alles bezeichnen, was der ausgesagten Referenz entspricht. Weil die in einer probablen Aussage vorkommenden Begriffe jedoch nicht unbedingt sind, sondern hinsichtlich ihrer Bestimmtheit durch andere Aussagen und Begriffe bestimmt sind, gelten die Modi des Möglichen und Kontingenten selbst nur in bedingter Weise. Nämlich ganz gemäß den vorauszusetzenden Aussagen und Begriffen für die Feststellung der Probabilität der Aussage.

Eine wesentliche Differenz zeigt sich mit Blick auf die Aussagen der anderen Modi. Wenn diese etwas bezeichnen, aufgrund der Kenntnis der vollständigen Referenz, die durch die Verknüpfung des Prädikats mit dem Subjekt und dem Begriffsumfang der Termini ersichtlich ist, dann ist erkennbar, dass das Bezeichnete mit der Referenz übereinstimmt. Denn bezeichnet eine solche Aussage etwas in der Welt, ist auch feststellbar, ob die Aussage wahr oder falsch ist, wenn die vollständige Referenz erkannt ist, die durch die Verknüpfung des Prädikats mit dem Subjekt der Aussage hervorgeht. Weil die Referenz innerhalb einer probablen Aussage nicht vollständig aus der Bestimmung des Subjekts und Prädikats hervorgeht, können diese zwar etwas bezeichnen, jedoch ohne dass aus ihrer Referenz dies eineindeutig erkennbar ist.

Behaupten lässt sich daher, dass darin der Unterschied und zugleich die Besonderheit zu anderen Modi entspringen. Hinsichtlich der anderen Modi ist durch die Verknüpfung eines Subjekts und Prädikat nur das der Referenz Entsprechende bezeichenbar. D.h. eine Aussage im Modus der Möglichkeit bezeichnet nur Mögliches, wie eine Aussage im Modus der Notwendigkeit nur Notwendiges bezeichnet. Eine Aussage im Modus der Probabilität bezeichnet hingegen aufgrund der mangelnden vollständigen Bestimmtheit ihrer Referenz alles, was durch die anderen Modi bezeichenbar ist.

Solange die Referenz nicht eineindeutig bestimmt ist, ist jede gegenteilige Aussage nicht beweisbar, welche die Übereinstimmung des Bezeichneten mit der Referenz bestreitet. Um dies zu beweisen, müsste bereits durch die probable Aussage ersichtlich sein, ob die Referenz ihrer Termini mit dem Bezeichneten übereinstimmt oder nicht. Dann wäre sie keine probable Aussage mehr. Hierauf kommt also die Lehre von der Nicht-Gewissheit gegenteiliger Aussagen zurück. Keineswegs kann entschieden werden, ob und in welcher Weise das durch eine probable Aussage Ausgesagte mit ihrer scheinbaren Referenz übereinstimmt. Woraus folgt, dass jede gegenteilige Aussage zwangsläufig aufgrund der bloß scheinbaren Referenz unbeweisbar bleibt. Ein solcher

Beweis setzt immer die eineindeutige Bestimmtheit der Termini einer Aussage voraus, die in diesem Zusammenhang nicht gegeben ist. Insofern ist anzuerkennen, dass eine probable Aussage durch ihren Modus so bestimmt ist, dass diese aufgrund nicht eindeutiger Bestimmtheit ihrer Referenz zunächst jede Entität bezeichnen kann, die durch eine Aussage erfassbar ist.

Kommt somit, wie im Kapitel zu Caramuel gesehen, einer probablen Aussage stets die Nicht-Gewissheit ihrer gegenteiligen Aussage zu, ist nicht entscheidbar, ob und in welcher Weise das durch die Aussage Ausgesagte mit dem durch sie Bezeichneten übereinstimmt. D.h. wenn man nicht feststellen kann, dass innerhalb der Aussage keine Referenz besteht und somit auch nichts bezeichenbar ist, besteht kein Grund, weshalb anzunehmen ist, dass das durch eine probable Aussage Bezeichnete nicht der nicht bewiesenen Referenz der Aussage entspricht.

17 Relation durch Modalität

Nachdem klar ist, dass eine Aussage nur dann bestimmt ist, wenn sie einen der oben genannten Modi aufweist, ist auch ersichtlich, dass eine jede Relation, die zwischen Aussagen besteht, durch die jeweiligen Modi bestimmt ist. Denn als *conditio sine qua non* der Bestimmtheit von Aussagen schließen einige einander aufgrund ihrer Modi aus, während andere aufgrund ihrer Modi kommensurabel sind.

Der jetzt erklärte Begriff von Probabilität führt folglich auf den Weg zur Fragestellung nach den Relationen, die probable Aussagen in oben angeführter Weise zueinander aufweisen. Der Nutzen der Beantwortung ist, dass aus der Bestimmung der Relationen ein Werkzeug hervorgeht, das aufgrund der Probabilität von Aussagen aufzeigt, welchen Aussagen und warum diesen der Vorrang in der Wahl vor anderen zu geben ist. *„Est modus in rebus, sunt certi denique fines, quos ultra citraque nequit consistere rectum.“*[356] Somit ist nun zu bestimmen, welche Relationen probable Aussagen zueinander aufweisen können.

Wie bereits angeführt, liegt Probabilität in spekulativ und praktisch Weise vor. Demgemäß ist festzustellen: Wenn eine bejahende Aussage spekulativ probabel ist, so verhält diese sich zu anderen spekulativ bejahenden und verneinenden Aussagen gleichgültig, die dasselbe bezeichnen. Denn die Subjekte und Prädikate sind jeweils in ein-

---

[356] Horaz; Growers Emily (Ed.): Satires. Book I. Sermonum lib. I. I. 106-107. S. 33. [Es gib ein Maß in den Dingen; schließlich haben sie bestimmte Grenzen, darüber hinaus und außerhalb kann nicht bestehen, was Recht ist.]

zigartiger Weise bestimmt. Daher sind sie selbst Bestandteil einer jeweils differenten Ganzheit von Aussagen und Begriffen, die allein innerhalb dieser Ganzheit Gültigkeit beansprucht. Demgemäß weist eine Aussage, die etwas bejahend als probable aussagt, zu einer, die unter denselben Bedingungen etwas verneinend als probabel aussagt, eine Relation der Kontrarietät auf. Wenn nur eine der Aussagen aus den vorauszusetzenden Aussagen folgt, ist ausgeschlossen, dass beide zugleich folgen können. Nicht ausgeschlossen werden kann jedoch, dass beide Aussagen zugleich nicht folgen. Aufgrund der mangelnden Klarheit der Bestimmtheit der Referenz der Termini der Aussage, ist dies nicht auszuschließen.

Dies gilt nur, wenn die Aussagen in derselben Weise probabel sind. Denn bejaht eine spekulative Aussage etwas als probabel und verneint eine praktische Aussage etwas als probabel, so schließt die Probabilität der spekulativen Aussage diejenige der praktischen Aussage kontradiktorisch aus. Gilt die Probabilität der praktischen Aussage nur bedingter Weise entsprechend dem Wissen des Individuums über das Referenzobjekt und die Probabilität einer spekulativen Aussage aufgrund der metaphysischen Bedingungen einer Welt, ist die epistemische Nichtprobabilität von dem auszuschließen, das sich aufgrund des letzteren Kriteriums als metaphysisch probabel erweist. Das ist nur dann der Fall, wenn die Welt, auf welche sich die Aussagen beziehen, jeweils verschieden ist.

Daraus ist zu schließen, dass die bejahende praktische Aussage durch die bejahende spekulative Aussage inkludiert ist, wenn die Bejahung der spekulativen und praktischen Aussage übereinstimmt. Vice versa gilt dies auch für die verneinenden Varianten solcher probablen Aussagen. Dies bedeutet, dass für die Probabilität der praktischen Aussage dieselben Bedingungen vorauszusetzen sind, wie für die spekulative Aussage.

Die Probabilität einer praktischen Aussage verhält sich hingegen zu einer anderen praktischen Aussage entweder entsprechend dem Verhältnis der Kontrarietät oder, sofern die für diese Urteile vorauszusetzenden Kenntnisse verschieden sind, der Exklusion. Denn beide Aussagen sind dann Bestandteile eines Ganzen von Kenntnissen eines Individuums, die aufgrund ihrer eineindeutigen Bestimmtheit voneinander verschieden sind und folglich einander ausschließen. Denn sie sind nicht Bestandteile desselben Ganzen. Weil die Probabilität einer praktischen Aussage durch die Kenntnisse eines Individuums bedingt sind, ist das Verhältnis der Kontrarietät selbst nur theoretischer Natur. Damit beide praktische Aussagen sich konträr zueinander verhalten können, setzt dies nämlich dieselben Bedingungen voraus. Dann bliebe schleierhaft, wie gemäß denselben Kenntnissen sowohl die Bejahung wie die Verneinung von Probabilität zu folgern ist.

IV Mathematischer Probabilismus

Allgemeinhin lässt sich der Anfangspunkt des mathematischen Probabilismus nicht auf eine bestimmte Zeit festsetzen. Denn auch wenn für Europa Blaise Pascals Briefe über die Wahrscheinlichkeit an Pierre Fermat einen Fixpunkt für das Aufkommen einer Mathematik der Wahrscheinlichkeit darstellen, so ist bekannt, dass außerhalb des Europas des 17. Jhd. bereits im antiken Indien Geschichten existierten, deren Gegenstand mathematisch orientierte Wahrscheinlichkeit war.[357] Diese Geschichten, die für die indische Literatur typischerweise sowohl einen unterhaltenden wie wissensvermittelnden Anspruch innehaben, umspannen einen Entstehungszeitraum, der über dreitausend Jahre zurückreicht, und eine Mannigfaltigkeit, die unüberschaubar ist.[358] Weil die Urheber bzw. der Inhalt älterer Geschichten oftmals über die Zeit verloren ging und nur noch aus Zitaten bekannt ist,[359] ist nicht feststellbar, welches Werk den Anfangspunkt einer Lehre eines mathematischen Probabilismus darstellt.

Daraus ergibt sich die Problematik, dass der Anfangspunkt jeder Untersuchung zum Verständnis des mathematischen Begriff „Probabilität" und seiner Entwicklung willkürlich ist. Grundsätzlich ist diese Tatsache für den Gegenstand der Untersuchung unbedeutend. Denn der disputierte Begriff ist mathematisch. Weil die Mathematik wie jede andere Wissenschaft auch ihre Gegenstände nach bestimmten allgemeinen Kriterien erfasst, ist der Begriff der Probabilität nicht an bestimmte Lokalitäten zu binden. Weshalb der Ausgangspunkt der Untersuchung des mathematischen Probabilismus auch Pascals Schriften zur Wahrscheinlichkeit bzw. die Werke seiner Vorgänger in Europa bilden.

18 Was ist Mathematik?

Wie bereits bei der Untersuchung des scholastischen Probabilismus, ist vor der Analyse des Begriffs „Probabilismus" die Grundlage darzulegen, um verstehen zu können, was für sein Verständnis vorauszusetzen ist. Was daher für Medinas Lehre die Schriften des Heiligen Thomas und der katholischen Doktrin sind, ist für den gegenwärtigen Begriff des Probabilismus die Mathematik.

---

[357] Vgl. Hacking, Ian: The Emergence of Probability. S. 6-9.
[358] Vgl. Winternitz, Maurice: A History of Indian Literature. Vol. I. S. 1-4.
[359] Vgl. ebd. S. 3f.

Freilich ist das Verständnis von Mathematik in der Wissenschaft der Mathematik vielfältig. Begründet ist dies darin, dass man auf die Frage: „Was ist eine Zahl?" oder „Existieren mathematische Entitäten?" bis heute in unterschiedlicher Weise antwortet. Die Beantwortung der Fragen steht, wie Shapiro gezeigt hat, in direktem Zusammenhang mit den ontologischen Überlegungen, die man akzeptiert oder ablehnt. D.h. ob man beispielsweise mathematischen Entitäten ein verstandesunabhängiges Sein zuspricht oder nicht bzw. ob der Wahrheitswert einer Aussage über sie auch dann feststehend ist, wenn niemand die Aussage denkt.[360]

Ohne sich bereits für eine Interpretation entscheiden zu müssen, ist zunächst eine etymologische Untersuchung angebracht. Schließlich wirft die Herkunft und ursprüngliche Verwendungsweise des Wortes bereits einiges Licht auf den Begriff selbst. Etymologisch gesehen stammt das Wort „Mathematik" von den altgriechischen Wörtern „μαθηματική τέχνη" ab, welche mit „die Kunst des Gelernten" oder „die Kunst der Wissenschaft" übersetzbar ist.[361] Verfolgt man den etymologischen Ansatz weiter, fällt auf, dass das Wort „τέχνη" im algriechischen Gebrauch keine eineindeutige begriffliche Bedeutung hatte. Dies zeigt sich beispielsweise bei den platonischen Dialogen, in denen das Wort τέχνη 615 mal in vielfacher grammatischen Abwandlungen verwandt ist. Aufgrund einer fehlenden Theorie der Bedeutung des Begriffs der τέχνη ist aber oftmals wissbar, ob damit theoretisches oder praktisches Wissen gemeint ist.[362] Eine Ausnahme bildet, wie Meier gezeigt hat, der Dialog *Protagoras*.[363] Anhand der Eigenschaften der „Habe eines Wissens"[364] und „der Hervorbringung eines Ergebnisses"[365] lassen sich nämlich vier unterschiedliche Begriffsdefinitionen ableitbar.[366] Weil die platonischen Dialoge jedoch keine systematischen Traktate darstellen, ist trotz der neuzeitlichen Interpretationen des *Protagoras* darauf abzustellen, dass eine eineindeutige luzide Bestimmung des Begriffs der τέχνη auch bei Platon ausbleibt.

Erst Aristoteles lieferte mit seinen Schriften einen systematischen Zugriff auf die Bedeutung. D.h. dass die Bedeutung des Begriffs in fest abgesteckten Themengebieten

---

[360]   Vgl. Shapiro, Stewart: Philosophy of Mathematics and Ist Logic: Introduction. In : Stewart Shapiro (Ed.): The Oxford Handbook of Philosophy of Mathematics and Logic. S. 5^{24}-8^{11}

[361]   Vgl. Pape, Wilhelm: Handwörterbuch der Griechischen Sprache. Zweiter Band. S. 77.

[362]   Vgl. Löbl, Rudolf: Texnh-Techne. Untersuchung zur Bedeutung dieses Worts in der Zeit von Homer bis Aristoteles. Band II: Von den Sophisten bis zu Aristoteles. S. 158-163.

[363]   Vgl. Meier, Jakob: Synthetisches Zeug. Technikphilosophie nach Martin Heidegger. S. 41^{8}-56^{15}.

[364]   Ebd. S. 53^{17}.

[365]   Ebd.

[366]   Vgl. ebd. S. 54.

von ihm dargestellt bzw. entwickelt wurde.[367] Für ein genaueres Verständnis des Begriffs ist daher zunächst auf die aristotelische Differenz einzugehen.

Entsprechend der aritotelischen Differenzierung ist τέχνη als ein schöpferisches Verhalten des Verstandes (λόγου ποιητικὴ ἕξις) definiert.[368] Als solches bezieht sich die τέχνη auf die eingeschränkten Weisen, wie etwas Bestimmtes gemäß einer Methode hervorbringbar ist. Denn wenn das Verhalten durch eine bestimmte Vorgehensweise bestimmt ist, dann ist die Möglichkeit des Hervorbringens insoweit eingeschränkt, dass diese nur bedingterweise vollziehbar ist. Daraus ist zu folgern, dass das Hervorgebrachte auch anders hervorbringbar ist. D.h.: Die Gegenstände der τέχνη sind selbst in ihrer Hervorbringung veränderbar.

Weiterhin ist mit Aristoteles festzustellen, dass die Hervorbringung niemals unabhängig von dem sie Bewirkenden ist.[369] Denn ist die τέχνη ein bestimmtes hervorbringendes Verhalten, so muss diesem zum einen eine *causa efficiens*, welches dieses selbst hervorbringt, und zum anderen sowohl eine *causa formalis* wie *causa finalis* zukommen. Ist das Verhalten selbst nur eine Wirkung von etwas, muss diesem die Ursächlichkeit seiner Wirkung zukommen. Ist diese Wirkung zudem eine bestimmte, bedarf sie einer begrifflichen Definition, da andernfalls unbestimmt ist, welche Wirkung hervorzubringen ist.

Daraus allein geht nicht hervor, wann das Hervorzubringende tatsächlich hervorgebracht ist, noch worin der Anfang und das Ende der Wirkung erkennbar ist. Denn die bloße *causa formalis* gibt nur diejenigen Eigenschaften der Wirkung an, die sie als Wirkung einer bestimmten Art erkennbar macht. Beginn und Ende einer Wirkung sind immer an die singulären Bedingungen gebunden, innerhalb derer sich eine Wirkung vollzieht. Daher bedarf die *causa formalis* einer Ergänzung, die sie durch die *causa finalis* erfährt. Denn diese bestimmt den Punkt, an dem eine bestimmte Wirkung ihre Vollkommenheit erreicht hat.

Hieraus erhellt, dass durch die *causa finalis* das Ende des Wirkens ersichtlich ist, aber auch zugleich dessen Beginn. Wenn eine Wirkung eine Veränderung von etwas ist, dann kann ein Ende der Wirkung nur dann bestimmt sein, wenn dadurch zugleich bestimmt ist, worin die Vollendung der Veränderung begründet liegt. Besteht diese darin,

---

[367]   Vgl. Löbl, Rudolf: Texnh-Techne. Untersuchung zur Bedeutung dieses Worts in der Zeit von Homer bis Aristoteles. Band II: Von den Sophisten bis zu Aristoteles S. 257-264.

[368]   Aristoteles EN. Z, Kapitel 4, 1140a9-10.

[369]   Vgl. ebd. 1140a12-17.

dass sich bestimmte Eigenschaften von etwas verändern, so ist ersichtlich, dass die Gegebenheit dieser Eigenschaften den Anfangspunkt der Wirkung darstellen muss. Denn ohne diese Eigenschaften ist die Wirkung nicht vollendbar, da nichts wäre, was sich irgendwie verändern könnte. Geschieht die Hervorbringungen allein durch einen Menschen, so ist ersichtlich, dass sowohl die *causa efficiens*, die *causa formalis* und *causa finalis*, durch diesen in ihrer Konkretisierung seinen Fähigkeiten entsprechend bestimmt werden, worauf insbesondere Alexander Aichele in seiner Aristoteles Interpretation durch den Begriff des „Am-Leben-Sein" hinweist.[370] Woraus ersichtlich ist, dass das Hervorgebrachte nicht ohne den Menschen wäre, da dieser nach Aristoteles durch seine Seele die genannten Bestimmungen vollzieht.[371]

Davon ist nun der Begriff der ἐπιστήμη zu unterscheiden. Dies mag hinsichtlich der Frage nach der Bedeutung des Begriffs der τέχνη überflüssig erscheinen. Doch hinsichtlich der Bedeutung der Klärung des Mathematik-Begriffs ist das zu verneinen. Denn unklar ist, ob die Mathematik dem ἐπιστήμη-Begriff von Anfang an viel näher steht, als dem τέχνη-Begriff.

Versteht man mit Aristoteles ἐπιστήμη als die Erkenntnis desjenigen, welches nicht anders sein kann, notwendigerweise ist und aufgrund dessen lehrbar ist,[372] so ist man schnell versucht, aufgrund der Strenge und Exaktheit der Mathematik, darin eine ἐπιστήμη zu vermuten. Zumal scheint diese Annahme durch das antike Beispiel der euklidischen Geometrie durchaus berechtigt und gestützt zu sein. Denn aus Euklids Definitionen lassen sich nur notwendig wahre Aussagen ableiten, die aufgrund seiner Axiomatik keinen anderen Wahrheitswert haben können.

Will man Aristoteles glauben, so besteht das wesentliche der Mathematik darin, dass in ihr Entitäten behandelt werden, die von den Entitäten der Natur abstrahiert sind.[373] D.h.: der Mathematiker bildet sich einen Begriff von den Eigenschaften der natürlichen Körper, sofern diese Eigenschaften Quantitäten sind. Denn Quantitäten sind Relationen von Entitäten, die sie entsprechend ihrer artspezifischen Definition zwar nicht in bestimmter Weise aufweisen, ihnen zur Unterscheidung aber definitiverweise zuzusprechen sind, wenn man sie als aktuale Entitäten in der Welt unterscheiden will.

---

[370] Aichele, Alexander: Ontologie des Nicht-Seienden. Aristoteles' Metaphysik der Bewegung. S. 260²²-269²³.
[371] Vgl. Aristoteles EN. Z, Kapitel 3, 1139b 15-37.
[372] Vgl. ebd. 1139b 18-28.
[373] Vgl. Aristoteles Phys. B, Kapitel 2, 193b31-35.

So lässt sich folgern, dass die Mathematik nach dieser Ansicht eine Lehre von den Arten der nicht qualitativen Unterscheidbarkeit von Entitäten sein muss. Somit handelt sie von deren möglichen Verhältnissen.[374] Wenn die Mathematik von allen möglichen Verhältnissen handelt, die Entitäten aufweisen können, so erhellt scheinbar, dass man durch sie mit unumstößlicher Wahrheit alle Verhältnisse erfassen kann, die hinsichtlich bestimmter Entitäten möglich sind. Daher wären die Aussagen notwendigerweise wahr, da solche Entitäten keine anderen Verhältnisse aufweisen könnten und, wenn sie es doch täten, wiederum mithilfe der Mathematik erfassbar sind. Hieraus würde sodann die vollständige Lehrbarkeit der Verhältnisse von Entitäten folgen und dass die Mathematik eine ἐπιστήμη ist.

Wie bereits betont, werden die durch die Mathematik behandelten Entitäten hinsichtlich ihrer Verhältnisse und ohne natürliche Veränderung betrachtet. Hieraus ist mithin zweierlei ersichtlich. Zum einen sind die Gegenstände der Mathematik, wie bei allen Abstrakta, nicht mit denen identisch, von denen sie abstrahiert sind. Diese unterliegen den Bedingungen der Welt, worunter die natürliche Vergänglichkeit ein wesentlicher Bestandteil ist. Zum anderen bedarf die Festlegung von Verhältnissen eines rationalen Kunstgriffes, der überhaupt erst ermöglicht, dass abstrakte Entitäten zueinander in Relation setzbar sind. Denn ohne diesen Kunstgriff, der in der Definition rein mentaler Gegenstände besteht, sind diese Relationen nicht mehr als Begriffe. Aus denen wäre nicht ersichtlich, was sie überhaupt bezeichnen. Wenn durch einen Begriff keine Eigenschaften ausgesagt sind, die in der artspezifischen Definition jener Entität enthalten ist, auf die er anzuwenden ist, ist nicht ersichtlich, was durch ihn ausgesagt ist. Wenn der Begriff einer Relation die artspezifische Definition einer Entität um Bestimmungen ergänzt, dann kann deren Begriff folglich nur etwas aussagen, wenn von vornherein definit ist, worin der Begriff der bestimmten Relation begründet ist.

Wie exemplarisch an der Euklidischen Geometrie zu sehen ist, wird dies durch bestimmte präponierte Definitionen geleistet, welche die Elemente bestimmen, die eine Relation begründen. So lässt sich leicht aus den Definitionen entnehmen, dass solche Relationen stets hinsichtlich Punkten, Geraden und Ebenen zu bestimmen sind. Aus diesen lässt sich scheinbar jeglicher Körper konstruieren, wenn man diese in bestimmter Weise zusammensetzt.

---

[374] Vgl. Aristoteles Met. I, Kapitel 3, 1054b 13-18.

Daraus erhellt, dass zumindest für die Euklidische Geometrie gilt, dass eine Relation eine bestimmte Zusammensetzung von definiten Elementen aussagt, die durch eines der Elemente bestimmt ist. Wie bereits an der dritten Definition von Euklids Elementen zu sehen ist, ist das Verhältnis zweier Punkte zueinander allein durch eine Linie bestimmt. Da die Punkte die Linie in ihrer Erstreckung begrenzen; sie somit zur Geraden machen, ist durch die Linie ersichtlich, wie sich ein Punkt vom anderen entsprechend seiner Lage auf der Linie unterscheidet. Durch die Gegebenheit zweier Punkte könnte diese Unterscheidung nach der Definition des Punkts, als dasjenige, das keine Teile hat, nicht bestimmt werden, da sich die Punkte hinsichtlich ihrer artspezifischen Eigenschaften als identisch erweisen. Insofern besteht ein Verhältnis allein in der Zusammensetzung von Elementen.

Gegen diese Behauptung ist einzuwenden, dass das Beispiel der durch zwei Punkte begrenzten Gerade nahelegt, dass, was als Relation bestimmt wurden ist, selbst ein Ding ist, nämlich die Gerade selbst. Hier ist auf die Besonderheit des rationalen Kunstgriffs hinzuweisen, der darin besteht, dass mit Begriffen gearbeitet wird, die etwas aussagen, das nicht Gegenstand der Erfahrung ist, sondern allein dadurch bedingt ist, dass deren Definition gedacht bzw. mit anderen Definitionen durch eine Aussage verbunden wird. Eine Gerade, die zwischen zwei Punkten ist, bleibt *per definitionem* Länge ohne Breite und ist daher nichts, was Gegenstand der Erfahrung sein könnte, da sie bloße eindimensionale unbestimmte Erstreckung aussagt.

Hieraus ergibt sich, dass hinsichtlich ihrer Definition die Elemente nicht Gegenstand der Erfahrung sind. Folglich kann ein solcher Begriff der Relation nichts über die Gegenstände der Erfahrung aussagen. Schließlich sind auch die bestimmten Zusammensetzungen der Elemente nicht mehr als ihre begrifflichen Bedeutungen.

Dies schließt nicht aus, dass die Gegenstände der Erfahrung wie die Gegenstände der euklidischen Geometrie betrachtbar sind. Wenn erstere durch die Elemente nachkonstruierbar sind, lässt sich auch bestimmen, wie eine solche Konstruktion zusammengesetzt sein muss, damit sie als Abbild der Gegenstände der Erfahrung gelten kann. D.h., auf der Grundlage einer solchen Konstruktion ergibt sich ein Begriff einer bestimmten Relation. Angewandt auf die Gegenstände der Erfahrung sagt dieser nichts über deren tatsächliche Beschaffenheit aus, weil er auf der Grundlage anderer Bedingungen bestimmt ist, als sie die Gegenstände der Erfahrung aufweisen. Dennoch kann er dem von Nutzen sein, der die Bedingungen weiß, hinsichtlich deren er bestimmt ist. Sofern die Bedingungen bekannt sind, ist ersichtlich, was hinsichtlich der Rekonstruktion der Gegenstände der Erfahrung durch den Begriff der Relation ausgesagt ist. Nämlich eine Entsprechung hinsichtlich einer auf Definitionen beruhenden Rekonstruktion, die Maßstab zu nennen ist.

Der jetzt erklärte Begriff von Relation verdeutlicht, warum Mathematik in Anbetracht ihrer Erlernung und Anwendung eine τέχνη ist und nicht von vornherein als ἐπιστήμη angesehen werden muss, auch wenn dies in der Forschung anders gesehen wird,[375] in Anbetracht der Stelle in der Metaphysik, wo Aristoteles von der Mathematik wie von der Physik als θεωρητική spricht.[376] Denn die Aussagen der Mathematik sind unter anderem durch die Definition der Elemente bedingt, die zu wissen sind, damit die Wahrheit oder Falschheit einer mathematischen Proposition erkennbar ist. Daher bedarf der Anwender der Mathematik eines bestimmten Könnens, welches im Anwenden bestimmter gelernter Definitionen besteht, um daraus Aussagen ableiten zu können.

Wie aus den Analytica Posteriora ersichtlich ist, erwirbt man dieses Können für ἐπιστήμη und τέχνη in derselben Weise durch das Lernen von bestimmten Erkenntnissen.[377] Denn diese befähigen entweder zur Akquirierung weiterer Erkenntisse oder zum vollständigen Wissen von Universalien.[378] Letzteres, was der ἐπιστήμη entspricht, ist auch als demonstrierbares Wissen anzusehen.

Wenn von etwas vollständiges Wissen erlangt ist, muss also sowohl die Definition dessen anführbar sein, von dem etwas gewusst wird, als auch die Begründung, weshalb die Definition in dieser Weise besteht. Vollständiges Wissen von Universalien beinhaltet somit auch die Angabe der Bedingungen, unter denen die Definition wahr sein muss. Ohne diese Angabe wäre das Wissen nicht vollständig, weil die Wahrheitsbedingungen der Definition unbestimmt sind.

Nach Aristoteles besteht diese Demonstration in ihrer einfachsten Form in der Angabe eines Syllogismus.[379] Denn dieser stellt durch die Angabe von Prämissen den Beweis für eine bestimmte Aussage dar, die aus den Prämissen folgt. Hierdurch erkennt der Mensch, welche Prinzipien hinsichtlich der bewiesenen Aussagen anzunehmen sind, ohne dass diese von Anfang an erkannt sein müssen, noch erkennbar wären. Der Syl-

---

[375]   Vgl. Löbl, Rudolf: Texnh-Techne. Untersuchung zur Bedeutung dieses Worts in der Zeit von Homer bis Aristoteles. Band II: Von den Sophisten bis zu Aristoteles. S. 196.

[376]   Vgl. Aristoteles: Met. Buch E. Kapitel 1, 1026a 8-18.

[377]   Vgl. Aristoteles: Post an. Buch A, Kapitel 1, 71a 1-4.

[378]   Vgl. ebd. 71a 12-28.

[379]   Vgl. ebd. 71b 17-34.

logismus ist somit eine Methode zur Erweiterung einer zunächst defizitären Erkenntnis über etwas, mit dem Zweck diese Erkenntnis zu vervollständigen.[380] Das Aufstellen eines solchen Syllogismus setzt bereits die Kenntnis um die Aussagen voraus, welche die defizitäre Erkenntnis vervollständigen. Daher dient die Demonstration auch nur einem didaktischen Zweck, nämlich dem Lehren bestimmter Erkenntnisse.

Einer solchen Demonstration der Wahrheit von Aussagen entziehen sich Aussagen, deren Wahrheit nur durch sich selbst erkennbar ist.[381] Man nennt diese auch Axiome. Sie bilden das Fundament, auf dem die ἐπιστήμη beruht. Solche Aussagen formulieren die Bedingungen, entsprechend denen andere Aussagen wahr sind. Denn sie sind aus ihnen ableitbar. Für denjenigen, der nun Mathematik erlernt bzw. diese betreibt, ohne von diesen zu wissen, bleibt Mathematik eine τέχνη. Wie Aristoteles betont, ist ja gerade die wesentliche Eigenschaft der τέχνη in der zielgerichteten Hervorbringung von etwas zu sehen.[382] Der Lernende der Mathematik nutzt ihre Methoden zur Erkenntnisgewinnung ihrer Axiome und bringt somit für sich Wissen hervor, das sonst nicht bestehen würde.

Auch der Anwender der Mathematik wird diese als τέχνη gebrauchen, wenn er sie zur Lösung bestimmter Probleme nutzt. D.h. wenn er sie beispielsweise auf die Gegenstände der Biologie oder Physik anwendet. Freilich ist hieraus sofort zu sehen, dass der jeweilige Gebrauch die Mathematik unter bestimmte singuläre Bedingungen stellt, die von der Mathematik selbst verschieden sind. Daher lässt sich von der Mathematik als τέχνη scheinbar nur unter solchen Bedingungen sprechen. Unabhängig von diesen Bedingungen bestehen ihre Axiome unbedingt, weshalb sie doch eine ἐπιστήμη zu sein scheint.

Aber auch dies ist anzweifelbar. Denn ein Axiom ist in zweierlei Weise zu verstehen. In der ersten Weise ist es als unbedingt notwendige wahre Aussage zu verstehen, aus der weitere notwendig wahre Aussagen ableitbar sind. In diesem Fall kann keine Bedingung gegeben sein, welche die Axiome der Mathematik bedingen. Somit muss Mathematik Metaphysik sein. Denn die Metaphysik beinhaltet jene Prinzipien, die unbedingterweise bestehen und entsprechend denen alle anderen Aussagen hinsichtlich ihres Wahrheitswertes begründbar sind. In anderer Weise sind Axiome auch Aussagen, die hinsichtlich eines bestimmten Gegenstandsbereichs als wahr anerkannt sind, je-

---

[380]   Vgl. ebd. 71b 35-72a 11.
[381]   Vgl. ebd. 72b 19-25.
[382]   Vgl. Aristoteles: EN. Z, Kapitel 4, 1140a 1-17.

doch durch Aussagen anderer Wissenschaften bedingt sind. So gelten beispielsweise die newtonschen Axiome als wahr, sind jedoch durch quantenmechanische Aussagen bedingt. Insofern sind solche Aussagen bloß mit hypothetischer Notwendigkeit wahr.

Sind die Axiome der Mathematik so beschaffen, besteht, anders als bei einer Aussage der ἐπιστήμη, eine mathematische Proposition, wenn sie richtig gebildet ist, auch nur mit hypothetischer Notwendigkeit. Denn anders als bei absoluter Notwendigkeit sind die Wahrheitsbedingungen unter denen die Aussagen gebildet werden, durch veränderbare Definitionen bedingt. Somit ist zu folgern, dass das Auftreten und der Gebrauch von Axiomen einer Disziplin in dieser Weise als ἐπιστήμη disqualifiziert, weil die Axiome hinsichtlich des Gegenstandsbereichs der Disziplin bedingt sind.

ἐπιστήμη kann demnach nur die Disziplin sein, deren Grundsätze voraussetzungslos bestehen, wie es bei der Metaphysik der Fall ist. Folgt man Aristoteles, lässt sich dann sagen, dass die Metaphysik als *prima philosophia* die Gründe angibt, weshalb einzelne und unveränderliche Dinge sind, wie sie sind, weshalb sie sowohl Physik und Mathematik ihrem Gegenstand nach unter sich begreift.[383] Somit fallen Physik und Mathematik in den Gegenstandsbereich der ἐπιστήμη. Insofern sie als deren Teilbereiche auch lehrbar sind. So wie die wahren Aussagen der euklidischen Geometrie in anderen Geometrien wie z.B. der nicht-euklidischen Beltramis[384] nur eingeschränkt bzw. gemäß Mandelbrots fraktaler Geometrie in besonderer Weise gelten,[385] würden somit die Axiome der Mathematik oder Physik innerhalb der Metaphysik absolut wahr sein. Folglich sind dann durch die Anwendung der Mathematik auch wahre Aussagen über die Welt möglich, da ihre Grundlagen dieselben sind, wie sie die Beschaffenheit der Welt aufweisen.

19 Ausgangspunkt der mathematischen Probabilität

Nachdem deutlich ist, dass die Mathematik als Lehre von den Verhältnissen in ihren Fachgebieten zur Untersuchung der Verhältnisse von Entitäten unterschiedliche Definitionen voraussetzt, ist danach zu fragen, welchem Fachgebiet der Begriff der Probabilität bzw. Wahrscheinlichkeit zuzuordnen ist.

---

[383]   Vgl. Aristoteles: Met. Buch E. Kapitel 1 1026a 13-32.

[384]   Vgl. Beltrami, Eugenio; Hoepli, Ulrico (Ed.): Opere matematiche di Eugenio Beltrami. Tomo 1. S. 374-405.

[385]   Euklids Geometrie muss in der fraktalen Geometrie als Beschreibung der Verhältnisse ebener Formen interpretiert werden, während Mandelbrots Geometrie die Verhältnisse von Formen behandelt, die tatsächlich den Gegenständen der Natur entsprechen. Vgl. Mandelbrot, Benoît B.: Die fraktale Geometrie der Natur. S. 13.

Gemessen an den später genauer behandelten Briefen von Pascal an Fermat, entspringt die Wahrscheinlichkeitsrechnung dem Gebiet der Kombinatorik, nämlich dem Aufzeigen der Gewinn- und Verlustverhältnisse in einem Glücksspiel, die auf der Grundlage der verwendeten Spielmittel eintreten können. Pascal definiert die Elemente und Methoden der Wahrscheinlichkeitsrechnung im Rahmen der Lösung des durch Antoine Gombaud (1607-1684) gestellten Problems der Gewinnverteilung bei einem unvollendeten Spiel, in dem ein Spieler bereits öfter gewonnen hat, als sein Mitspieler. Pascals Lösung basiert dabei auf kombinatorischen Überlegungen, die er aus den Bedingungen des Spiels ableitet.

Um genauer verstehen zu können, was der Begriff der Probabilität bzw. Wahrscheinlichkeit bei Pascal aussagt, ist darauf einzugehen, was unter der Kombinatorik hinsichtlich der Glücksspielproblematik zu verstehen. Diese stellt schließlich die Elemente und Methoden bereit, aus der die Wahrscheinlichkeitsrechnung hervorgegangen ist. Dienlich ist dafür die Untersuchung Gerolamo Cardanos (1501-1576) Werk *Liber de Ludo Aleae*, welches hinsichtlich der Problematik neben Galileo Galileis Aufsatz *Sopra le scoperte dei dadi* vor Pascal als eines der maßgeblichsten Werke anzusehen ist.[386]

19. 1 Cardanos Liber de Ludo Aleae

Wie Cardano selbst darüber Auskunft gibt, ist das Glücksspiel zu seiner Zeit auf Würfel und Kartenspiele beschränkt.[387] Daher ist seine Analyse auf die Bedingungen begrenzt, die bei solchen Spielen vorherrschend sind. Unter Bedingungen (conditiones) versteht er alle Entitäten, die auf den Spielverlauf einwirken können bzw. zur Hervorbringung desselben notwendig sind. Dies zeigt sich darin, dass er nicht nur die Spielmittel, wie etwa den sechseitigen bzw. vierseitigen Würfel (alea und talus) darunter zählt, sondern auch die Mitspieler (collusores)[388] und die Beisteher (astantia).[389] Jedoch sind für das Verständnis der Kombinatorik nur die Spielmittel von Bedeutung, da die Betrachtungen Cardanos zu den Beistehern und Mitspielern beschreiben, welchen reizenden (provocare) und verwirrenden (perturbare) Einfluss diese auf das eigene Gemüt (animus) haben können.[390] Denn diese genauen Beschreibungen stellen augenscheinlich das Aggregat seiner eigenen Erfahrung im Spielen dar, von denen er nach

---

[386]   Vgl. Bennett, Deborah J.: Randomness. S. 61f.

[387]   Vgl. Cardano, Gerolamo: Liber de Ludo Aleae. cap. I. S. 262.

[388]   Vgl. ebd. cap. II S. 262$^{26\text{-}27}$.

[389]   Vgl. ebd. cap. VI S. 263$^{5\text{-}8}$.

[390]   Vgl. ebd. S. 263$^{10\text{-}35}$.

eigenen Aussagen nichts wissen könnte, wenn er selbst nicht spielen würde: „necesse enim est, ut minus sciat, qui rarius ludit."[391]

Hinsichtlich der Würfel stellt Cardano zunächst fest, dass ein Talus vier Flächen und ein Alea sechs hat.[392] Daher könnte man zunächst folgern, dass wenn ein Alea sechsmal geworfen wird, dieser stets einzelne Punkte zeigen wird, sofern diese auf seinen Flächen eingezeichnet sind. Dies gilt allein dann, wenn die Spielfläche frei von jeglichen Unebenheiten ist. So dass die Annahme nur dann gilt, wenn der Würfel auf einer vollkommen ebenen Fläche geworfen wird. Auch wenn dies, wie Cardano betont, nicht den Bedingungen eines tatsächlichen Spiels entspricht,[393] so ist sie dennoch nötig, um das Spiel selbst mathematisch zu erfassen.

Sieht man von den tatsächlichen Spielbedingungen ab, so lässt sich das Spiel hinsichtlich seiner artspezifischen Definition betrachtet. Weil sie keine singulären Begriffe beinhaltet, ist jeder Gegenstand, der durch sie erfasst ist, hinsichtlich des ihm zukommenden universalen Artbegriffs zu verstehen. Jede Eigenschaft, die von der Definition der Gegenstände abweicht, ist daher zu vernachlässigen. Denn würde sie ergänzt werden, ginge daraus ein anderer Artbegriff des Spiels hervor.

Daraus ist ersichtlich, dass die Betrachtung der Verhältnisse der Entitäten, die man durch eine solche Definition erfasst, auch nur hinsichtlich ihrer allgemeinsten Bestimmungen betrachten kann. Relationen sind also nur hinsichtlich dieser Bestimmungen festlegbar. Deshalb ist auch der Würfel als ein idealer Kubus zu betrachten.

Aus der schon angeführten Eigenschaften der Sechsflächigkeit ist nun zu erkennen, dass ein Würfel auf einer geraden Ebene jedesmal Punkte anzeigen wird. Wenn er immer auf einer geraden Ebene zur Ruhe kommt, muss er notwendigerweise auf einer seiner Flächen liegen bleiben. Weil die natürliche Beschaffenheit des Würfels dabei außeracht gelassen ist, ist der Wurf ohne Einfluss irgendwelcher materiellen Besonderheiten zu betrachten. D.h., dass die Bedingungen des Wurfs des Würfels stets gleich bleiben und keine Fläche durch irgendeine *causa efficiens* oder *causa materialis* bei mehrfachen Würfen bevorzugt angezeigt wird.

---

[391]   [es ist notwendig, dass wenig weiß, der selten spielt.]
[392]   Vgl. ebd. S. 264$^{43-44}$.
[393]   Vgl. ebd. S. 264$^{47-50}$.

Nach Cardano heißt dies, dass der Kubus ein *alea iusta* ist;[394] welcher heutzutage unter dem Namen *Laplace-Würfel* bekannt ist. Weil der Wurf durch nichts beeinflusst werden kann und keine Fläche bevorzugt anzeigt, ist daraus zu schließen, dass hinsichtlich der Flächen des Würfels die Möglichkeit besteht, dass der Würfel bei jedem Wurf auf jeder Fläche zur Ruhe kommen kann. Auch wenn er letztlich nur auf einer zur Ruhe kommen wird. Daher besteht stets die gleiche Möglichkeit der Aktualisierung des Ereignisses des Ruhestands des Würfels auf einer bestimmten Fläche. Mag diese durch welche Zahl auch immer gekennzeichnet sein.[395]

Aus der Eigenschaft der Gleichheit ist die Erklärung für einen Fehler Cardanos ersichtlich, auf den bereits Franklin hingewiesen, aber nicht näher erläutert hat.[396] Cardano erkennt richtig, dass bei der Gegebenheit zweier Würfel alle Eigenschaften so ins Verhältnis zu setzen sind, dass letztlich 36 mögliche Kombinationen bestimmbar sind.[397] Wenn nur eine Kombination tatsächlich aktualisierbar ist, ist zu schließen, dass die aktualisierte eine von 36 möglichen Aktualisierungen ist. Hieraus folgert Cardano: „Et paria sunt in decem octo circuitus ad aequalitatem dissimilium, ergo novem iacere, ergo geminum punctum est in ratione decem, & octo iactum potest, & non potest evenire, & ita bina duo, vel terna.“[398]

Dass für das Auftreten derselben Augenzahl bei zwei geworfenen Würfeln gilt, dass diese in achzehn Würfen auftreten können bzw. nicht auftreten können ist zwar wahr, doch nicht *in ratione*. Dass dieses Ereignis bei achtzehn Würfen jeweils in gleicher Weise auftreten kann und nicht kann, widerspricht bereits der Anzahl möglicher Kombinationen der Flächen der Würfel. Denn sie stellt das Auftreten des Ereignisses unter die Bedingung, dass bei jedem Wurf die doppelte Augenzahl entweder auftritt oder nicht. Damit sind nur zwei mögliche Ereignisse genannt, die eintreten können. Es ist also nur das Verhältnis zwischen einem Ereignis zu zwei möglichen Ereignissen bestimmt, obwohl das Eintreten der doppelten Augenzahl hinsichtlich zu den sech-

---

[394]   Vgl. ebd. S. 264[57].

[395]   Vgl. ebd. S. 264[51-56].

[396]   Vgl. Franklin, James: The Science of Conjecture. Evidence and Probability before Pascal. S. 299.

[397]   Vgl. Cardano, Gerolamo: Liber de Ludo Aleae. cap. XI. S. 264[46-50].

[398]   Ebd. S. 264.[48-52] [Und die Gleichen haben bei achtzehn Durchläufe ungefähr ungleiche Gleichheit, daher werfe ich erneut, infolgedessen ist der Doppelpunkt in der Rechnung achtzehn mal geworfen, er kann und kann nicht erscheinen, und so gilt es für ein Paar Zweien oder drei auf einmal.]

sunddreißig möglichen Kombinationen und den achtzehn Würfen ins Verhältnis zu setzen ist.

Das erweckt den Anschein, dass die Kombinatorik allein die möglichen Verhältnisse behandelt, die wegen der Eigenschaften bestimmter Entitäten bestimmbar sind. Ohne dass dadurch eine andere Größe bzw. Entität, die nicht in die Betrachtung der möglichen Verhältnisse einbezogen wurde, bedingbar ist. Dass dies der Fall sein kann, ist dann ersichtlich, wenn die möglichen Verhältnisse der Maßstab für die Einteilung einer Entität sind, wie sie z.B. der Geldeinsatz bei einem Spiel ist.

Das für Cardano und viele seiner Zeitgenossen bekannteste und bis Pascal ungelöste Beispiel dafür ist ein unvollendetes Spiel, das aus mehreren gewinn- und verlierbaren Abschnitten besteht. Soll der Einsatz aufgeteilt werden, so ist unklar, nach welchem Maßstab dies geschehen soll, wenn die bereits gewonnenen Abschnitte des Spiels bei jedem der Spieler verschieden sind. In Auseinandersetzung mit dem durch Luca Pacioli (1445-ca.1514) dargelegten Teilungsproblem, erkennt Cardano in seiner *Practica Arithmeticae* zwar auf spöttische Weise, dass eine Aufteilung des Einsatzes hinsichtlich der bereits gewonnenen Abschnitte des Spiels, wie Pacioli es darlegte, absurd ist.[399] Doch bleibt Cardanos Lösung, gemessen an Pascals, falsch, wenngleich er erkannte, dass ein Maßstab der Aufteilung nach den möglichen noch bestimmbaren Gewinnmöglichkeiten der einzelnen Spieler zu konstruieren ist.[400] Denn er berücksichtigte nur die Fälle, in denen die Spieler gewinnen, aber nicht die möglichen Fälle, in denen die Spieler auch verlieren können. Diese bezieht erst, worauf später noch eingegangen wird, Pascal mit ein und legt dadurch die maßgeblich richtige Lösung vor.

Aus dieser Differenz ergibt sich die Frage, warum Cardanos Ansatz nach Pascal falsch ist. Schließlich beziehen sich beide auf ein Spiel, dessen Ausgang unbestimmt ist, woraus folgt, dass die Gewinnbedingungen nicht erfüllt werden. Daher braucht man den Einsatz auch nicht aufgeteilen. Denn keine wirksame Übereignung kann entsprechend den Gewinnbedingungen eintreten.

Unter Verwendung der vier Ursachen-Lehre des Aristoteles ist ersichtlich, dass die vollständige Aktualisierung der Gewinnbedingung nur die Vollendung des gesamten Spiels darstellt. Denn damit ist der letzte Zustand des Spiels erreicht. Dies ist gleichzusetzen mit einer *causa finalis*, welche die für eine Entität möglichen Endzustände an-

---

399   Vgl. Cardano, Gerolamo: cap.ult. n. 5. S. 214[18-33].
400   Vgl. ebd. S. 214[34-70].

gibt. Das Spiel selbst gibt aufgrund seiner artspezifischen Definition alle möglichen Zustände vor, die der Möglichkeit nach aktualisierbar sind. Dadurch sind alle Eigenschaften des Spiels bestimmt. D.h., damit ist die *causa formalis* des Spiels gegeben. Weil diese Zustände für gewöhnlich durch das Spiel selbst nicht aktualisiert werden, bedarf die Aktualisierung einer *causa efficiens*. Diese besteht zwangsläufig in den Spielern, da sie durch jeden Spielzug einen der möglichen Zustände des Spiels aktualisieren. Um der Vier-Ursachenlehre genüge zu tun, sei erwähnen, dass die *causa materialis* dasjenige ist, woraus die Entitäten bestehen, die zum Spiel dazugehörig sind.

Ist das Spiel unterbrochen, ist erkennbar, welche möglichen Zustände bereits aktualisiert wurden sind. Weil der Zustand, der durch die *causa finalis* ausgesagt ist, den Endpunkt der Folge an Zuständen darstellt, die der Möglichkeit nach aktualisiert werden können, ist bei der Unterbrechung in der Folge auch bekannt, welche möglichen Zustände in der Folge von Zuständen noch auftreten können, bis das Spiel vollendet ist. Denn dies ist aus den möglichen Zusammensetzungen der Elemente des Spiels ersichtlich, wie sie zum aktualen Zustand vorliegen.

Freilich bedeutet dies aufgrund der Kontingenz des Endpunktes nicht, dass durch die *causa finalis* bereits ein bestimmter Endzustand erkennbar ist, sondern nur, wie er zu bestimmen ist. Daher lässt sich ein Verhältnis zwischen der Folge der bereits aktualisierten Zustände zum Zustand bestimmen, der durch die *causa finalis* gegeben ist. Insoweit muss dieses Verhältnis alle möglichen Zusammensetzungen von Elementen enthalten, welche die Folge an Zuständen bis zur Vollendung des Spiels fortsetzen kann. Dazu gehören also alle möglichen Zustände, in denen die Spieler gewinnen und verlieren können.

Soll der Einsatz unter Berücksichtigung der *causa finalis* und *causa formalis* aufgeteilt werden, so muss sich der Maßstab der Aufteilung aus den möglichen Zusammensetzungen an Elementen ergeben, welche die Folge bis zum letzten Zustand fortsetzen. Schließlich ist jeder Spielabschnitt als ein notwendiger Bestandteil der Aktualisierung der Vollendung des Spiels begreifbar. Dieser ist in seiner Notwendigkeit bedingt, weil seine Aktualisierung von den jeweiligen Spielern in unterschiedlichen Weisen bewirkbar ist. Folglich ist auch bestimmbar welcher Spieler in der Folge von Zuständen welche Zustände bewirken muss, damit die Vollendung des Spiels eintritt.

Aufgrund dessen ist feststellbar, welche Zusammensetzung an Elementen welcher Spieler noch bewirken muss, um das Spiel vollenden zu können. Wenn das Tätigsein eines Spielers die Möglichkeit der Aktualisierung einer Folge durch einen anderen Spieler beeinflusst, dann ist die daraus resultierende Folge als eine mögliche Zusammensetzung zu berücksichtigen. Das bedeutet nicht mehr als einen konditionalen Zusammenhang von möglichen Ursachen auf mögliche Wirkungen. Ist bestimmt, dass ein möglicher Spieler in einer möglichen Folge von Spielzuständen mehrere Gewinne über andere Spieler bewirkt, so ist die Aktualisierung derselben Zustände in der Folge für andere Spieler ausgeschlossen. Daher ist zu sagen, dass ein Spieler zu einem gegenwärtigen Zeitpunkt im Spiel einen größeren Anteil an der Vollendung des Spiels hat, als ein anderer, auch wenn diese noch nicht eingetreten ist. Schließlich handelt es sich dabei allein um begriffliche Bestimmungen, aus denen ersichtlich ist, inwiefern eine extensionale Definition des aktualen Spiels der Definition der *causa finalis* des Spiels entspricht oder nicht.

Inwiefern die Möglichkeit besteht, dass ein Spieler das Spiel noch vollenden kann, entspricht der Anzahl all derjenigen Konditionale, welche die Bedingung erfüllen, dass der Spieler das Spiel gewinnt. Weil diese Anzahl wiederum Aussagen über die mögliche Zusammensetzung an Elementen des Spiels darstellt, ist sie selbst als Maßstab zu betrachten. Gewinnt den ganzen Einsatz nur der die *causa finalis* des Spiels vollendende Spieler, ist die Aufteilung des Einsatzes danach zu bemessen, welche Möglichkeiten den einzelnen Spielern gegeben sind, um diesen zu erlangen. Denn nach den möglichen Zuständen ist aussagbar, welche Folgen das Spiel vollenden könnten.

Da durch die *causa finalis* ein Zustand ausgesagt ist, der bis zu seiner Aktualisierung zukünftig ist, bleibt er immer durch die ihn vorausgehenden möglichen Zustände bedingt. Im Fall des Spiels sind sie durch die *causa formalis* begrenzt. Weil Cardano nicht alle möglichen Folgen betrachtet, bleibt sein Maßstab zur Aufteilung des Einsatzes unvollständig. D.h., dass der Maßstab, der die Größe bedingt, hinsichtlich der gegebenen Elemente, unvollständig. Daher sagt er etwas Falsches aus. Soll er die vollständige Möglichkeit der Zusammensetzung der Elemente aussagen, welche die Folgen ergeben, die zur Aktualisierung der *causa finalis* gegeben sind, wird durch Cardano nämlich eine unvollständige Definition gegeben.

Da gezeigt ist, welche Überlegungen der Kombinatorik zugrunde liegen, bleibt übrig, diese im Allgemeinen zum besseren Verständnis des Folgenden wiederzugeben. Aus der exemplarischen Analyse Cardanos Werk und der Differnz zu Pascals Lösungsansatz, ist ersichtlich, dass man innerhalb der Kombinatorik limitierend verfährt. Denn die möglichen Zusammensetzungen der Elemente sind hinsichtlich der *causa formalis* begrenzt.

Danach formuliert man Aussagen, die etwas über die möglichen Zusammensetzungen aussagen, die sich entweder aus einer gegeben Anzahl an Elementen ergeben oder die sich hinsichtlich bestimmter einschränkender Bedingungen ergeben können. Weil verschiedene Zusammensetzungen sich nur dadurch ergeben, wenn bereits von zusammengesetzten Elementen ausgegangen wird, ist zu berücksichtigen, dass eine Zusammensetzung als ein Zustand von Elementen erfassbar ist, dem entweder ein bestimmter Zustand nachfolgt bzw. vorausgeht. Daher erfasst man durch die Kombinatorik Folgen von Zuständen. Jede Aussage, die innerhalb der Kombinatorik formuliert wird, ist insofern als eine Aussage über die möglichen sukzessiven Zusammensetzungen bestimmter Elemente zu verstehen. Damit unterscheidet sie sich von einer bloßen Mereologie — welche sie zweifelsfrei voraussetzt — darin, dass sie nicht nur die Verhältnisse von Teilen und Ganzen als deren Elemente darstellt, sondern welche möglichen Zustände diese annehmen und wie ein Zustand den anderen bedingt.

Hierin zeigt sich die Grenze der Kombinatorik, die zugleich den Anfangspunkt zweier Teilbereiche der Mathematik darstellt. So untersucht man in der Analysis unter anderem, welche Verhältnisse im Allgemeinen zwischen den Zuständen bestimmbar sind, damit eine bestimmte Folge respektive Reihe von Zuständen überhaupt erst bildbar ist. Das andere Teilgebiet der Wahrscheinlichkeitsrechnung bzw. Stochastik hat die Aussagen zum Gegenstand, die sich hinsichtlich der durch die Kombinatorik dargelegten Verhältnisse auf bestimmte andere Zustände anwenden lassen.

19. 2 *Arten von Aussagen in der Wahrscheinlichkeitstheorie ab Pascal*

Dass ein Bereich der Mathematik Aussagen zum Gegenstand hat, mutet zunächst seltsam an. Für gewöhnlich erscheint diese aufgrund der in ihr vorkommenden Formeln und Zeichen nicht wie eine Sprache, deren Wörter verschiedene Begriffe bedeuten. Doch genau wie die Satzgebilde und Buchstaben stehen die Formeln und Zeichen für dasjenige, was durch sie bezeichnet wird. Dies zeigt sich aus historischer Sicht darin, dass vor der sukzessiven vollständigen mathematischen Formalisierung, die Formeln durch normale Sätze einer Sprache, wie z.B. dem Lateinischen, ausgedrückt worden sind.

Auch wenn Werke wie Freges *Die Grundlagen der Arithmetik* zeigen, dass das Für-Etwas-Stehen bzw. Bedeutung-Haben in den moderneren mathematischen Schriften aufgrund unzureichender bzw. mangelnder Definitionen der Elemente der Mathematik in Zweifel zu ziehen ist, ist die Möglichkeit der Wiedergabe von mathematischen Formeln in die gewöhnliche Alltagssprache, einer verständliche Wissenschaftssprache oder wenigstens die Maschinensprache vorauszusetzen. Wenn die Formeln etwas bedeuten und durch sie etwas ausgesagt werden soll, muss die Möglichkeit bestehen, sie in die Medien zu übertragen, die entweder hinsichtlich des menschlichen Verstandes für die Vermittlung von Bedeutungen brauchbar sind oder durch eine Maschine praktisch erzeugbar ist. Ohne dass zumindest dies vorausgesetzt ist, könnte die formalisierte Mathematik durch niemanden verstanden werden, noch könnte sie in Computerprogrammen zum Einsatz kommen. Insofern hat also auch die Mathematik Aussagen zum Gegenstand der Untersuchung bzw. Darstellung.

Welche Arten von Aussagen dies genauerhin für die Wahrscheinlichkeitstheorie sind, ist ersichtlich, wenn man die Ausgangspunkte der Entwicklung der mathematischen Wahrscheinlichkeit in Europa betrachtet. Diese bestehen zum einen im Briefwechsel zwischen Pascal und Fermat im Jahr 1654 als auch in Pascals Darlegung seiner Forschungen an die *Celeberrimae Matheseos Academiae Parisiensi* im selben Jahr. Zum anderen in den vier Kapitel der Logik von Port-Royal, die Pascal bzw. seinem Einfluss aufgrund der dort vorkommenden Terminologie[401] zugeschrieben werden.[402] Weil der Briefwechsel eher als eine Demonstration der Methoden der Wahrscheinlichkeitstheorie beider aufzufassen ist, indem das schon angesprochene Teilungsproblem gelöst wird, braucht er für die Begriffsanalyse nur marginal berücksichtigt werden. Denn die Lösung eines Problems stellt nur ein Beispiel für das Zu-Erklärende dar, nicht jedoch, auf welchen allgemeinen Grundsätzen diese beruht.

Anders verhält es sich mit Pascals Bericht an die *Celeberrimae Matheseos Academiae Parisiensi*. Dort gibt er nämlich mit eigenen Worten wieder, welcher Gedanke seiner Methode zugrundeliegt. So heißt es dort bezüglich seiner zugrundeliegenden Theorie:

„Novissima autem ac penitus intentatae materiae tractatio, scilicet *de compositione aleae in ludis ipsi subjectis*, [...]. Eam quippe tantâ securitate in artem per Geometriam reduximus, ut certitudinis eius particeps facta, iam audacter prodeat; & sic Matheseos demonstrationes cum

---

⁴⁰¹ Vgl. Campe, Rüdiger: Spiel der Wahrscheinlichkeit. Literatur und Berechnung zwischen Pascal und Kleist. S. 112.

⁴⁰² Vgl. Hacking, Ian: The emergence of Probability. S. 74-77.

alaea incertitudine iungendo, & quae contraria videntur conciliando, ab utraque nominationem suam accipiens stupendum hunc titulum iure sibi arrogat: aleae Geometria."[403]

Hieraus ist erkennbar, dass Pascal die in den Briefen gelöste Problematik in den Spielen mit einer Geometrie des Zufalls (aleae Geometria) gelöst haben muss. Denn berücksichtigt man, dass durch sie die den Spielen unterworfenen Anordnung des Zufalls (compositio aleae) untersucht wird, um bestehende Gewissheit (certitudinis) mit der Ungewissheit (incertitudinis) zu verbinden, so sagt dies einiges über den Zweck der Methode aus.

Dieser besteht darin, Aussagen über zufällige Ereignisse mit Gewissheit zu formulieren. Bezieht sich die *aleae Geometria* auf Ereignisse in einem Spiel, die sein können, jedoch noch nicht waren, so müssen diese zukünftige sein. Weil das Zukünftige in seiner Aktualisierung zur Gegenwart durch verschiedene Ursachen bedingt ist, kann darüber nichts Gewisses ausgesagt werden.

Dies schließt die Formulierung zweier Arten von hypothetischen Aussagen, die wenigstens der Möglichkeit nach wahr sind, nicht aus. Denn zum einen lassen sich konditionale Aussagen bilden, deren Antezedenz eine bewiesenermaßen wahre und deren Konsequenz eine unbewiesene, aber logisch wahrheitsfähige Aussage enthält. Diese liegt dann vor, wenn z.B. das Antezedens die vollständige Definition eines Spiels hinsichtlich eines bestimmten möglichen Zustands enthält und der Konsequenz diejenigen Aussagen, die hinsichtlich ihres Wahrheitswerts durch die Definition bedingt sind, sich aber gegenseitig durch einen definiten Wahrheitswert ausschließen würden.

Eine solche Aussage ist selbst als ein komplexes kontrafaktisches Konditional anzusehen. Denn der Konsequenz eines solchen Konditionals enthält disjunktive Aussagen, von denen entsprechend des Bivalenzprinzips der Aussagenlogik nur eine wahr sein kann. Schreibt die Definition eines Spiels z.B. vor, dass nur ein Spieler der Möglichkeit nach das Spiel vollenden kann, und ist ein möglicher Zustand im Spiel bestimmt, in dem für alle Spieler noch unbestimmt ist, wer gewinnt, indes genau bestimmt ist,

---

[403]   Pascal, Blaise: Oeuvres de Blaise Pascal. Tome Quatrieme. S. 410f. [Von neuartiger aber und weitgehend unberührter Materie ist die Abhandlung, nämlich Von der Zusammensetzung des Zufalls in den Spielen, durch die sie selbst unterworfen sind. (…) Wir haben sie freilich durch die Geometrie mit so viel Sicherheit in die Kunst zurückgeführt, dass sie ihrer Gewissheit teilhaft geworden ist und bereits wagemutig fortschreitet; und so durch die Verbindung der mathematischen Demonstrationen mit der Ungewissheit der Würfel und was durch Vereinigung gegensätzlich scheint, nimmt sie von jedem der beiden ihre Bezeichnung an, verschafft sie sich mit Recht den erstaunlichen Titel: Die Geometrie des Zufalls.]

wie nach den Spielregeln jeder einzelne der Spieler gewinnen kann, so kann eine aus dem Antezedens ableitbare Konsequenz gebildet werden, die aus der disjunktiven Verbindung aller Aussagen über den Sieger des Spiels besteht. Genauer gesagt: Begreift man das Regelwerk eines Spiels als dessen *causa formalis*, so muss in dieser sowohl eine Definition aller Bewegungen enthalten sein, die dem Spiel arttypisch sind. Des Weiteren muss die *causa formalis* auch eine allgemeine Definition der *causa finalis* beinhalten, die dem letzten kontingenten Zustand entspricht, der ein Spiel vollendet. Ohne diese Angabe wäre nicht erkennbar, wann das Spiel beendet ist.

Dass die *causa finalis* nur universal bestimmt sein kann, ist damit zu rechtfertigen, dass eine singuläre Bestimmung bereits zu Beginn des Spiels definiert, wer das Spiel gewinnt. Denn sie würde genau angeben, welcher Spieler und wie dieser bereits zu Beginn des Spiels die Eigenschaften aktualisiert, die zum Gewinnen des Spiels nötig sind. Somit bliebe der letzte Zustand des Spiels nicht mehr kontingent. Ist die *causa finalis* indes universal bestimmt, so gibt sie nur an, welche Eigenschaften aktualisiert sein müssen, damit ein beliebiger Spieler das Spiel gewinnt. Folglich sind aus der Kenntnis der *causa formalis* und *causa finalis* alle Aussagen über die Bewegungen explizierbar, die innerhalb des Vollzugs des Spiels möglich sind und zu dessen Vollendung führen können. Denn aus der *causa formalis* sind alle Bewegungen erkennbar, die im Spiel vollziehbar sind, und aus der *causa finalis* sind die Bewegungen ersichtlich, die für die Realisierung des Endzustands des Spiels durchzuführen sind.

Man mag einwenden, dass dies doch keineswegs gegen das Bivalenzprinzip verstößt, da die disjunkte Verbindung von Aussagen über diesen Sachverhalt nicht so bestimmt ist, dass alle Aussagen zugleich wahr sein müssen. Wenn schließlich nur ein Spieler das Spiel vollenden kann, ist nur eine der Aussagen wahr und die anderen falsch.

Dieser Einspruch verkennt, dass sich der Konsequenz auf die Aussagen bezieht, die hinsichtlich des Antezedenz abgeleitbar sind und nicht auf das Eintreten eines zukünftigen metaphysischen Zustands. Wenn die Definition des Spiels einen möglichen Vollender des Spiels zulässt und hinsichtlich eines möglichen Zustands des Spielverlaufs Aussagen über mehrere Gewinner aus der Definition des Spiels abgeleitbar sind, dann erweisen sich diese kohärent mit der Definition des Spiels und sind wegen der durch sie ausgesagten Ableitbarkeit als wahr anzusehen.

Dies widerstreitet der Definition des Spiels, denn entsprechend der Vollendung kann es nur einen Gewinner geben. Hieraus zeigt sich die Diskrepanz in der rein logischen

Interpretation der Verbindung von Gewissen mit Ungewissen. Wenn die reine Logik nicht durch temporale Bedingungen bestimmt ist, dann muss jeder Begriff als absolut und kompossibel mit anderen Begriffen der Definition gelten. Dies bedeutet, dass Begriffe, die aufgrund temporaler Bedingungen in ihrer Referenz unterschiedliche Modi annehmen können, aus der rein logischen Betrachtung ausscheiden. D.h., der Definition eines möglichen Zustands eines Spiels, das hinsichtlich seiner Vollendung durch die Definition des Spiels immer schon bestimmt ist, nur temporal unbedingte Begriffe zukommen. Denn allein dann erweisen sie sich kompossibel mit der Definition des Spiels. Deswegen ist aus rein logischer Sicht zu jedem Zustand des Spiels bereits bestimmt, dass nur ein Spielteilnehmer der Gewinner ist und die anderen die Verlierer. Weil die Definition eines Spiels für gewöhnlich keine Individualbegriffe beinhaltet, ist selbst aus der Definition eines Zustands des Spiels, den letzten ausgenommen, nicht ersichtlich, wer der Gewinner ist und wer die Verlierer sind. Somit sind diese Begriffe allein hinsichtlich der Spielvollendung bestimmt. Daher kann der Wahrheitswert von Aussagen über diese Begriffe bezüglich eines Zustands im Spiel, der nicht der letzte ist, gemäß der Definition des Spiels, weder wahr noch falsch sein, da sie bis auf einen Zustand des Spiels nicht anwendbar sind.

Dies gilt nur solange, wie die Definitionen keine Veränderung erfahren. Soll der Begriff des Gewinners oder Verlieres bereits für die Definition eines Zustands eines Spiels gelten, so ist davon auszugehen, dass in diesem Zustand bereits bestimmt ist, welcher Spieler der Gewinner und welche die Verlierer sind. Dann könnte auch etwas über die Gewinner und Verlierer bezüglich weiterer Zustände des Spiels deduziert werden; nämlich diejenigen Aussagen, die hinsichtlich der Definition eines Zustands und der des Spiels selbst zu dem Schluss führen, dass ein Spieler, weil er zu einem gegebenen Zustand der Gewinner ist, das Spiel vollendet. Weil die so geführte Deduktion allein aus den bekannten Definitionen geführt wird, muss aus einer solchen Ableitung hervorgehen, welche Aussagen wahr sein müssen, damit der Schluss gültig ist. Dies bedeutet, dass die Wahrheit der Aussagen nur hinsichtlich der Kohärenz mit den der Ableitung zugrundeliegenden Definitionen begründet ist. Hinsichtlich des logischen Schlussverfahrens erweisen diese sich mit den Definitionen als logisch zwingend zusammenhängend, worunter auch Gewissheit zu verstehen ist.

Zum anderen lässt sich feststellen, dass sich Aussagen über zufällige Ereignisse auch durch konditionale Aussagen ausdrückbar sind, die einen Kausalzusammenhang aussagen. Schließlich wird das Zukünftige dadurch zum Gegenwärtigen, weil das Gegenwärtige Vergangenes wird. Weil sowohl die Vergangenheit wie die Gegenwart hinsichtlich ihrer Bestimmtheit unverändert sind, ist über sie auch etwas Gewisses aussagbar. Über die Zukunft, als etwas das noch sein wird und durch vorangegangene Zustände Bedingtes, lässt sich nichts Bestimmtes aussagen. Folglich ist jede Aussage darüber ungewiss.

Unter diesen Voraussetzungen scheint die Formulierung eines bestimmten kausalen Zusammenhangs zwischen Gegenwart und Zukunft dazu geeignet, etwas Gewisses über ein zufälliges zukünftiges Ereignis auszusagen. So ist zu argumentieren, dass aus der Vorstellung eines zukünftigen Ereignisses auf der Grundlage des gegenwärtigen Zustands eine gewisse Aussage deduzierbar ist. Schließlich weiß man hinsichtlich der begrifflichen Bestimmungen, wie das zukünftige Ereigniss und der aktuale Zustand bestimmt sind. Die sukzessive Beschreibung einer kausalen Folge von Zuständen, die ausgehend vom aktualen zum zukünftigen Zustand aussagt, wie ein Zustand aus dem anderen hervorgeht, würde eine gewisse Aussage darstellen.

Dieses Argument erweist sich in sich widersprüchlich. Entsprechend dem korrespondenztheoretischen Wahrheitsbegriff lässt sich zwar eine wahre Aussage über den gegenwärtigen Zustand fomulieren und anwenden, indes nicht bei einem zukünftigen Zustand. Dies ist darin begründet, dass der gegenwärtige Zustand der Welt durch die singulären Entitäten vollständig bestimmt ist. Die Zukunft ist hingegen unbestimmt, weil sie als Zustand aktual nicht ist, sondern erst noch aktual werden muss. D.h., ihr ist keine singuläre Entität zusprechbar.

Die Formulierung einer Aussage über einen zukünftigen Zustand ist daher nur rein begrifflich zu interpretieren. Soll daher diese Aussage wahr in der Weise sein, wie eine Aussage über einen gegenwärtigen Zustand, kann die Aussage höchstens mit den eigenen mentalen Inhalten korrelieren. Eine solche Aussage würde sich somit notwendigerweise auf sich selbst beziehen, ohne dass dadurch irgendein Zustand der Welt im Ganzen bezeichnet würde. D.h., die Wahrheit der Aussage geht daraus hervor, dass sie aussagt, was ihre Begriffe bedeuten.

Der kausale Zusammenhang, der sich daraus beschreiben ließe, würde nicht in der Weise ein Verhältnis zwischen einer Ursache und Wirkung beschreiben, der zu erwarten ist, wenn eine Aussage eine kausale Beziehung zwischen zwei Zuständen der Welt postuliert, die temporal different sind. Dies erfordert die Darlegung aller Zustände der Welt, innerhalb des temporalen Kontinuums zwischen diesen beiden Zuständen. Dies kann nur dann geleistet werden, wenn alle singulären Entitäten innerhalb des temporalen Kontinuums vollständig begrifflich bestimmt worden sind. Daraus ergäbe sich eine Aussage, die dieses temporale Kontinuum als eine Folge von Zuständen der Welt vollständig aussagt. Dies setzt aufgrund der Singularität der Weltzustände voraus, dass die einzelnen Zustände der Entitäten selbst bereits vollständig bestimmt sind. Folglich darf eine solche Aussage, wenn sie wahr sein soll, nicht allein mit mentalen Inhalten korrelieren. Dies ist jedoch dann der Fall, wenn die Begriffe der Aussage zwangsläufig auf nichts anderes referieren können, als auf ihre Bedeutungen. Schließlich ist im Fall zukünftiger Zustände noch nichts gegeben, auf das ein Begriff referieren könnte. Folglich ist auch keine Aussage über den kausalen Zusammenhang gegenwärtiger Zustände mit zukünftigen Zuständen möglich.

19. 2. a *Kohärenz- und Korrespondenztheoretische Überlegungen*

Sollen durch Pascals *aleae Geometria* keine unmöglichen Aussagen formuliert werden, so dürfen die zufälligen Ereignisse nicht als zukünftige Zustände interpretiert werden, wenn über diese Gewisses ausgesagt werden soll. Vielmehr muss sie daher Aussagen zum Gegenstand haben, deren Wahrheitswert auf kohärente Weise aus vorausgesetzten Definitionen ableitbar ist. Dass dies entsprechend Pascals Methode auch der Fall ist, zeigt seine Lösung des Teilungsproblems, die er Fermat am 29 Juli 1654 schickte. Dort heißt es exemplarisch:

"Voici à peu près comme je fais pour savoir la valeur de chacune des parties, quand deux joueurs jouent, par exemple, en *trois* parties, et chacun a mis 32 pistoles au jeu :

Posons que le premier en ait *deux* et l'autre *une ;* ils jouent maintenant une partie, dont le sort est tel que, si le premier la gagne, il gagne tout l'argent qui est au jeu, savoir 64 pistoles ; si l'autre la gagne, ils sont *deux* parties à *deux* parties, et par conséquent, s'ils veulent se séparer, il faut qu'ils retirent chacun leur mise, savoir chacun 32 pistoles.

Considérez donc, Monsieur, que si le premier gagne, il lui appartient 64: s'il perd, il lui appartient 32. Donc s'ils veulent ne point hasarder cette partie et se séparer sans la jouer, le premier doit dire : « Je suis sûr d'avoir 32 pistoles, car la perte même me les donne ; mais pour les 32 autres, peut-être je les aurai, peut-être vous les aurez, le hasard est égal ; partageons donc ces 32 pistoles par la moitié et me donnez, outre cela, mes 32 qui me sont sûres ». Il aura donc 48 pistoles et l'autre 16."[404]

---

[404]   Oeuvres de Fermat. Tome Deucième. S. 290f.

Hieraus ist zu sehen, dass Pascal zunächst eine Definition der Gewinnbedingungen eines Spiels bekannt ist. Nämlich, dass der Spieler, der als Gewinner bestimmt ist, den Einsatz von 64 Pistoles erhält. Gewinner ist, der drei Partien gewonnen hat. Zu dieser Definition wird nun im ersten Absatz der Lösung eine zweite Definition eines Zustands des Spiels hinzugenommen, um damit weitere Aussagen zu deduzieren. Diese Definition beinhaltet, dass beide Spieler eine gleiche Anzahl an Partien gewonnen haben. Da zu diesem Zustand unbestimmt ist, welcher der Spieler der Gewinner ist, jedoch aus der Definition des Spiels bekannt ist, dass der Spieler der Gewinner des Spiels ist, der drei Partien gewinnt, lassen sich Aussagen deduzieren, die hinsichtlich der beiden Definition kohärent sind.

Ist ein Spieler der Gewinner des Spiels, so folgt, dass dieser im letzten Zustand des Spiels die Partie gewinnt. Ist *per definitionem* bestimmt, dass ein Spiel nur einen Gewinner hat, so muss dies für jedes seiner Zustände gelten, dass derjenige der Gewinner ist, der dreimal gewinnt. Folglich ist derjenige der Gewinner, der im Stande ist, dass Spiel im vorletzten Zustand zu vollenden. Daraus folgt entsprechend den beiden Definitionen, dass die Aussagen „Der erste Spieler ist der Gewinner." als auch „Der zweite Spieler ist der Gewinner." unterschiedslos wahr sein müssen, wenn die Definition des Spiels für alle Zustände des Spiels gilt. Denn beide haben im vorletzten Zustand zwei Partien gewonnen und benötigen noch eine Partie.

Kohärenztheoretisch ist die Wahrheit beider Aussagen der Fall, weil sie sich aus beiden Definitionen ableiten lassen. Werden diese kohärenztheoretisch gewonnenen Aussagen nun hinsichtlich eines korrespondenztheoretischen Wahrheitsbegriffes interpretiert, so ist feststellbar, welche Aussage wahr sein muss, damit ein bestimmter Spieler der Gewinner des Spiels ist. Da unter diesen Bedingungen nur eine der Aussagen wahr sein kann, weil das Bivalenzprinzip aufgrund der angenommenen Referenz der Aussagen gültig ist, muss die jeweils gegensätzliche Aussage, die sich auf einen Spieler bezieht, für den jeweiligen anderen Spieler ausgeschlossen sein.

Korrespondenztheoretisch bedeutet dies, dass gemäß des letzten Zustands des Spiels, die Aussagen hinsichtlich ihrer Möglichkeit als wahr zu bestimmen sind. Dass die Wahrheit sich weder aus der Wirklichkeit noch Notwendigkeit des durch sie Ausgesagten erweist, zeigt sich darin, dass der Gewinn einer der Spieler nur eine fiktive Annahme ist und insofern die Korrespondenz einer Aussage über diesen Zustand selbst nur fiktiv ist. Andernfalls ist davon auszugehen, dass dies Aussagen über gegenwärtige oder vergangene Zustände sind, was Pascals Methode unter die metaphysischen Bedingungen des temporalen Kontinuums der Welt zwingen würde. Somit bezögen sich jedoch alle Überlegungen auf ein bestimmtes singuläres Spiel, da nur über ein solches wahre Aussagen hinsichtlich dessen wirklichen und notwendigen Zustände bestehen können. Sofern sich Aussagen über die Möglichkeit eines Spiels jedoch nur auf potenzielle Zustände und nicht auf die Wirklichkeit bzw. Notwendigkeit der Möglichkeit derselben beziehen, können die verwendeten Begriffe nur auf die Möglichkeit dessen referieren, was durch sie ausgesagt wird, i.e. eine mögliche Referenz.

Referiert eine solche Aussage auf ihre eigene mögliche Referenz, die durch die Widerspruchsfreiheit ihrer Begriffe und deren Verknüpfungen gegeben ist, erweist sich dadurch korrespondenztheoretisch die Wahrheit der Aussage. Denn dann sagt man durch sie aus, dass durch die verwendeten Begriffe die Möglichkeit besteht, dass die Aussage auf einen möglichen Zustand referieren kann. Somit hat die Aussage ihre eigene Möglichkeit zum Gegenstand, die jedoch von ihrer bloßen Gegebenheit nicht verschieden ist.

Ist die Möglichkeit der Aussage und die damit verbundene mögliche Referenz allein dann gegeben, wenn die Begriffe und Verknüpfungen einer Aussage widerspruchfrei miteinander verbunden sind, so gilt für bestimmte inhaltlich verschiedene Aussagen, dass die Definition ihrer Möglichkeit von der einer aktual gegebenen Aussage desselben Inhalts nicht verschieden sein kann. Daher muss eine Aussage, die auf ihre eigene Möglichkeit referiert, notwendigerweise wahr sein, sofern sie widerspruchfrei ist.

Hieraus ist zu sehen, dass man aus der korrespondenztheoretischen Interpretation der durch kohärenztheoretische Methoden gebildeten Aussagen ein Maßstab bilden kann, der ermöglicht, eine bestimmte Größe, wie z.B. die 64 Pistoles einzuteilen. Gewinnt der erste Spieler eine weitere Partie, ist er der Gewinner des Spiels und bekommt 64 Pistoles. Verliert er ein Spiel, ist der zweite Spieler der Gewinner und bekommt 64 Pistoles. Beide können also innerhalb einer Partie der Gewinner sein. Da der Gewinner gemäß der ersten Definition der Spieler ist, der drei Partien gewonnen hat und zu diesem Zustand des Spiels zwei Spieler zwei Partien gewonnen haben, lässt sich folgern, dass entweder die Aussage: „Der erste Spieler gewinnt die letzte Partie." oder „Der zweite Spieler gewinnt die letzte Partie." wahr sein muss, damit dies als Zustand des Spiels der ersten Definition bestimmt ist. Denn dann gibt es einen Gewinner des Spiels.

Soll man entsprechend beweisbar wahren Aussagen entscheiden, welche Anteile am Einsatz jedem Spieler hinsichtlich seiner Möglichkeit den Gewinn zu einem bestimmten Zustand zu erlangen zustehen, müsste jedem Spieler ein Anteil zukommen, also 32 Pistoles.

Geht man in Pascals Beispiel weiter, so erklärt sich das Spezielle seiner Methode. Wie aus dem dritten Absatz ersichtlich ist, dient der so gebildete Maßstab zur Bestimmung anderer, vorhergegangener Zustände des Spiels. So lässt sich auf dieser Grundlage sagen, dass sich die Aussagen, die hinsichtlich der einen Definition des Zustands des Spiels deduzierbar sind, auch hinsichtlich der Definition anderer, vorherggegangener Zustände deduzieren lassen muss. Wenn im ersten Fall die Definition des letztmöglichen Zustands angegeben ist, den ein Spiel *per definitionem* aufweisen kann, bevor ein Spieler dieses vollendet, kann die Definition selbst als eine Aussage aufgefasst werden, die sich aus der Definition vorausgegangener Zustände des Spiels ableiten lassen muss. Lassen sich aus der Definition eines Zustands des Spiels und der Definition des Spiels selbst alle Aussagen ableiten, welche die Zustände bis zur Vollendung des Spiels bestimmen, ist die Definition des letztmöglichen Zustands vor der Vollendung des Spiels ein Bestandteil dieser Aussagen. Somit kann für die Definition des zweiten durch Pascal angegeben Zutsands des Spiels bereits eine bestimmte Anzahl an Aussagen als wahr vorausgesetzt werden.

Demgemäß ist festzustellen, dass bei einem Zustand des Spiels, bei dem ein Spieler bereits zwei Partien gewonnen hat und ein anderer nur eine, bereits für jeden der Spieler eine Aussage als korrespondenztheoretisch wahr anzunehmen ist. Werden aus den Definitionen die Aussagen gefolgert, die jene Zustände beschreiben, die zur Vollendung des Spiels führen, ist unter der Bedingung korrespondenztheoretischer Wahrheit festzustellen, dass drei Aussagen für den ersten Spieler der Möglichkeit nach wahr sein können und für den zweiten nur eine. Von diesen insgesamt vier Aussagen sind bereits zwei bekannt, so dass sich zeigt, dass die zuvor angegebene Definition Bestandteil der abgeleiteten Aussagen ist. Man sieht daraus, dass ein Maßstab für die Einteilung der 64 Pistoles gefunden ist, der drei Anteile dem ersten und ein Anteil dem zweiten Spieler zuweist, also 48 Pistoles und 16 Pistoles. Wie sich zeigt, stimmt dies mit Pascals Darlegung überein.

Wie zu sehen ist, besteht Pascals Methode in der wechselseitigen Aufeinanderbeziehung von Definitionen. Dazu nutzt man jeweils eine Definition, um eine andere Definition, nämlich die des Spiels, in immer derselben Vorgehensweise weiter zu spezifizieren. So dient die Definition des vorletzten Zustands des Spiels zur Bestimmung der die sich entsprechend der Definition des Spiels ableitbaren Aussagen über Zustände. Hinsichtlich der Definition des Spiels, sind diese Aussagen selbst Bestimmungen möglicher Zustände, die bis zur Vollendung des Spiels auftreten können. Insofern präzisiert man dadurch die Definition des Spiels hinsichtlich ihrer möglicher Zustände.

Durch das weitere Fortschreiten der einzelnen Definitionen von Zuständen und dem Abgleichen mit den bereits gewonnenen Aussagen aus den Definitionen anderer Zustände, lässt sich somit eine vollständige Definition des Spiels hinsichtlich von Aussagen über mögliche Zustände gewinnen, die gemäß der Definition des Spiels abgeleitbar sind. Weil, ausgehend von dem letzten Zustand des Spiels, sich rückläufig durch dasselbe Verfahren jeder Zustand bestimmen lässt, bezeichnet man diese Methode auch als Rekursion.[405] Der Maßstab, der danach gebildet wurde, der in der Terminologie Pascals und Fermats den Namen Zufall (hasard) trägt, entspricht dem klassichen Wahrscheinlichkeitsverständnis. Dieses „assigns probabilities in the absence of any evidence, or in the presence of symmetrically balanced evidence."[406]

19. 2. β Ist dies Wissen?

Daraus geht die Frage hervor, ob dadurch Wissen im strengen Sinne ausgesagbar ist. D.h., ob durch Aussagen von dieser Art von Wahrscheinlichkeit wahre Aussagen über die Welt gegeben werden können. Ist dies nämlich nicht der Fall, so bliebe über diese nur zu sagen, was Pascal in seinem letzten Brief an Fermat über die Mathematik äußerte: „[...] je la trouve le plus haut exercice de l'esprit: mais en même temps je la connois pour si inuitile que je fais peu de différence entre un homme qui n'est que géomètre et un habile artisan."[407] Schließlich ließe sich dann auf der Grundlage solcher Aussagen keine neue Erkenntnis über die Welt erlangen.

Geht man davon aus, dass Pascal maßgeblich an der Verfassung der letzten vier Kapitel der Logik von Port Royal beteiligt war, so lässt sich ein Begriff von Wissen gene-

---

[405]   Vgl. Devlin, Keith J.: Pascal, Fermat und die Berechnung des Glücks: eine Reise in die Geschichte der Mathematik. S. 69.

[406]   Hájek, Alan, "Interpretations of Probability", *The Stanford Encyclopedia of Philosophy* (Winter 2012 Edition), Edward N. Zalta (ed.), URL = <https://plato.stanford.edu/archives/win2012/entries/probability-interpret/>

[407]   Fermat, Pierre de; Tannery, Paul (Hg.); Henry, Charles (Hg.): Oeuvres de Fermat. Tome deuxième, Correspondance. S. 451$^{14\text{-}17}$.

rieren, der auf die Welt angewandt werden kann. So wird im dreizehnten Kapitel zwischen zwei Arten von Wahrheiten unterschieden, nämlich:

„les unes qui regardent seulement la nature des choses et leur essence immuable, idépendamment de leur existence; et les autres qui regardent les choses existantes, et surtout les événements humains et contingents, qui peuvent être et n'être pas quand il s'agit de l'avenir, et qui pouvaient n'avoire pas été quand il s'agit du passé."[408]

Wie zu sehen ist, umfässt die erste Art von Wahrheit all jene Aussagen über Eigenschaften, die notwendigerweise einer Entität zukommen müssen, um eine Entität einer bestimmten Art sein zu können. Damit eine Entität unter einem bestimmten Artbegriff fallen kann, müssen dieser Eigenschaften zukommen, die es unabhängig von jeglicher Veränderung aufweisen muss, damit sie als solche identifizierbar ist. Daher ist die Wahrheit einer solchen Aussage auch nicht von der aktualen Existenz einer solchen Entität bedingt. Schließlich referiert die Aussage allein auf die Bestimmungen, die eine Entität haben muss, damit ihr der Artbegriff zugeschreibbar ist. Folglich sind dies notwendige Wahrheiten, weil man eine Aussage über eine Art nicht anders bestimmen kann, als die Art selbst bestimmt ist.[409] Würde die Aussage nämlich anders bestimmt sein, ist damit eine andere Art ausgesagt werden.

Die zweite Art von Wahrheit umfässt Aussagen, deren Wahrheit unter bestimmten Bedingungen gegeben ist. So ist die Wahrheit einer Aussage über ein aktuales Einzelding durch die Aktualität desselben bedingt, weil die Aussage andernfalls auf nichts referiert.

Erklärungswürdig hinsichtlich des Zitats ist, unter welcher Bedingung die Wahrheit von Aussagen über kontingente Ereignisse bzw. über Zukünftiges steht, das sein oder nicht sein könnte. Bezieht sich eine Aussage nicht auf ein aktuales Ereignis, das selbst kontingent war, bevor es aktual wurde, ist nichts Aktuales gegeben, auf das eine Aussage referieren könnte. Dies ist der Fall bei Aussagen über mögliche Ereignisse, unter denen jegliches kontingente Ereignis zu verstehen ist.

Unter einem möglichen Ereignis ist ein jedes zu verstehen, das hinsichtlich eines bestimmten Zustands der Welt durch bestimmte Ursachen aktual sein kann, jedoch ge-

---

[408]   Arnauld, Antoine: Logique De Port-Royal. Suive des trois fragments de Pascal sur l'autorité en matière de philosophie, l'esprit géométrique et l'art de persuader. S. 310f[36-3].

[409]   Vgl. Ebd. S. 311[9-10].

mäß der Bestimmung des Zustands nicht aktual ist.[410] Darunter fallen Aussagen über Zukünftiges wie über Vergangenes, welches auch nicht gewesen sein könnte. Denn jeglicher zukünftige Zustand wird erst noch sein und vergangene Zustände, die auch nicht gewesen sein könnten, sind hinsichtlich der sie hervorgebrachten Ursachen selbst nicht notwendig, auch wenn sie als vergangene Zustände bezüglich des aktualen Zustands der Welt mit Notwendigkeit als kausale Folge bestimmt sind. Beispielsweise ist im ersten Fall vollkommen unbestimmt, dass, wenn Gaius Iulius Caesar (100-44 v.Chr.) am Rubikon steht und überlegt, ob er den Rubikon überqueren soll oder nicht, er diesen in einem zukünftigen Zustand überschreitet. Bevor Cäsar sich nicht im Zustand der Überschreitung befindet, ist kein Zustand gegeben, bei dem eine Aussage angeben kann, dass der Fall ist, was der Fall ist bzw. dass nicht der Fall ist, was nicht der Fall ist. Im zweiten Fall ist zwar hinsichtlich der Vergangenheit zu sagen, dass Caesar den Rubikon überquert hat, doch hinsichtlich seiner eigenen Ursächlichkeit, diesen Zustand hervorzubringen, hätte dieser Zustand nicht eintreten müssen. Daher besteht die Wahrheit einer Aussage über einen bestimmten vergangenen Zustand nicht mit Notwendigkeit,[411] auch wenn die Wahrheit einer Aussage über vergangenen Zuständen hinsichtlich des aktualen Zustands durchaus notwendig ist. Schließlich ist ein jeder aktualer Zustand entsprechend der Folge aller vorangegangenen Zustände bestimmt.

Wenn eine Aussage, die nur unter Bedingungen wahr ist, ein mögliches Ereignis aussagt, so ist aus epistemologischer Sicht zu sehen, dass eine solche Aussage niemals Gewissheit aussagen kann. Besteht diese nämlich in der Beweisbarkeit des Wahrheitswerts der Aussage, so ist korrespondenztheoretisch zu sagen, dass die Wahrheit über ein mögliches Ereignis nur dann bewiesen wäre, wenn alle Bedingungen angegeben sind, welche die Wahrheit der Aussage begründen. Hierin steckt sowohl ein epistemisches Problem, genauso wie ein Widerspruch. Zum einen ist der Mensch aufgrund seiner epistemischen Beschränktheit nicht dazu in der Lage, alle Bedingungen zu erfassen, die berücksichtigt werden müssten, damit sich die Wahrheit einer Aussage über ein bestimmtes Ereignis in der Welt beweisen lässt. Dies würde die Kenntnis aller Zustände von Einzeldingen in der Welt voraussetzen, hinsichtlich derer man eine Kausaldefinition eines bestimmten Zustands bilden kann.

---

[410]   Vgl. Ebd. S. 311$^{3\text{-}8}$.
[411]   Vgl. Ebd. S. 311$^{16\text{-}17}$.

In metaphysischer Hinsicht ist der Beweis der Wahrheit einer Aussage über ein mögliches Ereignis widersprüchlich. Wenn der Beweis alle Bedingungen anführt, welche die Wahrheit der Aussage erweisen, muss unter Beibehaltung des Gebots der Referenz diese Aussage notwendig wahr sein. Denn ein wahres Konditional, dessen Antezedenz alle Bedingungen anführt, welche die Wahrheit der Konsequenz beweisen, verweist auf aktual Gegebenes. Mag dies wirklich oder notwendig sein. Eine Aussage über ein mögliches Ereignis entbehrt jeglicher Referenz, weshalb auch kein außerlogisches Kriterium gegeben ist, an dem die Wahrheit der Aussage feststellbar ist. Insofern ist mit der Logik von Port Royal zu sagen: „que la seule possibilité d'un événement n'est pas une raison suffisante pour me le faire croire; [...]"[412]

Auch wenn man deshalb eine Aussage über ein mögliches Ereignis nicht für wahr halten muss, so lässt sich hinsichtlich der dargelegten Methode Pascals feststellen, dass logische Kriterien genügen, um den Zweifel an der Wahrheit einer Aussage über ein mögliches Ereignis, wenn schon nicht vollständig zu beseitigen, so doch einzuschränken.

Kann man auf der Grundlage von Erfahrung oder allein durch die Kombination von Begriffen eine Definition eines möglichen Ereignisses generieren, ist rekursiv bestimmbar, unter welchen Bedingungen diese Aussage referieren würde. D.h., dass hinsichtlich der verwendeten Begriffe zu untersuchen ist, durch die Wahrheit welcher Aussagen diese referieren können. Diese Überlegung nach dem Auffinden der *circonstances communes*, die gegeben sein müssen, damit ein mögliches Ereignis wirklich ist, geben hinreichende oder im besten Fall zureichende Gründe für die Wahrheit einer Aussage. Auch wenn man sie dadurch nicht beweist.[413]

So dient beispielsweise hinsichtlich der Erfahrung die Beantwortung der Frage nach den Ursachen, die bei einer bestimmten Wirkung gegeben waren, eine solche Antwort als Grund dafür, weshalb eine Aussage über das Auftreten eines bestimmten Zustand wahr zu sein scheint. Denn dadurch postuliert man ein bestimmter kausaler Zusammenhang, der ausgehend von der Wirkung verschiedene Ursachen bzw. eine Ursache angibt, die gegeben sein muss, damit die Wirkung eintreten kann bzw. muss.

Dieses Postulat der rekursiv bestimmten Kausalität und die daraus hervorgehende Begründung der Wahrheit einer Aussage über ein mögliches Ereignis setzt für jedes Pos-

---

412   Ebd. S. 311[28-29].
413   Vgl. ebd. S. 319f[22-2].

tulat von Kausalität eine bestimmte Art von Empirie zu dessen Begründung voraus. Diese besteht in der Beobachtung und Differenzierung einer bestimmten Wiederkehr bestimmter Arten von Ereignissen unter bestimmen Arten von Umständen. Ohne diese Voraussetzung könnte der Begriff der Kausalität nicht verstanden werden, da erst die Anwendung dieses Begriffs die Sukzession von Zuständen der Welt hinsichtlich Ursache und Wirkung einteilt und insofern unterscheidbar macht. Ohne diese angenommene Erfahrung müsste man jeden Zustand der Welt als indifferenter Bestandteil eines Kontinuums ansehen. Denn hinsichtlich dessen Definition unterscheidet sich kein Zustand von einem anderen.

Daher scheint es plausibel zu sagen, dass hinsichtlich der eigenen Erfahrung die Wahrheit einer Aussage umso mehr bestätigt scheint, je häufiger es der Fall ist, dass eine bestimmte Art von Wirkung mit einer bestimmten Art von Ursachen bzw. allgemeinen Umständen aufgetreten ist.[414]

Diesbezüglich ist einzuwenden, dass damit ein außerlogisches Kritierum für die Wahrheit einer Aussage über ein mögliches Ereignis gegeben ist. Schließlich ist die Wahrheit der Aussage durch die Empirie des Beobachteten begründet. Daher referiert sie auf eine notwendige Folge von vergangenen Zuständen der Welt, die einst wirklich waren. Ist für die Aktualität von Zuständen ihre Möglichkeit vorausgesetzt, so müsste man folgern, dass bei der Möglichkeit des Vorliegens derselben Art von Zuständen auch diejenigen möglichen Zustände folgen müssen, wie sie in der Empirie tatsächlich folgten.

Diese Annahme lässt außer Acht, dass die Empirie in diesem Fall nur der Krückstock des Verstandes ist, um einen Begriff von Ursache, Wirkung und somit Kausalität zu bilden. Denn diese Begriffe sind, entgegen der kantischen Position, selbst nicht *a priori* generierbar, da sie die Art von Differenzierbarkeit voraussetzen, die nur durch die Gegebenheit von Einzeldingen gegeben ist, die wechselseitige Veränderungen herbeiführen. Insofern sind sie in ihrer Anwendung auch an die bestimmten Einzeldinge gebunden, durch welche ihre Referenz überhaupt erst bestätigt ist. Was folglich für eine Aussage über Ursache, Wirkung und Kausalität bezüglich der Empirie gilt, ist auch nur bezüglich derjenigen singulären Umstände wahr, auf welche eine solche Aussage referiert. Damit ist nichts über eine Notwendigkeit hinsichtlich des Aktual-Werdens von möglichen Zuständen, sondern allein etwas über die Notwendigkeit einer Folge

---

[414]   Vgl. ebd.

erfahrener Zustände gesagt. Um damit die Wahrheit einer Aussage über ein mögliches Ereignis zu begründen, reicht der Verweis auf die vorauszusetzende Möglichkeit vergangener Ereignisse und deren Umstände nicht zu.

Auch wenn der Verweis auf die bloße Empirie kein Garant für die Wahrheit einer Aussage über ein bloß mögliches Ereignis ist, so findet man bezüglich der Kombination von Begriffen unter Berücksichtigung der Definition eines möglichen Ereignisses begriffsanalytisch dennoch ein Wahrheitskriterium. Damit eine Aussage wahr sein und somit referieren kann, ist die Widerspruchsfreiheit ihrer Begriffe und deren Verknüpfung unabdingbar. Insofern erweist sich die Möglichkeit der Referenz einer bedingten Aussage ebenfalls aus der Widerspruchsfreiheit mit der Verknüpfung anderer Aussagen. Geben diese die Bedingungen an, unter denen die Aussage wahr sein kann, dürfen sie nichts aussagen, was die Möglichkeit der Referenz der Aussage als etwas Unmögliches vorstellt.

Die Definition eines möglichen Ereignisses ist selbst eine bedingte Aussage. Denn ein Ereignis ist ein bestimmter Zustand von etwas, welches hinsichtlich anderer Ereignisse bestimmt ist. Je nachdem, wie dieses Etwas im Verhältnis zu anderen Ereignissen bestimmt ist, ergeben sich daraus verschiedene Bedingungen, unter denen die Definition des Begriffs referieren kann. Ist die Definition eines Ereignisses allein logisch analysiert, so begründet die Kompossibilität der auftretenden Begriffe die Möglichkeit der Referenz der Definition. Für die Begründung von Wahrheit ist diese Sichtweise ungenügend, da sie ohne die Betrachtung von irgendwelchen Aussagen über die Bedingungen auskommt, die erfüllt oder nicht erfüllt sein können, damit die einzelnen Begriffe der Aussage referieren. Eine solche Analyse nimmt nämlich nur die Faktoren ins Blickfeld, welche die Möglichkeit bzw. Nicht-Möglichkeit der Referenz der Aussage als Ganzes begründen. Ausgehend vom aristotelischen Wahrheitsbegriff heißt dies, dass die Möglichkeit der Referenz einer Aussage allein aus den eine wirkliche Referenz aufweisenden Aussagen abgeleitet ist. Schließlich gibt eine Aussage, die angibt, dass der Fall ist, was der Fall ist, bzw. dass nicht der Fall ist, was nicht der Fall ist, die widerspruchsfreien Definitionen an, die für jede Art derselben Aussage gelten müssen, damit sie wahr sein kann, weil sie selbst wahr ist.

Dies vernachlässigt, wie die Kompossibilität bzw. Widerspruchsfreiheit der Aussage zustande kommt, da man nur betrachtet, was der Analyse zum Vorteil reicht, ohne zu bedenken, dass mancher Vorteil erst aus einem Nachteil hervorgeht.[415] Anders gesagt, damit man tatsächlich etwas mit Wahrheit über ein möglichen Ereignisses aussagen kann, dürfen nicht ein wirkliches Ereignis und wahre Aussagen darüber der Fokus der Untersuchung sein, sondern die Möglichkeit selbst, aus der das Wirkliche doch stets erst hervorgeht. Um daher begründen zu können, weshalb die Aussage über ein mögliches Ereignis wahr ist, sind alle Bedingungen darzulegen, die aufzeigen, wann die einzelnen Begriffe der Definition des möglichen Ereignisses referieren können und wann nicht. Erst dann kann man überhaupt erst einsehen, dass die Aussage über ein mögliches Ereignis in Wahrheit etwas Mögliches aussagt, ohne dabei etwas Aktuales voraussetzen zu müssen.

Zur Veranschaulichung sei ein illusteres Beispiel gegeben, nämlich: „Morgen wird eine Seeschlacht stattfinden." Wie leicht zu sehen ist, muss eine Definition dieses möglichen Ereignisses sowohl angeben, was unter „Morgen" und unter „Seeschlacht" zu verstehen ist. Schließlich spricht man dem Subjekt „Morgen" das Prädikat der „Seeschlacht" zu. Weil der Begriff „Morgen" ein temporaler Begriff ist, muss dieser hinsichtlich einer bestimmten temporalen Einteilung definit sein. In allgemeinster Weise lässt er sich als „eine bestimmte Folge von Zuständen" definieren, „die einer anderen bestimmten Folge von Zuständen nachfolgt". Die „bestimmte Folge von Zuständen" sei hierbei als „ein Zeitintervall zwischen 24 Stunden" verstanden. Unter „Seeschlacht" kann „ein längerwährendes Zusammentreffen von Schiffen auf See zum Zweck der gegenseitigen Versenkung" verstanden werden. Betrachtet man die Aussage im Ganzen hinsichtlich der Kompossibilität der Begriffe, so scheint diese zunächst widerspruchsfrei. Folglich müsste sie der Möglichkeit nach auch referieren können und somit wahrhaftig eine Möglichkeit aussagen. Dieser Schluss mag davon herrühren, dass man die verwendeten Begriffe als Gattungsbegriffe versteht. Denn diese sind *per definitionem* so allgemein, dass sich die Kompossibilität der Begriffe leicht durchschauen lässt.

Der Gattungsbegriff gibt, wie die Definition eines Spiels, aber nur den Rahmen vor, innerhalb dessen man Aussagen über Zustände bestimmt kann. D.h., der Gattungsbegiff gibt selbst schon die Bedingungen an, hinsichtlich deren Artbegriffe bestimmt sein können. Daher lässt sich der Gattungsbegriff auch als die Anzahl aller Artbegriffe begreifen, die hinsichtlich bestimmter Merkmale ihm zugehörig sind. Ist dies der Fall und wird durch die Kompossibilität der Begriffe die Möglichkeit der Re-

---

[415]   Vgl. ebd. S. 323[13-21].

ferenz einer Aussage bewiesen, müsste ein jeder Artbegriff, der hinsichtlich seines Gattungsbegriffs eingesetzt wird, die Möglichkeit der Referenz in derselben Weise erweisen.

Daraus folgt, dass egal welcher Artbegriff verwandt wird, die Begriffe der Aussage kompossibel bleiben und die Aussage damit widerspruchsfrei sein muss. Denn insofern die Aussage durch die Verwendung von Gattungsbegriffen mit Wahrheit eine mögliche Referenz aussagt, muss diese mögliche Referenz für alle Artbegriffe gelten, die gemäß der Merkmale des Gattungsbegriffs bildbar sind. Schließlich gilt, wie spätestens seit Ockham für diese Relation bekannt ist, das *dictum de omni*[416] und das *dictum de nullo*[417]. Dies sagt, dass ein Prädikat, das einem allgemeineren Begriff oder Aussage zukommt auch allen spezielleren Begriffen oder Aussagen zukommt, die durch den allgemeineren erfasst sind (dictum de omni) bzw. dass ein Prädikat, dass dem allgemeineren Begriff oder Aussage nicht zukommen kann, auch keinen spezielleren Begriffen oder Aussagen, die durch den allgemeineren Begriffe oder Aussagen erfasst wird, zukommt (dictum de nullo).

Man kann feststellen, dass unter den verschiedenen Gattungsbegriffen auch solche Artbegriffe innerhalb einer Aussage gebildet werden können, die hinsichtlich anderer Artbegriffe derselben Aussage Nicht-Mögliches aussagen. Spezifiziert man den Begriff „See" z.B. durch den Begriff „Lavasee" und der Begriff „Schiff" durch „Segellinienschiff", ist ersichtlich, dass die Prädikate der spezifizierten Begriffe einander widerstreiten. Wenn ein Segellinienschiff ein aus Holz gebautes Wasserfahrzeug ist, dann ist ausgeschlossen, dass diese auf Lava fahren und einander versenken. Dies bedeutet, dass die Möglichkeit, die durch die Aussage hinsichtlich der Gattungsbegriffe ausgesagt wird, nicht alle Aussagen umfassen kann, die sich hinsichtlich der Merkmale der Gattungsbegriffe bilden lassen. Daher kann die mögliche Referenz einer solchen Aussage auch nur bedingt gelten, nämlich allein hinsichtlich der Aussagen, die sich entsprechend den verwendeten Artbegriffen der Gattungsbegriffe als kompossibel erweisen. Dann lässt sich bezüglich der Artbegriffe die Möglichkeit der Referenz der Aussage durch die Anzahl aller kompossiblen Begriffsverknüpfungen begründen. Sind nämlich alle kompossiblen Aussagen bekannt, die sich hinsichtlich der Ersetzung der Gattungsbegriffe durch ihre Artbegriffe bilden lassen, ist daraus ersichtlich, was die Möglichkeit der Aussage im Ganzen aufgrund ihrer Begriffe aussagt.

---

[416]   Vgl. Ockham, Wilhelm von: Summa Totius Logicae. p. III. cap. II. S. 230[4-11].
[417]   Ebd. S. 230[11-14].

Soll eine solche Aussage die Möglichkeit mit Wahrheit aussagen, d.h. referieren, so kann sie dies nur, wenn die aufgefundenen Aussagen hinsichtlich der Bedingungen der Referenz analysiert werden, die ihre Artbegriffe vorgeben. Weil jeder Artbegriff durch die ihm zukommenden Prädikate die Bedingungen, unter denen er referieren kann, genauer spezifiziert, ist ausgeschlossen, dass alle aufgefunden Aussagen referieren, obwohl die Möglichkeit hinsichtlich der Kompossibilität besteht. Sind die Artbegriffe z.B. selbst temporal oder lokal bzw. ist ein Artbegriff durch seine Prädikation so bestimmt, dass dieser nur auf Sachverhalte in der Astronomie oder Mathematik anwendbar ist, wird die Aussage nur gemäß diesen Bedingungen referieren können. D.h., dass die mögliche Referenz bereits die Aktualität bestimmter Bedingungen voraussetzt, gemäß denen man erkennt, dass eine bestimmte Anzahl von Aussagen auf eine Möglichkeit referiert.

Dies passt vortrefflich mit der Definition möglicher Ereignisse zusammen, weil wenn diese vergangen sind, jedoch nicht hätten sein müssen, eine notwendige Folge von Zuständen vorgeben, aus denen die Bedingungen hervorgehen, entsprechend derer eine Aussage referieren muss. Aber auch wenn das mögliche Ereignis ein Zukünftiges ist, lässt sich dieses hinsichtlich eines aktualen Zustands bestimmen, aus dem man die Bedingungen erkennen kann, unter denen eine mögliche Referenz einer bestimmten Anzahl von Aussagen über ein mögliches Ereignis gegeben ist. So lässt sich z.B. sagen, dass bei Aussagen über eine Seeschlacht, wie der historischen Seeschlacht bei Salamis, durch die Bedingungen, welche eine Definition der alt-griechischen Geschichte vorgibt, nicht alle möglichen Artbegriffe eine mögliche Referenz aussagen, die sich hinsichtlich Seeschlachten und Schiffen als kompossibel erweisen. In gleichem Maße referieren nicht alle Artbegriffe einer Aussage über eine morgige Seeschlacht hinsichtlich der Bedingungen, welche eine Definition des aktualen Zustands der Welt vorgibt.

Hieraus erhellt, dass die Wahrheit einer Aussage über ein mögliches Ereignis hauptsächlich durch die Bedingungen in ihrer Möglichkeit bestätigt ist, hinsichtlich derer die Anzahl aller möglichen in der Aussage vorkommenden Artbegriffe referieren. Insofern geben die Bedingungen die Kriterien vor, welche Aussagen aus der Anzahl aller aus den Artbegriffen bildbaren möglichen Aussagen in der Weise bestimmt sind, dass sie unter den Bedingungen referieren können. Weil korrespondenstheoretisch nicht alle referieren können, indes durch die Kenntnis der Anzahl aller Aussagen, welche die Möglichkeit einer Referenz begründen, bekannt ist, welche Aussagen, ohne sich gegenseitig auszuschließen, referieren können, lässt sich ganz nach Pascals Methode ein Maßstab für die Möglichkeit einer tatsächlichen Referenz bestimmt.

Spezifiziert man den Gattungsbegriff einer Aussage immer weiter durch immer differentere Artbegriffe, muss sich, falls die Artbegriffe in diesem Prozess irgendwann selbst einer *species infima* entsprechen, eine endliche Anzahl von Aussagen ergeben haben, von denen bekannt ist, dass man deren Wahrheit der Möglichkeit für die tatsächliche Referenz für wahr zu halten hat. Denn diese Anzahl an Aussagen sagt die vollständige Möglichkeit aus, aus der ein aktualer Zustand hervorgehen kann.

Wie schon bei dem Beispiel des Spiels, muss man, je nachdem an welcher Stelle der Spezifizierung der Gattungsbegriffe man halt macht, jene Aussagen für eine tatsächliche Referenz und also für wahr halten, denen die meisten hinsichtlich der Bedingungen der Referenz kompossiblen Aussagen vorausgehen. Insoweit muss eine Aussage umso wahrscheinlicher sein, je mehr Aussagen, die sich den Gattungsbegriffen ihrer Artbegriffe nähern, kompossibel mit den Bedingungen sind, die für eine tatsächliche Referenz bestehen. Hinsichtlich einer tatsächlichen Referenz und der damit bestehenden Wahrheit bedeutet dies, dass die Wahrheit begriffsanalytisch die Anzahl aller Aussagen ist, die ausgehend von ihrer singulären Definition bis zur Definition ihrer Gattungsbegriffe mit den Bedingungen einer tatsächlichen Referenz vollständig kompossibel sind. Erst dann ist überhaupt erst erkennbar, was man damit aussagt, dass der Fall ist, was der Fall ist bzw. dass nicht der Fall ist, was nicht der Fall ist.

20 Differenzierungen von Arten mathematisch-empirischer Wahrscheinlichkeiten

Man kann einwenden, dass ein Wahrscheinlichkeitsbegriff, wie er im Vorangegangenen geschildert ist, den menschlichen Verstand in epistemischer Hinsicht schlichtweg übersteigt. Bildet man die Wahrscheinlichkeit entsprechend der Empirie, bleibt der genaue Maßstab dafür für andere uneinsichtig. Denn niemand teilt die Empirie eines anderen Individuums noch hat darauf Zugriff darauf. Beruht sie allein auf begriffsanalytischen Überlegungen, so könnte sie zwar von jedem Verstandeswesen durch die Kenntnis der Methode zur Bestimmung der Wahrscheinlichkeit nachvollzogen werden, doch bleibt die genaue Bedeutung von Wahrscheinlichkeiten unverstanden. Denn sie wäre nur dann verstehbar, wenn man Aussagen bilden würde, deren Begriffe Eigennamen sind bzw. diesen sehr nahe kommen.

Die Bildung und das vollständige Verständnis von Eigennamen setzt die Fähigkeit voraus, dass das Referenzobjekt eineindeutig im Unterschied zu allen möglichen oder wirklichen bzw. notwendigen Entitäten bestimmbar ist. Ein endlicher Verstand wie der des Menschen ist diesbezüglich eingeschränkt. Daher verfährt er auch begriffsanalytisch unter diesen Bedingungen nicht mit Erfolg.

Dem ist durch eine Folgebetrachtung zu widersprechen, die sich aus Jakob Bernoullis (1655-1705) Schrift *Ars Conjectandi* ergibt. Diese wurde in Auseinandersetzung mit der Schrift *De ratiociniis in ludo aleae* von Christiaan Huygens (1629-1695) geschrieben, der sich seinerseits mit der Methode Pascals auseinandersetzte, die ihm durch verschiedene Briefwechsel mit anderen Mathematikern, die an der Entwicklung der Methode beteiligt waren, kommuniziert worden ist.[418]

Bei Bernoulli heißt es zu einer methodischen Differenz bei Huygens, dass dieser nach der verwendeten Methode stets synthetisch verfahren habe, doch auch zeigt, dass man dabei analytisch verfahren kann.[419] D.h., dass Huygens die Wahrscheinlichkeit, die durch ihn mit der Bezeichnung der Expectatio ausgedrückt wird, in der ersten Weise aus bereits Bekanntem (cognitis & datis) bestimmt.[420] In der zweiten Weise findet er die Lösung anhand der möglichen Relationen, welche die Begriffe und Bedingungen, die für eine tatsächliche Referenz gegeben sein müssen.[421] Das synthetische Verfahren setzt insofern eine bestimmte Kenntnis von empirischen Urteilen voraus, während das analytische Verfahren durch Definitionen Aussagen nach bestimmten Regeln ableitet.

Wenn man entsprechend der ersten Grundlage nicht nachvollziehen kann, was man durch das synthetische Verfahren aussagt, so muss man folgern, dass deren Ergebnisse auch nicht durch das analytische Verfahren erfasst werden können. Ist doch das Fundament beider Verfahren so verschieden, dass sie nicht miteinander vereinbar scheinen.

Zieht man in Betracht, dass auch die Empirie nur durch Begriffe als solche vom Verstand erfasst wird, erhellt, dass das Fundament der synthetischen Methode von der analytischen nur insoweit verschieden ist, dass die Definitionen der Begriffe, welche

---

[418] Vgl. Hald, Anders: A History of Probability and Statistics and Their Application before 1750. S. 67f.

[419] Vgl. Bernoulli, Jakob: Ars Conjectandi. Opus Posthumum. Accedit Tractatus de Seriebus Infinitis. Et Epistola Gallice scripta De Ludo Pilae Reticularis. S. 47f$^{29\text{-}1}$.

[420] Vgl. Ebd. S. 48$^{1\text{-}7}$.

[421] Vgl. Schooten, Frans van; Huygens, Christian: Exercitationum Mathematicarum, Liver V. Continens Sectiones triginta miscellaneas. S. 533f.

die Empirie beschreiben, spezifizierter sind. Die analytische Methode legt hingegen dar, nach welchen Definitionen aus einem Gattungsbegriff eines Ereignisses Artbegriffe mit tatsächlicher Referenz generierbar sind, sofern die Ereignisse aktual sind. Dies bedeutet, dass Aussagen, die durch die synthetische Methode generiert werden, lediglich aus Artbegriffen bestehen, die nach bestimmten Definitionen aus Gattungsbegriffen eines Ereignisses erfasst sind. Daraus folgt, dass man nicht unbedingt um die Empirie eines Individuums wissen muss, um die begriffliche Bedeutung seiner *expectatio* zu erfassen. Schließlich lässt sich rein analytisch im Idealfall jede mögliche Bedeutung bilden, sofern die richtigen Definitionen bekannt sind. Hierin liegt für den begrenzten Verstand das größte Problem. Man mag die *expectatio*, die aus der Empirie eines Individuums generiert wurde, ohne weitreichend spezifizierte Begriffe erfassen können, weil auch die Begriffe eines Individuums für seine Empirie stets universal sind. Doch nur unter der Kenntnis der richtigen selbstaufgefundenen Definitionen ist dies möglich.

Folgt man Bernoulli, können diese Definitionen nicht *a priori* bestimmt sein, sondern sind *a posteriori* aufzufinden.[422] Aus dem Vorangegangenen ist klar, dass eine Bestimmung der Definition eines möglichen Ereignisses *a priori* für einen endlichen Verstand nicht möglich ist, wenn dadurch die Wahrscheinlichkeit für das nicht fiktive Eintreten des Ereignisses bestimmt werden soll. Dies setzt unter der metaphysischen Voraussetzung einer vollständig in ihren Möglichkeiten determinierten Welt eine vollständige Definition der Welt voraus, aus der alle Möglichkeiten, die Wirklichkeit werden können, ableitbar sind.

Gestützt auf die eigene Empirie lässt sich per Induktionsschluss eine Vermutung anstellen, mit welcher Wahrscheinlichkeit ein Ereignis eintreten kann, so dass auf dieser Grundlage ein Verfahren entwickelbar ist, welches die Erkenntnis *a posteriori* den Bedingungen annähert, die *a priori* bestanden haben können. Dies gilt nach Bernoulli nur, wenn „tot casibus unumquodque posthac contingere & non contingere posse, quoties id antehac in simili rerum statu contingisse & non contingisse fuerit deprehensum."[423] Denn wenn man voraussetzt, dass eine Art von Ereignis in gleich vielen Fällen eintreten und nicht eintreten kann, wie es entsprechend der Beobachtung

---

[422]   Vgl. Bernoulli, Jakob: Ars Conjectandi. Opus Posthumum. Accedit Tractatus de Seriebus Infinitis. Et Epistola Gallice scripta De Ludo Pilae Reticularis. S. 224[27-30].

[423]   Ebd. S. 224[30-32]. [jedes einzelne in so vielen Fällen hernach geschehen und nicht geschehen kann, wie dies vorher bei gleichem Stand der Dinge bemerkt wurde, dass es geschehen oder nicht geschehen ist.]

geschehen ist, dann beschreibt die Anzahl aller Aussagen über jede einzelne Beobachtung einen bestimmten Zustand, deren verwendete Artbegriffe man nach bestimmten
gleichbleibenden Definitionen bildet. D.h., dass anhand der Artbegriffe der Aussagen
und deren Verknüpfungen untereinander zu untersuchen ist, nach welchen Definitionen diese zueinander kompossibel sind. Eine Vorgehensweise, die durchaus von Erfolg gekrönt ist, da auch Sir Isaac Newton in seiner 1687 erschienen *Philosophiae
Naturalis Principia Mathematica* auf diese Weise seine Axiomatik formuliert hat.

Weil es sich bei solchen Aussagen augenscheinlich um empirische Aussagen handelt,
ist zu beachten, dass, auch wenn sie unter der gleichen Art von Bedingung immer wieder auftretende oder nicht auftretende Ereignisse aussagen, sie von den Bedingungen
der Empirie nicht unabhängig sein können. Andernfalls würden sie auf überhaupt keine Erfahrung referieren können.

Da die Bedingung der Wiederholbarkeit von identischen Ereignissen bezüglich empirischer Aussagen über Beobachtungen den Bedingungen einer sich kontinuierlich verändernden Welt nicht entsprechen, ist Bernoullis Schluss verständlich, dass der
Schluss aus der Beobachtung nur eine bestimmte Annäherung an eine Definition darstellt, aus der sich eine Wahrscheinlichkeit für ein Ereignis herleiten lässt.[424] Daher ist
die so bestimmte Wahrscheinlichkeit selbst nur eine Vermutung, die einen möglichen
empirischen Zusammenhang zwischen der Aussage über ein Ereignis und einer Definition aussagt. Insofern ist daher mit Bernoulli die Bestimmung der Wahrscheinlichkeit
als eine „*Ars Conjectandi sive Stochastice*"[425] zu bezeichnen. Schließlich lässt sich
hinsichtlich der Methodik nicht sagen, ob die Aussage über die Wahrscheinlichkeit
eines Ereignisses auch dann noch referieren könnte, wenn die Wiederholbarkeit der
Ereignisse nicht gegeben ist. Schließlich müssen, je nach metaphysischen Weltbild,
die empirischen Aussagen entsprechend verschiedener Bedingungen gedeutet und etwaige Zusammenhänge zwischen Aussagen über die Welt unterschiedlich bestimmt
sein. Letztlich gelten Aussagen über ein Ereignis in einer vollständig determinierten
Welt in anderer Weise als in einer indeterminierten Welt. Aussagen, die man so generiert bilden kein gesichertes Wissen über die Welt, sondern ein bloßes Wissen hinsichtlich der Bedingungen über die eigene Empirie zu urteilen. Ist dies der Fall, so ist
der Begriff der Wahrscheinlichkeit ein bloßer Verstandesbegriff. D.h. er referiert auf

---

[424]   Vgl. ebd. S. 226$^{25\text{-}30}$.
[425]   Ebd. S. 213^{27}.

eine rationale Einteilung der Empirie gemäß bestimmten Kategorien, hinsichtlich derer bestimmte Aussagen abgeleitet werden können.

Diese Annahme ist bei Bernoulli dadurch verstärkt, dass er selbst eine Einteilung der Empirie bestimmt, nach der die Wahrscheinlichkeit einer Aussage bildbar sind. So lässt sich einteilen, dass einiges des Beobachteten „necessario existunt & contingenter indicant: alia contingenter existunt & necessario indicant: alia denique contingenter existunt simul & indicant."[426] Dies erklärt er am Beispiel des Auffindens der Ursache für das Ausbleiben von Briefen seines Bruders. So meint er, dass er weiß, dass seinem Bruder eine gewisse Trägheit (segnitas) zukommt. Diese Trägheit kommt seinem Bruder jedoch nur mit hypothetischer Notwendigkeit (necessitate hypothetica) zu.[427] Schließlich lässt sich die Trägheit als eine Eigenschaft verstehen, die nur unter bestimmten Bedingungen aktual ist, wenn sie zur Bestimmung eines Individuums gehört. Das sind solche, die weder körperliche noch geistige Anstrengung erfordern. Sind diese Bedingungen gegeben, so müsste entsprechend der Bestimmung des Individuums seine Trägheit aktual sein. Daraus lässt sich schließen, dass das Ausbleiben der Briefe kontingent ist, da die Umstände ihrer Aktualisierung kontingent sind.[428]

In anderer Weise kann auch der Tod (mors) seines Bruders die Ursache für das Ausbleiben der Briefe sein. Darüber meint Bernoulli, dass diese Ursache selbst zufällig ist, man deren Aktualität für das Ausbleiben der Briefe aber mit Notwendigkeit folgern kann.[429] Anders als die Trägheit ist der Tod eine Eigenschaft, die der Bestimmung eines aktualen Individuums nicht zukommen kann. Denn ist das Individuum tot, so kommt ihm überhaupt keine Aktualität und Potenzialität mehr zu. Weshalb es auch nicht mehr als Indiviuum derselben Art anzusehen ist, sondern als etwas davon Verschiedenes. Weil das Ableben eines Individuums selbst kontingent ist, weil es ihm zukommen kann, aber nicht muss, ist der Tod als eine kontingente Ursache anzusehen, aus der aber mit Notwendigkeit geschlossen werden kann. Wenn ein Indiviuum nicht mehr ist, kann es keine Handlung, wie das Schreiben von Briefen, mehr vollziehen. Denn dazu ist Aktualität und Potenzialität vorauszusetzen.

---

[426]   Ebd. S. 217[21-22]. [notwendig vorhanden ist und kontigent anzeigt: andere sind kontingent vorhanden und zeigen notwendig an: andere schließlich sind gleichfalls kontingent vorhanden und zeigen (kontingent) an.]

[427]   Ebd. S. 217[26-27].

[428]   Vgl. ebd. S. 217[27-28].

[429]   Vgl. ebd. S. 217f[28-1].

Letztlich führt Bernoulli an, dass sein Bruder aber auch durch seine Geschäfte (negotia) vom Schreiben der Briefe abgehalten wurden sein könnte. Diese Ursache ist selbst kontingent und stellt die Wirkung ebenso kontingent dar.[430] Denn die Geschäfte des Bruders bestehen nur kontingenterweise, woraus folgt, dass dieser nur kontingenterweise nicht geschrieben hat, wenn dies die tatsächliche Ursache ist.

Aus diesen drei Einteilungen kann man auf der empirischen Grundlage der Beobachtung nach Bernoulli die Wahrscheinlichkeiten für den Zusammenhang von Ursache und Wirkung bestimmen.

Die Beobachtung gibt die Anzahl an Fällen vor, hinsichtlich derer eine Übereinstimmung von Ursache und Wirkung ausgesagbar ist. Ist durch die Beobachtung eine Aussage über eine zufällige Ursache gegeben, aus der eine Wirkung mit Notwenigkeit zu folgern ist, so ergibt sich nach Bernoulli die Wahrscheinlichkeit aus der Anzahl aller Aussagen, die sich hinsichtlich des Beobachteten erfolgreich, entsprechend der bestimmten Ursache und Wirkung, anwenden lassen, und der Anzahl aller Aussagen, hinsichtlich derer sie nicht erfolgreich angewandt werden konnten.[431] Wenn die Anzahl beider Arten von Aussagen die Gesamtheit aller Aussagen über Ursache und Wirkung entsprechend dem Beobachteten bedeuten, gibt die Anzahl aller erfolgreichen Anwendungen den Grad an Gewissheit an, der gemäß den Beobachtungen erreichbar ist.[432]

Ohne sogleich zu kommentieren, was damit genauerhin ausgesagt ist, ist festzustellen, dass das so beschriebene Verhältnis von Ursache und Wirkung die Ursache gemäß der Beobachtung in zweierlei Weise bestimmt. Treten Fälle auf, bei denen die Aussagen über Ursache und Wirkung sowohl erfolgreich Anwendung finden als auch nicht finden, dann folgt unter den eingeschränkten Bedingungen der Beurteilung, dass die Ursache bloß ein hinreichender Grund für die Wirkung ist. Schließlich trat die Wirkung auch dann auf, wenn nicht die angegebene Ursache gegeben war. Treten nur Fälle auf, bei denen die Aussage erfolgreich Anwendung fand, so erweckt dies den Eindruck, dass die Ursache eine notwendige Bedingung für die Wirkung ist, da gemäß der Beobachtung die Wirkung nur mit der Ursache auftrat.

---

[430]   Vgl. ebd. S. 218$^{1\text{-}3}$.
[431]   Vgl. ebd. S. 219$^{9\text{-}12}$.
[432]   Vgl. ebd. S. 219$^{13\text{-}14}$.

Eine Wahrscheinlichkeit, die daraus gebildet würde, wäre Gewissheit, weil nur Aussagen festzustellen sind, die tatsächlich referieren. Dass dies ein Scheinschluss ist, geht daraus hervor, dass Bernoulli die Wahrscheinlichkeit aus der Anzahl von zwei Arten von Aussagen bestimmt. D.h., selbst wenn man hinsichtlich des Beobachteten nur Aussagen auffindet, die erfolgreich angewandt werden konnten, so gilt dies nicht absolut, wie bei gewissen Aussagen. Denn die Anzahl der erfolgreich anwendbaren Aussagen besteht immer nur hinsichtlich der nicht erfolgreich anwendbaren Aussagen, selbst wenn deren Anzahl null ist.[433]

Ist die Ursache notwendig gegeben und folgt deren Wirkung zufällig, so treten bei derselben Art von Ursache verschiedene Arten von Wirkungen auf. D.h., dass einige Aussagen über den Zusammenhang von Ursache und Wirkung hinsichtlich der Beobachtungen erfolgreich angewendbar sind. Doch aus der Beobachtung ist ersichtlich, dass auch andere Aussagen generierbar sind, welche die Ursache einer Wirkung hinsichtlich anderer Aussagen in konträrer Weise bestimmen.[434] Folglich bestimmt sich die Wahrscheinlichkeit für eine Aussage über den Zusammenhang zwischen einer Ursache und Wirkung auf der Grundlage der Beobachtung nach der erfolgreichen Anwendung dieser Aussage auf alle aufgrund der Beobachtung bildbaren Aussagen über das Verhältnis einer gleichbleibenden Ursache zu wechselnden Wirkungen.

Hier ist zu vermuten, dass die Ursache nur hinreichend für die Wirkung ist. Denn scheinbar ist nicht auszuschließen, dass die Wirkung auch durch eine andere Ursache hervorgebringbar ist. Dies entspricht nicht der Sichtweise, die Bernoulli hier zugrundelegt. Schließlich ist die Betrachtung ausgehend von der Ursache zur Wirkung und nicht rekursiv von der Wirkung zur Ursache. Sofern man daher die Ursache gemäß ihrer Ursächlichkeit betrachtet, erweist sie sich für jede Wirkung, die sie hervorbringt, als notwendig. Denn entsprechend den Beobachtungen ist festzustellen, welche Wirkungen eine bestimmte Art von Ursache hervorbringt, ohne dass eine andere Ursache gegeben sein könnte. Eine dadurch bestimmte Wahrscheinlichkeit für ein Ereignis bezieht sich also auf eine bestimmte Anzahl von Beobachtungen, die als Wirkungen aussagbar sind, und von denen aussagbar ist, dass sie durch eine Art von Ursache hervorgebracht werden können, aber nicht müssen.

---

[433]   Vgl. Hailperin, Theodore: Sentential Probability Logic. Origins, Development, Current Status, and Technical Applications. S. 56^{27}-59^{23}.

[434]   Vgl. Bernoulli, Jakob: Ars Conjectandi. Opus Posthumum. Accedit Tractatus de Seriebus Infinitis. Et Epistola Gallice scripta De Ludo Pilae Reticularis. S. $219^{17\text{-}18}$.

Letztlich kann der Fall auftreten, dass gemäß einer Beobachtung die Ursachen und Wirkungen kontingent sind. D.h., dass verschiedener Arten von Ursachen sowohl unterschiedliche oder aber auch die gleichen Arten von Wirkungen bestimmbar sind. So gesheen lässt sich eine Vielzahl von Aussagen über den Zusammenhang von Ursache und Wirkung formulieren, die sowohl aus vollständig differenten oder aber auch gleichen Aussagen besteht.

Diese Aussagen geben an, aus welcher Art von Ursache man eine bestimmte Art von Wirkung hervorbringen kann. Soll die Wahrscheinlichkeit einer Wirkung entsprechend der Anzahl aller Aussagen der Beobachtung bestimmt sein, so ergibt sich diese hinsichtlich der erfolgreichen Anwendung der Aussage über eine bestimmte Art von Wirkung und ihrer Ursache auf diejenigen Aussagen über die Wirkungen, die eine bestimmte Art von Ursache hervorgebracht hat.[435] Damit bestimmt man denjenige Anteil an der Gesamtheit aller Aussagen des Beobachteten, der selbst nur ein Anteil der Aussagen über eine bestimmte Ursache und ihrer Wirkungen ist. Die Bestimmung eines solchen Verhältnisses zwischen Ursache und Wirkung erweist sich als notwendig und hinreichend. Denn die Wirkung kann bezüglich der Ursache, gemäß der sie bestimmt ist, nicht ohne sie gegeben sein. Obwohl sie hinsichtlich der Anzahl aller Aussagen auch als Wirkung einer anderen Art von Ursache bestimmt sein kann.

Da die soeben ausgeführten Bestimmungen selbst begrifflicher Natur sind, ist zu folgern, dass sie bestimmten logischen Gesetzmäßigkeiten unterliegen. Das gilt es zunächst mit Hinblick auf den Wahrscheinlichkeitsbegriff zu klären, um in einem weiteren Schritt die metaphysischen Voraussetzungen für die Anwendung eines solchen Begriffs zu analysieren.

20. 1 Implikative Wahrscheinlichkeit

Hinsichtlich Bernoullis erster Einteilung ist festzustellen, wenn eine Aussage über eine Ursache kontingent ist, deren Gegebenheit aber die Gegebenheit einer Aussage über eine Wirkung mit Notwendigkeit behauptet, dann entspricht dies der logischen Verknüpfung einer Implikation. Denn sagt man den Zusammenhang zwischen Ursache und Wirkung als grammatischer Konditionalsatz aus, unterliegt die Wahrheit des Konditionals den Bedingungen einer logischen Implikation.

Entspricht das Antezedens des Konditionals der Aussage über eine Ursache und die Konsequenz der Aussage über eine Wirkung, so ist die Wahrheit des Konditionals aus-

---

[435]   Vgl. ebd. S. 219$^{23\text{-}26}$.

schließlich dann nicht gegeben, wenn das Antezedens wahr ist und die Konsequenz falsch ist. D.h., wenn eine Aussage über eine Ursache vorliegt, ist es ausgeschlossen, dass eine Aussage über ihre Wirkung nicht vorliegt. Weil die Aussage über die Ursache hinreichend ist, muss sie nicht gegeben sein, damit die Aussage über die Wirkung wahr sein kann. Ist hingegen die Aussage über die Ursache nicht gegeben, so muss der Wahrheitswert der Aussage über ihre Wirkung nicht aktual gegeben sein.

Man mag dies mit Argwohn betrachten, da man hier empirische Aussagen hinsichtlich logischer Bedingungen behandelt. Entsprechen empirische Aussagen metaphysischen extramentalen Gegebenheiten und nicht nur den psychischen Eindrücken eines Individuums, so verlangt dies eine Behandlung entsprechend metaphysischen Grundlagen. D.h. das Konditional ist hinsichtlich eines temporalen Kontinuums mit eineindeutig differenzierten Zuständen zu interpretieren.

Dies umgeht jedoch hinsichtlich der Beurteilung der eigenen Empirie und somit der Bestimmung der Wahrscheinlichkeit das Postulat der Wiederholbarkeit der Ereignisse bei gleichbleibenden Bedingungen, wie Bernoulli es in Gebrauch nimmt. Denn dieser Kunstgriff enthebt die Begriffe der Empirie ihrer temporalen Referenz dahingehend, dass Aussagen über Wirkungen nur noch hinsichtlich bereits bekannter Aussagen über als Ursachen geltenden Bedingungen betrachtet werden. Allein dann lässt sich behaupten, dass bei der immer gleichen Art von Ursache eine bestimmte Art von Wirkung gegeben ist. Es bildet somit den Rechtfertigungsgrund für die Gültigkeit der Generalisierung induktiver Schlüsse, wie behauptet wird.[436]

Unter rein metaphysischen Bedingungen ist dies auszuschließen. Denn in einem temporalen Kontinuum von Zuständen von Einzeldingen muss jede *causa efficiens* sich als Ursache unter den Bedingungen der Welt neu zur Hervorbringung einer Wirkung bestimmen, so dass jeder Zustand eines wirkenden Einzeldings vollständig von seinen anderen verschieden ist. In metaphysischer Hinsicht kann daher keine Wiederholung von Ursache und Wirkung im strengen Sinne einer Aktualisierung einer bereits vergangenen Folge von Zuständen stattfinden, wenn diese nicht als Artbegriffe verstanden und die Verknüpfung zwischen ihnen rein logisch aufgefasst wird. Insofern ist eine rein logische Betrachtung gerechtfertigt.

---

[436]   Vgl. Daston, Lorraine: *Probability and evidence.* In: Daniel Garber (Ed.); Michael Ayers (Ed.): The Cambridge History of Seventeenth-Century Philosophy. Volume II. S. 1136[6-12].

Hieraus ist ersichtlich, dass ein Begriff der Wahrscheinlichkeit, der die Anzahl aller auf die Beobachtung erfolgreich anwendbaren Aussagen über Ursache und Wirkung bedeutet, eine Anzahl aller Implikationen angibt. Insofern kann man hinsichtlich der Beurteilung der eigenen Empirie ein Begriff der implikativen Wahrscheinlichkeit bilden, i.e. ein Maßstab, der angibt, wieviele Aussagen über bestimmte metaphysische Bedingungen eines Ereignisses diesem Ereignis auf der Grundlage begrenzten empirischen Kenntnisse erfolgreich zusprechabr sind.

20. 2 Replikative und bikonditionale Wahrscheinlichkeit

Mit Blick auf die zweite Einteilung ist zu erkennen, dass das Verhältnis einer Aussage einer notwendigen Ursache zu einer Aussage über eine kontingenten Wirkung der logischen Verknüpfung einer Replikation entspricht. Dies kann nur dann falsch sein, wenn eine Aussage über eine Wirkung der Ursache im Konsequenz gegeben ist, obwohl im Antezedens eine Aussage über deren Ursache selbst nicht gegeben ist.

Ist die Aussage der Ursache gegeben, so kann eine Aussage über eine bestimmte Wirkung gegeben sein oder aber nicht. Ist sie nicht gegeben, obwohl die Aussage über eine Ursache gegeben ist, so wird eine Aussage über eine andere Wirkung der Ursache gegeben sein. Demgemäß kann man einen Begriff replikativer Wahrscheinlichkeit bilden, i.e. ein Maßstab, der angibt, wieviele Aussagen über eine bestimmte Art von Ereignissen einer bestimmten bekannten Art von metaphysischer Bedingung auf der Grundlage begrenzter empirischer Kenntnis erfolgreich zusprechbar sind.

Dem schließt sich die dritte Einteilung an, aus der zu erkennen ist, dass sie der logischen Verknüpfung eines Bikonditionals entspricht. Diese ist dann falsch, wenn entweder die Aussage einer Ursache ohne eine Aussage über eine Wirkung oder die Aussage einer Wirkung ohne eine Aussage über eine Ursache gegeben ist. Dies ist daraus verständlich, weil dadurch nur diejenigen Aussagen erfasst sind, die eineindeutig der Gegebenheit einer kontingenten Ursache die Art von Wirkung zuweist, die zusammen mit dieser auftritt. Ungeachtet des Umstands, dass die Ursache auch andere Wirkungen hervorgebracht haben kann. Daher kann ein solches Konditional nur dann wahr sein, wenn sowohl die Ursache und deren Wirkung gegeben ist und wenn beide nicht gegeben sind. Diese Verknüpfung entspricht also nur einem Anteil der durch die Verknüpfung der Replikation erfassbaren Aussagen. Weshalb hinsichtlich der Beurteilung einer empirischen Grundlage ein Bikonditional die Replikation vorauszusetzen scheint. Denn bevor bekannt sein kann, welche Aussagen über eine Wirkung gemäß einer Beobachtung nur hinsichtlich einer bestimmten Ursache auftreten können, muss vorher die Gesamtheit aller Arten von Wirkungen bekannt sein, die eine bestimmte Art von Ursache hervorgebracht hat.

Hieraus ist ein Begriff bikonditionaler Wahrscheinlichkeit zu bilden, i.e. ein Maßstab, der angibt, wieviele Aussagen über eine bestimmte Art von Ereignis einer und nur einer bestimmten bekannten metaphysischen Bedingung auf der Grundlage begrenzter empirischer Kenntnis erfolgreich zusprechbar ist.

21 Das Gesetz der großen Zahl

Mit Blick auf die ausdifferenzierten Wahrscheinlichkeitsbegriffe ergibt sich die Frage, ob deren Grundlage zureicht, dass mit ihrer Hilfe gewisse Aussagen über die Welt ableitbar sind. Wenn dies durch die Aussagen nicht möglich ist, so wären sie nur zur Ordnung der eigenen Empirie dienlich. Ein jeder Wahrheitswert wäre dahingehend nur relativ zur jeweiligen Empirie eines Individuums bestimmt, dessen Beurteilungen bekanntlich nicht immer mit der metaphysischen Beschaffenheit der Welt übereinstimmen.

Gegen diese Grundlagen ist zu sagen, dass ein Wahrscheinlichkeitsbegriff, der auf der Grundlage von Beobachtungen die metaphysische Relation von Ursache und Wirkung aussagt, selbst unter dem Postulat der Wiederholbarkeit der Ereignisse nichts Notwendiges und Allgemeingültiges aussagt. Denn auch innerhalb solcher Beobachtungen kann man Ereignisse feststellen, die kein eineindeutiges Verhältnis von Ursache und Wirkung aufzuweisen scheinen. D.h., dass auf der Grundlage von Empirie Aussagen formulierbar sind, die keinem Verhältnis von Ursache und Wirkung in der Weise entsprechen, dass einer Wirkung eine bestimmte Ursache zuschreibbar ist. Aussagen, die ein solches Phänomen bestimmen, gehören somit nicht zu den die erfolgreich einen Zusammenhang zwischen einer Art von Ursache und deren Wirkung Aussagenden. Obwohl sie der Gesamtheit aller Aussagen über das Beobachtete zugehörig sind.

Damit entziehen sich diese Ereignisse einer direkten Bestimmung ihrer Wahrscheinlichkeit, weil auf der Grundlage der Beobachtung unter dem Postulat der Wiederholbarkeit der Ereignisse kein begründeter Maßstab für das Eintreten oder Nicht-Eintreten angegeben werden kann. Wenn dem Auftreten des Ereignisses keine Ursache zuweisbar ist, besteht das Ereignis zumindest entsprechend der eigenen Empirie grundlos.

Der Begriff der Wahrscheinlichkeit eines Ereignisses bedarf eines Grundes. Denn aus diesem ist ersichtlich, für welche Arten von Wirkungen dieser ein Grund sein und wie dieser ein Ereignis bedingen kann. Daher ist auch nur durch seine Kenntnis die Wahrheitsfähigkeit von Wahrscheinlichkeitsaussagen gegegeben, sofern diese einen Maßstab angeben, der in allgemeinster Weise durch einen Grund die ihm zugehörigen möglichen Folgen bestimmt.

Hieraus ist ersichtlich, dass auf Beobachtung beruhende Aussagen über Wahrscheinlichkeiten nur dann wahrheitsfähig sein können, wenn die Aussagen, die durch keine Wahrscheinlichkeitsaussage erfasst werden, von der Gesamtheit aller Aussagen über das Beobachtete ausgeschlossen sind. Wenn man durch Wahrscheinlichkeitsaussagen alle Ereignisse einer Beobachtung hinsichtlich ihrer Gründe bestimmt, dann sind diese nur anwendbar, wenn sie einen Maßstab darstellen, der vollständig und einheitlich entsprechend dem Beobachteten bestimmt ist. Andernfalls erfassen sie das Beobachtete nicht vollständig. Sie können somit auch nicht auf dieses referieren.

Um dies zu erreichen, lässt sich auf das von Bernoulli gefunden Gesetz der großen Zahl zurückgreifen. Dieses sagt im Wesentlichen aus, dass durch eine angenommene Vermehrung der Anzahl an Beobachtungen, unter denselben Bedingungen, die Anzahl der erfolgreich anwendbaren Aussagen, welche die Wahrscheinlichkeit einzelnder Arten von Ereignisses darstellen, entsprechend einer unendlichen Vermehrung angenommener Beobachtungen derart ansteigt, dass, gesehen auf den Anteil aller Wahrscheinlichkeitsaussagen, nicht vollständig bestimmte Wahrscheinlichkeitsaussagen ignoriert werden können. Wenn man die Vermehrung bis ins Unendliche fortführt, wird der Anteil solcher Aussagen an der Gesamtheit aller Aussagen immer geringer, während der Anteil der erfolgreich anwendbaren Wahrscheinlichkeitsaussgen stetig nach bestimmten Grenzen hin wächst.[437] Anders gesagt, strebt der Anteil solcher Aussagen gegen eine unendliche Kleinheit, während die anderen Anteile unendlich größer werden.

Aus pragmatischen Gründen lässt sich behaupten, dass das, was einen unendlich kleinen Anteil an einem Ganzen hat, so gut wie nichts ist und deshalb unberücksichtigt bleiben kann, während das, was einen unendlich großen Anteil an einem Ganzen hat, dieses fast vollständig darstellt und folglich umso mehr Erkenntnis über das Ganze darbietet. Insofern ist für den Prozess der Erkenntnisgenerierung durch eine Analyse des Ganzen das unendlich Große dem unendlich Kleinen vorzuziehen.

---

[437]   Vgl. Bernoulli, Jakob: Ars Conjectandi. Opus Posthumum. Accedit Tractatus de Seriebus Infinitis. Et Epistola Gallice scripta De Ludo Pilae Reticularis. S. 225f$^{27\text{-}16}$.

Dass auch solche für den menschlichen Verstand „defekten" Aussagen unter den Begriff der Wahrscheinlichkeit fallen, ist dadurch erklärbar, dass man durch sie einen Maßstab aussagen kann, der sich aus der Kenntnis aller erfolgreich anwendbaren Wahrscheinlichkeitsaussagen ergibt, sofern die Gesamtheit aller möglichen Wahrscheinlichkeitsaussagen über das Beobachtete bekannt ist. Dann ist nämlich erkennbar, welche Anzahl an Aussagen entsprechend dem Beobachteten nicht erfolgreich ein bestimmtes Verhältnis von Ursache und Wirkung aussagt.

Hieraus ist ein weiterer Wahrscheinlichkeitsbegriff zu differenzieren, der nur relativ zur Gegebenheit der anderen Wahrscheinlichkeitsbegriffe bestimmbar ist. Denn dessen Kenntnis ist durch die Kenntnis anderer Wahrscheinlichkeiten bedingt. Deren Bestimmtheit ist für diesen Maßstab vorausgesetzt, da erst nach der Bestimmung aller erfolgreich anwendbaren Wahrscheinlichkeitsaussagen ersichtlich ist, über welche Wirkung keine Ursache aussagbar ist. Insofern gibt eine solche indirekte Wahrscheinlichkeit an, wieviele Aussagen über eine bestimmte Art von Ereignis, auf der Grundlage begrenzter empirischer Kenntnis und der Kenntnis aller erfolgreich anwendbaren Aussagen über metaphyische Bedingungen und deren Bedingtes, metaphysisch ungenügend bestimmt sind.

Dass nach dem Gesetz der großen Zahl diese Art von Wahrscheinlichkeit ignorierbar ist, ist nicht sofort ersichtlich. Schließlich bezieht sich diese auf Arten von Ereignissen, die dem Beobachteten entsprechen. Wenn sich aus dem Beobachteten Aussagen über die Beschaffenheit der Welt ableiten lassen, so enthebt die Ignorierung solcher Arten von Aussagen die Beobachtung ihrer empirischen Basis. Schließlich entsprechen diese Ereignisse genau der Empirie.

Mit Bernoulli lässt sich argumentieren, dass Beobachtungen nicht dazu genutzt werden, dass dadurch ganz präzise Aussagen über bestimmt Verhältnisse formuliert werden. Vielmehr dienen sie was der Empirie zugänglich ist, innerhalb bestimmter Grenzen zu untersuchen.[438] Insofern dient auch das Gesetz der großen Zahl nur dazu, das Beobachtete auf das für den menschlichen Verstand Begreifbare zu reduzieren. Demnach kommt dieser Art von Wahrscheinlichkeitsbegriff nur eine regulierende Funktion zu, welche die Beobachtung unter Maßstäbe zwingt, die durch den menschlichen Verstand erfasst werden können. D.h., dass dadurch dem Verstand selbst ein Maßstab der

---

[438]   Vgl. ebd. S. 226$^{25\text{-}32}$.

Beurteilung der Empirie vorgegeben wird, der die Empirie innerhalb seiner Grenzen verstehbar macht.

Freilich liefert dies keine unbedingt wahre Aussage über die metaphysische Beschaffenheit der Welt selbst. Schließlich unterliegt die Zuweisung von Bedingung und Bedingtem den Fähigkeiten des Verstandes, der diese Verbindung nach seinen Kenntnissen knüpft. Doch bleiben die Wahrscheinlichkeitsaussagen wahrheitsfähig. Denn sie beschreiben widerspruchfrei ein Verhältnis von Aussagen, das unter bestimmten Bedingungen der Empirie entsprechen kann. In diesem Sinne referieren solche Aussagen weder auf die Welt noch auf eine tatsächliche Beobachtung, sondern sagen die bloße Möglichkeit einer bestimmten Art von verstandesgerechter Empirie aus.[439]

Ungeachtet der Elimierung von Teilen empirischer Beobachtung räumt Bernoulli ein, dass man aus einer Beobachtung, die alle Ereignisse erfasst, vollständig die Gründe für alle beobachtbaren Ereignisse in der Welt erfassen kann, so dass auch gewisse Aussagen aufgrund der Beobachtung generierbar sind.[440] Auf den ersten Blick mag man hier an den dem ästimierten Marquis de Pierre-Simon Laplace (1749-1827) oftmals unterstellten Determinismus erinnert sein, — der an späterer Stelle seine Richtigstellung erfährt — doch bezieht sich Bernoulli darauf, dass hinsichtlich einer allumfassenden Beobachtung retrospektiv erkannt werden kann, dass „omnia in mundo certis rationibus & constanti vicissitudinis lege contingere".[441]

Dies bedeutet, dass aus der Kenntnis einer solchen Beobachtung der Grund für jedes Ereignis erkennbar ist und man aufgrund dieser Kausaldefinitionen von Ereignissen bilden kann, die hinsichtlich bestimmter Gründe erklären, wie ein Ereignis hervorgebracht wurden ist. Damit dies möglich ist, bedarf es jedoch zuvorderst der Kenntnis einer solchen Beobachtung, die bereits vergangene Weltzustände umfasst. Gemäß der Notwenigkeit des Vergangenen und der vollständigen Kenntnis der Vergangenen kann man daher auch mit Gewissheit etwas über das Beobachtete aussagen, da ein solches Wissen vollständig bestimmt ist. Dass aufgrund der Beobachtung auch die Zukunft irgendeiner bestimmten Gesetzmäßigkeit unterworfen wäre, ist damit nicht ausgesagt.

---

[439] Vgl Hacking, Ian: The Emergence of Probability. S.146$^{16\text{-}34}$.

[440] Vgl. Bernoulli, Jakob: Ars Conjectandi. Opus Posthumum. Accedit Tractatus de Seriebus Infinitis. Et Epistola Gallice scripta De Ludo Pilae Reticularis. S. 239$^{2\text{-}8}$.

[441] Ebd. S. 239$^{5\text{-}6}$. [alles in der Welt durch bestimmte Gründe und ein beständiges Gesetz des Wandels sich fügen.]

22 Die Erkenntnis von Gesetzmäßigkeiten durch Wahrscheinlichkeiten

Nichtsdestotrotz bietet die rationale Aufbereitung der Empirie durch die angeführten Wahrscheinlichkeitsbegriffe und das Gesetz der großen Zahl eine Erkenntnis über die Gegenstände der Empirie dar.

Die erste Erkenntnis ist, dass das regelmäßige Auftreten von Arten von Ereignissen an bestimmte Eigenschaften der Dinge selbst geknüpft ist. Die zweite Erkenntnis ist, dass das regelmäßige Auftreten an die Bedingungen geknüpft ist, unter denen die Dinge diese Eigenschaften aufweisen. Denn wie Abraham de Moivre (1667-1754) in der Auseinandersetzung mit Nikolaus Bernoulli (1687-1759) und seinem Onkel Jakob zu dieser Thematik festhält, läßt sich ohne diese Eigenschaften keine Regel bilden, nach der das Auftreten eines Ereignisses feststellen lässt.

Dies veranlasst mit Moivre zu behaupten: „that there are, in the constitution of things, certain Laws according to which Events happen, [...].[442] Denn wenn die Wahrscheinlichkeit für ein aus einer Beobachtung bestimmten Ereignis die Ereignisse einer Art unter einen Maßstab zwingt, die durch bestimmte Arten von Dingen hervorgebracht wurden, dann ist ersichtlich, dass diesen eine bestimmte Eigenschaft in der Art einer *causa efficens* zukommt. Schließlich ist keine Wirkung, deren Ursache ohne diese Eigenschaft auskommt. Weil diese in der Hervorbringung eines Ereignisses nicht unbestimmt sein kann, folgt, dass für dieselbe Art von Ereignis die *causa efficiens* für dieselbe Art von Dingen in stets derselben Weise bestimmt sein muss, wenn die Dinge die Ereignisse hervorbringen.

Hieraus ergeben sich zwei interpretative Ansätze des Bestimmungsgrundes der *causa efficiens*. Sie werfen jeweils ein unterschiedliches Licht auf die darauf aufbauenden Wahrscheinlichkeitsbegriffe.

Der Bestimmungsgrund liegt zum einen in einer bestimmten Wahl, welche die *causa efficens* entsprechend einer Auswahl von Bestimmungen selbst vollzieht, ohne dass sie durch die Auswahl der Bestimmungen gleich dazu determiniert wäre, sich nach diesen bestimmen zu müssen. Zum anderen kann die *causa efficiens* durch etwas von ihr Verschiedenes bestimmt sein, so dass sie dazu determiniert ist, kein anderes Ereignis hervorbringen zu können. Dass Moivre letztere Interpretation bei der Wahrscheinlichkeitstheorie vor Augen hat, geht aus folgendem Zitat hervor:

---

[442]   Moivre, Abraham de:The Doctrine of Chances. S. 252[4-5].

„But such Laws, as well as the original Design and Purpose of their Establishment, must all be *from without*; the *Inertia* of matter, and the nature of all created Beings, rendering it impossible that any thing should modify ist own essence, or give to itself, or to any thing else, an original determination or propensity."[443]

Will man metaphorisch sprechen, wirken bestimmte Gesetze wie die Naturgesetze auf die Materie und die Natur der Dinge ein. Damit schränken sie die Möglichkeiten der Hervorbringung von Ereignissen derart ein, dass kein Ereignis aktual ist, was nicht durch die Gesetze erfasst ist. Dies entspricht Bedingungen, unter denen eine *causa efficiens* bestimmt sein kann.

Diese Ansicht mag man noch bekräftigen und einen Aspekt hinzufügen, wenn man näher auf de Moivres „original Design and Purpose of their Establishment" eingeht. Sind durch das *Design* die Eigenschaften eines Dinges bestimmt, ist seine *causa efficiens* nicht anders bestimmbar, als sie mit dem *Design* übereinstimmt. Denn das *Design* ist die *causa formalis* eines Dinges. Sie gibt aufgrund ihrer Bestimmtheit vor, unter welchen Bedingungen die *causa efficiens* bestimmt sein kann. Kommt z.B. einer Kugel eine *causa efficiens* zu, so gibt die *causa formalis* der Kugel vor, nur unter den Bedingungen der Bewegbarkeit einer Kugel wirksam zu sein. Damit ist die Möglichkeit der Art des Bewegtseins der Kugel bestimmt.

Die *causa efficens* ist also durch die *causa formalis* bedingt. Die die *causa formalis* gibt einer bestimmen Art von Seienden die Gesetzmäßigkeit möglichen Wirksamseins vor. Damit bedingt die *causa formalis* aber nicht nur die *causa efficiens*, sondern gleichsam die *causa materialis* der Kugel. Ist eine Kugel in der Welt aus einem bestimmten Material, so kann die Kugel keine Veränderung vollziehen, ohne dass sich dies auch am Material vollzieht. Ist die *causa efficiens* einer Kugel durch die *causa formalis* bedingt, so bedingt selbige auch die *causa materialis* hinsichtlich ihrer Veränderbarkeit.

Kann die Materie einer Kugel nicht ohne ihre *causa formalis* in bestimmter Weise verändert sein und ist durch dieselbe der Materie erst eine bestimmte potenziell bestimmte *causa efficiens* ermöglicht, ist ersichtlich, dass durch das *Design* eines Dings die Bestimmung einer ersten Entelechie vorliegt. Diese ermöglicht erst die Arten von Veränderbarkeiten ermöglicht.[444] Erst wenn sie dem einzelnen Ding zukommt, ist es ein be-

---

[443]   Ebd. S. 252$^{11\text{-}15}$.

[444]   Vgl. Aristoteles Phys. Γ, Kapitel 1, 201a9- 201b15.

stimmtes Ding einer Art und kann sich z.B. entsprechend den Eigenarten einer Kugel verändern.

In ähnlicher Weise bestimmt daher Moivre, dass bestimmte Ereignisse „are produced by Design".[445] Sofern sich die *causa efficiens* allein nach den Gesetzmäßigkeiten der *causa formalis* bestimmt, ist jedes mögliche Ereignis nach den Bestimmungen geschaffen, die durch das *Design* erst gegeben sein können.

Berücksichtigt man, dass Moivre mit Isaac Newtons bekannt war und seine Arbeiten verteidigte,[446] so lässt sich das soeben dargestellte Verhältnis von *causa efficiens* und *causa formalis* aufgrund des oben angeführten Zitats um die Ebene der Gesamtheit der Welt erweitern bzw. das Zusammenspiel von artverschiedenen Dingen überhaupt. Denn was Moivre mit der *Inertia of matter* und den *laws from without* anspricht, lässt sich aus Newtons *Philosophiae Naturalis Principia Mathematica* entnehmen. So gilt nach definitio III: „Per inertiam materiae fit, ut corpus omne de statu suo vel quiescendi vel movendi difficulter deturbetur."[447] und nach definitio IV: „Perseverat enim corpus in statu omni novo per solam vim inertiae."[448]

Entspricht die *causa formalis* eines jeden Körpers diesen Bestimmungen von Trägheit (inertia), als grundlegende Eigenschaft von geschaffenen Seienden, sofern dieses Materie (materia) und Kraft (vis) hat, so geben die Eigenschaften der den Körpern zugehörigen Materie die Möglichkeiten vor, wie die *causae efficientes* eines jeden Körpers bestimmt sein können. In Newtons Fall nach den *leges motus* und den daraus ableitbaren Aussagen über Veränderungen, die seinen Definitionen folgen.[449]

Schreibt man diese Eigenschaften dem Sein im Ganzen zu, folgt daraus, dass sie die *causa formalis* respektive das *Design* der Schöpfung im Ganzen ausmachen. Denn sie geben jeglicher *causa efficiens* vor, in welcher Weise sie ein Ereignis hervorbringen kann. Weitergedacht und auf die Newtonsche Mechanik angewandt, heißt dies, dass das *Design* der Schöpfung vorgibt, nach welchen Gesetzmäßigkeiten Körper in der

---

[445]   Moivre, Abraham de:The Doctrine of Chances S. V[19].

[446]   Vgl. Guicciardini, Niccolò: The development of Newtonian calculus in Britain 1700-1800. S. 15.

[447]   Newton, Isaac: Philosophiae Naturalis Principia Mathematica. S. 2[6-8]. [Durch die Trägheit der Materie geschieht, dass jeder Körper sowohl von seinem Zustand des Ruhens als auch Bewegens schwer vertrieben wird.]

[448]   Ebd. S. 2[23-24].[Ein Körper verharrt in jedem neuen Zustand allein durch die Kraft der Trägheit.]

[449]   Vgl. ebd. S. 13ff.

Welt aufgefunden werden können, sofern man unter einem Körper ein aktual Seiendes versteht. Für die Bildung von Wahrscheinlichkeiten, die auf der Beobachtung von aktual bzw. vormals aktual Seiendem beruht, bedeutet dies, dass diese Aussagen über die Beschaffenheit der Welt diese Beschaffenheit im Ganzen darstellen können. Immer unter der Voraussetzung, dass das Verhältnis von Ursache und Wirkung durch die grundlegenden Eigenschaften des beobachteten Seienden begründet wird. Folglich würden Wahrscheinlichkeitsaussagen, die in diesem Sinne durch das Gesetz der großen Zahl gerechtfertigt sind und auf den Voraussetzungen der newtonschen Mechanik aufbauen, zumindest nach Moivre eine Annäherung an ein vollkommenes Wissen über die Welt darstellen.[450]

Dies sollte nicht verschleiern, dass solche Wahrscheinlichkeitsaussagen nur das hinsichtlich des Designs der Welt Beobachtete erfassen. Aus solchen Aussagen ist daher auch kein irgendwie gearteter Determinismus ableitbar, der beispielsweise nicht beobachtbare Dinge unter die Direktion der newtonschen Mechanik zwingt. Was aus der Kenntnis der *causa formalis* gemäß der Beobachtung nur erfassbar ist, ist, auf welche Weise sich eine *causa efficiens* bestimmen lässt, nicht aber, wie sie letztlich bestimmt wird. Dies fällt, will man Moivre glauben, in das Gebiet der zufälligen Gelegenheit (chance).[451]

Das Eintreten eines Ereignisses mag zwar an die Eigenschaften der Ursache gebunden sein, welche dieses hervorbringt, doch wie und ob das Ereignis dadurch hervorgebracht wird, ist dadurch nicht von vornherein determiniert. Dennoch ist bei der Kenntnis der Eigenschaften aussagbar, welche Gelegenheiten für das Eintreten eines bestimmten Ereignisses bestehen können. So z.B. wenn man eine Anzahl von Würfeln wirft und jeder von ihnen auf einer bestimmten Fläche liegen bleiben soll.[452] Das Design mag vorgeben, dass ein solches Ereignis im Idealfall nur im Rahmen der Wirksamkeit eines sechsflächigen Würfels vollzogen werden kann, doch wie die Gelegenheit für das Auftreten eines einzelnes Ereignisses aufgrund der aktualen Eigenschaften aller Würfel bestimmt ist, geht daraus nicht hervor. Diese geht aus den einzelnen und besonderen Eigenschaften der einzelnen Würfel hervor,[453] die für gewöhnlich alles andere als idealtypische Hexaeder sind. Die Wahrscheinlichkeit einer Gelegenheit ist also nur eine Aussage über die Möglichkeit eines Verhältnisses von Bedingung und

---

[450]   Vgl. S. 252[16-19].

[451]   Vgl. ebd. S. 253[25-30].

[452]   Vgl. ebd. S. 253[26-28].

[453]   Vgl. ebd. S. 253[28-29].

Bedingten. Denn sie gibt nur an, was entsprechend singulärer Eigenschaften folgen könnte.

Hieraus ist ersichtlich, dass durch Beobachtung nur in bedingter Weise Gesetzmäßigkeiten bestimmbar sind. Denn eine so aufgestellte Wahrscheinlichkeit ist stets retrospektiv und beschreibt bereits vollständig Bestimmtes. Die Bestimmung der Wahrscheinlichkeit einer zufälligen Gelegenheit setzt diese retrospektive Wahrscheinlichkeit voraus, weil durch sie für eine bestimmte Art von Ding definit ist, in welcher Weise eine Art von Ding Ereignisse hervorgebracht hat. Dennoch ist sie von ihr verschieden, da sie die weitere Kenntnis über die individuellen Beschaffenheiten der Dinge verlangt, welche die Hervorbringung und somit die Gesetzmäßigkeit der Hervorbringung eines Ereignisses bedingen. So mag z.B. nach der *causa formalis* des menschlichen Körpers durch Beobachtung die Wahrscheinlichkeit für bestimmte physikalische Veränderungen wie Geburt und Tod des Menschen innerhalb eines bestimmten temporalen Intervalls bestimmbar sein. Denn dieser unterliegt durch seine Materie bestimmten Gesetzmäßigkeiten.

Kommt der *causa formalis* des Menschen die Eigenschaft zu, dass dieser seine *causa efficiens* unabhängig von der *causa materialis* seines Körpers und den aus ihr hervorgehenden Gesetzen der Veränderung bestimmen kann, so gelten die Gesetze der Materie hinsichtlich des einzelnen Menschen *causa formalis* nicht. Denn dieser könnte sich dann entgegen der Gesetzmäßigkeiten bestimmen, die z.B. aus der Beobachtung der Materie seines Körpers erkennbar sind. Dies bedeutet gemäß dem Beispiel, dass er sich so bestimmen kann, dass er entweder kein Ereignis der Geburt oder des Todes hervorbringt.

Daher ist zu vermuten: Wenn Dinge existieren, die sich entgegen bestimmter Gesetzmäßigkeiten verhalten, verfügen diese entweder über Eigenschaften, welche die Veränderung der naturgesetzlichen Veränderung bedingen oder aber durch diese nicht tangiert werden. Ist ersteres der Fall, sind sie nur schwer bzw. unter bestimmten Bedingungen durch einen Wahrscheinlichkeitsbegriff erfassbar. Dann ist das Gesetz der großen Zahl nicht anwendbar, weil für diese Dinge gilt, dass sie sich in jedem ihrer Zustände verschieden verhalten können. Also ist eine angenommene unendliche Wiederholung von Ereignissen damit nicht rechtfertigbar. Ist zweiteres der Fall, so stehen diese Dinge unter anderen Bedingungen als den Naturgesetzen. Das würde einen anderen als die bereits dargestellten Wahrscheinlichkeitsbegriffe erfordern. Inwiefern eines von beiden der Fall ist, lässt sich im Folgenden unter der Zuhilfenahme von Pierre-Simon Laplaces „Essai Philosophique sur les probabilités" genauer erörtern.

22. 1 Wahrscheinlichkeit und Weltverlauf

Dass gerade die Analyse Laplace' Essay für die Untersuchung dieser Problematik sinnvoll ist, ergibt sich zum einen aus dem ihm in der Forschung zugeschriebenen Determinismus. Dieser postuliert die vollständige Bestimmtheit des Verlaufs der Welt durch die Naturgesetze.[454] Ist dieser als wahr angenommen, so kann es keine Dinge geben, die sich anders bestimmen können, als die Naturgesetze es erlauben. Dann ist Moivres Begriff *chance* nicht auf diese Welt anwendbar. Denn dann ist durch das Design des Universums bereits vollständig bestimmt, ob und wie auch zukünftige Ereignisse emergieren. Dass die Ereignisse dann nur noch emergieren, d.h. wie die Bilder einer Filmrolle in einem laufenden Filmprojektor einfach auftauchen, ist daraus ersichtlich, dass im strengen Sinn kein Ereignis durch die Dinge in der Welt hervorgebracht wird. Diesen ermangelt es bei vollständiger physikalischer Determinertheit jedweder eigenen *causa efficiens*. Denn jede Wirkung ist durch die Naturgesetze bzw. ein allumfassendes Naturgesetz des Weltverlaufs hervorgebracht. Dies macht jeglichen Begriff von mathematischer Wahrscheinlichkeit, der auf die Natur anwendbar ist, obsolet. Denn der Weltverlauf erlaubt dann keine alternativen Möglichkeiten für das Auftreten von Ereignissen.

Sollte Laplace dies im Sinn gehabt haben, als er seinen Essay schrieb, ist derselbe schlichtweg nutzlos. Zum anderen liefert Laplace selbst Ausführungen zu Ursachen, die zum einen Wirkungen mit einer bestimmten Regelmäßigkeit hervorbringen und zum anderen ohne Regelmäßigkeit hervorbringen.

22. 2 Wahrscheinlichkeit, Naturgesetzlichkeit und Psychologie

Bevor zu klären ist, inwiefern die Welt entsprechend Laplace bestimmten Regelmäßigkeiten gehorcht, ist darauf einzugehen, auf welchen Überlegungen diese bei ihm beruhen. An primärer Stelle ist dies der von Leibniz formulierte Satz vom zureichenden Grund, den Laplace wie folgt formuliert:

„Les évènemens actuels ont, avec les précédens, une liaison fondée sur le principe évident, qu'une chose ne peut pas commencer d'être, sans une cause qui la produise. Cet axiome, con-

---

[454]   Vgl. Keil, Geert: Willensfreiheit. S. 37ff.; Howie, David: Interpreting Probability : Controversies and Developments in the Early Twentieth Century. S. 27 oder Hahn, Roger: Pierre Simon Laplace, 1749-1827: A Determined Scientist. S. 168.

nu sous le nom de principe de la raison suffisante, s'étend aux actions mêmes que l'on juge indifférentes."[455]

Dieses Prinzip sagt aus, dass einem jedem Ereignis bzw. Ding ein Grund vorausgehen muss, der es hervorgebracht hat und erkennbar macht, weshalb die Wahrheit einer Aussage oder die Bestimmtheit von etwas Aktualen so gegeben ist und nicht anders.[456] Somit kann es nichts Bedingtes geben, das ohne Grund ist. Denn wenn der Grund dasjenige ist, was durch seine Bestimmtheit etwas bedingt, kann nichts aktual sein, ohne dass diesem ein Grund vorausgegangen ist.

Dass dies sowohl für physikalische wie logische Entitäten gelten muss, ergibt sich daraus, dass die Aktualität eines Zustands einer Entität stets erst hervorgebracht werden muss. Denn sie bestehen nicht schon von Ewigkeit her. So muss für die Gegenstände der Physik die Materie erst eine bestimmte Form annehmen, bevor diese sich im Zustand eines Körpers manifestieren, und auch ein Begriff muss erst gedacht werden, damit dieser der Inhalt eines mentalen Zustands sein kann. Im ersten Fall ist dasjenige, was der Materie die Form verleiht, der Grund für einen aktualen Körper. Im zweiten Fall ist es der tätige Verstand.

Ist der Grund stets auf dieselbe Weise bestimmt, folgt, dass dieser stets dieselben Wirkungen hervorbringt. Ist die Aktualität der Welt durch nur einen Grund, in der Form eines allumfassenden Naturgesetzes, hervorgebracht, so ist mit Laplaces Gedankenexperiment einer allwissenden Intelligenz zu schließen, dass jegliches Auftreten eines Ereignisses der Natur aus diesem Grund erkennbar ist. Denn keine Entität, von den größten Himmelkörpern bis zu den kleinsten Atomen,[457] könnte entgegen diesem Grund bestimmt sein.

Dass eine solche Annahme durchaus berechtigt und für bestimmte Gegenstände der Empirie auch zutreffend scheint, schließt Laplace aus den Erfolgen der Astronomie seiner Zeit. Denn sie macht aufgrund der Aussagen der Newtonschen Mechanik erfolgreich Aussagen über vergangene als auch zukünftige Zustände des Sonnensystems.[458] Wenn die Aussagen der Newtonschen Mechanik nämlich unbedingt wahre Aussagen darstellen, dann kann sich kein Gegenstand der Mechanik diesen entgegen

---

[455]   Laplace, Pierre-Simon: Essai Philosophique sur les Probabilités. S. $3^{8\text{-}14}$.

[456]   Vgl. Leibniz, Gottfried Wilhelm: Monadologie. § 32 S. $452^{17\text{-}22}$. In: Hans Heinz Holt: G.W.Leibniz Kleine Schriften zur Metaphysik. Philosophische Schriften Band 1. S. 439-483.

[457]   Vgl. Laplace, Pierre-Simon: Essai Philosophique sur les Probabilités. S. $4^{8\text{-}9}$.

[458]   Vgl. S. $4^{11\text{-}17}$.

verhalten. Sofern die Gegenstände der Beobachtung dieselben wie die Gegenstände der Mechanik sind, ist hinsichtlich der Bildung von Wahrscheinlichkeiten zu folgern, dass kein Ereignis auftreten kann, dem kein bedingender Grund zusprechbar ist. Denn die Emergenz eines Ereignisses ist stets durch die Aussagen der Newtonschen Mechanik erklärbar. Der Maßstab, der dann durch eine Wahrscheinlichkeitsaussage formuliert ist, sagt insofern nur das bloße Auftreten von Ereignissen aus stets gleichbleibenden Gründen aus und bestimmt das Bedingte niemals aus bloß möglichen Gründen.

Dass ein Grund für ein Ereignis bloß möglich ist, setzt voraus, dass ein bedingtes Ereignis auch in anderer Weise hätte hervorgebracht werden können. Diese Behauptung ist für Laplace nur eingeschränkt haltbar bzw. sie geht nicht zwangsläufig aus der Newtonschen Mechanik hervor. Wie Newton nämlich im Vorwort zur ersten Auflage seiner Principia sagt, ist seine Mechanik in theoretischer Hinsicht auf Gegenstände, die eines Beweises zugänglich sind, und in praktischer Hinsicht auf die Gegenstände, die eine Bearbeitung durch den Menschen erfahren haben, bezogen; denn *„spectant artes omnes manuales, a quibus utique* mechanica *nomen mutuata est."*[459] Nur was durch den menschlichen Verstand erfassbar ist oder durch menschliches Handeln hervorgebracht wurde, wird auch durch die Mechanik erfasst. Was nach Newton nur natürlich ist; ist sie doch selbst eine verstandesgerechte Aufbereitung der Empirie, welche der Mensch mit einer bestimmten Art der Geometrie versehen muss, damit er überhaupt verstehen kann, wie sich über sonst qualitativ bestimmte Entitäten quantitative Aussagen formulieren lassen.[460]

Genau dieser Auffassung scheint Laplace auch zu sein. Denn in seiner *Exposition du Sytème du Monde* schreibt er, dass man erst durch den Gebrauch induktiver Schlüsse dazu in die Lage versetzt ist, dem Auftreten von Phänomenen der Natur bestimmte Gesetze zuzusprechen. Dies ermöglicht erst das Auffinden von bestimmten Ursachen.[461] Die Gesetze, die den Gegenständen der Natur zugeschrieben werden, sind also in erster Hinsicht keine metaphysischen Gründe, die das Weltganze bestimmen. Sondern sie sind Gesetzmäßigkeiten, deren Bestimmtheit dem Verstand unterliegt, zum Nutzen einer quantitativen Kategorisierung der Gegenstände der Natur.

---

[459]   Newton, Isaac: Philosophiae Naturalis Principia Mathematica. S. XIII[7-8]. [sie gehören zu allen zur Hand gehörigen Künsten, von denen besonders der Name Mechanik genommen worden ist.]

[460]   Vgl. ebd. S. XIII[14-25].

[461]   Vgl. Laplace, Pierre-Simon: Exposition du Système du Monde. S. 19[7-22].

Die Wahrscheinlichkeit eines Ereignisses wird hinsichtlich postulierter Gesetzmäßigkeiten der Natur also erst dann tangiert, wenn der Begriff der Wahrscheinlichkeit sich als kohärent mit den Begriffen der Naturgesetze erweist bzw. diese sich mit ihm. D.h., im Fall der Naturgesetze, die aus dem Aussagensystem der Mechanik folgen, dass sich der Begriff der Wahrscheinlichkeit entweder selbst aus den Aussagen der Mechanik folgern lässt oder dass die Mechanik aus den Aussagensystem der Mathematik folgt, zu welcher der mathematische Begriff der Wahrscheinlichkeit zweifelsfrei gehört.

Hinsichtlich des Begriffs des Designs, lässt sich bei Laplace sagen, dass die Wahrscheinlichkeit eines Ereignisses durchaus mit den Naturgesetzen kohärent ist. Wenn den Ereignissen bestimmte Ursachen (causes) zugrundeliegen, die stets gleichbleibend (constante) sind, gibt die Wahrscheinlichkeit an, welche Ereignisse aufgrund der Bestimmtheit der Ursachen erwartbar sind.[462]

Dies gilt ausschließlich dann, wenn die Ursachen der Ereignisse wiederum bestimmten einschränkenden Ursachen unterworfen sind, die eine bestimmte Regelmäßigkeit bestimmen. Wenn die Ursachen der Ereignisse nicht selbst derart bedingt sind, dass sie nur ganz bestimmte Wirkungen hervorbringen können, ist keinem Ereignis nach einer bestimmten Regel eine Ursache zugeschreibbar. Denn schlichtweg unerkennbar bliebe, welche Ursache welche Wirkung hervorgebracht hat. Als solche bedingende und selbst konstante Ursache können die Gesetze der Mechanik gelten, da sie die Veränderbarkeit von Körpern in bestimmter Weise einschränkt; nämlich derart, dass jeder Körper nur eine solche Veränderung vollziehen kann, wie es seine Materie und Form zulässt.

Ist dies allein der Fall, muss jedes vergangene Ereignis unmittelbaren Einfluss auf die Möglichkeit der Aktualität aller zukünftigen Ereignisse haben bzw. sind diese bereits bereits prädeterminiert. Denn wie ein Ereignis hervorgebracht werden kann, ist durch die Gemeinschaft aller Ursachen vollständig bestimmt. Dem widerspricht Laplace, indem er meint: „Mais cette opinion suppose que les évènemens passés influent sur la possibilité des évènemens futurs, ce qui n'est point admissibile."[463] Dies ist darin begründet, dass wir den Zuschreibung der gesetzmäßigen Erscheinung eines Ereignisses und der damit verbundenen Ursache nur unter der Voraussetzung einer bestimmten Symmetrieüberlegung Gültigkeit zumessen können.

---

[462]   Vgl. Laplace, Pierre-Simon: Essai Philosophique sur les Probabilités. Ve Principe. S. 17f$^{17\text{-}12}$.
[463]   Ebd. S. 19$^{12\text{-}15}$.

Symmetrie ist selbst nur unter bestimmten Bedingungen für den menschlichen Verstand annehmbar. Sind, um ein Beispiel Laplace' zu bemühen, z.B. die Lettern C O N S T A N T I N O P L E auf einem Tisch liegen verteilt, so wird nur der die Anordung der Lettern einer bestimmten Ursache zusprechen, der seine Beobachtung hinsichtlich der Grammatik einer Sprache beuteilt. Denn sie gibt an, was als symmetrisch zu gelten hat. Dann, so Laplace, bietet sich überhaupt erst ein Anlass dafür, dieses Ereignis als ein Ereignis einer regelmäßigen Ursache (cause régulière) anzusehen und durch den Begriff der Wahrscheinlichkeit zu erfassen.[464] Denn gehört das Wort, welches die Anordnung der Lettern dastellt, nicht zur Sprache des Beurteilenden, so gibt es keinen Grund dieser eine bestimmte Symmetrie zu unterstellen, d.h. „cet arrangement est dû au hasard."[465]

Symmetrie ist somit, ganz so, wie Bas van Fraassen herausgearbeitet hat: „[…] a transformation that leaves all relevant structure the same."[466] Was hierbei unter *relevant structure* zu verstehen ist, ändert sich von Kontext zu Kontext.[467] Wie aus van Fraassens Analysen und Beispielen indes hervorgeht, sind diese Strukturen als universale Eigenschaften von Entitäten aufzufassen. Genauer genommen besteht die Symmetrie in der Zusprechung dieser Eigenschaften von einer Entität zu einer davon numerisch verschiedenen. Somit besteht eine universale Relation zweier unterscheidbarer Entitäten zueinander, die im Auftreten derselben universalen Eigenschaften begründet liegt.[468] So weisen trotz ihrer unterschiedlichen Skaleneinteilung Termometer, die in Grad Celsius, Grad Fahrenheit und Kelvin die Temperatur angeben, dieselbe universale Eigenschaft auf, dass sie durch ihre Maßeinheiten das thermodynamische Gleichgewicht von Körpern angeben. Obwohl die Bezugspunkte der Einheiten verschieden bestimmt sind, ist den Skalen dieselbe Eigenschaft zuzuschreiben. Demgemäß kann durch die Kenntnis der Umrechnungsfaktoren eine Temperaturskala in eine andere umgeformt werden.[469]

Die Skalen bleiben also jeweils akzidentiell verschieden, doch sind essenziell identisch. Weil sie nämlich essenziell das thermodynamische Gleichgewicht von Körpern angeben, sind sie in universaler Weise identisch. In dieser Weise ist auch obiges Bei-

---

[464]   Vgl. ebd. S. 19f[17-8].

[465]   Ebd. S. 20[7-8].

[466]   Fraassen, Bas van: Laws and Symmetry. S. 262.[26-27]

[467]   Vgl. ebd. S. 243[12-16].

[468]   Vgl. ebd. S. 243[34].

[469]   Vgl. ebd. S. 246f.

spiel mit den Lettern verständlich. Wenn Lettern primär die essenzielle Eigenschaft zukommt, dass man durch sie Wörter in einer Sprache bildet, dann gibt die Grammatik der Sprache die Bedingungen an hinsichtlich deren ein Wort als Wort einer Sprache bestimmt ist. Genauer genommen gibt im Fall der Lettern die Grammatik an, welche Eigenschaften einem Hilfsmittel zur Wortbildung zugesprochen werden müssen, damit das Hilfsmittel selbst als Hilfsmittel zur Wortbildung in einer bestimmten Sprache bestimmt ist. Erst wenn man diese Eigenschaften auch den Lettern zuspricht, d.h. wenn man die Lettern wie Buchstaben als Zeichen einer Sprache bestimmt, ist durch sie die Struktur eines Wortes erkennbar. Die hier unterstellte Symmetrie besteht somit darin, dass metallischen Letterzeichen dieselben Eigenschaften und Bedingungen für das Aufweisen dieser Eigenschaften zugesprochen werden, wie sie Buchstabenzeichen einer bestimmten Sprache aufweisen. Dahingehend ist Symmetrie folglich stets durch universal zugesprochene Eigenschaften bestimmt.

Somit ergibt sich, dass jeglicher Begriff der mathematischen Wahrscheinlichkeit, der auf Gegenstände außerhalb der Mathematik angewandt wird, durch die Symmetrieannahmen der Bereiche seiner Anwendung bedingt ist. Je nachdem welche Symmetrieannahmen gemacht werden, d.h. welche Gründe das Design von Entitäten bedingen, ist ein anderer Wahrscheinlichkeitsbegriff gegeben. Denn dieser ist durch die jeweils vorliegende Symmetrie bedingt. Aus ein und derselben Beobachtung kann man somit ihrer Art nach unterschiedliche Wahrhscheinlichkeitsbegriffe formulieren. Obwohl die Anzahl von Ereignissen und Ursachen dieselbe bleiben.

Dies wirft ein interessantes Licht auf die Annahme jener Determinismen, deren Grundlage aus der Beobachtung gewonnene Aussagen sind. Verleiht die Annahme von Symmetrie den Beobachtungen eine bestimmte Regelmäßigkeit, weil durch sie Ursachen und Wirkungen durch bestimmte gemeinsame Eigenschaften zu einer kausalen Relation bestimmt sind, folgt aus jeder Symmetrie zwangsläufig ein Determinismus. Doch je nach Symmetrie ein anderer. Bestimmt man z.B. die Axiome der newtonschen Mechanik als symmetrische Bedingungen, die einer Beobachtung über ein bestimmtes menschliches Leben zugrunde liegen, so ist zu folgern, dass jede Bewegung aus einer anderen hervorgeht. Denn der Zustand eines Körpers ist kausal mit den vorangegangenen Weltzuständen zusammenhängend. Unterstellt man dieselbe Bedingung der Symmetrie freudscher Psychologie, wird das Urteil befinden, dass alle Bewegungen stets durch unbewusstes Begehren determiniert sind. Denn dieses liegt jeder Entscheidung des Menschen zugrunde.[470] Erhöbe man sodann all diese Symmetrien, die einer jeden Wissenschaft als axiomatische Bedingungen zugrunde liegen, zu metaphysischen Gründen, die den Verlauf der Welt determinierten, so sieht man leicht, dass eine solche „Überdetermination" die Welt mit sich selbst in Realrepugnanz treten ließe. Denn durch die Symmetrie des einen Determinismus ist sie zu dem einen Weltverlauf bestimmt und durch die Symmetrie eines anderen Determinismus zu einem anderen. Wenn Determinismus aussagt, dass der Verlauf der Welt hinsichtlich seiner grundlegenden Prinzipien bestimmt ist, dann kann es nur einen Verlauf der Welt geben. Folglich dürften sich die Prinzipien der Determinismen auch nicht widersprechen. Obiges Beispiel zeigt aber genau dies. Denn im ersten Fall ist die Ursache jedes Ereignisses aus mechanischen Prinzipien folgend, während im zweiten Fall die Ursache jedes Ereignisses aus psychologischen Prinzipien folgt. Wenn ein unbewusstes Begehren selbst kein Körper ist und insofern weder Materie noch Kraft besitzt, dann ist es ausgeschlossen, dass es entsprechend den Symmetrieannahmen der newtonschen Mechanik als Ursache für irgendein Ereignis dienen kann.

22. 3 *Wahrscheinlichkeit, Zukunft und* chance

Für die Bildung von Wahrscheinlichkeiten ist es die Annahme von Symmetrie, welche dem menschlichen Verstand die Möglichkeit eröffnet, dass dieser auf mathematischen Wege die Erkenntnis einer *causa formalis* mit Aussagen über Ereignisse, die Moivre unter den Begriff *chance* fast, in eingeschränkter Weise verbindet und so mögliche zukünftige Ereignisse im Rahmen angenommener Symmetrien prognostizierbar macht. Wie Laplaces VII. Prinzip der Wahrscheinlichkeit nämlich offenbart:

„La probabilité d'un évènement futur est la somme des produits de la probabilié de chaque cause, tirée de l'évènement observé, par la probabilité que cette cause existant, l'évènement futur aura lieu."[471]

Ist die *causa formalis* einer Ursache bekannt, ist aus ihr erkennbar, wie die *causa efficiens* derselben bestimmt sein kann. Weil ein zukünftiges Ereignis gemäß dem Satz vom zureichenden Grund nicht aktual werden kann, ohne dass dieses durch etwas hervorgebracht wird, ist ein jedes zukünftiges Ereignis aus bestimmten Ursachen hervorgehend.

---

[470]	Vgl. Freud, Sigmund: Jenseits des Lustprinzips. Dritte, durchgesehene Auflage. S. 25-28.
[471]	Laplace, Pierre-Simon: Essai Philosophique sur les Probabilités.. S. 21$^{17\text{-}21}$.

Wenn man aufgrund von Beobachtung als wahr voraussetzt, dass eine bestimmte Ursache eine unterschiedlich bestimmte *causa efficiens* aufweisen kann, dann kann man Hypothesen hinsichtlich des möglichen Auftretens eines zukünftigen Ereignisses bilden.[472] Dies bedeutet, dass man der *causa formalis* der Ursache Bedingungen zuspricht, welche die Bestimmtheit der *causa efficiens* einer Ursache für den Verstand derart einschränkt, dass die Weisen, wie ein zukünftigen Ereignisses auftreten kann, als bestimmt gelten. Insofern bildet man je Hypothese einen anderen Begriff einer *causa formalis* derjenigen Ursache, die das Eintreten des zukünftigen Ereignisses bedingen sollen. Denn wenn die Hypothese die Bestimmtheit der aus der Beobachtung erkannten *causa formalis* hinsichtlich eines angenommenen zukünftigen Ereignisses bedingt, ist die *causa formalis* je nach angenommenem zukünftigen Ereignis anders bestimmt.

Wenn dies der Fall ist, ergibt sich rückschlüssig, dass die Hypothese die Bedingungen für die Wahrheit der Definition der Hervorbringung eines zukünftigen Ereignisses angibt. Sie ist somit selbst eine Symmetrieüberlegung, die angibt, nach welchen Gesichtspunkten eine Aussage über eine bestimmte Ursache und einen möglichen zukünftigen Zustand wahr ist. Weil man diese Symmetrieüberlegung nicht anstellen kann, ohne dass ein Begriff über einen möglichen zukünftigen Zustand gegeben ist, dieser folglich den Ausgangspunkt der Bestimmung der Prognose darstellt, folgt, dass man die *causa formalis* nach einer bereits definiten *causa finalis* bestimmen muss. Denn letztere gibt die Definition des letzten Zustands in der Hervorbrngung eines Ereignisses an. Ohne die Kenntnis dieses Zustands ist es nicht möglich zu bestimmen, welche Art von Ursache dieser Wirkung vorausgehen bzw. unter welchen Bedingungen die Ursache die Wirkung hervorbringen muss, damit der letzte Zustand eintritt.

Für Wahrscheinlichkeit gilt dies, weil der Wahrscheinlichkeitsbegriff für das Eintreten eines solchen zukünftigen Ereignisses schlichtweg unbestimmt wäre. Denn ohne die *causa finalis* kann man die bekannten Ursachen keiner Wirkung zusprechen. Ohne eine bestimmte Art von Wirkung kann man keinen Maßstab bilden, der nach einer bestimmten Bedingung einer Art von Ursache eine bestimmte Art von Wirkung zuschreibt. Schließlich geht aus der Wirkung hervor, welche Eigenschaften eine Art von Ursache haben muss, um diese hervorbringen zu können, während man aus der Erkenntnis der Eigenschaften einer Ursache nur alle Arten von Wirkungen erkennt, die diese der Möglichkeit nach in der Hervorbringung bedingen kann.

---

[472]   Vgl. ebd. S. 21$^{23\text{-}19}$.

Ist die Art von Wirkung unbekannt, die hervorgebracht werden soll, so ermangelt es der Erkenntnis um eine Ursache als Ursache. Denn damit eine Ursache als Ursache bestimmt sein kann, bedarf es für deren Bestimmung mindestens eines Begriffs einer möglichen Wirkung, welche diese in der Hervorbringung bedingen kann. Ist nicht einmal ein solcher Begriff gegeben, so bliebe uneinsichtig, für was die Ursache eine Ursache sein soll bzw. sein kann. Das Fehlen der Kenntnis einer bestimmten Art von Wirkung bedeutet daher, dass man überhaupt kein Wahrscheinlichkeitsbegriff über das Eintreten eines zukünftigen Ereignisses bilden kann. Denn weder eine Ursache noch eine Wirkung sind bestimmt.

Weil die *causa finalis* nur so bestimmt sein kann, dass sie ein zukünftiges Ereignis aussagt, während sich die Kenntnis der Bestimmtheit der *causa formalis* der Ursache auf aktuale Eigenschaften bezieht, kann die Aussage über die Hervorbringung von Zukünftigen, nicht in der Weise referieren, dass sie damit auf etwas bereits Aktuales verweist. Vielmehr referiert sie auf die Möglichkeit eines zukünftigen Ereignisses, wie dies durch die Aktualität bestehender Ursachen und der sie verändernden Bedingungen bestehen kann. Die dadurch gebildeten Wahrscheinlichkeitsaussagen geben daher an, auf welche Weise man ein zukünftiges Ereignis hervorbringen kann.

Damit ist eine Methode gegeben, die einen Anteil der Ereignisse, die unter den Begriff der *chance* fallen und durch das Design von Entitäten bedingt sind, einer bestimmten Regelmäßigkeit unterwerfen. Auch wenn diese nur gedacht ist. Dass man dadurch etwas über die Möglichkeit der Hervorbringung von Ereignissen aussagen kann, deren Ursache nicht in der Weise bestimmt ist, dass sie durch bestimmte Symmetrieannahmen bedingt sind, ist ausgeschlossen. Denn diese Ereignisse, die ebenfalls unter den Begriff der *chance* bzw. *hasard* fallen, werden augenscheinlich durch etwas anderes bedingt, was keine Regelmäßigkeit im Sinne einer vorgegebenen Symmetrie gestattet und müssen daher als das gelten, was Laplace mit veränderlichen (variables) Ursachen meint.[473]

22. 4 Der Wille als motivierte veränderliche Ursache

Diese veränderlichen Ursachen sind nach Laplace so charakterisiert, dass sie Wirkungen hervorbringen, welche die regelmäßige Folge von Ereignissen entweder begünstigen oder stören.[474] Des Weiteren gehören sie zu den Ursachen, die man anscheinend

---

[473]   Vgl. ebd. S. 74f.
[474]   Vgl. ebd. S. 74$^{22\text{-}24}$.

durch keinen direkt bestimmbaren Wahrscheinlichkeitsbegriff erfassen kann, zieht man in Betracht, dass diese diejenigen Ereignisse hervorbringen, die durch das Gesetz der großen Zahl zur Bildung von Wahrscheinlichkeiten beseitigt werden.[475]

Laplace gibt für diese Ursachen keine Beispiele an. Man kann aber aufgrund einer seiner Bemerkungen erahnen, welche Ursachen damit gemeint sein könnten. Mit einem Verweis auf Leibniz' und Samuel Clarkes (1675-1729) Briefwechsel meint er nämlich:

„La volonté la plus libre ne peut sans un motif déterminant, leur donner naissans; car si toutes les circonstances de deux positions étant exactement semblables, elle agissait dans l'une et s'abstenait d'agir dans l'autre, son choix serait un effet sans cause."[476]

Würde der Wille sich ohne Motiv bestimmt sein, so müsste man, interpretiert man Laplace nach Leibniz Antwort auf Clarkes vierten Brief, davon ausgehen, dass die Welt *causae efficientes* in sich birgt, die unbestimmte Wirkungen hervorbringen. Metaphorisch gesprochen wäre „ […] une volonté sans motif ne seroit pas moins aveugle, […]".[477]

Dies mag zunächst seltsam anmuten. Denn die bisherige Untersuchung richtete ihr Augenmerk vor allem auf jene Ursachen, die unter einer bestimmten Symmetrieannahme als bereits zur Hervorbringung einer Wirkung durch etwas bestimmt waren. Insofern galt auch der Maßstab, den man durch einen Wahrscheinlichkeitsbegriff in dieser Weise bildet, nur für Bedingungsrelationen, welche die causae efficientes in passiver Weise zu einer *causa finalis* bestimmten.

Diese *causae efficientes* müssen aber von einem Willen insofern verschieden sein, als dieser sich nach einem Motiv selbst bestimmen kann. Somit kann der Wille durch sein Motiv aktiv eine Veränderung herbeiführen. Dass Laplace einen solchen Willen unter den veränderlichen Ursachen verstanden hat, ist offenbar. Man muss nur in Betracht ziehen, dass er diesem die Fähigkeit zugesteht, auf die materielle Welt einzuwirken, indem er dieser eine bestimmte Disposition mitgibt. D.h. dass er die Materie zu einer bestimmten Ordung bestimmt, so dass diese ohne sein weiteres Zutun wie ein Uhrwerk jede weitere Veränderung herbeiführt.[478] Geht diese Veränderung auf die Bestimmung

---

[475]   Vgl. ebd. S. 74f[25-5].

[476]   Ebd. S. 3[14-19].

[477]   Clarke, Samuel: A Collection of Papers, Which passed between the late Learned Mr. Leibnitz, and Dr. Clarke, In the Years 1715 and 1716. Relating tot he Principles of Natural Philosophy and Religion. (1717) S. 226[30-31].

[478]   Vgl. Laplace, Pierre-Simon: Essai Philosophique sur les Probabilités. S. 237[17-21].

des Willens durch das Motiv zurück, so muss das Motiv die *causa formalis* des Willens sein. Durch sie bestimmt er sich als *causa efficiens* zur Hervorbringung eines bestimmten Ereignisses.

Dies ist klarer, wenn man das Wort *motif* nach seiner ursprünglichen lateinischen Bedeutung *motivus* nimmt. Demnach bedeutet *motivus* nämlich *zur Bewegung geeignet*.[479] Zur Bewegung geeignet kann für eine *causa efficiens* nur sein, was ihr eigenes Tätigsein bedingen kann. Ist eine *causa efficens* per definitionem bloßes Tätigsein, so bleibt dieses unbestimmt, bis ihre Art des Tätigseins bestimmt ist. Was die *causa efficens* zu einer bestimmten Art von Tätigsein bedingt, muss daher vorgeben, in welcher Weise und mit welchen Mitteln sich das Tätigsein zu vollziehen hat. Erst dadurch besteht überhaupt erst die Möglichkeit, dass das Tätigsein der *causa efficiens* nicht nur einer Art des Tätigseins entspricht, sondern sich zudem nach einem Endzustand der Art des Tätigseins bestimmen kann. Wäre dies durch die *causa formalis* nicht gegeben, wäre unverständlich, wodurch sich eine Veränderung in der Welt vollziehen soll. Andernfalls würde die Wahl der *causa formalis* eine Art des Tätigseins hervorbringen, das niemals endet.

Wenn das der Fall ist, folgt, dass die *causa formalis* die Definition sowohl einer *causa materialis* als auch einer *causa finalis* enthalten muss, damit eine *causa efficiens* wie der Wille in endlicher Weise tätig ist. Die Definition der *causa materialis* gibt dann an, woraus das sich Verändernde ist, während die *causa finalis* angibt, in welchem Zustand die Veränderung ihre Vollendetheit und somit den Endpunkt des Tätigseins erreicht hat. Eine solche *causa formalis* gibt also eine allgemeine Kausaldefinition für die Hervorbringung einer bestimmten Veränderung an, die durch all jene Entitäten herbeiführbar ist, die den in ihr vorkommenden Definitionen entsprechen. Dies unter dem Wort *Motiv* verstanden, stellt alle Elemente dar, damit eine *causa efficiens* sich so bedingen kann, dass daraus eine zielgerichtete Bewegung hervorgeht.

Wenn das Motiv vorgibt, in welcher Weise der Wille wirksam sein soll, dann heißt das nicht, dass eine bestimmte Veränderung mit Notwendigkeit eintritt. Berücksichtigt man, dass verschiedene Willen in unterschiedlicher Weise auf die Materie einwirken können, indem sie sich nach jeweils verschiedenen Motiven bestimmen, können sich die bewirkten Ordnungen, gegenseitig beeinflussen. Das ist der Fall, wenn z.B. ein Wille die Ordnung der Materie, welche ein anderer Wille derselben gegeben hat, durch

---

[479]   Vgl. Georges, Heinrich: Ausführliches lateinisch-deutsches Handwörterbuch. Bd.2. col. 1022.

eine neue Ordnung ersetzt, indem er sie durch die Wahl eines Motives neu bestimmt. Entscheidet beispielsweise ein Wille aus Boshaftigkeit sich für das Beinstellen eines Körpers, der durch einen anderen Willen zur Bewegung des Spazierengehens geordnet ist, so ist die Ordnung des spazierengehenden Körpers durch das Beinstellen gestört. Denn der erstere Wille wirkt auf die Ordnung des Körpers, die durch den zweiten Willen verliehen wurde, ein und ordnet die Materie neu. Sofern sich der Wille nun allein nach seinen Motiven bestimmt und diese nicht mit den Gesetzen passiver Bewegung übereinstimmen, ist zu schließen, dass dieser eine Ursache ist, die unabhängig von irgendwelchen Gesetzmäßigkeiten der passiven Hervorbringung von Ereignissen ist. Denn dieser kann durch die Wahl eines Motives auf diese Gesetzmäßigkeiten selbst Einfluss nehmen, indem er eine aktive Veränderung herbeiführt.

Somit kann man argumentieren, dass man nach dem obigen Zitat auch die Wirkungen und Ursache des Wollens durch einen Wahrscheinlichkeitsbegriff erfassen kann. Denn wenn der Wille entsprechend einer bestimmten Art von Umständen stets dasselbe Motiv wählt, dann kann man auf der Grundlage der Kenntnis der Umstände, unter denen ein Ereignis erschienen ist, eine bestimmte Wirkung einer Ursache zuschreiben. Denn dann brächte der Wille unter derselben Art von Umständen durch dieselbe Art von Motiv dieselbe Art von Ereignis hervor. Tritt insofern ein bestimmtes Ereignis innerhalb einer Beobachtung mehrfach auf, ohne dass man ihm eine Ursache zuschreiben könnte, ist zu vermuten, dass das Ereignis durch eine veränderliche Ursache hervorgebracht wird, die man *Wille* bezeichnet. Folglich ließe sich aufgrund der Beobachtung auch erkennen, ob ein Ereignis durch einen Willen hervorgebracht wurde, wenn dessen Ursache nicht durch die Symmetrieüberlegungen der anderen Ereignisse der Beobachtung zugeschrieben werden kann. Ist z.B. zu beobachten, dass ein menschlicher Körper zu unterschiedlichen Zeiten Bücher von einem Regal auf einen Tisch legt und stundenlang davor sitzen bleibt, während alle anderen Bücher im Raum im Zustand der Ruhe verharren, ist z.B. nach den Gesetzen der Mechanik nicht ersichtlich, weshalb der menschliche Körper sich so verhalten hat, wie er sich verhalten hat. D.h. die Veränderung, die sich durch ihn vollzieht, geschieht scheinbar grundlos. Bestimmt sich der Wille nach dem Motiv des Wissensdurstes und tritt die Veränderung, die durch den menschlichen Körper geschieht, stets bei der Gegebenheit von Büchern ein, so scheint das Motiv hinsichtlich bestimmter Umstände nach einer bestimmten Regel, wie sie eine Kausaldefinition darstellt, gewählt zu werden. Insofern kann man auch der Wahl des Motives eine bestimmte Symmetrie zusprechen, die einem Ereignis eine regelmäßige Ursache zuschreibt.

Dies würde bedeuten, dass der Wille zur Wahl des Motives allein aufgrund der gegebenen Umstände determiniert ist bzw. sich nicht anders bestimmen kann, solang diese Umstände gegeben sind. Wenn dies der Fall wäre, müsste der Wille solange dieselbe Art von Tätigkeit vollziehen, wie die Umstände gegeben sind. Dies hieße nach obigen Beispiel, dass derjenige, der aus Wissensdurst Bücher liest, zwangsweise verhungern würde, nähme man ihm die Bücher nicht weg bzw. könnte derjenige nicht vom Essen abstehen, der aus Genuss isst, wenn diesem ständig neue Speisen nachgereicht würden. Dies ist jedoch absurd. Dennoch liefert diese Erkenntnis noch keine Begründung dafür, dass der Wahl des Motivs durch den Willen keine bestimmte allgemeine Gesetzmäßigkeit zugrunde liegt, welche die Bildung eines Wahrscheinlichkeitsbegriffes ermöglichen würde. Denn nur weil erkannt ist, was absurd ist, ist nicht erkannt, weshalb es dies ist. Schließlich ist die bloße Erkenntnis von etwas von dem Verstehen desselben verschieden, weil Letzteres die Kenntnis dessen ist, warum etwas so beschaffen ist, wie es beschaffen ist.

Diese Absurdität löst sich auf, wenn man die Schwäche des menschlichen Verstandes bei der Unterscheidung zwischen metaphysischer und logischer Betrachtung beachtet. Die Ansicht, dass sich der Wille als die *causa efficiens* des Menschen unter derselben Art von Umständen nach stets demselben Motiv bestimmen muss, geht allein aus der Verbindung von Begriffen und Aussagen hervor. Diese bedingen sich insofern, als sie in allgemeinster Weise auf eine bestimmte Beobachtung wahrheitsdefinit anwendbar sind. Anders gesagt, werden damit nur logische Relationen von Konditionalen ausgesagt, die zwischen universalen Begriffen und Aussagen bestehen.

Wenn das Antezedens des Konditionals nämlich Aussagen über eine bestimmte Art von gegebenen Umständen darstellt und das Konsequenz die Aussage über eine Art einer Wahl eines Motiv durch einen Willen, dann ist das als Bisubjunktion zu verstehen. Allein dann ist die Aussage gültig, dass ein Wille bei der Gegebenheit derselben Umstände dasselbe Motiv wählt. Schließlich ist eine Bisubjunktion nur dann wahr, wenn sowohl Antezedens und Konsequenz als wahr bzw. beide falsch sind. Dies fällt jedoch in den Bereich der allgemeinen Logik und entspricht nicht der Singularität der Entitäten, auf die man die Begriffe und Aussagen anwendet. Diese stehen nicht wie ein aktuales Einzelding unter den metaphysischen Bedingungen der Welt. Dann könnten sie nur auf eine Entität referieren, weil sie hinsichtlich der Position des Einzeldings auch jene Prädikate enthalten würden, die dieses relational zu allen anderen Entitäten in der Welt bestimmt. Dies wäre eine Definition der Welt hinsichtlich eines Einzeldings.

Weil dem einzelnen Menschen gemäß seiner Position im Weltganzen eine einzigartige *causa efficiens* zukommt, ist diese in Bezug auf ihr Tätigsein unter einzigartigen Umständen zu betrachten. Denn wenn jeder Weltzustand von allen anderen vollkommen verschieden ist, dann sind auch stets alle Umstände vollkommen verschieden. Dies schließt somit die Möglichkeit aus, dass der Wille bei der Gegebenheit derselben Art von Umständen nach derselben Art von Motiv bestimmbar ist. Andernfalls müsste man behaupten, dass zwei Weltzustände in derselben Weise bestimmt wären. Dies hieße zu behaupten, dass zwei Weltzustände ein und derselbe sind, weil sie sich durch die ihn zukommenden Eigenschaften nicht unterscheiden. Sofern die Weltzustände sukzessiv als Folge von Zuständen fortschreiten, ist das Auftreten von zwei identischen Weltzuständen auszuschließen. Ist dies der Fall, so muss jedes Motiv, das der Wille in seiner Funktion als *causa efficiens* wählt, aufgrund der weltzuständlichen Differenz verschieden sein. Dies bedeutet, dass wenn der Wille sich durch ein Motiv bestimmt, dieser sich nur hinsichtlich seiner individuellen Umstände bestimmen kann. Schließlich wird eine Bewegung nicht durch Arten von Entitäten hervorgebracht, sondern durch die Entitäten selbst, insofern diese Einzeldinge sind.

Demnach muss jedes Motiv eine einzigartige *causa formalis* darstellen, die bezogen auf die individuellen Umstände der *causa efficiens* differiert. Somit ist überhaupt erst die Möglichkeit aktiver Veränderung gegeben. Ausgehend von der aktualen Position im Weltganzen, kann erst dann auf die individuellen Umstände eingewirkt werden, indem sich ein Singulum zu anderen Singulären bestimmt. Dies in der Art, dass es zur Hervorbringung eines bestimmten Ereignisses alle ihn umgebenden Einzeldinge durch eine *causa efficiens* mit einer spezifischen, einzigartigen Ordung versieht. Wenn dies der Fall ist, folgt, dass nur solche *causae efficientes* dazu in der Lage sind, sich passiv verändernde Einzeldinge entgegen den Gesetzen passiver Veränderung zu verändern, so dass aus deren Beobachtung nicht mehr erkennbar ist, nach welchem Gesetz sich die Veränderung vollzogen hat.

Der Schlussfolgerung folgend, offenbart sich nun Verblüffendes. Denn streng genommen können bei der Gegebenheit solcher *causae efficientes* keine Einzeldinge gegeben sein, die sich rein passiv verändern. Denn bereits zwei solcher *causae efficientes* genügen, damit die Ordnung, die durch eine hervorgebracht wird, durch eine andere gestört ist. Wenn jedes Einzelding auf die Gesamtheit aller Einzeldinge dadurch einwirkt, dass es durch die Veränderung eines von ihm verschiedene Einzeldings die relationale Bestimmtheit dieses Einzeldings zu anderen Einzeldingen verändert, dann ist zwangsläufig die Ordnung einer *causa efficens* durch das bestimmte Tätigsein einer anderen beeinflusst. Dies bedeutet, dass eine *causa efficens* nur dann ein Ereignis nach der Wahl eines Motivs hervorbringen kann, wenn sie beständig die Ordnung anderer *causae efficentes* beeinflusst. Dies wäre freilich nicht der Fall, wenn nur eine *causa efficens* gegeben wäre, da nur diese eine Ordnung für das Weltganze vorgeben würde und insofern durch ihre Bestimmtheit den Verlauf der Welt determinieren würde.

Daraus folgt, dass man dennoch einen Wahrscheinlichkeitsbegriff bilden kann, der aber überhaupt nichts mit der verstandesmäßigen Aufbereitung der durch die Beobachtung gemachten Empirie zu tun hat. Denn wenn eine Wahrscheinlichkeitsaussage retrospektiv eine Wirkung einer Ursache entsprechend der Eigenschaften derselben zuweist, wäre dies in dem Fall eine Kausaldefinition von vergangenen Zuständen eines Einzeldings in Hinblick auf eine bestimmte Folge von Weltzuständen. Eine solche Aussage bedeutet nicht nur die vollkommene Gewissheit über eine Folge von Weltzuständen, sondern auch aller möglichen Folgen, die durch das Einzelding zu jedem Zustand hätten hervorgebracht werden können. Denn sofern auch ein Weltzustand relational zu anderen Weltzuständen bestimmt ist, ergibt sich aus dessen vollständiger Definition, welche Veränderungen potenziell durch Einzeldinge möglich sind, ohne dass eine Veränderung durch bestimmte Einzeldinge wirklich eintreten müsste. Ohne die Eigenschaft der Potenzialität wäre überhaupt keine Veränderung möglich, da dies bedeutet, dass ein Weltzustand notwendigerweise bestimmt ist. Besteht die Bestimmtheit eines Weltzustands mit Notwendigkeit, ist ausgeschlossen, dass er anders bestimmt werden könnte. D.h. ihm könnte kein anderer nachfolgen. Denn hinsichtlich ihrer Bestimmtheit wäre eine angenommene Folge von Weltzuständen stets identisch und somit eins. Bildet man aufgrund dieser Annahmen einen metaphysischen Wahrscheinlichkeitsbegriff, ist ersichtlich, dass er Ausdruck höchster Gewissheit ist. Schließlich gibt er nicht nur einen begrenzten Maßstab an, sondern einen unbedingten, der die tatsächliche Wirkungsweise einer Ursache bis zur Vollendung einer Wirkung aussagt. Aber er gibt auch die gesamte mögliche Wirkungsweise einer Ursache an, die ebenfalls geeignet wär, die bestimmte Wirkung hervorzubringen.

22. 5 Generierung aufgrund normativer Begriffe

Trotz alledem gibt Laplace für den Umgang mit solchen veränderlichen und einzigartigen Ursachen innerhalb seiner Ausführungen über die Beschlüsse der Versammlungen und gerichtlichen Urteile eine Methode vor, nach der man Wahrscheinlichkeiten auf normativen Grundlagen bilden kann. Als normativer Begriff sei dabei ein jeder verstanden, der aus einer Überlegung darüber gebildet worden ist, wie eine Entität idealiter bestimmt sei oder welche Bestimmungen sie aufweisen muss, um durch ihn erfasst werden zu können. Erst dies ermöglicht eine systematische Beurteilung der Empirie, die weitgehend unabhängig von den Bedingungen ist, gemäß denen die Empirie selbst gegeben ist. Der Vollständigkeit wegen und um Missverständnissen vorzubeugen, sei erwähnt, dass eine solche systematische Beurteilung der Empirie durch normative Begriffe in das Gebiet der Statistik fällt, die vor Laplace' Zeiten, aber auch noch bis zur Mitte des 20. Jhd. nach ihm, kein eigenständiger Teilbereich der Stochastik war.[480]

Weil man bestimmte Ereignisse hinsichtlich allgemeiner oder aber festgelegter Begriffe hervorbringt, wie z.B. dem Begriff der Gerechtigkeit oder des Wohlstandes, sind deren Ursachen entsprechend maßgeblicher Begriffe zu beurteilen. Aus diesen ist ersichtlich, ohne dass die Empirie selbst gegeben sein müsste, welche Eigenschaften eine Ursache oder Wirkung aufweisen muss, um durch den Begriff erfasst zu werden. Daher ist aus dem Abgleich der Kenntnis solcher Begriffe und dem Vorliegen von Ursachen und Wirkungen auch ersichtlich, ob Ursachen und Wirkungen hinsichtlich ihrer Bestimmtheit den Begriffen vollkommen oder nur teilweise entsprechen.

Aus dieser Sichtweise heraus bildet sich die Wahrscheinlichkeit nicht primär durch die Zuweisung einer Wirkung zu einer bestimmten Ursache, sondern anhand der Überprüfung eines angenommenen allgemeinen Motivs bzw. festgelegten Begriffs mit den Kenntnissen, die man von einer Ursache und einer Wirkung durch Beobachtung gewinnt — letzteres ist in der heutigen Statistik durch den Begriff der Datenanalyse umschrieben.[481] Diese Überprüfung erklärt Laplace daran, das z.B. bei der Hervorbringung einer Entscheidung in einer Versammlung zu einem bestimmten Gegenstand (l'objet), die Entscheidung weniger dem Gegenstand entspricht, wenn die Entscheidenden wenig über den Gegenstand wissen bzw. Vorurteile ihm gegenüber haben.[482] Ist der Gegenstand der Entscheidung dem Individuum nicht eindeutig bekannt, so wird auf der Grundlage seiner Kenntnisse eine Entscheidung hervorgebracht, die sich an

---

[480]   Vgl. Stigler, Stephen M. : The History of Statistics: The Measurement of Uncertainty Before 1900. S. 1.

[481]   Vgl. Schulze, Peter M., Porath, Daniel: Statistik: mit Datenanalyse und ökonomischen Grundlagen. S. 3.

[482]   Vgl. Laplace, Pierre-Simon: Essai Philosophique sur les Probabilités. S. $158^{17\text{-}26}$.

einem anderen Begriff orientiert als dem, der dem Gegenstand tatsächlich zukommen soll. Anders gesagt, werden sich zwei *causae efficientes* zu Verschiedenem bestimmen, wenn deren jeweilige *causa formalis* different bestimmt ist.

Unmittelbare Einsicht in die *causa formalis* menschlichen Handelns ist nicht gegeben. Deswegen kann man die Wahrscheinlichkeit für eine Übereinstimmung nicht direkt folgern. Dennoch lässt sich argumentieren, dass man aufgrund bestimmter bereits vollzogener Beobachtung, wie exemplarisch im fortlaufenden taxonomischen Werk Carl von Linné (1707-1778) zu sehen ist,[483] bestimmte allgemeine Kategorien für die Gegenstände der Beobachtung durch die Wirkungen und Eigenschaften erstellen kann. Diese kann man zur Charakterisierung von Gegenständen anderer Beobachtungen heranziehen, um anhand der von ihnen ausgehenden Wirkungen zu beurteilen, ob und wie das als ihre Ursache Kategorisierte die Wirkung in besserer Weise hätte hervorbringen können. Damit lässt sich eine Anzahl von Aussagen bilden, die auf die Eigenschaften der Ursache und Wirkung referieren und zum anderen auf die Übereinstimmung eines Begriffs der Wirkung, der mit dem durch die Ursache tatsächlichen hervorgebrachten Ereignis übereinstimmt. Stimmen die Aussagen über das Ereignis mit den Aussagen über den festgelegten Begriff der Wirkung nicht überein, so wäre im Fall einer unregelmäßigen Ursache zu schließen, dass deren Motiv nicht in der Weise bestimmt war, wie es nach dem festgelegten Begriff der Wirkung hätte sein sollen. Schließlich heißt dies, dass eine *causa efficiens* bezüglich ihrer *causa formalis* anders bestimmt war.

Im Fall eines Willens würde man durch eine Wirkung und einen festgelegten Begriff indirekt auf das Motiv schließen. Nimmt man diesen Schluss als wahr an, lässt dies wiederum Schlüsse auf die Ursache selbst zu. D.h., ob eine solche Art von Ursache möglicherweise ungeeignet ist, um eine bestimmte Art von Wirkung hervorzubringen, weil sie entweder nicht optimal nach dem Motiv ein Ereignis hervorbringen kann oder aber ein Motiv gewählt hat, was nicht dem festgelegten Begriff entspricht. Somit gibt der festgelegte Begriff der Wirkung die Anzahl an Aussagen vor, die idealerweise über das Ereignis aussagbar sind, während der Begriff, den man aufgrund der Beobachtung bildet, die Aussagen vorgibt, die sowohl mit dem festgelegten Begriff übereinstimmen als auch nicht übereinstimmen.

---

[483] Die Auflagen von der ersten [1735] bis zur zwölften [1768] von Linnés *„Systema Naturae, Sive Regna Tria Naturae Systematice Proposita Per Classes, Ordines, Genera, & Species."* stellen jeweils eine umfangreiche Erweiterung der Kategorisierung beobachtbarer Entitäten dar.

Auf dieser Grundlage wäre sodann ein Maßstab gefunden, der angibt, inwiefern eine Ursache, die unter eine bestimmte Kategorie fällt, ein Ereignis unter den Bedingungen der Beobachtung hervorbringen kann, welches einem festgelegten Begriff entsprechen soll. Im mathematischen Sinne bedeutet dies, dass man einen Übereinstimmungsgrad bildet, der sich aus der Division des Verhältnisses einem Ereignis günstiger oder nicht-günstiger Fälle ergibt. Dieses Verhältnis ist zum einen durch die Prädikate des festgelegten Begriff, z.B. eines Würfels, vorgegeben, und zum andern aus der Anzahl der in der Beobachtung einer Serie von Würfelwürfen tatsächlich eingetretenen Fälle. Dann gibt der Quotient aus diesen Werten numerisch an, inwiefern eine Übereinstimmung des Idealwerts mit den Werten der Beobachtung vorherrscht. Gibt beispielsweise der Hauptdividend im Zähler eines Bruchs an, welche Anzahl an Ereignissen günstig ist, und der Nenner, welche Anzahl an Ereignissen gemäß des festgelegten Begriffes möglich sind, und der Divisor im Zähler eines Bruchs Anzahl der tatsächlich übereinstimmenden Ereignisse, und der Nennen die Anzahl aller eingetretener Ereignisse, so ist festzustellen, dass der Quotient das Gradmaß der Übereinstimmung angibt.

Wenn die vollkommene Übereinstimmung durch die Einheit, also numerisch eins, ausgedrückt ist, dann ist jede Abweichung davon als Nicht-Übereinstimmung zu interpretieren. In gleichem Maße gibt dieser Wert auch an, wie auf der Grundlage der festgelegten Begriffe, das Auftreten eines bestimmten Ereignisses nach bloß mathematischen Verständnis bei einer erneuten Beobachtung unter denselben Bedingungen einzuschätzen ist. Schließlich sagt dieses Verhältnis aus, inwiefern die Aussagen, die sich aus dem festgelegten Begriff ableiten lassen, mit den Aussagen übereinstimmen, die man aus der Beobachtung generieren kann. Im Fall von Ursache und Wirkung ist dies die Anzahl erfolgreicher Anwendung von Aussagen über Bedingung und Bedingtes, im Sinne einer Ursache und ihrer Wirkung, auf die Gegenstände der Empirie.

So gesehen ergeben sich verschiedene Ungereimtheiten in der Anwendung solcher Wahrscheinlichkeit auf eine erneute Beobachtung. Denn die Kategorien, unter deren Verwendung man die Wahrscheinlichkeit bildet, sind den Gegenständen der Empirie gemäß. D.h., sie sind hinsichtlich aller Aussagen bedingt, die man über die beobachteten Gegenstände bilden kann. Schließlich bilden die Kategorien selbst einen Teil der Gesamtheit der Aussagen über das lokal-temporal Beobachtete. Weil die Beobachtung selbst innerhalb eines bestimmten zeitlichen und räumlichen Intervalls stattfindet, bedingt auch eine Aussage über dieses temporal-lokale Intervall die gebildete Kategorie und somit die daraus gebildete Wahrscheinlichkeit. Andernfalls könnte man nicht erkennen, dass man die Kategorien samt deren Derivaten aufgrund einer bestimmten Beobachtung gebildet hat. Denn sie wären dann bezüglich der Beobachtung selbst unbestimmt.

Weisen sie diese Bedingtheit auf, würde in diesem Fall die Anwendung einer Wahrscheinlichkeit eine Übertragung vergangener Bedingungen auf eine neue Beobachtung durch bedingte Kategorien bedeuten. Somit könnte man nichts über eine neue Beobachtung aussagen noch einen brauchbaren Wahrscheinlichkeitsbegriff bilden, da die Begriffe, die man angewenden will, nicht angewanden kann. Sie sind nämlich nur im Stande, auf vergangene Bedingungen zu referieren. Das sind die durch Entitäten einer anderen Beobachtung gegeben waren. Werden z.B. durch eine Beobachtung der Ursachen des Wohlstands der Nation England im 18. Jahrhundert die Kategorien „armer Bürger" und „reicher Bürger" durch einen festgelegten ökonomischen Begriff des Einkommens gebildet, sind diese Kategorien hinsichtlich einer bestimmten Anzahl von Indiviuen und deren Umstände – diese sind das englische Wirtschafts- und Politiksystems des 18. Jahrhunderts – bestimmt. Die Verwendung derselben Kategorien in Bezug auf eine Beobachtung der Ursache des Wohlstands Englands im 20. Jahrhundert, wäre Unsinn, da die verwendeten Begriffe nicht auf das referieren können, auf das sie referieren sollen.

Hierauf ist einzuwenden, dass die Kategorienbildung anhand eines allgemeinen festgelegten Begriffes geschieht und daher dieser vorgibt, nach welchen Eigenschaften den Gegenständen der Beobachtung Begriffe zuzuordnen sind. Insofern wären die Kategorien nicht durch alle Aussagen bedingt, die sich hinsichtlich der Entitäten einer Beobachtung formulieren lassen, sondern allein durch eine allgemeine Aussage, die dazu dient, die Beobachtung zu strukturieren. Folglich wären auch die daraus gebildeten Wahrscheinlichkeiten hinsichtlich der Gegebenheit irgendwelcher Gegenstände unbedingt, weil die Kategorien dies auch sind. Bedenkt man mit Laplace, dass die Beobachtung genauso wie deren begriffliche Einteilung im Sinne einer Zeugenaussage sowohl durch die Zeit als auch durch die beobachtenden Individuen bedingt sind,[484] ergibt sich die Notwendigkeit einer Rechtfertigung des den Kategorien zugrunde- und festgelegten Begriffs bzw. Aussage.

Schöpft man empirische Begriffe aus den Aussagen über Beobachtungen vergangener Zeiten, so begrenzt in erster Hinsicht sowohl der Wissensstand wie auch die Wahr-

---

[484]   Vgl. ebd. S. 143^4-150^9 und S. 156^{18}-157^{27}.

nehmung der Beobachter die Zuverlässigkeit der Aussagen über das Beobachtete. Ein Mensch, der z.B. in den herrschenden Meinungen seiner Zeit verhaftet ist, wird vermutlich seine Beobachtungen hinsichtlich dieser feststehenden Meinungen einteilen. Sind diese Meinungen Ausdruck von Okkultismus, so wird selbst die Heilung der kleinsten Wunde zu einem Zeichen eines Wunders oder der Magie, anstatt dass Beobachtete als einen natürlichen Vorgang eines Körpers anzusehen.[485]

Liegen hinsichtlich der Gegenstände des Beobachteten Kenntnisse vor, die das Beobachtete weitaus besser erklären können, ergibt sich von selbst, dass man die Verwendung der veralteten emprischen Begriffe bzw. der ihnen zugrunde- und festgelegten Aussagen nicht in dem Sinne rechtfertigen kann, dass man das Beobachtete entsprechend den Vorgaben einzelner Wissenschaften verstehen kann. Wenn diese allein zu Recht den Anspruch rationaler Erklärbarkeit innehaben, ist keine Empirie verstehbar, die nicht nach ihren Methoden hergerichtet ist. Ferner ist in zweiter Hinsicht auch die Beobachtung selbst durch die Schwächen des menschlichen Verstandes bedingt, wenn man etwa die Zeit so wie Laplace als „l'impression que laisse dans la mémoire une suite d'événemens dont nous sommes certains que l'existence a été successive."[486] versteht.

Erfasst man die Abfolge von Zuständen einer Beobachtung allein deshalb, weil bestimmte Eindrück derselben im Gedächtnis verbleiben, lassen sich nur Aussagen über das im Gedächtnis Verbliebene bilden. Wenn der Mensch nicht in der Lage ist, alle Eindrücke zu erfassen, die innerhalb eines temporalen Intervalls von den Gegenständen der Beobachtung möglich wären, dann bleibt die Beobachtung unvollständig. Wenn dies der Fall ist, wird die Generierung empirischer Begriffe durch festgelegte Begriffe oder Aussagen durch die Anzahl an Eindrücken bedingt sein, die einem Individuum im Gedächtnis verblieben sind. Denn ohne diese Eindrücke könnte nichts über die Beobachtung ausgesagt werden.

Bilden die Eindrücke die Grundlage für die Generierung der empirischen Begriffe, so müssen sie zwangsläufig auf die Eindrücke im Gedächtnis desjenigen referieren, der sie gebildet hat; nicht jedoch auf die Entitäten, von denen die Eindrücke stammen. Wenn man diese Eindrücke begrifflich als bestimmte mentale Entitäten versteht — dies sind sie zweifellos, da sie einem mentalen Vermögen zugeschrieben sind —, dann

---

[485]   Vgl. ebd. S. 150^{10}-152^{22}.
[486]   Laplace, Pierre-Simon: Exposition du Système du Monde. S. 29^{1-3}.

sind die empirischen Begriffe, die nach festgelegten Begriffen bzw. Aussagen generiert werden, selbst auf Begriffe zurückzuführen, die in der Weise bestimmt sind, dass sie die Eindrücke hinsichtlich des Gedächtnisses des Individuums differenzieren. Denn ohne dass die einzelnen Eindrücke im Gedächtnis in differenter Weise vorliegen, kann man zwischen diesen nicht unterscheiden. Dies heißt, dass man sie nur in allgemeinster Weise als ein Gesamteindruck erkennen kann, ohne dass man wissen kann, wie dessen Bestandteile bestimmt sind. Nach einem solchen Gesamteindruck ließe sich jedoch keine Folge von Eindrücken bilden, die auf eine Folge von Zuständen einer Beobachtung referieren könnte. Daher müssen für die Generierung von solchen empirischen Begriffen die Eindrücke im Gedächtnis in differenter Weise gegeben sein.

Wenn man die differenten Eindrücke für sich genommen aufgrund ihrer Bestimmtheit auch auf beliebig viele andere artidentische Entitäten anwenden kann, wie auf diejenige Entität, welche der Grund des Eindruckes ist, so sind die Eindrücke im Gedächtnis nicht mehr als universale Begriffe. Eine Anzahl von mehreren solchen Begriffen zu Aussagen in Form eines Konditionals verbunden, dessen Antezedens eine mehrgliedrigen Konjunktion ist, bildet eine Folge von Eindrücken, welche auf den Gesamteindruck der Beobachtung referieren kann. Schließlich referiert ein solches Konditional sowohl auf die Entitäten der Beobachtung in ihren jeweils singulären Zuständen als auch steht es genau für diese eine Folge von Eindrücken. D.h., es drückt die Identität eines Gesamteindrucks aus.

Hieraus folgt, wenn die Bildung der Kategorien entsprechend festgelegter Begriffe oder Aussagen auf dem Fundament universaler Begriffe beruht, dass man sie, unabhängig von den singulären Bedingungen der ursprünglichen Beobachtung, auch auf andere Beobachtungen anwenden kann. Doch referieren die empirischen Begriffe dann nicht mehr auf empirische Entitäten, sondern auf universale Begriffe, die man auf die Gegenstände der Empirie anwenden kann.

Berücksichtig man, dass die Anzahl der zu einer Folge von Eindrücken verknüpften universalen Begriffe von Individuum zu Individuum verschieden sein kann, indem entweder mehr oder weniger Eindrücke im Gedächtnis verblieben sind oder die Aussagen jeweils so verschieden verknüpft wurden, dass eine andere Folge von Eindrücken ausgesagt wird, muss die Verwendung der Folge von Eindrücken wiederum in anderem Sinne gerechtfertigt werden. Ja, sie muss, nimmt man Laplace ernst, selbst bei ein und demselben Individuum gerechtfertigt werden, weil mit dem Fortgang von Eindrücken immer mehr störende Bedingungen hinzutreten, welche die Rechtfertigung der Verknüpfung der Begriffe für den einzelnen anders begründbar machen können. Insofern ist mit Laplace zu sagen: „L'action du temps affaiblit donc sans cesse, la probabilité des faits historiques, comme elle altére les monumens les plus durables."[487]

Treten zu einer Folge von Eindrücken weitere Eindrücke hinzu, ist ein jeder einzelne Eindrück hinsichtlich der neuen Eindrücke in der Weise bestimmt, dass ein neuer Eindrück die Referenz alter Eindrücke und somit die vollständigen Folge bedingt. So kann man die Eindrücke über zwei aufeinander einstechender menschliche Schatten zu einem Zeitpunkt so zu Aussagen verknüpfen, dass man die Beobachtung als eine Tötung beschreibt. Kommen zu einem späteren Zeitpunkt die Eindrücke einer Theaterveranstaltung hinzu, so lässt sich die vormalige Beobachtung der Tötung hinsichtlich den Eindrücken einer Theaterverantsaltung bedingen. Die ursprüngliche Referenz auf die Beobachtung ist dann nicht mehr in der Weise gegeben, wie sie war. Daher kann eine Wahrscheinlichkeit, die man aufgrund der Begrifflichkeiten vergangener Beobachtungen hervorbringt, nur in bedingter Weise Gültigkeit beanspruchen. Wenn die Kategorien, als auch die festgelegten Begriffe, nach denen man sie bildet, nicht auch für neue Beobachtungen gerechtfertigt sind, besteht sohin kein rationaler Grund, der belegt, dass der Maßstab, der dann durch die Wahrscheinlichkeit ausgesagt wird, überhaupt auf die neue Beobachtung referieren kann.

23 Über den Nutzen normativ bedingter Wahrscheinlichkeiten

Die Analyse der Bedingungen und Probleme, unter denen man einen Wahrscheinlichkeitsbegriff durch Beobachtung bildet, gibt Anlass zur Frage, welcher Nutzen einem so gebildeten Maßstab zukommt. Denn allem Anschein nach bedarf sowohl die erneute Anwendung einer Wahrscheinlichkeit als auch deren Generierung bestimmter Rechtfertigungsgründe. Diese können von Individuum zu Individuum verschieden sein.

Das ist sehr unbefriedigend. Denn dies unterstellt die Rechtfertigungsgründe eines jeden Individuums selbst der Wahrscheinlichkeit, die dadurch gegeben ist, dass die Wahrscheinlichkeiten, die durch ein Individuum generiert wurden, in einer Anzahl von Fällen erfolgreich angewandt oder nicht-angewandt werden konnten. So gesehen bedürfte jeder Rechtfertigungsgrund selbst wieder eines Rechtfertigungsgrunds, und dies *ad infinitum*. Denn es besteht keine Gewissheit über die korrekte Bildung und Anwendung der Wahrscheinlichkeit hinsichtlich empirischer Ereignisse. Insofern wäre eine

---

[487] Vgl. Laplace, Pierre-Simon: Essai Philosophique sur les Probabilités. S.157[15-17].

solche Wahrscheinlichkeit für den Erkenntnisgewinn nutzlos, da nie erkennbar ist, ob der angegebene Maßstab auch tatsächlich auf die Entitäten referiert, die als Ursache und Wirkung bekannt sind. Daher ist vor der Darlegung des Nutzens ein Rechtfertigungsgrund zu suchen, der einen Wahrscheinlichkeitsbegriff ohne irrtumsanfällige Voraussetzungen für ein Individuum anerkennbar macht.

23. 1 Protologische Betrachtungen

Der Skeptizismus, welcher der Notwendigkeit einer unendlichen Anzahl an Rechtfertigungsgründen entspringt, ist unbegründet. Denn im Grunde ist der einzige Rechtferigungsgrund, der keines weiteren bedarf, in der Überprüfung der Übereinstimmung logischer Operationen und Entitäten mit einer möglichen Wahrnehmung zu sehen, die der Beurteilung der Empirie zugrundeliegen.

Berücksichtigt man David Humes (1711-1776) Ausführungen zur Kausalität, wird klar, dass das Verhältnis von Bedingung und Bedingtem, wie man es durch Wahrscheinlichkeiten ausdrückt, allein auf die logische Möglichkeit der Bildung einer Relation beruht, die einer möglichen Wahrnehmung zugrunde liegt. Was Hume in seinem „A Treatise of Human Nature" zur Zuschreibung der Kausalität sagt, ist nichts weiter, als dass man die Zuschreibung jeglicher Relation aus der bloß logischen Möglichkeit von operationalen Begriffen und Aussagen abgeleitet.

Dies sind solche, die sich als eine bestimmte Regel im Umgang mit bestimmten Entitäten oder deren Eigenschaften definieren lassen. So konstatiert er, dass aus einer Wahrnehmung, die ermöglicht das die Nähe (continguity),[488] eine Vorrangigkeit (priority) bzw. Abfolge (succession)[489] und die notwendige Verbindung (nescessary connextion)[490] verschiedener Entitäten erkennbar ist, man den Begriff der Kausalität selbst ableiten kann.[491] Wenn durch die Eigenschaften der Dinge selbst bereits die Qualitäten vorgegeben sind, welche die eine Entität von der anderen scheidet, gibt die Wahrnehmung der Eindrücke verschiedener Entiäten vor, worin diese Differenz besteht.[492] D.h., dass die Bestimmung der Differenzen verschiedener Eindrücke die Relationen aussagt, hinsichtlich derer die Eindrücke zueinander durch die Wahrnehmung gegeben sind.

---

[488]   Vgl. Hume, David: A Treatise of Human Nature. S. 54^{30}-55^2.

[489]   Ebd. S. $55^{3\text{-}26}$.

[490]   Ebd. S. $56^{4\text{-}9}$.

[491]   Ebd. S. $54^{29\text{-}30}$.

[492]   Ebd. S. 13^{16}-14^{29}.

Liefert die Wahrnehmung einen Gesamteindruck zweier Entitäten, mögen diese hinsichtlich des Gesamteindrucks als Eindrücke indifferent sein. Da sich der Gesamteindruck aus mannigfaltigen Eindrücken zusammensetzt, ist ein jeder Bestandteil des Gesamteindrucks von vornherein individuell verschieden. Denn der bestimmende Grund eines jeden Eindrucks muss der Zustand eines Einzeldings sein. Weil nur diese in bestimmter Weise vorliegen können, kann man auch nur von diesen ein Eindruck haben. Folglich liegt durch die Wahrnehmung nicht ein einheitlicher Gesamteindruck vor, sondern eine Anzahl individueller Eindrücke.

Ist eine Differenz selbst eine Relation, so ist nach dem angegebenen Verständnis einer Relation ersichtlich, dass durch die Gesamtheit der individuellen Eindrücke auch die Relation gegeben ist. Dies bedeutet z.B. hinsichtlich des Begriffs der Nähe, dass dieser die Eindrücke bezeichnet, die nicht zu dem Eindruck zweier Entitäten bzw. deren Folge gehören. Je nachdem, wie die Anzahl der Eindrücke zwischen diesen beiden Entitäten bestimmt ist, lässt sich herausstellen, in welcher Weise zwei Entitäten nebeneinander (in juxtaposition) oder aber miteinander verbunden (conjunct) sind.[493]

Metaphysisch ist dies so zu erklären, dass die relationalen Eigenschaften zweier bestimmter Entitäten zueinander umfangreicher bestimmt sind, je mehr Seiendes von einer bestimmten Entität zu einer anderen im Einzelnen bestimmt ist, als wenn weniger Seiendes zwischen diesen liegt. Für die Definition der Entitäten bedeutet dies, dass deren Prädikation zunimmt bzw. abnimmt, je mehr oder weniger bestimmtes Seiendes zwischen diese Entitäten positioniert ist. Daraus folgt, dass die Entitäten bei unterschiedlichen Eindrücken miteinander verbunden sein müssen, wenn kein Seiendes zwischen diesen positioniert ist, wenn man unter dem Begriff der Verbundenheit die Abwesenheit von Seiendem zwischen Entitäten versteht.

Es sei darauf hingewiesen, dass die Differenz zwischen Seiendem und bestimmter Entität nicht ohne Grund zu wählen ist. Denn unter Seiendem ist alles zu verstehen, was in irgendeiner Weise aktual ist, während eine bestimmte Entität als Einzelding in einem bestimmten Zustand aktual ist. Dieser Unterschied ermöglicht es, auch jenes Seiendes zwischen Einzeldingen einzubeziehen, was nicht unbedingt als Einzelding in einem bestimmten Zustand aktual ist, aber durch diese in ihrer Aktualität bedingt ist. So wie es z.B. die Gravitationskraft oder anderes Seiendes ist, dass nur als ein bestimmtes und bedingtes Wirken aktual ist.

---

[493]   Vgl. ebd. S. 55$^{1\text{-}2}$.

Die Vorrangigkeit ist im Weiteren so zu bestimmen, dass sie einen bestimmten Eindruck in einer Folge von Eindrücken eines Gesamteindrucks ausdrückt. Dieser stellt
den Anfang der Folge dar und lässt somit die Identität des die Folge begründenden
Eindrucks erkennen. Dadurch erkennt man also den bestimmten Zustand eines Einzeldings, der durch eine Folge von Gesamteindrücken besteht. Nach Hume würde dies
der Erkenntnis einer Ursache entsprechen, wobei darunter zunächst der Zustand eines
jeden Dings verstanden werden müsste, der jedem weiteren Zustand vorausgeht.[494] Die
Abfolge ist dasjenige, das die Eindrücke innerhalb eines sukzessiven Gesamteindrucks
darstellt, wie sie in demselben auseinander hervorgehen. Letztlich ist unter der notwendigen Verbindung zu verstehen, dass durch sie die Eindrücke gegeben werden, die
gemäß mehreren Gesamteindrücken mehrere einzelne Eindrücke einer bzw. mehrerer
Entitäten insofern verknüpft sind, dass sie nicht gegeben wären, wenn ihnen nicht bestimmte Eindrücke vorausgehen würden, die von anderen verknüpften Eindrücken der
Gesamteindrücke verschieden sind. Anders gesagt, wird daraus erkannt, was eine Ursache hinsichtlich ihrer Wirkung ist.[495]

Interpretiert man diese Begriffe für den Begriff der Wahrnehmung als Begriffe von
Operationen, d.h. von bestimmtem Tätigsein, so ist ersichtlich, dass alle vier nach unterschiedlichen metaphysischen Prinzipien verfahren, um leisten zu können, was durch
sie gegeben wird. Bezüglich der Nähe ist dies ein *principium differentiae*. Dieses lässt
sich so bestimmen, dass eine jede Entität durch die Bestimmtheit anderer Seienden
verschieden ist. Sind zwei verschiedene Entitäten gegeben, so sind sie durch ihre Bestimmtheit von der Bestimmtheit alles anderen Seienden verschieden. Je bestimmter
das differente Seiende von der Bestimmtheit der beiden Enitäten ist, desto umfangreicher ist die Verschiedenheit; je weniger bestimmt es ist, desto geringer ist der Umfang
der Verschiedenheit. Das ist alles, was nach diesem Prinzip in unbestimmter Weise
durch die Gegebenheit von zwei Entitäten wahrgenommen werden kann.

Die Vorrangigkeit richtet sich nach dem *principium identitatis primi*. Dieses ist so bestimmt, dass die aktuale Bestimmtheit eines Zustands einer Entität die Möglichkeit der
Bestimmtheit aller ihm folgenden Zustände derselben Entität bestimmt. Ohne dass ein
solcher bestimmter Zustand gegeben ist, ist die Möglichkeit einer jeden Folge von Zuständen ausgeschlossen, noch unterschiede sich ein Zustand einer Entität in einer Folge von einem anderen. Denn sie blieben hinsichtlich der Bestimmtheit der Möglichkeit

---

[494]   Vgl. ebd. S. 55$^{5\text{-}21}$.
[495]   Vgl. ebd. S. 56$^{33\text{-}37}$.

der Folge stets unbestimmt. Letzteres hieße, dass jeder Zustand einer Folge indifferent bestimmt wäre. Denn daraus muss stets die gleichbestimmte Möglichkeit hervorgehen. Das ist widersprüchlich, da zwei Zustände einer Folge schon allein numerisch different sind und somit ihre eigene differente Bestimmtheit aufweisen. Die Bestimmtheit eines Zustands begründet die Möglichkeit einer fortlaufenden Folge. Ist ein solcher Zustand durch die Wahrnehmung gegeben, ist der Grund für die weitere Erkenntnis einer möglichen fortschreitenden Folge gegeben.

Die Abfolge ist mit der Vorrangigkeit verknüpft, denn letztere lässt sich, bedient man sich Alexander Gottlieb Baumgartens Terminologie, durch das *principium rationati* ausdrücken. Dieses meint:

„[…] *nihil est sine rationato*, […] Nam omne possibile aut habet rationatum, aut minus, […] Si habet, est aliquid rationatum eius, […] si non habet, nihil est eius rationatum. Ergo omnis possibilis rationatum aut nihil est, aut aliquid, […]. Si nihil esset rationatum possibilis alicuius, posset ex hoc cognasci […], hinc esset aliquid, […], adeoque quoddam possibile impossibile, […]"[496]

Ist der Zustand einer Entität gegeben, mag dieser aktual oder nur mögich sein, so ist dieser zwangsläufig ein Glied in einer Folge von Zuständen. Das meint: Ihm geht ein bestimmter Zustand voraus und folgt diesem nach. Denn die Bestimmtheit eines einzelnen Zustands geht aus der Bestimmtheit einer *causa efficiens* hervor, die aber, um in bestimmterweise tätig sein zu können, erst bestimmt werden muss und insofern in ihrem Zustand dem Zustand des durch sie Bewirkten vorausgeht.

Damit dieser Zustand bewirkt werden kann, muss die Möglichkeit der Bestimmtheit des Zustands gegeben sein, i.e. die Bestimmtheit der Möglichkeit selbst. Denn ohne sie kann die *causa efficiens*, die einen Zustand hervorbringt, sich nach nichts bestimmen. Weil sie wäre schon immer bestimmt. Dies würde bedeuten, dass sie immer in derselben Weise bestimmt sein müsste und niemals einen Zustand hervorbringt, sondern einen einzigen nur in seiner Aktualität erhält. Denn dann ist eine jede *causa efficiens* kontinuierlich in derselben Weise bestimmt. Woraus folgt, dass ein jeder Zustand in einer Folge ununterscheidbar wäre. Eine Folge wäre somit nicht gegeben.

---

[496]   Baumgarten, Alexander Gottlieb: Metaphysica. Editio VI. S. 8$^{10\text{-}23}$. [(…) nichts ist ohne Folge, (…) Denn jedes Mögliche hat entweder eine Folge oder nicht, (…) Wenn es eine hat, ist etwas seine Folge, (…) wenn es keine hat, ist nichts seine Folge, (…) Also ist die Folge allen Möglichen entweder nichts, oder etwas, (…) Wenn nichts die Folge irgendeines Möglichen wäre, könne es daraus erkannt werden (…), dies wäre etwas, (…) und noch dazu gewissermaßen mögliche unmöglich, (…)]

Ist die Bestimmtheit der Möglichkeit gegeben, so kann sich eine *causa efficiens* nach dieser in indifferenter Weise bestimmen. Ist ein Zustand einer Entität gegeben, so geht diesem seine eigene Möglichkeit voraus und aus seiner Bestimmtheit folgt die Möglichkeit weiterer anderer Zustände oder eines gleichbleibenden Zustands, i.e. was man Veränderung oder Zustandserhaltung nennt. Sind durch die Wahrnehmung die Abfolge mehrere Zustände gegeben, liefert dies den Grund für die Erkenntnis einer bestimmten Folge, da durch die bestimmten Zustände gegeben ist, was ihnen der Möglichkeit nach an bestimmten Zuständen vorausgehen und nachfolgen muss, damit die einzelnen Zustände bestimmt sein können.

Die als *notwendige Verbindung* bezeichnete Operation der Wahrnehmung entspricht letztlich dem bereits früher angeführten *principium rationis sufficientis*. Zur Erinnerung sagt dies in aller Kürze aus: Alles Seiende hat einen Grund, aus dem erkennbar ist, was dem Seienden seine Bestimmheit verleiht. Ist der Zustand von etwas Seiendem gegeben, so ist dieser die Wirkung einer *causa efficiens*. Die *causa efficiens* bestimmt also die Eigenschaften des Zustands von Seienden bzw. erhält diese Eigenschaften in ihrer Aktualität. Kommt Seiendem die Aktualität nicht von sich aus zu, so muss diese von etwas von ihm Verschiedenen gegeben werden.

Eine *causa efficiens* kann die Möglichkeit ihrer Bestimmheit nicht von selbst hervorbringen. Dies würde nämlich bedeuten, dass die *causa efficiens* stets die Möglichkeit ihrer eigenen Bestimmtheit hervorbringt. Darauf folgt, dass sie stets in dieser Weise bestimmt sein müsste. Dann könnte sie niemals so bestimmt werden, dass sie einen bestimmten aktualen Zustand hervorbringt. Ihr muss also die Möglichkeit zur Bestimmtheit durch etwas von ihr Verschiedenes gegeben sein. Ist dies der Fall, beruht die Bestimmtheit eines jeden Zustands von Seiendem auf dem, was einer *causa efficiens* die Möglichkeiten zu ihrer Bestimmtheit vorgibt. Das heißt, dass dies die notwendige Bedingung für die Bestimmtheit einer jeden Wirkung darstellt. Denn ohne sie kann keine *causa efficiens* bestimmt sein und folglich wäre auch kein Zustand.

Ist durch die Wahrnehmung der Eindruck eines Zustands gegeben, so ist durch ihn auch der Grund seiner Bestimmtheit gegeben. Denn ohne ihn kann überhaupt kein Zustand gegeben sein. Dies erklärt sich daraus, dass, sofern der Grund der Möglichkeit der Bestimmtheit der *causa efficiens* nicht selbstständig aktual ist, die Bestimmtheit einer *causa efficiens* nicht gegeben sein kann. Wenn sich diese nach der Möglichkeit bestimmt, dass sie etwas aktual hervorbringt, dann ist die Gegebenheit der Möglichkeit die *conditio sine qua non* der Aktualität. Ist daher die Möglichkeit einer bestimmten

Aktualität nicht gegeben, kann auch das Aktuale nicht sein, weil dessen *causa efficiens* unbestimmt ist. In diesem Fall sind mit jeder Wirkung notwendigerweise die Bedingung respektive der Grund gegeben, welche diese ermöglicht. Ist eine Wirkung durch die Wahrnehmung erfasst, ist dadurch, sofern sie diese nach dem *principium rationis sufficentis* vermittelt, auch der Grund für die Erfassung des Wahrgenommenen gegeben. Denn dies ist selbst nur eine Wirkung.

Ist die Wahrnehmung zum Teil durch solche Operationen gekennzeichnet, folgt daraus die Möglichkeit, kraft des Verstandes einen Begriff der Relation von Bedingung und Bedingtem bzw. daraus hervorgehende begriffliche Derivate hervorzubringen, wenn die Begriffe von möglichen Entitäten gegeben sind. Denn offensichtlich bestehen die angegeben Relationen nur, wenn die Entitäten selbst durch die Wahrnehmung vermittelt werden. Dies meint, wenn diese auch — in welcher Weise und nach welchen Prinzipien dies auch geschehen mag — die Qualitäten der Entitäten vermittelt.

Wenn durch die vermittelten Qualitäten auch stets die Gründe für die Relationen gegeben sind, kann es zumindest hinsichtlich der Wahrnehmung nichts Bestimmtes geben, welches dieser Gründe mangelt. Dies gibt Anlass zur Folgerung, dass durch dieses auch die Gründe einer relationalen Bestimmtheit gegeben sein müssen, wenn etwas Bestimmtes gegeben ist. Ist ein Begriff etwas Bestimmtes, so müssen durch diesen auch die Gründe einer relationalen Bestimmtheit gegeben sein. Sagt der Begriff die bloße Möglichkeit der Entität aus, müsste aus diesem auch jegliche mögliche relationale Bestimmtheit hervorgehen. Dies ist nun näher zu untersuchen, um die Grundlagen relationaler Bestimmungen verstehen zu können. Sollte sich herausstellen, dass durch einen Begriff, der nur Mögliches aussagt, keine relationale Bestimmtheit gegeben sein kann, wie sie durch die aktualen Entitäten gegeben sind, wäre deren Bestimmtheit stets an die aktuale Gegebenheit wahrnehmbarer Entitäten gebunden. Mithin wäre jede Aussage darüber räumlich und zeitlich gebunden, da sie stets nur auf das referiert, was aktual wahrgenommen wird bzw. wahrgenommen wurde. Folglich bliebe aufgrund der verschiedenen zeitlichen und räumlichen Wahrnehmungen verschiedener Individuen eine jede Aussage über Relationen für diese untereinander unverständlich. Denn sie sind durch etwas bestimmt, dass niemals der Wahrnehmung verschiedener Individuen entspricht.

23. 2 Relationale Bestimmtheit durch bloß Mögliches

Auf den ersten Blick scheint die Behauptung absurd, dass durch einen Begriff, der auf nur Mögliches referiert, auch relationale Bestimmungen gegeben sind. Denn der Begriff einer möglichen Entität scheint nicht dieselben Bestimmungen zu enthalten wie der Begriff einer aktualen Entität, den man durch eine direkte Beobachtung hervorbringt. Der Begriff einer aktualen Entität ist nämlich vollkommen bezüglich der Welt, in der sich die Entität befindet, bestimmt. Dem Begriff einer möglichen Entität ermangelt es jedoch genau dieser Bestimmtheit.

Hume[497] wie Immanuel Kant[498] (1724-1804) bieten dahingehend eine interessante, jedoch von beiden ungenügend ausgeführte Überlegung. Diese meinen, dass der Begriff einer Entität sich von der Entität selbst gemäß ihrer Bestimmtheit nicht unterscheidet; also Existenz kein Prädikat sei. Anders gesagt, da ein aktuales Seiendes von den ihm zukommenden Begriffen gemäß seiner Bestimmtheit nicht unterscheidbar ist, muss ein Begriff einer bloß möglichen Entität alle Bestimmungen aufweisen, die auch einem Begriff eines aktual Seiendem zukommen können. Folglich lassen sich auf der Grundlage bloß logisch-möglicher Begriffe auch Bedingungsaussagen im Sinne von Kausalität bzw. den daraus folgenden Derivaten formulieren, die von Bedingungsaussagen, die auf aktuale Entitäten in der Welt referieren, nicht zu unterscheiden wären.

Dem ist zu widersprechen. Die Bestimmtheit eines aktual Seienden ist in mindestens einem Aspekt von der Bestimmtheit eines logisch-möglichen Begriffs verschieden, der eine bloß mögliche Entität aussagt. Das aktual Seiende ist hinsichtlich der Entitäten einer Welt bestimmt, während die Bestimmtheit des logisch-möglichen Begriffs im Ganzen hinsichtlich der Operationen des Verstandes eines Indiviuums aktual ist, welches diesen hervorbringt. D.h., dass die Bedingungen der Aktualität der Bestimmtheit different sind und somit dem Begriff eine Bestimmung hinzukommt, die dem aktual Seienden nicht zukommt bzw. vice versa. Sind nun die Begriffe hinsichtlich ihrer aktualen Bestimmtheit durch die Operationen eines menschlichen Verstandes bedingt, der das durch die Wahrnehmung Gegebene beurteilt, werden diese nur insoweit bestimmt sein können, wie der Verstand dies ermöglicht. Andernfalls wäre nämlich überhaupt kein Begriff bestimmt, sondern nur das durch die Wahrnehmung Gegebene würde vorliegen; dies sind die jeweils aktualen Eindrücke von Entitäten eines Indiviuums.

Hieraus geht hervor, dass wenn durch den Verstand die Aktualität der Bestimmtheit eines Begriffs über Mögliches gegeben ist, dieser bei der Hervorbringung von Begrif-

---

497   Vgl. Hume S. 48$^{3\text{-}21}$.
498   Vgl. Kant: BGD, AA II,. S. 72^2-74^5.

fen über Mögliches auch notwendigerweise mögliche Relationen bestimmt. Sofern man die Prädikate des Begriffs nämlich als dessen Teile ansieht, stehen diese zueinander so in Beziehung, dass sie die ganze Bestimmung des Begriffs ausmachen. Ist dies der Fall und wird durch den Begriff nur etwas Mögliches ausgesagt, sind die Beziehungen der Prädikate als Teile eines Ganzen zueinander auch nur mögliche Relationen. Schließlich könnten sie auch andere Relationen aufweisen, wobei das Ganze dennoch erhalten bliebe. Denn nach welcher Anordnung der Prädikate ein und derselbe Begriff gebildet ist, ist durch die Operation des Verstandes bedingt. Ist der Begriff etwa so bestimmt, dass ihm die Prädikate „A", „B" und „C" zukommen, ist dieser hinsichtlich seiner Bestimmtheit identisch mit dem Begriff, dem die Prädikate in der Anordung „B", „A" und „C" zukommen. Nur die Bestimmtheit der möglichen Relationen ist verschieden, da „A" zu „B" in der ersten Anordnung anders bestimmt ist, als in der zweiten bzw. beide Prädikate im ersten Fall anders zu „C" im zweiten Fall bestimmt sind. Insofern sind bereits durch die Gegebenheit von Begriffen bloß möglicher Entitäten relationale Bestimmungen gegeben, ohne dass durch eine Wahrnehmung aktuale Referenzobjekte gegeben sein müssten.

Um den Begriff der Kausalität oder empirischer Wahrscheinlichkeit bilden zu können, lässt sich aus dem Angeführten sagen, dass dies einen wahrheitsfähigen Begriff einer besonderen Art von Wahrnehmung voraussetzt. Denn andernfalls bleibt unverständlich, wie bestimmte Eigenschaften von Entitäten durch Eindrücke in bestimmter Weise gegeben sein und dadurch erkennbar sind.

Ist der Begriff einer Wahrnehmung nicht durch Eigenschaften im Sinne besonderer Qualitäten bestimmt, sondern durch verschiedene selektierende Operationen definiert, erweist sich dessen Wahrheit durch die Aktualität der Operationen. Ohne Belang ist es dabei, ob diese logisch gemäß einer kategorisierenden Erkenntniskraft[499] oder alogisch gemäß einer bloß wiedergebenden Einbildungskraft[500] zu verstehen sind. Denn die Operationen stellen in jedem Fall die Bedingung für die Möglichkeit der Erkenntnis relationaler und qualitativer Eigenschaften dar. Denn sowohl eine „kategorisierende" als auch „einbildende" Wahrnehmung muss die Entitäten entweder begrifflich oder bildlich voneinander als Einzelnes darstellen. Andernfalls würde durch die Wahrneh-

---

[499]   Paradigmatisch für diese Ansicht ist die Gleichsetzung von Wahrnehmung (pratyakṣa) mit wahrer Erkenntnis (pramāṇa) in der morgenländischen indischen Philosophie; ausgenommen im Buddhismus, sofern die Wahrnehmung bereits begrifflich ist. Vgl. Mohanty, Jitendranath N.: Classical Indian philosophy. S. 16-24.

[500]   Vgl. etwa Aristoteles: An. Γ, Kapitel 3, 428a 6-428b 9.

mung überhaupt kein Eindruck gegeben, weil ein jeder in einem Gesamteindruck unbestimmt wäre. Das ist aber widersprüchlich, wenn der Gesamteindruck die Anzahl aller Eindrücke darstellt.

Setzen die Ableitung der Kausalität respektive die Begriffe von empirischer Bedingung und Bedingtem einen bestimmten Begriff von Wahrnehmung voraus, weil erst durch diesen die Eindrücke der Entitäten in elementarer differenter Weise vorliegen, kann sich auch deren Wahrheitsfähigkeit nur hinsichtlich des Wahrnehmungsbegriffs erweisen. Schließlich gibt dessen Definition vor, nach welchen Prinzipien man den Eindruck einer Entität von einer anderen relational zu unterscheiden hat, i.e. nach den Prinzipien der Operationen der Wahrnehmung.

Zur Rechtfertigung der Generierung und Anwendung einer Wahrscheinlichkeit bedarf es folglich nur des Erweises, dass der angenommene Wahrnehmungsbegriff referiert. Dies in dem Sinne, dass man dadurch die Art der Wahrnehmung ausgesagt, die dem Individuum zu eigen sein muss, insofern es über die Wahrheitsfähigkeit der Wahrscheinlichkeit und der damit zugrundeliegenden Kategorien urteilt. Erweist sich für das Individuum die Definition der Wahrnehmung nämlich als wahr und bildet sie die Grundlage für die Aussagen über Relationen und den Ableitungen, die man daraus hervorbringt. So ist damit zumindest die Wahrheitsfähigkeit der abgeleiteten Aussagen samt ihrer möglichen Referenz gegeben. Denn widersprechen sie dem Wahrnehmungsbegriff nicht, so sind die Aussagen, die ihn für ihre Wahrheit voraussetzen müssen, logisch in dem Sinne möglich, dass das was man durch die Begriffe der Aussagen ausgesagt, auch der Möglichkeit der Wahrnehmung nach gegeben sein kann. D.h. wenn diese Begriffe und Aussagen logisch-möglich sind oder Ableitungen über die Relationen von Begriffen und Aussagen darstellen, welche die Eigenschaften empirischer Entitäten ausdrücken, dann ist dadurch die epistemische Möglichkeit von Empirie gegeben. Denn dann ist nicht auszuschließen, dass ein Individuum, dessen Wahrnehmung durch dieselben Operationen definiert ist wie die des Aussagen über Relationen hervorbringenden Individuums, die Eindrücke der Entitäten der Möglichkeit nach in derselben Weise wahrnehmbar und relational bestimmt sein können. D.h. dass solche Aussagen für ein Individuum eine mögliche Wahrnehmung von Eindrücken von Entitäten aussagen.

Erweist sich der Wahrnehmungsbegriff für das überprüfende Individuum in evidenter Weise als wahr, indem es nach den Prinzipien wahrnimmt, welche die Operationen seiner Wahrnehmung ausmachen, ist damit zumindest in einer Hinsicht ein Rechtfertigungsgrund für die Anwendung und Generierung empirischer Maßstäbe bzw. Kategorien gegeben, der keines weiteren Rechtfertigungsgrundes bedarf. Denn damit ist zumindest die Möglichkeit gerechtfertigt, dass der Maßstab und die Kategorien dem durch die Wahrnehmung Gegebenen entsprechen können.

Dies schließt nicht aus, dass die Maßstäbe und Kategorien nicht auf die Gegenstände der Empirie referieren. Denn nur weil die Möglichkeit der Wahrnehmung von etwas besteht, heißt dies nicht, dass dies jemals Gegenstand einer Wahrnehmung ist, war oder sein wird.

23. 3 Empirische Wahrscheinlichkeit als empirisches Gesetz

Hieraus ist auf die Frage nach dem Nutzen einer Wahrscheinlichkeit zurückzukommen, die man auf der Grundlage von festgelegten Begriffen und Beobachtung bildet. Sofern das durch die Wahrscheinlichkeit Ausgesagte nur hinsichtlich ihrer epistemischen Möglichkeit rechtfertigbar ist, ist zu sagen, dass ihr Nutzen im Auffinden und Überprüfen der durch eine bestimmte Wahrnehmung erkennbaren möglichen qualitativen und quantitativen Bestimmungen von Entitäten begründet ist. Stellen die Prinzipien, nach denen die Operationen der Wahrnehmung Eindrücke vermitteln, die grundlegenden Bedingungen dar, wie Entitäten überhaupt nur gegeben sein können, so werden Schlüsse, welche die Prinzipien als Prämissen festlegen, entweder zu Ableitungen führen, die sich kohärent zu allen Prinzipien oder zu einem Teil derselben erweisen, oder zu Widersprüchen.

Da diese Überprüfung jedoch nur etwas über die epistemische Möglichkeit aussagt, ist damit noch nicht von vornherein etwas über die Welt ausgesagt. Denn in erster Hinsicht ist die Analyse von Begriffen und Aussagen entsprechend ihrer Übereinstimmung mit den vorausgesetzten Prinzipien eine Überprüfung ihrer Referenzfähigkeit. Vorausgesetzt, dass diese durch Widerspruchsfreiheit begründet ist. Anders gesagt: Man kann aufgrund einer festgestellten Kohärenz von Aussagen zu anderen Aussagen nicht darauf schließen, dass deren Inhalt auch mit etwas korrespondiert, bis die Entitäten aktual gegeben sind, welche diesen entsprechen.

In diesem Sinn bietet sich John Stuart Mills (1806-1873) Auseinandersetzungen mit Laplace' Wahrscheinlichkeitstheorie im *System of Logic* zur weiteren Untersuchung an. Denn wie Mill herausstellt, referiert der Begriff der Wahrscheinlichkeit in erster Hinsicht nicht auf ein Ereignis, sondern im Fall naturwissenschaftlicher Experimente auf die Kohärenz bestimmter empirischer Aussagen mit bestimmten naturwissenschaftlichen Prinzipien.[501] Somit haben Wahrscheinlichkeitsaussagen, die etwas über die Natur aussagen, nicht die einzelnen Qualitäten bestimmter Entitäten zum Gegenstand, sondern primär die Relationen, die zwischen besonderen Entiäten bestimmt sind.

Daher ist zu behaupten, dass die Referenzfähigkeit einer solchen quantitativen Aussage nur dann erkennbar ist, wenn bekannt ist, nach welchem Prinzip die Relationen bestimmt sind. Dies ist freilich eine weitreichendere Behauptung und Forderung, als sie etwa der exzellente Leonhard Euler (1707-1783) für die Bestimmung der Referenzfähigkeit von Aussagen über Quantitäten, unter die Relationen zählen, aufstellt. Euler ist der Meinung:

„Es läßt sich aber eine Größe nicht anders bestimmen oder ausmessen, als daß man eine Größe von eben derselben Art als bekannt annimmt, und das Verhältnis anzeiget, worinnen eine jegliche Größe, von eben der Art, gegen derselben steht."[502]

Um nach Euler die Referenzfähigkeit einer Wahrscheinlichkeitsaussage erkennen zu können, ist allein die Kenntnis der Definition einer Größe vorausgesetzt. Ist diese gegeben, so kann man durch dieselbe jedes Seiende erfassen, was dieser Definition entspricht.

Weil Verschiedenes derselben Art unterscheidbar ist, muss es sich auch hinsichtlich seiner *differentia specifica* bestimmen lassen. Dies ist die Angabe der Bestimmungen, hinsichtlich derer sich alle Größen derselben Art unterscheiden. Denn die Definition der Größe stellt nur einen Gattungsbegriff und die Angabe der *differentia specifica*, samt der Definition der Größe, den Artbegriff dar, der nach dem Gattungsbegriff möglich ist. Ist in der Bestimmung selbst kein Widerspruch gegeben, so ist nach dem Verständnis der allgemeinen Aussagenlogik zu folgern, dass sowohl der Gattungsbegriff wie dessen Artbegriffe referenzfähig sein müssen. Denn ausgeschlossen ist, dass deren Prädikate einander widersprechen können. Obwohl damit jegliche Größe bestimmbar ist, ist daraus nicht erkennbar, weshalb die Größe so bestimmt ist, wie sie bestimmt ist, und nicht vielmehr anders bestimmt ist.

Daraus lässt sich also auch nicht verstehen, weshalb die Bestimmung der Gattung und deren Artbegriffe widerspruchsfrei sind, weil unbekannt bleibt, nach welchem Prinzip

---

[501]   Vgl. Mill, John Stuart: System of Logic. S. 351 $^{(links)26}$-351$^{(rechts)18}$.

[502]   Euler, Leonhard: Vollständige Anleitung zur Algebra. Erster Theil von den verschiedenen Rechnungsarten, Verhältnissen und Proportionen. S. 4$^{11\text{-}15}$.

die Identität des Begriffs einer Größe bestimmt ist. Um erkennen zu können, dass etwas unter den Begriff fällt, muss auch gewusst werden, wonach dieser bestimmt ist. Während ein solches Prinzip bei Begriffen von Entitäten entsprechend den Eigenschaften der Entitäten begründet ist, ist das Prinzip für Relationen anders begründet. Denn eine Relation scheint sich allein hinsichtlich bestimmter Eigenschaften verschiedener Entitäten bestimmen zu lassen, während man von der eineindeutigen Bestimmtheit der Entitäten absieht. Somit muss das Prinzip der Identität solcher Begriffe über Quantitäten angeben, wie man die Eigenschaften der Entitäten durch den Begriff erfassen soll bzw. wie sie erfasst sind, d.h. unabhängig von der individuellen Beschaffenheit der Entitäten. Denn die bestimmten Eigenschaften können nicht von sich aus unabhängig von den Individuen gegeben sein, wenn sie nicht unter Bedingungen stehen, die dies ermöglichen. Schließlich bilden die Eigenschaften einen integralen Teil eines Ganzen, welches nicht mehr gegeben ist, wenn ihm auch nur eine Eigenschaft ermangelt.

Gibt ein Prinzip der Identität eines Begriffs einer Quantität an, nach welchen Bedingungen die Entitäten bestimmt sein müssen, um Eigenschaften separiert von ihren Ganzen zueinander bestimmen zu können, sind aus diesem auch die möglichen Prädikationen der quantitativen Begriffe ersichtlich. Denn nach diesen sind nur die Prädikate erfasst, die man den Bedingungen entsprechend von den Entitäten aussagen kann. Ist dies der Fall, so schränkt ein solches Prinzip die Anzahl aller möglichen relationalen Bestimmungen der Eigenschaften von Entitäten zueinander für deren Aussagbarkeit ein. Diese sind nämlich in solch mannigfaltiger Anzahl gegeben, dass die Prädikate der Bestimmung einer Relation unbegrenzt wären, wenn nicht etwas gegeben wäre, was die Prädikation hinsichtlich bestimmter Bedingungen einschränkt.

Ist ein solches Prinzip im Fall der Natur (rerum natura) unabhängig vom Menschen gegeben, weil ihre Bedingungen augenscheinlich nicht durch den Menschen bestimmt sind, so müssen beispielsweise Wahrscheinlichkeitsaussagen in der Physik über die Bewegung von Körpern den Gesetzen der Mechanik entsprechen, wenn diese durch die Prinzipien der Natur als Bedingungen vorgegeben sind. Nach diesen sind die Körper als veränderlich bewegte Größen schließlich relational bestimmt.

Weil nach der Überprüfung der Prädikation der in der Aussage vorkommenden Begriffe mit den Bedingungen, hinsichtlich derer sie definit sind, vollkommen unklar ist, ob die Aussage aktual referiert, bleibt deren Wahrheitswert zwangsläufig so lange unbestimmt, bis sich deren Wahrheit durch die Empirie bestätigt. Daher ist die Wahrscheinlichkeit in zweiter Hinsicht, bezüglich des Wahrheitswertes eines korrespondenztheoretischen Wahrheitsbegriffs, auch nur die Aussage einer Erwartung über die Referenz des Inhalts der Wahrscheinlichkeitsaussage hinsichtlich eines bzw. einiger bestimmten Arten von Ereignissen.[503] Dies macht sie, um mit Laplace zu sprechen, zu einer bestimmten Verfassung des Geistes (état de l'esprit).[504] D.h. sie ist eine hypothetische Aussage über die Möglichkeit einer Referenz auf Relationen zwischen Arten von Ereignissen bzw. deren Elementen, die erst durch das tatsächliche Vorliegen der Referenz bestätigt ist.

Sie ist also in Ansehung ihrer tatsächlichen Referenz bis zu ihrer Bestätigung durch die Empirie für ein Individuum ungewiss. Erst durch diese liegt eine kategorische Aussage vor, welche die Bestimmtheit von Entitäten in definiter Weise aussagt und somit durch die Aktualität der Referenz das Vorliegen ihrer eigenen Möglichkeit bestätigt. Erst dann kann also auch Gewissheit über die mögliche Referenz der Aussage bestehen.

Korrespondiert dahingehend eine Wahrscheinlichkeitsaussage, deren Kohärenz mit bestimmten Prinzipien erwiesen ist, muss sie, folgt man Mill, ein empirisches Gesetz angeben.[505] Ein solches gibt hinsichtlich des Vorliegens bestimmter Entitäten der Empirie an, nach welchen Prinzipien die Arten der beobachteten Entitäten bestimmt sein müssen, um in dieser Weise aktual sein zu können, wie sie aktual sind bzw. waren.

Mögen die Entitäten auch durch Experimente oder Beobachtung gegeben sein. Da sich die Wahrheit einer solchen Aussage nur durch das Vorliegen von Einzelfällen erweist, bleiben die vorausgesetzten Prinzipien selbst nicht allgemein gültig, was demnach auch für die Wahrscheinlichkeitsaussage gilt. Denn auch wenn durch das Vorliegen des Einzelfalls bestätigt ist, dass das durch die Wahrscheinlichkeitsaussage Ausgesagte epistemisch-möglich ist, ist der Wahrheitswert der Aussage durch den Einzelfall bedingt. Das empirische Gesetz gibt insofern nur eine Erklärung für die Bestimmtheit einer Art von Einzelfall an, aber nicht, warum der Einzelfall nach den Prinzipien bestimmt ist. Dies entspräche vielmehr der Begründung der Bestimmtheit der Prinzipien selbst, die man als endgültige Gesetze (ultimate laws) bezeichnen könnte,[506] weil diese angeben würden, nach welchen Bestimmungen ein jedes Prinzip für jede Art von Einzelfall definit sein muss.

---

[503]   Vgl. Mill, John Stuart: System of Logic S. 351$^{(\text{rechts})27\text{-}53}$.
[504]   Vgl. Laplace, Pierre-Simon: Essai Philosophique sur les Probabilités S. 9^6.
[505]   Vgl. Mill, John Stuart: System of Logic. S. 338$^{(\text{links})22\text{-}31}$ und S. 359$^{(\text{links})5}$-359^{48}.
[506]   Vgl. ebd. S. 338$^{(\text{rechts})\,22\text{-}26}$.

Freilich können solche Gesetze selbst nur formal bestimmt sein. Denn sie gelten für die Bestimmtheit der Prinzipien im Allgemeinen. Weiterhein beziehen sie sich nicht auf die aktualen Bedingungen der Bestimmtheit von Prinzipien. Durch letzteres wäre ein solches Gesetz durch die inhaltliche Bestimmung eines bzw. einiger Prinzipien bedingt, was dieses selbst wiederum als partikulär-gültig kennzeichnen würde. Somit wäre der Grund der Bestimmtheit des empirischen Gesetzes nicht ersichtlich, sondern würde vielmehr die erneute Frage nach dem Grund der Bestimmtheit des endgültigen Gesetzes aufwerfen. Dieser wäre dann im Inhalt der empirischen Gesetze zu sehen. Denn dieser bedingt die Bestimmtheit des endgültigen Gesetzes. Daraus geht also ein Zirkelschluss hervor, der die Bestimmtheit der empirischen Gesetze auf die Bestimmtheit der endgültigen Gesetze gründet, wie die endgültigen Gesetze ihre Bestimmtheit auf die der empirischen Gesetze gründen. Da dies absurd ist und nichts erklärt, ist dieser Ansatz zu verwerfen.

Nimmt man an, dass den empirischen Gesetzen endgültige ihre Bestimmtheit bedingende Gesetze vorausgehen, ohne selbst durch deren Inhalt bedingt zu werden, so lassen sich die empirischen Gesetze als Derivate der endgültigen Gesetze begreifen.[507] Durch die Kenntnis verschiedener empirischer Gesetze wäre es dann durch eine Analyse der vorauszusetzenden Bedingungen ihrer Bestimmtheit möglich, auf die ihnen zugrundeliegenden Gesetze zu schließen.

Der Nutzen der empirischen Wahrscheinlichkeit liegt somit im Auffinden und Formulieren von bestimmten empirischen Gesetzen. Denn gibt eine Wahrscheinlichkeitsaussage auf der Grundlage eines bestimmten Wahrnehmungsbegriffes die relationale Bestimmtheit von Entitäten an, ist zweierlei festzustellen. Zum einen gibt sie an, wie die Entitäten bestimmt sein müssen, damit deren Begriff wahrheitsdefinit referiert. Zum anderen gibt sie an, nach welchem Gesetz die Entitäten im Einzelfall so bestimmt ist. Daraus ist erkennbar, dass man etwas epistemisch Mögliches aussagt. Denn die Aussage lässt sich als kohärent mit angenommenen Prinzipien bestimmen.

Dies gibt somit erst den Anlass, die Frage danach zu stellen, warum die Prinzipien, nach denen der Einzelfall bestimmt ist, so bestimmt sind, wie sie bestimmt sind, und ob diese Bestimmung nicht auch in anderer Weise hätte hervorgehen können.

---

[507] Vgl. ebd. S. 338^(rechts)26-28.

23. 4 Rechtfertigungsgrund für die Gültigkeit eines empirischen Gesetzes

Hier bedarf es nun einer gesonderten Rechtfertigung, weshalb eine Wahrscheinlichkeitsaussage ein empirisches Gesetz für bestimmte Arten von Ereignissen darstellen kann. Wenn ein Gesetz den Grund für die Bestimmtheit spezifischer Ereignisse angibt, dann ist unbegreiflich, wie die Gültigkeit des Gesetzes durch das Vorliegen eines Einzelfalls für eine ganze Art von Ereignissen bestätigt sein kann. Schließlich ist durch das Vorliegen des Einzelfalls die Gültigkeit des Gesetzes nur für ein aktuales Ereignis bestätigt.

Stellt dieses nur einen singulären Teil der Anzahl aller Ereignisse dar, die durch die Art von Ereignissen erfassbar sind, wäre ein solcher Induktionsschluss unbegreiflich, der die Bestimmtheit einer ganzen Art eines Ereignisses begründen soll. Diesbezüglich gibt Mill eine pragmatische Antwort in seinem Verbesserungsversuch der laplaceschen Wahrscheinlichkeitstheorie. Diese besteht im Kriterium des gleichhäufigen Auftretens von Ereignissen (equally frequent occurence), die dem durch die empirische Wahrscheinlichkeitsaussage Ausgesagtem entsprechen.[508]

Wenn das empirische Gesetz den Grund für die Bestimmtheit einer Art von Ereignissen angibt, dann muss dieses auch für Ereignisse derselben Art gültig sein. Andernfalls wäre es nicht für die Ereignisse derselben Art gültig, sondern für den einzelnen Fall, der die Wahrheit der Aussage erwiesen hat. Dies bedeutet, dass erst die beständig neue Bestätigung der Wahrscheinlichkeitsaussage durch das Auftreten von einzelnen Ereignissen, die der Bestimmtheit der Art eines Ereignisses entsprechen, die durch die Wahrscheinlichkeitsaussage ausgesagt wird, deren Wahrheit stets erneut rechtfertigen.[509]

Eine Ansicht, die durchaus noch den heutigen Naturwissenschaften hinsichtlich des Begriffs der *replicability of experiments* zugrundeliegt.[510] Mills Antwort kann aber nur für die Wahrheit hinsichtlich der Aktualität der Referenz einer Aussage gelten. Diese besteht schließlich allein dann, wenn etwas Aktuales gegeben ist, auf das die Aussage referiert. Das gilt nicht für die Wahrheit entsprechend der Möglichkeit des Ausgesagten. Wenn die Referenz auf die Bestimmtheit eines aktualen Ereignisses einmal gegeben ist, besteht empirische Gewissheit über die Möglichkeit der Referenz der Wahr-

---

[508] Vgl. ebd. S. 351[(links)34-47].

[509] Vgl. ebd. S. 351[(rechts)1-14].

[510] Vgl. Rosen, Joe: Symmetry Rules. How Science and Nature are Founded on Symmetry. S. 29-31.

scheinlichkeitsaussage. D.h. das ein so bestätigtes Gesetz hinsichtlich der Möglichkeit der Referenz als wahr gelten muss. Das ist unabhängig davon, ob es je wieder durch das Auftreten eines Ereignisses bestätigt wird.

Diese Art der Gewissheit kann man bei einem solchen pragmatischen Kriterium für die Gültigkeit hinsichtlich aller jemals aktualen Ereignisse derselben Art nicht geben, wenn diese komplex sind. D.h. wenn sie nicht durch eine einzige unbedingte Ursache hervorgebracht werden, sondern durch viele Ursachen bzw. bedingte Ursachen. Bringen viele gleiche Arten von Ursachen in stets unterschiedlicher Weise die gleiche Art von Ereignis hervor, so scheint die Referenz der Wahrscheinlichkeitsaussage auf den ersten Blick stets erneut bestätigt zu werden. Weil die Weise der Hervorbringung aber stets verschieden ist, beschreibt das empirische Gesetz in keiner Weise den Grund der Bestimmtheit der Art des Ereignisses. Es beschreibt nur einen möglichen Grund, der jedoch nur in einem Fall einer Art der Hervorbringung des Ereignisses gegeben ist.

Gleiches gilt für die Ursachen, die einander insofern bedingen, als sie durch ihre Bestimmtheit die Bestimmtheit anderer Ursachen verändern, so dass letztere erst durch diese Veränderung eine bestimmte Art von Ereignis hervorbringen. Eine Wahrscheinlichkeitsaussage, die allein zwischen der bedingten Ursache und der Art von Ereignis einen Grund für die Bestimmtheit der Art des Ereignisses angibt, ist zwar durch die Erfahrung bestätigbar, doch gibt sie nur einen reduktionistischen Pseudo-Grund für die Bestimmtheit der Art des Ereignisses an, der die Komplexheit der Hervorbringung eines solchen Ereignisses auf eine fiktive Einfachheit herabsetzt.[511] Denn die die Ursache bedingenden Ursachen sind dann nicht berücksichtigt.

Dass das Ereignis so bestimmt ist, wie es bestimmt ist, ist nicht aus der Bestimmtheit einer Ursache ersichtlich, sondern aus der Bestimmtheit aller sie bedingenden Ursachen. Schließlich stellen diese Ursachen die *conditiones sine quae non* für die Bestimmtheit der Hervorbringung der Wirkung der zweiten Ursache dar. Daher kann man nicht in unbedingt allgemeiner Weise schließen, dass durch die Gegebenheit *einer* Ursache und *einem* Ereignis, tatsächlich *ein* Grund gegeben ist, der die Bestimmtheit des Ereignisses auf die Bestimmtheit der gegebenen Ursache schließen lässt. Dies wäre nur in einer für die Aussage idealen Welt möglich,[512] die nur nach den Entitäten einer

---

[511]   Vgl. Cartwright, Nancy: How The Laws Of Physics Lie. 58f.
[512]   Vgl. ebd. S. 44-53.

Ursache, einem Ereignis und einem diesen hervorbringenden Grund bestimmt sein könnte.

Freilich ließe sich mit Mill vermuten, dass das Gesetz bei scheinbaren Übereinstimmungen des durch die Wahrscheinlichkeitsaussage Ausgesagtem mit verschiedenen aktualen Ereignissen gegeben sein kann,[513] vor allem, wenn dies, ganz baconianisch, durch die gezielte Hervorbringung von Ereignissen durch Experimente geschieht.[514] Denn die Vorbereitung eines Experiments ermöglicht, dass man die Ursachen separieren und in einer Reihe von Versuchen Beobachtungen darüber anstellen kann, ob die Ursachen nur einzeln oder, bei der Gegebenheit anderer Ursachen, zusammen eine bestimmte Art von Wirkung hervorbringen.

Diese Sichtweise setzt das Gleichbleiben der Bedingungen voraus, hinsichtlich derer man eine Art von Ereignis hervorbringt. Denn allein dann kann man von einem gleichhäufigen Auftreten von Ereignissen sprechen, wenn das Auftreten selbst die artspezifischen Eigenschaften aufweist, die bei der ersten Bestätigung der Wahrscheinlichkeitsaussage gegeben waren. Eine solche Sichtweise entspricht Mills Verständnis der Gleichförmigkeit der Natur (uniformity of nature).[515]

Hieraus ergibt sich eine Diskrepanz mit dem metaphysischen Prinzip der Kontinuität der Weltzustände. Das sagt aus, dass die Zustände der Welt sukzessiv aufeinander folgen. In der Weise, dass sie fließend ineinander übergehen. Oder in Mills eigenen Worten: „The whole of the present facts are the infallible result of all past facts, and more immediately of all the facts which existed at the moment previous."[516] D.h. dass die Bestimmtheit eines aktualen Zustands sukzessiv aus der Bestimmtheit der ihm vorangegangenen Zustände folgt (determinatio naturae modorum non facit saltus). Wäre dieses Prinzip nicht gegeben, so würde dies zu der absurden Folgerung führen, dass die aktuale Bestimmtheit eines Zustands nicht die Bedingung für die Bestimmtheit eines zukünftigen Zustands darstellt bzw. die Bestimmtheit eines vorangegangenen

---

[513] Vgl. Mill, John Stuart: System of Logic. S. 344[(rechts)45]-345[(links)16]

[514] Vgl. ebd. S. 249[(rechts)17-44] und S. 348[(rechts)7]-349[20] bzw. Francis Bacons unterhaltsame und ausüfernden Ausführungen zur Untersuchung über die Natur der Wärme in: Novum Organon Scientiarum. Editio prima Veneta. Lib. II. Aphor. XXIff S. 191ff. Für eine pointierte Analyse Bacons Methode siehe: Liebig, Justus von: Über Francis Bacon von Verulam und die Methode der Naturforschung. S. 22ff besonders: S. 25[26]-26[2]: „Das Verfahren Bacons hört auf unverständlich zu sein, wenn man sich daran erinnert, dass er Jurist und Richter ist, und daß er einen Naturproceß genau wie eine Civil- oder Criminalsache behandelt."

[515] Vgl. Scarre, Geoffrey: Mill on induction and scientific method. In: John Skorupski (Ed.): The Cambridge Companion to Mill. S. 118[15]-119[6].

[516] Mill, John Stuart: System of Logic. S. 248[(links)7-11].

Zustands keine Bedingung für die Bestimmtheit des aktualen Zustands ist. Dessen Bestimmtheit müsste dann durch einen anderen Bestimmungsgrund definit werden. Wäre dies der Fall, so unterläge auch dieser andere Bestimmungsgrund dem Prinzip der Kontinuität, da der aktuale Zustand der Bestimmung nur dann gegeben sein könnte, wenn der Inhalt des Bestimmungsgrundes des vorherigen Zustands wechselte. Andernfalls wäre der Inhalt des Bestimmungsgrundes stets derselbe. D.h. alle Zustände wären hinsichtlich ihrer Bestimmtheit identisch und somit ununterscheidbar, also ein einziger.

Wenn die universale Gültigkeit einer empirischen Wahrscheinlichkeitsaussage das gleichhäufige Auftreten von Ereignissen voraussetzt, welches stets dieselben artspezifischen Eigenschaften aufweisen muss, bleibt die universale bzw. partikuläre Gültigkeit aufgrund des Prinzips der Kontinuität auf ewig unbestätigt. Im Grunde gibt Mill das entscheidende Argument dafür bereits an, indem er sagt:

„It is incorrect, then, to say that any phenomenon is produced by chance; but we may say that two or more phenomena are conjoined by chance, that they co-exist or succeed one another only by chance; meaning that they are in no way related through causation; […]"[517]

Was er hier mit *chance* meint ist der Grund, der die Bestimmtheit aller Ereignisse angibt, die nicht gemäß eines Gesetzes hervorgebracht wurden, nach dem eine Ursache unter gleichen Umständen dieselbe Art von Wirkung hervorbringt.[518] Mit dem Prinzip der Kontinuität ist zu folgern, dass die Bestimmtheit eines aktualen Zustands stets durch die ihm vorangegangenen Zustände bestimmt ist. Ist dies der Fall, so ist ein jeder aktualer Zustand von einem jeden ihm folgenden und vorangegangenen individual verschieden, da sich seine Bestimmtheit zu der anderen hinsichtlich der relationalen Bestimmtheit der ihn vorausgehenden unterscheidet. Folglich kann es nur Weltzustände geben, die individual verschieden sind.

Ist ein Weltzustand als das Ganze aller Zustände der Entitäten einer Welt bestimmt, so folgt, dass auch eine jede Entität der Welt hinsichtlich ihrer Zustände individual verschieden ist. Ist dies der Fall, so können ein und dieselben Bedingungen im strengen Sinne niemals erneut auftreten. Denn die Gültigkeit der ihnen zugehörigen Artbegriffe ist an die Zustände der Entitäten gebunden, welche diese Bedingungen hervorbringen.

---

517   Ebd. S. 345$^{(rechts)30-35}$.
518   Vgl. ebd. S. 345$^{(rechts)3-10}$.

Folglich kann eine solche Wahrscheinlichkeitsaussage nicht erneut durch ein gleichhäufiges Auftreten von Ereignissen derselben Art bestätigt werden.

Weiterhin erweist sich dieses Kriterium auch hinsichtlich der Ursachen als unannehmbar. Wenn einer Ursache verschiedene Zustände vorausgehen, nicht nur ihre eigenen, sondern auch die anderer Entitäten, dann ist ein jeder aktualer Zustand einer Ursache sowohl hinsichtlich der ihr vorausgehenden bestimmt und hinsichtlich der Zustände anderer Ursachen, die auch hinsichtlich der ihnen vorausgehenden bestimmt sind. Zu behaupten, dass eine Art von Ursache unter derselben Art von Bedingungen dieselbe Art von Wirkung hervorbringt, würde aussagen, dass die Art von Ursache stets in derselben Weise bestimmt ist. Wäre dies der Fall, folgt, dass zwei Weltzustände vorliegen können, die hinsichtlich ihrer Bestimmtheit ununterscheidbar sind. Denn sie würden nach derselben singulären Gesetzmäßigkeit hervorgebracht sein. Die Behauptung, dass zwei Ursachen gegeben sein könnten, welche die Bestimmungen einer Art hinsichtlich einer Sukzession von wirkungshervorbringenden Zuständen entsprechen, impliziert nämlich dieselbe singuläre Bestimmtheit der vorangegangenen Zuständen der Ursache. Allein wenn dies der Fall wäre, wären tatsächlich zwei Ursachen derselben Art gegeben. Doch wären ihre Bestimmtheiten vollkommen identisch und entsprächen demselben Weltzustand.

Lehnt man diese Folgerung ab und beharrt darauf, dass die Ursachen dennoch verschieden sind, so ist darauf hinzuweisen, dass dies nur dann Gültigkeit beanspruchen könnte, wenn die Zustände der Ursachen jeweils numerisch verschiedenen Welten zukommen. Dann wären die Zustände selbst numerisch voneinander verschieden, obwohl sie hinsichtlich ihrer Bestimmtheit identisch sind. Doch wie kann man dann feststellen, dass ein Ereignis gleichhäufig auftritt und dadurch die Gültigkeit der Wahrscheinlichkeitsaussage bestätigt ist, wenn die Wahrnehmung nur die Entitäten einer Welt darbietet? Der Verlass auf dieses Kriterium bietet insofern kein Richtmaß, an dem man die universale Gültigkeit einer Wahrscheinlichkeitsaussage erweisen könnte, sofern das Prinzip der Kontinuität gültig ist.

23. 5 Wahrheitsbedingungen gemäß der Möglichkeit des Ausgesagten
Jeder Weltzustand wird also demgemäß durch das aktual, was *chance* genannt wurde. Damit ist die Singularität des Zustandekommens der Konfiguration eines Weltzustands durch bestimmte Entitäten gemeint. Denn wenn ein Weltzustand die Gesamtheit aller aktualen Zustände von Einzeldingen ist und diese wiederum bestimmt sind durch ihre gegenseitige Bedingtheit zueinander, folgt ein Weltzustand einem anderen aufgrund

der Bedingungen, die ein Einzelding für die Aktualisierung der Zustände aller anderen bestimmt und die Anzahl aller Einzeldinge für dieses eine.

Die Dinge geben sich also einander eigene Gesetze ihrer aktualen Bestimmtheit vor, weil jedes nur bezüglich der Bestimmtheit eines anderen bestimmt sein kann. Wenn man folglich durch eine empirische Wahrscheinlichkeitsaussage ein empirisches Gesetz ausdrückt, so wird dieses auch nur für eine bestimmte Folge von Weltzuständen gültig sein können und auch nur für die Entitäten, die durch die Wahrscheinlichkeit erfasst sind. In diesem Sinne sind empirischen Wahrscheinlichkeitsaussagen deiktische Aussagen, da die in ihnen verwendeten Begriffe auf einzelne bestimmte Entitäten und den durch sie vorgegebenen Bedingungen der Aktualität referieren.

Dies verdunkelt auf einen Schlag die Überprüfbarkeit des Wahrheitswertes der Möglichkeit der Referenz einer solchen Aussage. Ist deren aktuale Referenz doch allein durch die aktualen Weltzuständen erwiesen und somit die Möglichkeit der Referenz bestätigt. Zu überprüfen, ob die Möglichkeit der Referenz besteht, setzt die Erkenntnis der Entitäten zu bestimmten Weltzuständen voraus. Wem diese nicht gegeben ist, ist einzuwenden, kann man ihren Wahrheitswert nicht beurteilen, noch verstehen, was durch sie ausgesagt wird. Denn dem beurteilenden Individuum fehlt die Möglichkeit, sich den referenziellen Inhalt der Aussage zu erschließen,[519] noch könnte es durch das Zeugnis anderer reproduzieren, wodurch sich genau die Wahrheit der Aussage erschlossen hat.[520] Schließlich war es aufgrund des Zufalls zur falschen Zeit am falschen Ort. Demgemäß war es unter Bedingungen, welche die Erkenntnis der Entitäten durch die eigene Wahrnehmung behinderten.

Versperren insofern die metaphysischen Bedingungen der Welt und der Wahrnehmung, dass der Wahrheitswert empirischer Wahrscheinlichkeitsaussagen überprüfbar bzw. deren empirisch-mögliche Referenz erkennbar ist? Sollte dies der Fall sein, ist die bereits angeführte epistemische Rechtfertigung des Nutzens der empirischen Wahrscheinlichkeitsaussagen hinfällig. Denn hinsichtlich fremder empirischer Wahrscheinlichkeitsaussagen kann ohnehin niemals erkannt werden, ob diese eine empirisch-mögliche Referenz aufweisen. Denn der Rechtfertigung für die Möglichkeit der Referenz von Fremdaussagen entschwindet das metaphysische Fundament, wenn nicht

---

[519]   Vgl. Enskat, Rainer: Authentisches Wissen. Prolegomena zur Erkenntnistheorie in praktischer Hinsicht. S. 203.
[520]   Ebd. S. 205.

beweisbar ist, dass der Inhalt der Aussage auf Gegenstände einer möglichen Wahrnehmung referiert, die Bestandteil der aktualen Welt sein könnten bzw. waren.

Entsprechend der philosophischen Tradition mit und nach Ludwig Wittgenstein (1889-1951), ließe sich dieses Problem ganz pragmatisch lösen, indem man zu dem Beherrschen von Sprachspielen seine Zuflucht nimmt.[521] Schließlich lässt sich über die Regeln des Sprachspiels feststellen, ob das Gesagte irgendeine Bedeutung in der Sprache haben kann und insofern durch die grammatikalische Kohärenz oder Teilkohärenz äußerbarer Sprachgebilde ein möglicher Gegenständ der Wahrnehmung ausgesagt ist.[522] Was entsprechend der Grammatik einer Sprache aussagbar ist, kann schließlich auch der Möglichkeit nach auf einen Gegenstand der Wahrnehmung angewandt werden. Auch wenn man diese nicht anwenden muss. Schließlich, so lässt sich annehmen, lässt sich durch Sprachen alles Bezeichnen, was als Gegenstand in der Welt (nomina concreta) oder als Begriff im Verstand (nomina abstracta) aktual ist bzw. sein kann. Kurz: Ist es in einer Sprache gegeben, so ist es der Möglichkeit nach auch in der Welt gegeben, weil es als Wort Bedeutung hat und damit etwas bezeichnen kann.

Diese lässt außer Acht, dass Sprachspiele und die in ihnen vorkommenden Termini ihre eigene Bedeutung erst durch die Gegebenheit einer metaphysisch-möglichen Welt erlangen. Wie nämlich bereits hinsichtlich der Suppositionstheorie weiter oben festgestellt wurde, ist die mögliche Referenz von Termen erst dann gegeben, wenn die Terme tatsächlich für etwas stehen und somit referieren können. Stehen sie nämlich für nichts, d.h. nicht einmal für sich selbst, kann nicht verstanden werden, in welchem Modus die Bestandteile der Terme referieren. Die Terme sind dann hinsichtlich ihrer Art der Referenz schlichtweg unbestimmt. D.h. im Sinne eines Sprachspiels, dass man für die Gültigkeit der Grammatik einer Sprache voraussetzen muss, dass zumindest der Möglichkeit nach die Dinge gegeben sind, wofür deren Termini stehen, wenn diese für etwas stehen sollen. Wenn aufgrund der metaphysischen Beschaffenheit der Welt die Möglichkeit der Gegebenheit erst durch die Aktualität der Dinge erwiesen ist, können auch die Termini der Grammatik erst verstanden werden, wenn eine aktuale Referenz

---

[521]   Wittgenstein, Ludwig: Philosophischen Untersuchungen. §§7-58.

[522]   Dass nur eine Teilkohärenz mit der Grammatik einer Sprache vorliegen muss, um die Bedeutung von Gesagtem in einer Sprache zu verstehen, kann damit darin bergündet, dass die Bedeutung unabhängig von der Syntax einer Sprache erschließbar ist. (Vgl. Bodmer, Frederick: Die Sprachen der Welt. S. 118-123) Was entgegen dem Verständnis Bodmers für die Bedeutung von Logik, jedoch nur durch eine allgemeingültige Aussagenstruktur möglich ist. Andernfalls bliebe unverständlich, wie in irgendeiner Sprache überhaupt etwas ausgesagbar ist und dies verstanden werden kann.

auf das besteht, wofür diese stehen sollen. Denn erst dann erweist sich, dass die Kohärenz des Für-etwas-stehens eines Terms gemäß einer bestimmten Grammatik, tatsächlich mit dem korrespondiert, worauf durch ihn referiert werden soll.

Überhaupt ist es sinnvoller die metaphysische Welt zum Ausgangspunkt der Bedeutung von Wörtern und Begriffen zu machen. Denn dem Sprachspiel ermangelt es an transitiver Übertragbarkeit auf andere Individuen. Im Sinne Chomskys gesprochen, setzt ein Sprachspiel Sprache voraus. Meistert ein Individuum die Erlernung des Sprachspiels, hat es den Umgang mit der Sprache erlernt. Idealerweise benutzt es die Sprache dann genauso wie das Individuum von dem es gelernt hat. Demnach müssten die Individuen die Sprache in derselben Weise verwenden; sie teilen sich eine gemeinsame Sprache. Unabhängig von einer idealen Sichtweise gehört auch die Intonation der Wörter zur Sprache. Diese ist bei jedem Individuum different ist, da jede Stimme verschieden ist. Nach den Maßstäben der Welt teilen sich Individuen daher keine gemeinsame Sprache.[523] Wir hätten sonst alle dieselbe Stimme. Über ein Sprachspiel ist daher in praktischer Hinsicht überhaupt nicht erklärbar, wie die Terme einer Sprache ihre Bedeutung für ein Indivduum erlangen. Es sei denn, man setzt voraus, dass man die Bedeutung durch etwas Sprachfremdes erlangt und Sprache nur das Medium ist, um die Bedeutung auszudrücken.

Insofern ist also durch die Beherrschung eines Sprachspiels auch nicht erkennbar, ob die Möglichkeit der Referenz von empirischen Wahrscheinlichkeitsaussagen gegeben ist. Denn man erkennt erst durch eine aktuale Referenz, ob die Termini überhaupt etwas bedeuten.

Um dieses Problem der Bestätigung der epistemischen Möglichkeit zu lösen, ist es sinnvoll, erneut auf den Charakter der empirischen Wahrscheinlichkeitsaussage einzugehen. Wie bereits beschrieben, lässt sich diese als ein Derivat von endgültigen Gesetzen beschreiben. Dies bedeutet, dass sie für einen Einzelfall angibt, wie die aktuale Referenz der Aussage durch Entitäten bestimmt ist bzw. war. Dies setzt die Möglichkeit einer aktualen Referenz voraus und somit die Möglichkeit, dass bestimmte Entitäten gegeben sind. Diese Möglichkeiten können nicht so bestimmt sein, wie eine aktuale Entität oder eine aktuale Referenz. Denn die Möglichkeit würde dann vollständig einen Weltzustand bestimmen, der von einem aktualen singulären Weltzustand nicht verschieden ist. Dies bedeutete, dass die Möglichkeit aufgrund ihrer Bestimmtheit

---

[523]   Vgl. Chomsky, Noam: New Horizons in the Study of Language and Mind, S. 30.

nicht auch anders aktual sein kann. Folglich wäre durch diese eine notwendige Bestimmtheit eines Weltzustandes gegeben. Wenn durch die Möglichkeit die notwendige Bestimmtheit eines Weltzustandes allein gegeben ist, so kann es keine verschiedenen Weltzustände geben. Denn was notwendigerweise bestimmt ist, kann niemals nicht sein.

Ist ein Weltzustand bereits durch die Möglichkeit notwendigerweise bestimmt, kann dieser niemals nicht aktual sein. Das ist widersprüchlich, da durch die Möglichkeit nur bestimmt ist, wie etwas aktual werden kann; was nicht heißt, dass es in einer bestimmten Weise mit Notwendigkeit aktual sein muss. Daher gibt die Möglichkeit, sowohl im Sinne der Logik wie der Metaphysik an, nach welchen Bestimmungen etwas aktual sein kann. D.h., dass sie nicht singulär bestimmt sein kann. Denn eine singuläre Bestimmung gibt an, wie etwas bestimmt ist, ohne dass dadurch allein angegeben ist, wie die Singularität bestimmt sein kann.

Wohlgemerkt, stellt dies keinen Widerspruch gegen das *principle of plentitude* dar, wie Jaakko Hintikka es für den aristotelischen Textcorpus herausgearbeitet hat. Dieses sagt in der kürzesten Form aus, dass jede Möglichkeit zu einem Zeitpunkt aktualisiert ist.[524] Wie Hintikka klar stellt, ist damit nur die Möglichkeit ausgesagt, deren Aktualisierung selbst zu nichts Unmöglichen führt.[525] Dies bedeutet, dass die Aktualisierung eines Zustands der aktualen Abfolge der Welt hervorbringbar ist, ohne dass damit gegen die metaphysischen Prinzipien der Welt verstößen wäre. Von der aristotelischen Bewegungslehre gedacht, ist nämlich jede Möglichkeit durch eine Bewegung bedingt, die dazu geeignet ist ein Individuum einer bestimmten Art hervorzubringen.[526]

Daraus geht zweierlei hervor. Erstens kann zu jedem bestimmten Zeitpunkt eine Möglichkeit aktual werden, die aus einem aktualen Zustand der Welt hervorgehen kann. Ist sie aus einer Art von Bewegung eines bestimmten Weltzustands generierbar, muss ihre Hervorbringung dem Kontinuitätsprinzip (*Natura non facit saltum.*) von Veränderungen entsprechen. Ein Weltzustand stellt also hinsichtlich seines Bewegtseins den Bestimmungsgrund für den unmittelbar darauf folgenden dar. Dass ein Weltzustand, der nicht aus der Bestimmtheit seines hervorgehenden Weltzustands folgt, weil die Art

---

[524]　　Vgl. Hintikka, Jaakko: Time and Necessity. Studies in Aristotel's Theory of Modality. S. $95^{30\text{-}32}$.

[525]　　Vgl. ebd. S. $110^{3\text{-}7//28\text{-}30}$.

[526]　　Vgl. ebd. S. $106^{14\text{-}36}$.

seines Bewegtseins andere Arten von Bewegungen performativ ausschließen, ist somit unmöglich.

Dies bedeutet, wenn die Möglichkeit eines Weltzustandes im Ganzen aktual ist, dann ist ausgeschlossen, dass die Weltzustände, die zu jenem Zeitpunkt auch hätten aktual werden können, in Zukunft der Möglichkeit nach aktual werden könnten. Entsprechend der temporalen Abfolge der Weltzustände sind diese möglichen Weltzustände nämlich mit Notwendigkeit vergangen. Somit können sie nicht mehr aktual werden. Denn die Möglichkeit zur Aktualisierung besteht ab einem bestimmten Zeitpunkt notwendigerweise nicht mehr.

Zweitens ist die Hervorbingung allen Möglichen dahingehend nicht eingeschränkt, dass jeweils ein Individuum einer jeden Art von metaphysisch Möglichen im Verlauf der Zeit hervorbringbar ist, ganz unabhängig vom aktualen Zeitpunkt. Geht man wie Aristoteles von der Unvergänglichkeit und Ungeschaffenheit der Welt aus,[527] so ist stets aktual Bewegtes gegeben. Denn die Welt besteht aus bewegtem Seienden. Demgemäß kann man hinsichtlich eines bestimmten Bewegtseins auch immer ein Zustand festgestellen, der temporal davor oder danach liegt.[528]

Ist Bewegtseiendes immer gegeben, so folgt daraus die Unendlichkeit der Zeit. Im Sinne Hintikkas ist dies mathematisch zu verstehen. Denn in Anbetracht der Metaphysik scheint die Unendlichkeit für Aristoteles wie eine mathematische Entität zu sein. D.h. dass die Unendlichkeit im Verstand stets potenziell und somit aktual ist.[529] Für die Zeit ist dies auch zutreffend, da sie nach Aristoteles Physik selbst nur eine Zahl (ἀριθμός) ist, die anhand von zusammenhängenden Bewegungen bestimmbar ist, die in der Zeit stattfinden.[530] Ist daher stets Bewegtes gegeben, ist damit auch Zeit gegeben, weil zum einen das Bewegtsein in der Zeit stattfindet, d.h. aktual ist, und zum anderen auf der Grundlage der Bewegung die Zeit für ein Individuum zählbar ist.

Wenn aufgrund des Bewegtseins der Welt die Zeit durch den Verstand zählbar ist, ist diese wie ein Dreieck immer potenziell erkennbar. Diese Potenz ist durch die Beschaffenheit der Welt indes stets aktual gegeben. Das zeigt sich darin, dass die Potenzialität

---

[527] Vgl. Aristoteles De cael. B, Kapitel 1, 283b 26-34. (Der Nachweis dieser Feststellung ist Bestandteil von De cael. A, Kapitel 9-12, 278b 23-283b 23).

[528] Vgl. Aristoteles: Phys. Δ , Kapitel 12, 220b 5—10.

[529] Vgl. Hintikka, Jaakko: Time and Necessity. Studies in Aristotel's Theory of Modality. S. 132^{30}-133^9 und Vgl. Aristoteles Met. Θ, 1048b 14-17.

[530] Vgl. Aristoteles Phys. Δ, Kapitel 11, 220a 24-26.

der Konstruierbarkeit eines Dreiecks wie der Gegebenheit der Zeit nicht anders erkennbar ist, als durch deren Aktualität. Die potenzielle Konstruierbarkeit des Dreiecks ist durch seine Konstruktion erkennbar, weil die Konstruktion selbst die Aktualisierung einer Potenz ist. In diesem Sinne ist auch die Bestimmung der potenziellen Zeit aufgrund von Bewegungen durch den Verstand die Aktualisierung der Zeit für denselben. Denn diese ist nur zählbar, wenn das Zählen in der Zeit aktual stattfindet.

Die Bestimmung einer potenziellen Zeit, wie beispielsweise die Anzahl an Tagen, die nötig sind, um Troja einzunehmen, ist nur durch eine aktuale Zählung der damit verbundenen Bewegungen möglich. Freilich schließt dies nicht aus, dass man darüber auch Schätzungen angeben kann. Nur entspräche dies eben nicht der Bestimmung der potenziellen Zeit, die für die Einnahme Trojas nötig ist, sondern bliebe eine bloße Meinung.

Ist dieses Bewegtsein selbst unendlich und somit auch die Zeit, kann eine jede mögliche Entität zu einem Zeitpunkt aktual werden. Wohlgemerkt, dies kann nur für Entitäten gelten, sofern sie nicht bereits relational zur Welt bestimmt sind. Dann wären es nämlich Singularitäten, die durch einen ganz bestimmten Weltzustand in der Zeit bestimmt wären. Dies bedeutet, dass sowohl bestimmtes Bewegtsein als auch Zeit aktual sind. D.h., dass sie hinsichtlich eines Zeitpunkts davor und danach bestimmt sind.

Wenn das für Mögliches nicht der Fall ist, dann muss für dessen Aktualisierung erst noch eine bestimmte Art von Bewegung in der Zeit vollzogen werden. Ist die Zukunft unbestimmt, weil kein Zeitpunkt einer Bewegung gegeben ist, der durch einen Zeitpunkt davor oder danach bestimmt ist, und selbst aufgrund des steten aktualen Bewegtseins der Welt unendlich ist, wird eine jede mögliche Bewegung, die zur Hervorbingung eines Individuums einer jeden bestimmten Art führt, aktual zu einem bestimmten Zeitpunkt sein können, auch wenn dieser aktual unbestimmt ist.[531]

---

[531] Diese Sichtweise ist durchaus mit der in der Physik anerkannten Urknalltheorie vereinbar, die mit dem Urknall die Entstehung von Raum, Materie und Zeit postuliert, aber vor diesem Ereigniss die Gegebenheit von unendlich viel Energie anerkennt. War letzteres gegeben, so wird auch dieses in einem steten Zustand gewesen sein, der sich, wenn nicht durch Bewegtsein, so doch durch eine andere Eigenschaft zu dessen Erhaltung bestimmt gewesen ist. Andernfalls ließe sich überhaupt kein Zustandswechsel erklären, der zur heutigen Beschaffenheit der Welt führte. Dahingehend wird auch vor dem Urknall eine Art von Zeit oder etwas davon Verschiedenes gegeben sein können, hinsichtlich welcher der Zustand vor dem Urknall bestimmbar wäre. Dies entzieht sich jedoch der Empirie, weshalb dies wie der Urknall bloße Spekulation bleibt.

Ist indes eine Singularität so bestimmt, dass sie aktual der Möglichkeit nach bestimmt ist, stellt sie eine Weise einer möglichen Aktualität dar. Da die Singularität hinsichtlich ihrer Bestimmtheit von der Möglichkeit verschieden ist, muss die Möglichkeit allgemeiner bestimmt sein, als die Singularität. Ist die Möglichkeit allgemeiner bestimmt und stellt die Singularität eine Weise einer möglichen Aktualität dar, ist die Singularität ein bloßes Derivat der Möglichkeit. Denn diese bestimmt sich spezifisch nach der gegebenen Möglichkeit.

Gilt eine empirische Wahrscheinlichkeitsaussage als empirisches Gesetz für den Einzelfall, muss sich auch dieses nach einer Möglichkeit bestimmen lassen. Die Bestimmung der Möglichkeit gibt insofern in allgemeinster Weise vor, wie ein empirisches Gesetz bzw. die Gegenstände, welche durch dieses erfasst werden, aktual bestimmt sein können. Ist dies der Fall, ist die Bestimmung der Möglichkeit die Angabe eines endgültigen Gesetzes. Denn durch die Möglichkeit ist in allgemeinster Weise die aktuale Bestimmtheit eines empirischen Gesetzes und der durch diesen erfassten Entiäten begründet. Dies gilt für die Logik wie die Metaphysik gleichermaßen.

Damit ein empirisches Gesetz wahr sein kann, muss es wahrheitsfähig sein. Wahrheitsfähigkeit ist aus der Gattung der widerspruchsfreien Aussagen erkennbar. Diese ist durch drei Prinzipien definit; nämlich dem *principium identitatis*, *principium contradictionis* und *principium exclusi tertii*. Auch wenn diese Behauptung seltsam erscheint, weil Prinzipien die Definition einer Gattung ausmachen, spricht nichts dagegen, dass diese zusammen die Gesamtheit aller möglichen Aussagen in allgemeinster Weise bestimmen. Denn durch das *principium identitatis* ist die Gesamtheit aller bestimmbaren, durch das *principium contradictionis* die Gesamtheit aller ihrer Bestimmtheit kompossiblen und durch das *principium exclusi tertii* die Gesamtheit aller eineindeutig referierenden logischen Entitäten erfasst. Also ist ein wahrheitsfähiges empirisches Gesetz nicht mehr als eine Art, die aus der Spezifizierung der Definition der Gattung hervorgeht. Denn die Wahrheitsfähigkeit ist durch die der Art zugehörigen Gattung begründet.

Damit die auf ein empirisches Gesetz referierenden Gegenstände aktual sein können, müssen sie den Bedingungen für die Aktualität in einer Welt entsprechen. Denn nur dann können sie selbst aktual sein bzw. werden, wenn Aktualität nur innerhalb eines Weltzustands gegeben ist. Daher müssen die Bestimmungen der Bedingungen die Möglichkeit der Aktualität in einer Welt angeben. Denn durch sie ist bestimmt, was ein aktualer Gegenstand in einer Welt sein kann.

Diese Bestimmungen scheint man mindestens durch ein *principium identitatis* und *principium rationis sufficientis* gegeben zu können. Damit etwas in einer Welt aktual sein kann, müssen seine ihm zugehörigen Eigenschaften bestimmt sein. Denn ohne bestimmte Eigenschaften, wäre eine Entität nur in unbestimmter Weise aktual. Dies hieße, dass nichts aktual ist, da nicht bestimmt ist, worin die Aktualität besteht. Das *principium identitatis* gewährleistet in allgemeinster Weise, dass überhaupt eine Welt ist, sofern etwas in bestimmter Weise ist. Unabhängig davon, dass bestimmt sein müsste, in welchem Modus dies bestimmt ist.

Ist etwas in welcher Weise auch immer aktual, so wird es dies nur sein können, wenn die Aktualität erhalten bleibt. Denn ohne dass die Aktualität erhalten bleibt, kann es in keiner Weise aktual sein. Also setzt die Aktualität einer Entität etwas voraus, was diese erhält. Für eine Welt wie die unsrige bedeutet dies, dass etwas gegeben sein muss, was die Modi der Notwendigkeit, Möglichkeit und Wirklichkeit aktual erhält.

Dass allein durch zwei Prinzipien die Möglichkeit einer Welt definit ist, mag angesichts der Beschaffenheit unserer Welt seltsam anmuten. Scheint doch durch diese Prinzipien weder die metaphysische Möglichkeit von Kausalität, noch Raum und Zeit gegeben sein. Mit Kant könnte man argumentieren, dass diese ohnehin keine Bestimmungen sind, die einer Welt in metaphysischem Sinn irgendwie zukommen. Denn sowohl Zeit als auch Raum stellen nur die Bedingung der Möglichkeit für die menschliche Erkenntnis dar. Aber sie liegen nicht den Dingen an sich zugrunde.[532] Sieht man schließlich von den Dingen hinsichtlich der Bedingungen der menschlichen Erfahrung ab, kommt ihnen in der Welt keine Eigenschaft des Raumes und der Zeit zu. Denn deren Bestimmtheit bleibt ohnehin ohne diese erhalten.[533] Anders gesagt, die Identität der Dinge bleibt auch dann erhalten, wenn ihnen weder eine Eigenschaft der Lokalität und Temporalität zugesprochen wird.

Dem ist wie folgt zu widersprechen: Die Eigenschaften eines Dings bestimmen die Identität desselben vollständig. Die Bedingungen einer Welt geben an, wie etwas aktual sein kann. Diese Bedingungen sind selbst Derivate des *principium identitatis*. Denn dadurch ist die Identität einer Welt bestimmt. Denn alles, was in einer Welt aktual sein kann, muss den Bedingungen der Welt entsprechen. Wenn ein Ding nur in einer Welt aktual sein kann, so muss es den Bedingungen einer Welt entsprechen. Ge-

---

[532]   Vgl. Kant KrV, AA III, S. 51-64.
[533]   Ebd. S. 55-57 und S. 59-62.

ben die Bedingungen einer Welt den Modus einer Aktualität von Dingen vor, schränkt dies die Eigenschaften eines Dinges dahingehend ein, dass nur diese aktual sein können, die dem Modus der Welt entsprechen können.

Ist dies der Fall, kommt der Identität eines Dinges in der Welt ein Modus zu, der den Bedingungen der Aktualität der Welt entspricht. Ist die spezifische Identität einer Welt lokal bestimmt, kann ein Ding nur räumliche Eigenschaften aufweisen. Ist sie hingegen temporal bestimmt, kann ein Ding nur temporale Eigenschaften aufweisen. Eine Welt, die lokal und temporal bestimmt ist, beinhaltet folglich Dinge, die unabhängig von den Bedingungen menschlicher Erfahrung lokal und temporal bestimmt sind. Temporalität und Lokalität sind also selbst nur Spezifizierungen des *principium identitatis*. Dasselbe reicht vollständig zu, um die Möglichkeit einer wie aller Welten zu erfassen.

Aus der Analyse der logischen und metaphysischen Möglichkeit folgt die Lösung des Problems der Bestätigung der epistemischen Möglichkeit des durch eine Wahrscheinlichkeitsaussage Ausgesagten. Damit diese Aussage wahrheitsfähig ist, muss sie den genannten drei Prinzipien entsprechen. Denn daraus ergibt sich die Möglichkeit einer aktualen Referenz.

Weil die aktuale Referenz die Gegenstände der metaphysischen Möglichkeit nach voraussetzen muss, auf welche die Aussage referiert, muss das Ausgesagte hinsichtlich der Identität der Welt überprüfbar sein. Denn nur wenn die Aussage dieser entspricht, liegt die Möglichkeit einer aktualen Referenz vor. Dieses leistet die Überprüfung an der Wahrnehmung im oben gegebenen Sinne. Denn diese gibt nicht nur die Bedingungen an, wie einem Individuum aktuale Dinge in der Welt gegeben sind, sondern sie gibt, weil sie selbst in der Welt aktual sein muss, um in ihr Operationen auszuführen, weitere mögliche Spezifizierungen des Identitätsprinzips einer Welt an. Denn die Prinzipien der Operationen, nach denen die Wahrnehmung bestimmt ist, spezifiziert nur das was den Bedingungen der Aktualität der Welt in allgemeinerer Weise entspricht. Die Operationen der Wahrnehmung eines Individuums können nämlich nur entsprechend den Bedingungen der Welt aktual sein, in der sich das Individuum befindet. Demgemäß kann es in ihr keine Tätigkeit ausführen, die in Realrepugnanz zu den Bedingungen der Welt steht.

Wenn man für artzugehörige Individuen allein empirische Aussagen bilden kann, die den Prinzipien ihrer artspezifischen Wahrnehmung entsprechen, gibt eine Übereinstimmung des Ausgesagten mit den Prinzipien der Wahrnehmung die metaphysische Möglichkeit an. Ist durch die Aussage etwas behauptet, dass den Prinzipien der Wahrnehmung entspricht, so muss dies der metaphysischen Möglichkeit der Welt entsprechen können. Entspricht die empirische Wahrscheinlichkeitsaussage sowohl den Prinzipien der Logik und Wahrnehmung, bestätigt sich dadurch, dass das durch die Aussage Ausgesagte der Möglichkeit nach ein Gegenstand der Empirie sein kann. Denn die Aussage ist dann vor dem Hintergrund der Möglichkeit der Welt als wahr anzusehen. Dies gilt nicht hinsichtlich der Wirklichkeit, da sich diese ja erst durch die Referenz auf tatsächlich aktual Gegebenes erweist.

V Entwurf einer Logik empirischer Wahrscheinlichkeitsaussagen

Nach der vorangegangenen Untersuchung über die Bildung von empirischen Wahrscheinlichkeitsbegriffen, ist zu untersuchen, welche logischen Relationen diese aufweisen können. Da die Bildung empirischer Wahrscheinlichkeitsaussagen nicht durch aussagen-logische Mittel allein auf den Weg gebracht werden kann, sondern sowohl die Prinzipien der Metaphysik als auch Ästhetik — sofern sie vorlogisch ist — inbegriffen sind, sind sie zu berücksichtigen. Denn die Wahrheitsfähigkeit von empirischen Wahrscheinlichkeitsaussagen ist durch die Prinzipien dieser beiden Disziplinen bedingt. Jegliche andere Vorgehensweise verschleiert die Tatsache, dass auf Empirie beruhende Wahrscheinlichkeitsaussagen, erst durch die Bedingungen der Empirie mögliche Inhalte des Verstandes bilden können. Woraus man letztlich erst die Wahrheitsfähigkeit solcher Aussagen begründen kann. Was in seiner begrifflichen Bestimmtheit nämlich weder den Prinzipien der Metaphysik und Ästhetik genügt, kann kein Gegenstand einer dieser Disziplinen sein und somit keinen möglichen Inhalt einer empirischen Aussage bilden.

Zur Feststellung der Wahrheitsfähigkeit solcher Aussagen und den damit verbundenen Wahrheitswerten muss man folglich auch aus dem Vollen der Metaphysik und Ästhetik schöpfen. Metaphysik und Ästhetik sind für gewöhnlich als von der Logik differente Disziplinen zu betrachten. Denn in Hinsicht auf die durch sie behandelten Gegenstände sind sie verschieden, weshalb deren Prinzipien gegenstandsexlusiv sind. Ein Prinzip der Metaphysik wird daher nicht zwangsweise einem Gegenstand der Logik zukommen können, wenn die Metaphysik nicht von Begriffen oder Aussagen handelt, sondern, kurz gesagt, von den grundlegenden Prinzipien des Seins der Welt.[534] Genauso wenig gelten die Prinzipien der Ästhetik für die Gegenstände der Logik, wenn die Ästhetik richtig und grundlegend verstanden die Wissenschaft der sinnlichen Erkenntnis (scientia cognitionis sensituae) ist.[535] Daher sind die Prinzipien der einzelnen Disziplienen ihren Eigenarten nach voneinander zu unterscheiden.

Wie die Untersuchung herausgestellt hat, ist die Generierung empirischer Wahrscheinlichkeitsaussagen von den Prinzipien aller drei Disziplinen abhängig. Schließlich begründen sie die Möglichkeit der Wahrheitsfähigkeit und somit auch die Bedingungen

---

[534]   Vgl. Inwagen, Peter van: Metaphysics. S. 4-6.
[535]   Vgl. Baumgarten, Alexander Gottlieb: Aesthetica. S. 1.

für die Wahrheitsdefinitheit der Aussagen. Für eine logische Untersuchung von Relationen müssen sie daher einbezogen werden. Das ist nur dann möglich, wenn die Prinzipien wie Prinzipien der Logik behandelt werden. Wenn die logischen Relationen zwischen empirischen Wahrscheinlichkeitsaussagen nur dann gegeben sind, wenn die Aussagen selbst wahrheitsfähig oder wahrheitsdefinit sind, müssen die Bedingungen für die Wahrheitsfähigkeit und Wahrheitsdefinitheit konstitutiv für sie sein. Schließlich bestimmen sich in Analogie zur allgemeinen Aussagenlogik die Relationen von Aussagen hinsichtlich ihrer Wahrheitswerte. Diese setzen wiederum die Wahrheitsfähigkeit ihrer Aussagen voraus. D.h., dass durch die Wahrheitsfähigkeit auch die Relationsfähigkeit einer Aussage gegeben sein muss. Sonst müsste man behaupten, dass man Aussagen bilden könnte, die wahrheitsdefinit sind, jedoch zu keiner anderen Aussage in Relation setzbar sind. Dies ist freilich nicht der Fall.

Hieraus ist zu sehen, wenn diese Konstitutivität die Relation empirischer Wahrscheinlichkeitsaussagen bestimmt, dass die Veränderung der Prinzipien der Metaphysik und Ästhetik die Relationen verändert, die in einer die Prinzipien der Metaphysik und Ästhetik beinhaltet Logik bestimmt sind. Eine Annahme, die eine vielschichtige Relationsvarianz eröffnet, wenn sie bewiesen ist. Je nachdem, um was für eine Art von Metaphysik oder Ästhetik man die allgemeine Logik ergänzt, sind nämlich verschiedene Verhältnisse von Aussagen zu erwarten. Eine solche Logik muss daher einen bestimmten Modus annehmen, der durch die Prinzipien von Metaphysik und Ästhetik in seiner Ausprägung beherrscht ist. Die gesuchten Relationen sind folglich Bestandteile einer Modallogik, die einen Modus der allgemeinen Aussagenlogik darstellt.

Um daher der Untersuchung der Relationen empirischer Wahrscheinlichkeitsaussagen gerecht zu werden, ist es angebracht, die scharfe Trennung zwischen Logik, Metaphysik und Ästhetik aufzuheben und sie fortan als eine Disziplin zu begreifen. Schließlich kann in der Metaphysik und Ästhetik auch nur dasjenige verstanden werden, was den Gesetzen der Logik entspricht. Denn sowohl die Prizipien der Metaphysik als auch Ästhetik werden mithilfe logischer Werkzeuge und Methoden formuliert, was ihre Nachvollziehbarkeit begründet.

24 Grundsätze einer Logik empirischer Wahrscheinlichkeiten

Weil die empirische Wahrscheinlichkeit eine Aussage darstellt, ist bei der Untersuchung der Relationen systematisch mit den vertrauteren Grundsätzen für diesen Gegenstand zu beginnen. Demgemäß sind zunächst die rein logischen Prinzipien festzulegen, welche jeder Wahrscheinlichkeitsaussage, zugrundeliegen müssen, weil sie Aussagen sind.

Grundsätzlich müssen Aussagen dem *principium identitatis* entsprechen, wenn sie einen Wahrheitswert aufweisen sollen. Dieses meint, dass die Bestimmung des Subjekts der Aussage allein durch die Prädikate, die dem Subjekt durch eine Kopula zugesprochen werden, definit ist oder aber, dass die Bestimmung der Prädikate allein durch die Bestimmung des Subjekts definit ist, welches durch die Kopula expliziert wird.

Primär sagt eine Aussage entweder etwas über ihr Subjekt hinsichtlich seiner Prädikate oder über die Prädikate hinsichtlich eines Subjekts aus. Sekundär ist die Referenz der Aussage, da diese formal gesehen eine bedingte Eigenschaft ist, die eine Aussage erst dann aufweist, wenn sie etwas aussagen kann. Das ist dann der Fall, wenn sie eine Übereinstimmung oder Nicht-Übereinstimmung von Subjekten und Prädikaten behauptet. Dies ist durch die Einhaltung des *principium identitatis* gegeben.

Man kann einwenden, dass das *principium identitatis* hinsichtlich seiner Definition zweigliedrig ist. Zum einen besteht die Identität, die einem Subjekt durch die Zuweisung von Prädikaten zugesprochen wird. Zum anderen besteht die Identität, welche die Prädikate als integrale Bestandteile einer bereits gegebenen Begriffsbestimmung des Subjekts aussagt. Im ersten Fall ergibt sich die Indentität extensional, aus der Anzahl aller zugesprochenen Prädikate, und im zweiten Fall intensional, indem die Prädikate des Subjekts in der Aussage expliziert werden.

Diese Unterscheidung verfährt nach einem epistemischen Maßstab, der sich aus der Erkenntnis des Individuums hinsichtlich der Bedeutung der verwendeten Termini ergibt. Besteht eine vollständige Erkenntnis von der Bedeutung der Prädikate eines Subjekts, in der Weise, dass sie nicht in weitere Begriffe zergliederbar ist, expliziert die Identitätsaussage die Prädikate eines Subjekts. Hingegen wird durch die nicht vollständige Erkenntnis der Bedeutung der Prädikate die Aussage ein Subjekt definieren, dessen Identität nicht eineindeutig bestimmt ist. Denn die Bedeutung der Prädikate kann in verschiedenster Weise näher bestimmt werden. Epistemisch heißt dies, dass die Bedeutung des Subjektbegriffes nicht vollständig erkennbar ist. Daraus resultiert letztlich ein Defizit in der Referenzfähigkeit der Aussage. Denn diese ist nur für den Teil der Prädikate gegeben, dessen Bedeutung erkannt ist. Dahingehend beteht also nur eine Teilidentiät zwischen dem Subjekt und den Prädikaten, weil die Bestimmung der Identität durch die Aussage nur anteilhaft erkennbar ist.

Aus logischer Sicht ergibt sich diese Problematik nicht. Denn die Bedeutung eines Begriffs lässt sich als die Komposition der Bedeutungen verschiedener anderer Begriffe begreifen. Diese bedeuten in ihrer einfachsten Form nicht mehr wie sie selbst. Ergibt sich die Identität daraus, dass man durch die Aussage die Bedeutung der Prädikate eines Subjektbegriffs expliziert, bedeutet die Identität eine bereits vollständige Zergliederung der Komposition der Bedeutung des Begriffs. Schließlich kommt dem Subjektbegriff keine weitere Bedeutung zu. Seine Eigenschaft als einheitlicher Subjektbegriff ermöglicht nämlich, dass er hinsichtlich seiner Einheit konstituierenden Bestandteile zergliederbar ist. Aber auch die Bildung einer solchen Einheit durch die Zuschreibung von Prädikaten ist logisch gesehen eine eineindeutige Bestimmung von Identität. Werden einem Subjektbegriff Prädikate zugeschrieben, die in weitere Begriffe zergliedert werden können, ist dieser entsprechend der vollständigen Analyse seiner Begriffe eineindeutig bestimmt.

Dies gilt in zweierlei Hinsicht. Zum einen sind dadurch alle Bestandteile des Subjektbegriffs gegeben, die diesen eineindeutig bestimmen. Zum anderen ist damit der Bereich seiner Referenzfähigkeit vollständig definit. Denn als ob man einen Gattungsbegriff in all seine Artbegriffe auflöste, ergibt sich aus der Anzahl aller Artbegriffe der genaue Umfang der Referenz eines Gattungsbegriffs.

Daraus folgt also, dass in beiden Fällen die ausgesagte Identität eineindeutig feststellbar ist. Das gilt auch dann, wenn im Lichte der Epistemologie eine Unterscheidung zu treffen sinnvoll ist. Somit lässt sich anhand des *principium identitatis* also feststellen, dass etwas eine Aussage ist.

Dem *principium identitatis* folgt das *principium identitatis indiscernibilium*. Es besagt, dass wenn zwei Subjektbegriffen dieselbe Prädikation unter denselben Bedingungen aufweisen, dann müssen sie identisch sein. Dies meint, dass sie voneinander nicht unterschieden werden können. Im Rahmen der Untersuchung über empirischen Wahrscheinlichkeitsaussagen scheint eine Unterscheidung zwischen dem *principium identitatis* und *principium identitatis indiscernibilum* angebracht zu sein. Denn die Bedeutung der Begriffe ist nicht allein durch ihre Zergliederung gegeben, sondern sie ergibt sich erst hinsichtlich bestimmter die Bedeutung einschränkende Bedingungen. Durch sie treten die Prädikatterme in der Aussage in einem bestimmten Modus auf. Allein aus der Gegebenheit zweier Aussagen, die unter der Verwendung gleicher Prädikate ein Subjekt bestimmen, kann nämlich nicht eineindeutig erkannt werden, dass diese gleich sind. Ist die Bestimmtheit des Modus der Begriffe nicht gegeben, so ist nicht auszuschließen, dass die Begriffe der einen Aussage modal anders bestimmt sind als bei der anderen — was sie freilich nicht gleich zu anderen Begriffen macht, sondern lediglich ihre Referenz spezifiziert. Ist die Referenzspezifikation bei zwei Aussagen bei der Gegebenheit derselben Begriffe in derselben Weise bestimmt, ist indes zwischen den Aussagen nicht mehr zu unterscheiden. Schließlich sind sie dann hinsichtlich der ausgesagten Identität zwischen Subjekt und Prädikat ununterscheidbar. Das macht sie zur selben Aussage.

Man versteht eine empirische Wahrscheinlichkeitsaussage also nur dann, wenn die in ihr verwendeten Prädikate einander nicht widersprechen. Dies meint hinsichtlich der beiden bereits bekannten Prinzipien zweierlei. Zum einen ist auszuschließen, dass die ausgesagte Identität zwischen Subjekt und Prädikat so bestimmt ist, dass entweder das Subjekt Bestimmungen enthält, die sowohl in positiver wie negativer Weise vorliegen oder ein Prädikat zugesprochen wird, das aufgrund der Zuweisung sowohl positiv als auch negativ ist. Somit ist ausgeschlossen, dass z.B. der Begriff „Quadrat" sowohl die Bestimmung „gleichwinklig" und „nicht-gleichwinklig" enthält beziehungsweise dass der Bestimmung des Begriffs „biltrix" die Prädikate „verheiratet" und „nicht-verheiratet" zukommen. Denn ist eine Identität so definiert, schließen sich ihre Bestimmungen gegenseitig aus.

Daraus resultiert, dass unbestimmt bleibt, ob ein und dasselbe Prädikat der Identität zugehörig ist oder nicht. Durch die Gegebenheit eines Widerspruchs ist somit nicht ersichtlich, wie die Identität bestimmt ist. Insofern darf er nicht gegeben sein, wenn man durch eine Aussage die Identität zwischen Subjekt und Prädikat ausgesagt.

Zum zweiten kann ein Widerspruch auch hinsichtlich der Modi der Begriffe auftreten. Dies ist dann der Fall, wenn die Modi eines Prädikats des Subjektbegriffs nicht zugleich gegeben sein können, weil sie einander ausschließen. Kommt beispielsweise dem Begriff „Mensch" das Prädikat „vernunftbegabt" im Modus der Unbedingtheit zu, kann man ihm dasselbe Prädikat nicht im Modus der Bedingtheit zusprechen. Dies würde die ausgesagte Identität zwischen Subjekt und Prädikat unbestimmt lassen. Versteht man den Modus der Unbedingtheit so, dass die begrifflich erfasste Eigenschaft essenziell vorhanden ist, und den Modus der Bedingtheit so, dass die begrifflich erfasste Eigenschaft akzidentiell ist, schließt der Modus der Unbedingtheit den Modus der Bedingtheit aus. Ein und demselben Ding kann eine Eigenschaft nicht sowohl in essentieller als auch akzidentieller Weise zukommen. Sagt dies eine Prädikation aus, besteht ein Widerspruch. Dies ist, was durch das *principium contradictionis* erfasst ist.

Aus der Gültigkeit des *principium contradictionis* ist nun ein weiteres Prinzip erkennbar. Dieses beschränkt die Bestimmtheit von Subjekten und deren Prädikaten darauf, dass die einzelnen Bestimmungen entweder gegeben sind oder nicht. Bestimmt ein Prädikat ein Subjekt, kommt es dem Subjekt entweder zu oder nicht. Eine dritte Variante ist nicht möglich, da die ausgesagte Identität wiederum nicht eineindeutig bestimmt wäre. Das so angesprochene *principium exclusi tertii* sagt somit aus, dass eine dritte Bestimmungsart nicht gegeben ist.

Zu verwechseln ist dieses Prinzip nicht mit einem Bivalenzprinzip, welches die Wahrheitswerte von Aussagen auf die Qualitäten *wahr* und *falsch* einschränkt. Denn dies scheint auf den ersten Blick nur für solche Aussagen gültig zu sein, deren Begriffe modus-gleiche Prädikate enthalten. Denn dann gilt die Prädikation hinsichtlich eines Modus des Subjekts, den man durch eine Aussage entweder wahrhaft oder falsch zuschreiben kann.

Wie mit dem *principium identitatis indiscernibilium* zu sehen ist, lässt sich die Identität zwischen Subjekt und Prädikat durch Begriffe bestimmen, die selbst unterschiedliche Modi aufweisen können. Beispielsweise kann ein Subjekt durch Prädikate bestimmt sein, die zum einen im Modus der Unbedingtheit, der Temporalität und Potenzialität befindlich sind. So lässt sich beispielsweise der Begriff „weiser Mensch" so bilden, dass ihm die Prädikate „wissend" und „vernunftbegabt" unbedingt zukommen, „universalgelehrt" jedoch temporal und „vergesslich" potenzial. Eine so gebildete Identitätsaussage bestimmt das Subjekt ohne dass man sie ihm bereits wahrhaft oder falsch zusprechen könnte. Trotzdem kommen sie ihm insofern zu, dass sie durch seine Prädikate widerspruchsfrei gegeben sind. Insofern besteht entsprechend der Prädikation des Subjekts die Referenzfähigkeit der Identitätsaussage.

Weil die Referenz, je nach Modus der Prädikate, in verschiedener Weise gegeben ist, ist der Wahrheitswert der Aussage nicht hinsichtlich eines Bivalenzprinzips bestimmt, sondern nach den Prinzipien, welche die Modi der Prädikate vorgeben. Demnach ist der Wahrheitswert nach einem Modivalenzprinzip zu bestimmen. Dies meint, in Anlehnung an Aristoteles' Wahrheitsdefinition, dass eine solche Aussage dann wahrheitsdefinit ist, wenn sie angibt, dass der Fall ist, was der Fall ist und wie der Fall ist, beziehungsweise, wenn sie angibt, dass nicht der Fall ist, was nicht der Fall ist und wie nicht der Fall ist. Die Angabe des „wie" bezieht sich dabei auf die Modi der Bestimmung des Falls. Die Definition erweitert Aristoteles' Definition also nur um die genaue modale Bestimmtheit, hinsichtlich der man durch eine Aussage etwas aussagt.

Insofern ist eine Aussage nicht wahrheitsdefinit, wenn durch sie nur festgestellt ist, dass etwas aktual ist. Sie ist es erst dann, wenn zugleich die Aktualität eines Modus oder verschiedener Modi bestimmt ist.

Dass eine solche Modivalenz bei empirischen Wahrscheinlichkeitsaussagen vorliegt, ist daraus ersichtlich, dass deren Prädikate durch die Prinzipien von Metaphysik und Ästhetik bedingt sind. Insofern lassen sich die Prädikate nach allen Modi bestimmen, die diese Disziplinen beinhalten. Dies in aller Einzelheit zu erweisen, ist an dieser Stelle überflüssig, da jeder Metaphysik- und Ästhetikkundige, der die Grundlagen der allgemeinen Logik versteht, selbst dazu in der Lage ist, diese Behauptung durch die Bildung von Definitionen zu überprüfen.

Ihre Wahrheitsfähigkeit zu überprüfen bedarf eines weiteren Prinzips, das die Gültigkeit der Modi der Prädikate bestimmt. Ist ein solches nicht gegeben, ist die Wahrheitsfähigkeit solcher Aussagen nicht gegeben. Denn es ist nicht bestimmt, wonach der Modus eines Prädikats von dem Modus eines anderen differiert und dahingehend vereinbar bzw. widerstreitend ist. Da sich der Wahrheitswert einer Aussage entsprechend ihrer Referenz zum Gegenstand ergibt, über den sie etwas aussagt, ist die Prädikation metaphysisch bedingt. Insoweit muss das Prinzip für die Bestimmtheit der Wahrheitsfähigkeit der Modi der Prädikate einer Aussage den Prinzipien der Gegenstände der Metaphysik genügen. Diese sind in ihrer allgemeinsten Form als notwendige, mögliche oder wirkliche Gegenstände klassifiziert. Alles was Seiend ist, ist in diesen drei Modi seiend. Demgemäß können die Prädikate einer Aussage auch nur nach diesen Modi bestimmt sein.

Daher lässt sich gemäß den Modi der Prädikate ein Prinzip der Bestimmtheit der Modi einführen, welches aussagt, dass ein und dasselbe Prädikat einem Subjekt entweder im Modus der Notwendigkeit oder Möglichkeit oder Wirklichkeit zukommt. Andernfalls bliebe unbestimmt, in welcher Weise dem Subjekt das Prädikat zukommt. Daraus würde resultieren, dass unbestimmt wäre, unter welchen Bedingungen das Prädikat dem Subjekt wahrheitsdefinit zukommt. Dieses Prinzip, man mag es *principium modorum definitivorum* nennen, legt somit eineindeutig die Gattungen der Modi fest, welche die Begriffe einer Aussage aufweisen muss, damit sie wahrheitsfähig sein können.

Inwieweit die Gattungen in Arten von Modi spezifizierbar sind, ist von der Metaphysik abhängig, welche die Modi des Seins vorgibt. So lässt sich beispielsweise bestimmen, dass der Modus temporaler Prädikate eine Art der Gattung des Modus der Möglichkeit ist, wenn darunter all jene Prädikate zu verstehen sind, die dem Begriff einer Entität zukommen können, jedoch nicht müssen. Im Sinne temporaler Prädikation heißt dies, dass das Prädikat dem Subjekt zu bestimmter Zeit zukommen kann, aber aktual nicht zukommen muss.

25 Begriffe, Modi und Veränderung — fluide Begriffe

Bei der Gegebenheit einer solchen Metaphysik muss der Modus ein und desselben Prädikats hinsichtlich seiner Wahrheitsdefinitheit bei Wahrscheinlichkeitsaussagen veränderbar sein. Denn die Eigenschaften, die man durch die Prädikate aussagt, kommen den Entitäten in unterschiedlichen Modi zu, je nach den Bedingungen ihrer Aktualität. Demgemäß kann einem Subjekt beispielsweise das Prädikat „sitzend" im Modus der Wirklichkeit oder im Modus der Möglichkeit zukommen. Welcher Modus dahingehend aktual ist, ist durch die Aktualitätsbedingungen der Referenz ersichtlich, hinsichtlich derer das Subjekt als Einheit bestimmt ist. Schließlich besteht eine aktuale Referenz entgegen der Referenzfähigkeit nicht beständig, sondern allein dann, wenn referenzfähige Prädikate der Aussage dem Modivalenzprinzip entsprechen.

Diese Behauptung setzt ein weiteres metaphysisches Prinzip voraus, das sogleich den besonderen Charakter der hier behandelten Begriffe und Aussagen herausstellt. Gemeint ist das Prinzip der Kontinuität, das man so definieren kann, dass die Bestimmtheit eines Modus eines Begriffs entweder aus der Bestimmtheit des Modus desselben Begriffs folgt, wenn dieser notwendig ist, oder aus der Bestimmtheit des Modus eines anderen Begriffes. Kommt einem Subjekt beispielsweise ein Prädikat im Modus der Notwendigkeit zu, mögen die Aktualitätsbedingungen der Referenz des Subjektbegriffs und damit sein Modus wechseln. Doch bleiben ihm die Prädikate im Modus der Notwendigkeit erhalten, weil es nicht ohne sie bestimmt sein kann.

Somit folgt die Bestimmtheit des Modus der Notwendigekeit bei der Veränderung der Aktualitätsbedingungen der Referenz aus dem Modus der Notwendigkeit selbst, unabhängig davon, ob die Aktualitätsbedingungen der Referenz das Subjekt zum Modus der Notwendigkeit, Möglichkeit oder Wirklichkeit bestimmen.

Anders, wenn der Modus des Subjekts bestimmt, dass ihm eine bestimmte Art eines Modus der Wirklichkeit oder Möglichkeit zukommt. Ist das Subjekt durch die Aktualitätsbedingungen der Referenz so bestimmt, dass ihm allein der Modus der Temporalität zukommt, sind durch die Bestimmtheit des Modus des Subjekts die Modi seiner Prädikate definit. Ändert sich dieser Modus, ändern sich auch die Modi der Prädikate bzw. vice versa, wenn die Prädikate den Modus des Subjekts hinsichtlich bestimmter Aktualitätsbedingungen ihrer Referenz bestimmen.

Wenn die Aktualitätsbedingungen durch die Entitäten vorgegeben werden, über welche die Aussage etwas aussagt, und diese kontinuierlichen Veränderungen unterworfen sind, müssen folglich auch die Modi der Begriffe der Aussagen kontinuierlich bestimmt sein.

Dies wirft das Problem auf, dass der Wahrheitswert einer Aussage niemals eineindeutig bestimmbar ist. Denn die Aktualitätsbedingungen ihrer Referenz ist dahingehend unbestimmt, dass sie nicht angibt, für welche Modi bzw. Folge von Modi sie die Aktualität der Referenz ermöglicht. Die Aktualitätsbedingung der Referenz einer Aussage gilt nämlich in unbestimmter Weise für alle Modi, welche die Begriffe der Aussage annehmen können. Ohne das eingeschränkt ist, dass die Begriffe der Aussage nur für bestimmte Modi gültig sind. Demgemäß liegt immer eine aktuale Referenz vor, wenn irgendein Modus gegeben ist. Ohne dass definit sein müsste, welcher dies ist.

Soll eine Aussage wahrheitsdefinit etwas über eine Entität hinsichtlich ihrer bestimmten Modi aussagen, kann der Wahrheitswert nicht für alle Modi gültig sein. Stünde die Aussage allein unter den Bedingungen metaphysischer Prinzipien, entspräche diese universale Gültigkeit der Referenz zwar ganz dem Charakter der Metaphysik, wenn sie ihre Gegenstände zu kontinuierlicher Veränderung bestimmt. Ohne dass man angegeben könnte, wann diese Veränderung beginnt und wann sie ihre Vollendung erfährt. Doch könnte dies nur von einem unendlichen Verstand begriffen werden, weil dieser vollständig erfassen könnte, was es heißt, dass sich etwas kontinuierlich verändert. Ohne dass die Veränderung einen Anfang oder ein Ende hat. Dies erfordert nämlich die Erkenntnis unendlicher Veränderung, die sich auf alle Entitäten der Metaphysik zugleich erstreckt, wenn sie Bestandteile der Veränderung sind.

Die Bestimmung des Inhalts eines solchen Begriffs übersteigt den menschlichen Verstand bei weitem, da er hinsichtlich empirischer Urteile auf seine Beobachtungen angewiesen ist. Diese sind durch die Möglichkeiten seiner Wahrnehmung aber eingeschränkt. Da man empirische Wahrscheinlichkeitsaussagen aufgrund von Beobachtung generiert, gilt die angesprochene Fluidität der begifflichen Modi folglich auch nur beschränkt, nämlich hinsichtlich der Wahrnehmung metaphysischer Entitäten.

Unter Rückgriff auf den Abschnitt zu den protologischen Betrachtungen lassen sich die Aktualitätsbedingungen der Referenz solcher fluiden Begriffe genauer spezifizieren. Denn die Prinzipien der Wahrnehmung ermöglichen die Spezifizierung der metaphysischen Gegebenheiten insofern, dass dadurch die Gegenstände der Wahrnehung strukturierbar sind. Daher sind durch sie definite Aussagen über Gegenstände formulierbar.

So kann man bestimmen, dass eine Referenz aktual gegeben ist, wenn eine bestimmte Folge erfahrbarer Zustände von Entitäten gegeben ist, die dem durch die Aussage Ausgesagtem entspricht. Dies meint, die Aussage gibt für die Folge an, was der Fall ist und wie es der Fall ist. Das ist nur möglich, wenn die Folge als solche bestimmt ist. Dazu bedarf es der Bestimmung eines Beginns der Folge, weil dadurch definit ist, hinsichtlich welchen Zustands alle anderen Zustände bestimmt sind. Ohne diese Bestimmung ist nicht ersichtlich, inwiefern ein Zustand einer Entität mit einem anderen Zustand einer Entität verbunden ist. Denn unbestimmt wäre, dass dies Zustände sind, die aus einem bestimmten Zustand folgen. Eine solche Folge bliebe hinsichtlich der Abfolge der Zustände somit unbestimmt. Sie wäre also keine Folge mehr.

Somit ergibt sich für die Aktualitätsbedingungen der Referenz, dass die verwendeten Begriffe einen primären Modus ihrer Prädikate aufweisen müssen, durch den bestimmt ist, dass eine Referenz gegeben ist und durch den jeder weitere Modus der Prädikate bestimmbar ist. Dies entspricht somit dem *principium identitatis primi*. Denn durch die Bestimmung des primären Modus der Begriffe ist jede mögliche Identität bestimmbar, die sich aus der Veränderung der Modi ergeben kann. Ist beispielsweise der Begriff „Mensch" so bestimmt, dass ihm das Prädikat „geboren" als primärer Modus der Notwendigkeit zukommt, ist jeglicher weitere Modus, der seinen Prädikaten zukommen kann, dahingehend bestimmt, dass sie diesem Modus immer nachfolgen. Sie sind insofern Bestandteil einer Folge modaler Bestimmtheit eines Subjekts, die durch seinen primären Modus bedingt ist.

Dies begründet noch nicht die vollständigen Aktualitätsbedingungen der Referenz einer empirischen Aussage. Denn liegt allein ein primärer Modus vor, hinsichtlich dessen alle anderen Modi der Aussage bestimmt sind, ist unbestimmt, wie die einzelnen Modi ein Kontinuum der Veränderung bilden. Ohne diese Bestimmung ist nicht ersichtlich, wie eine Referenz auf eine Entität kontinuierlicher Veränderung besteht. Ist nämlich ein jeder Modus in gleicher Weise von einem primären Modus bestimmt, scheint durch einen primären Modus auch zugleich jeder andere Modus aktual bestimmt zu sein. Das hieße, dass die Referenz nur für eine Entität bestehen kann, deren Modi alle zugleich aktual sind und sich nicht in einer kontinuierlichen Abfolge aktualisieren. Solch eine Entität ist nicht Gegenstand empirischer Aussagen, weil Empirie stets durch die Zustände der Welt bedingt ist. Diese aktualisieren sich kontinuierlich, woraus folgt, dass die Referenz nur für sich nur kontinuierlich aktualisierende Entitäten bestehen kann.

Insofern bedürfen die Modi der Prädikate der Begriffe selbst eines Prinzips, das die genaue kontinuierliche Abfolge ihrer Modi festlegt und sie dadurch nicht in gleicher Weise von einem primären Modus bestimmen lässt, sondern entsprechend einer weltgerechten kontinuierlichen Abfolge.

Das Prinzip ist entsprechend der Wahrnehmung durch das *principium rationati* gegeben. Denn es gibt an, dass ein jeder Modus eines Begriffs ein Glied in einer Folge von Modi des Begriffs ist. Ein Glied der Folge ist ein singulärer Modus eines Begriffs, der entweder die Bestimmtheit eines einzelnen ihm nachfolgenden singulären Modus desselben Begriffs bestimmt oder selbst durch einen singulären Modus desselben Begriffs bestimmt ist.

Somit ist ein Glied einer Folge von Modi entweder durch einen primären Modus bestimmt oder durch ein Glied, was dem primären Modus nachfolgt. Daraus ergibt sich, dass einzelne Modi des Begriffs entweder gegeben sein können, wenn bestimmte andere Modi ihnen vorausgehen oder bestimmte singuläre Modi die Bedingung für die Gegebenheit ihn nachfolgender Modi sind. Die sich so ergebende Folge von Modi, die durch die Prädikate des Begriffs ausgesagt sind, treten in ihrer Abfolge indexikalisiert auf, weil ein jedes Glied genau nach anderen Gliedern der Folge bestimmt ist. Das heißt, dass die genaue Abfolge der Modi entsprechend eines bestimmbaren Kontinuums von Bedingung und Bedingtem eineindeutig definit ist. Somit erfasst also ein Begriff durch seine Prädikate und die indexikalisierte Abfolge ihrer Modi, die genaue kontinuierliche Abfolge der Modi einer wahrnehmbaren Entität. Eine Aussage, deren Begriffe nach diesem Prinzip bestimmt sind, referiert zwangsläufig und eineindeutig auf eine wahrnehmbare Entität bzw. eine Entität, die wahrgenommen worden ist. Denn die Entität wird durch die Begriffe vollständig in ihren jeweiligen Modi erfasst, die während ihrer Beobachtung auftraten.

Ob und inwieweit die angeführten Prinzipien die vollständigen Bedingungen für gültige empirische Wahrscheinlichkeitsaussagen bilden, sei an dieser Stelle dahingestellt, da hier nur ein Entwurf vorliegt. Doch sind die vorgestellten Prinzipien ausreichend, um empirische Aussagen zu bilden, die wahrnehmbare Entitäten mit ausreichender Präzision erfassen.

26 Relationen von empirischen Wahrscheinlichkeitsaussagen

Allgemeinhin ist durch eine empirische Wahrscheinlicheitsaussage ein Maßstab ausgesagt, der die erfolgreiche und nicht-erfolgreiche Zuweisung von Bedingung und Bedingtem feststellt. Genauer besehen bezieht sich dies auf die konkreten Gegenstände der Beobachtung, wie sie uns durch die Wahrnehmung gegeben sind.

Wie man diese Zuweisung treffen kann, unterliegt den Bedingungen der Zuweisungsbestimmung. Diese werden zumeist durch bestimmte Theorien ausgearbeitet, mit deren Hilfe man etwas über die Gegenstände der Erfahrung aussagt. Die Theorien geben also vor, in welcher Weise die Begriffe und die Modi ihrer Prädikate zu betrachten sind. Weil die Begriffe der Gegenstände einer Beobachtung stets dieselben sein müssen, da sie andernfalls etwas über einen anderen Gegenstand aussagen, lassen sich mit gleichbleibenden Begriffen verschiedene Zuweisungen formulieren. Beispielsweise beziehen sie sich auf das Auftreten eines Modus einer Art von Entität und dem Modus einer anderen Art von Entität. Treten beide Modi mit einer bestimmten Häufigkeit gemeinsam während einer Beobachtung auf, lässt sich eine Zuweisung bestimmen. Bei empirischen Untersuchungen spricht man bei einer solchen Zuweisung auch von Ursache und Wirkung.

Die Anzahl der erfolgreichen und nicht-erfolgreichen Zuweisungen ist das, was man durch eine empirische Wahrscheinlichkeitsaussage aussagt. Innerhalb eines wissenschaftlichen Kontextes einer Theorie ist sie es, welche die Glaubwürdigkeit der Theorie stützt. Weil man Zuweisungen mit Hilfe unterschiedlichen Theorien formuliert, die Gegenstände aber dieselben bleiben, auf die sie sich bei einer Beobachtung beziehen können, müssen auch die Begriffe dieselben bleiben.

Nur wenn die Vertreter unterschiedlicher Theorien eine Beobachtung mit denselben Begriffen analysieren, dann lässt sich auf einer gemeinsamen Grundlage etwas über die Empirie aussagen. Für empirische Wahrscheinlichkeitsaussagen heißt dies, dass man sie auf dieser Grundlage zueinander in Beziehung setzen können muss. Das selbst dann, wenn man sie aufgrund unterschiedlicher Theorien bestimmt.

In dieser Hinsicht bestimmt die Theorie nicht die Gegenstände der Empirie. Dies geschieht vielmehr aufgrund der Wahrnehmung des Beobachters durch den Beobachter selbst. Alles was eine Theorie für die Empirie leistet, ist entweder die Begründung für das Auftreten eines bzw. verschiedener Modi einer oder mehrer Entitäten oder sie begründet die Abfolge der Modi. Dies meint stark verkürzt gesprochen, die Darlegung des „warum" und „wie" der Empirie. Insofern legt man durch die Theorien Relationen zwischen Begriffen fest, die Aussagen über die Gegenstände der Emprie darstellen sollen. Dahingehend weisen solche Aussagen die allgemeinen Relationen auf, die durch die *quadrata formula* bekannt sind.

Dies betrifft nur die Relation der Aussagen, wie sie durch die Prinzipien der allgemeinen Logik gegeben sind. Sie bestehen hinsichtlich Aussagen, die als wahrheitsdefinite Einheiten mit einer bestimmten Quantität bestimmt sind. Von den Bedingungen der Bestimmtheit der einzelnen Individuen, die durch die Begriffe erfasst sind, ist dabei abgesehen, so dass die Relationen in jedem Fall universale Gültigkeit beanspruchen.

Im Fall der Verwendung fluider Begriffe, die adäquat auf den einzelnen Fall einer Beobachtung angewandt werden können, ist die Relation primär nicht hinsichtlich der quantitativen Bestimmtheit der Aussage zu bestimmen, sondern hinsichtlich der modalen Bestimmtheit der verwendeten Begriffe. Inwiefern die einzelnen Modi der beobachteten Entitäten zueinander in Beziehung zu setzen sind, ist durch die Theorie bestimmt. Daher schränkt die Theorie zumindest die Sichtweise auf die modale Bestimmtheit der Begriffe ein, die den Entitäten zukommen und somit den Inhalt einer empirischen Wahrscheinlichkeitsaussage.

Dies gibt Aufschluss über empirische Wahrscheinlichkeitsaussagen, deren Theorien die Begriffe zur Zuweisungen derselben Modi bestimmen. Solche Aussagen erweisen sich dann als modal-äquivalent. Theorien, deren empirische Wahrscheinlichkeitsaussagen gleiche modal-begriffliche Relationen aufweisen, können gleichsam wie universal-positive und universal-negative Aussagen nach ihrer Qualität relational bestimmt werden.

Ist die Zuweisung der Modi entsprechend der Beobachtung durch die eine Theorie bejaht und durch die andere verneint, stehen sie im Idealfall konträr gegenüber. Sollte nämlich eine von ihnen eine wahre Aussage sein, muss ihr Gegenteil falsch sein. Beide zugleich können dann nicht wahr sein, weil denselben Begriffen eine modale Relation nicht zugleich zukommen und nicht-zukommen kann. Daraus ergäbe sich ein Widerspruch.

Dagegen ist einzuwenden, dass die positive und negative Zuweisung der Modi durch die jeweilige Theorie anders fundiert ist. Die Begriffe der Aussagen sind somit durch unterschiedliche Theorien bedingt und können daher nicht in derselben Weise ein konträres Verhältnis aufweisen, wie universal-positive und universal-negative Aussagen.

Wie bereits erwähnt, begründet eine Theorie das Auftreten von Modi und deren Abfolge. Von der Theorie unabhängig ist die Referenz der Begriffe, die den Entitäten einer Beobachtung zukommen. Denn den Entitäten kommen eineindeutige Begriffe zu. Dahingehend ist auch eine jede Relation zwischen den Modi der Begriffe eineindeutig. Folglich müssen positive und negative Zuweisungen der Modi durch eine empirische Wahrscheinlichkeitsaussage dieselbe Referenz aufweisen. Wie man diese Referenz jeweils begründet, bleibt den Argumentationssträngen der Theorien überlassen. Die Kontrarietät der Aussagen bleibt also aufgrund derselben Referenz der Begriffe erhalten, unabhängig davon, wie die Zuweisung der Modi der Begriffe begründet ist. Dies ist durch die modale-äquivalenz der Begriffe feststehend.

Anders verhält es sich bei Aussagen, die ebenfalls dieselbe Referenz aufweisen, aber modal-invalent sind. Das ist dann der Fall, wenn die Abfolge der Modi der Begriffe einer Aussage rekursiv ist. Dann erweisen sich die Aussagen zueinander als inkommensurabel, weil das ausgesagte Kontinuum der modalen Bestimmtheit der Begriffe verschieden ist. Das meint, dass die Begriffe der Aussagen entsprechend ihrer Prädikation zwar dieselben sind, doch die Indices der Folge ihrer Modi verschieden. Exemplarisch lässt sich für einen solchen Fall eine Theorie anführen, die eine Wahrscheinlichkeit retrospektiv von der beobachteten Wirkung zu einer beobachteten Ursache bestimmt. Die Gegenstände der Beobachtung, die man durch die Wahrscheinlichkeitsaussage erfasst, bleiben zwar dieselben, wie bei einer Theorie, welche die Wahrscheinlichkeit von einer beobachteten Ursache zu einer beobachteten Wirkung bestimmt, aber ist die modale Abfolge verschieden.

Ist die modale Abfolge verschieden, während die Begriffe dieselben sind, ist zu vermuten, dass bei einer der Aussagen ein Widerstreit mit dem *principium rationati* vorliegt. Erscheint es doch ausgeschlossen, dass die Begriffe beobachtbarer Entitäten in zwei empirischen Wahrscheinlichkeitsaussagen zwei unterschiedliche modale Abfolgen aufweisen. Schließlich handelt es sich um dieselben Begriffe.

Auf den ersten Blick scheint diese Behauptung problematisch. Denn auch für eine rückwärtsgerichtete Abfolge der modalen Bestimmtheit ist das *principium rationati* notwendig. Der Unterschied liegt indes nicht in dem Prinzip begründet, sondern in dem angenommenen Modus der Wahrnehmung. Dieser ist durch das *principium identitatis primi* bestimmt. Denn es bestimmt einen Modus des Begriffs als einen primären Modus, dem alle anderen nachfolgen. Ist dieser Modus in zwei Aussagen mit denselben Begriffen für die Modi der Begriffe jeweils verschieden bestimmt, so ist zwangsläufig die modale Abfolge ihrer Modi verschieden, weil jeweils eine andere Art der Wahrnehmung zugrundeliegt.

Ist der Modus der Wahrnehmung, aufgrund deren eine empirsche Wahrscheinlichkeitsaussage formuliert ist, verschieden von der einer anderen Wahrnehmung, mit denselben Begriffen, besteht eine modale Differenz. Die Referenz, die dann bei beiden Aussagen besteht, bezieht sich auf eine unterschiedliche Art der Wahrnehmung. Entsprechend dieser Referenz sind sie modal-inkommensurabel, sagen also Verschiedenes aus. Dennoch bilden sie gültige empirische Wahrscheinlichkeitsaussagen. Demgemäß können beide einen definiten Wahrheitswert aufweisen, der sich gegenseitig nicht ausschließen muss, aber kann.

Dies gilt in zweierlei Hinsicht. Ist festgelegt, dass eine von ihnen wahr ist, so muss die andere zwangsweise falsch sein. Zumindest ist dies für die Zuweisung der Modi anzunehmen, die sich trotz verschiedener Abfolge auf dieselben Modi beziehen. Denn ist eine Relation zwischen bestimmten Modi nur gemäß einer Abfolge wahr, muss eine Aussage aufgrund ihrer anderen Abfolge falsch sein, wenn sie sich auf ein und dieselbe Welt beziehen. Erweist sich beispielsweise eine Aussage empirischer Wahrscheinlichkeit über einen Sachverhalt als wahr, der eine Theorie rückwärtsgerichteter Kausalität zugrundeliegt, muss eine Aussage über denselben Sachverhalt, der eine vorwärtsgerichtete Kausalitätstheorie zugrundeliegt, falsch sein. Denn im einen Fall bedingen die Modi einander temporal rückwärtsgerichtet und im anderen Fall vorwärtsgerichtet.

In zweiter Hinsicht erweist sich dies durch die Konversion einer der Aussagen bezüglich der modalen Abfolge einer anderen Aussage, mit denselben Begriffen. Versteht man eine entgegengerichtete Abfolge einer Aussage als negatives Äquivalent, lässt sich die entgegengesetze Aussage als negative Aussage entsprechend derselben Abfolge modal-äquivalent formulieren.

Dies zeigt sich wie folgt: Wenn die Zuweisung der Modi in einer empirischen Wahrscheinlichkeitsaussage so bestimmt ist, dass „Wenn Modus a von Begriff X, dann Modus b von Begriff Y." wahr ist, deren negative Umkehrung falsch sein muss. Also hier: „Es ist nicht der Fall, wenn Modus b von Begriff Y, dann Modus a von Begriff X." Weil hier eine bereits feststehende Abfolge vorauszusetzen ist — die Beobachtung ist ja bereits feststehend—, sind die Aussagen als Bisubjunktionen zu verstehen. Daher gilt, wann immer in der ersten Aussage Antezedens und Konsequens wahr sind, die Aussage im Ganzen wahr ist bzw. wenn beide falsch sind, dass die Aussage ebenfalls wahr ist. Was der Antezedenz aussagt, ist folglich eine notwendige Bedingung für die Wahrheit des Konsequenz. Die Wahrheit des Konsequenz ist indes auch notwendige Bedingung für die Wahrheit des Antezedenz. In jedem anderen Fall ist die Bisubjunktion falsch.

Weil die Wahrheitswerte beider Aussagen die notwendige Bedingung für die Wahrheit der jeweiligen anderen ist, muss auch die Aussage: „Wenn Modus b von Begriff Y, dann Modus a von Begriff X." wahr sein. Schließlich bedingt die Wahrheit des Konsequenz der ersten Bisubjunktion mit Notwendigkeit die Wahrheit des Antezedens. Ist insofern bloß der Konsequenz einer wahren Bisubjunktion gegeben, muss auch die Wahrheit des Antezedens gegeben sein. Ist deren Negation falsch, weil ihre gegenteilige Aussage wahr ist, muss auch die Aussage mit der entgegengerichteten Abfolge falsch sein. Umgekehrt muss sie wahr sein, wenn die Negation wahr ist, weil die gegenteilige Aussage falsch ist. Dies gilt nur, wenn man sich ausschließlich auf dieselben Relationen derselben Modi innerhalb der verschiedenen Folgen bezieht. Das ist ausschließlich bei Bisubjunktionen der Fall, wie später genauer erläutert ist. Diese lassen nämlich keine alternative Zuweisung der Modi zu, wodurch man bei unterschiedlichen Folgen dieselben Relationen zwischen den Modi aussagt.

Dies verhält sich anders, wenn die Zuweisung der Modi der Begriffe durch Subjunktionen ausgedrückt sind. Der Wahrheitswert des Antezedens ist dann nur hinreichend für den Wahrheitswert des Konsequenz. Das bedeutet, dass hinsichtlich des Beispiels nicht davon auszugehen ist, dass die Aussage „Wenn Modus b von Begriff Y, dann Modus a von Begriff X" genauso wahr sein muss, wie die Aussage: „Wenn Modus a von Begriff X, dann Modus b von Begriff Y." Ist in der letzteren Aussage nur der Antezedens wahr und der Konsequenz falsch, ist die ganze Subjunktion falsch. Das bedeutet aufgrund der hinreichenden Bedingtheit des Konsequenz durch den Antezedens nicht, dass durch die Konversion der Aussage in die entgegengesetze Abfolge der

Modi irgendetwas über den Wahrheitswert einer konvertierten Aussage gesagt werden könnte. Wollte man dies behaupten, und kehrt man die Aussagen von Konsequenz und Antezedens bei denselben Wahrheitswerten um, wäre die daraus hervorgehende Subjunktion wahr. Denn der Antezedens wäre falsch und der Konsequenz wahr.

Dass die Wahrheitswerte erhalten bleiben müssen, erschließt sich daraus, dass in einer Subjunktion der Wahrheitswert der Konsequenz eine notwendige Bedingung für den Wahrheitswert des Antezedens ist. Besteht der Wahrheitswert eines Konsequenz mit Notwendigkeit, muss der Wahrheitswert der Aussage als nicht veränderbar gelten. Die Konversion der Abfolge verändert somit den Wahrheitswert nicht. Dann bliebe jedoch unverständlich, warum die nicht konvertierte Aussage falsch ist. Schließlich wird hier eine Zuweisung derselben Modi getroffen, nur deren Abfolge ist verschieden. Die somit ausgesagte Relation zwischen den Modi erscheint auf den ersten Blick als dieselbe. Dieselbe Relation kann jedoch nicht mit unterschiedlichen Wahrheitswerten ausgesagt werden. Denn dies ist widersprüchlich und bedarf daher der Auflösung.

Nun kann man bei der Subjunktion durch Konversion der Abfolge nicht zwangsläufig auf dieselbe Relation zwischen den Modi schließen. Daher ist eine Konversion unzulässig. Was nicht ausschließt, dass sie ein logisches Verhältnis zueinander aufweisen können. Die Unzulässigkeit der Konversion bedarf einer Begründung. Diese lässt sich durch die indexikalisierte Abfolge der Modi im Vergleich zur Bisubjunktion geben. Bezieht sich eine Bisubjunktion auf eine Zuweisung derselben Modi, so müssen die Indices mit den Modi in den Folgen von zwei Aussagen übereinstimmen, wenn die ausgesagte Relation dieselbe ist. Dann handelt es sich nämlich bei beiden Aussagen um dieselben Modi und dieselbe Relation.

Zur Veranschaulichung stelle man sich eine Folge von drei Zahlen waagerecht aufgeschrieben vor, von der jeweils jede einen Modus darstellt. Unter dieser Folge stelle man sich die Zahlen in entgegengesetzter Reihenfolg vor.

1   2   3

3   2   1

Die untere Folge stellt die konvertierte Reihe der über ihr gelegenen dar. Gibt nun eine Bisubjunktion eine Zuweisung des Modus mit dem ersten Index und dem Modus mit dem letzten Index an, so stimmen die Modi der Begriffe in der konvertierten Reihe überein. Des Weiteren treten dieselben Nummern der Indices auf. Aufgrund des Auftretens derselben Indices ist zu folgern, dass die dadurch ausgesagte Relation eineindeutig bestimmt ist. Denn mathematisch gedacht, wird sie durch dieselben Zahlen ausgedrückt und ist insofern gemäß ihrer numerischen Prädikation identisch. Wahrheitstheoretisch heißt dies, dass in jedem Fall eine Relation zwischen denselben Wahrheitswerten ausgesagt wird. Denn durch die Konvertierung bleiben die Wahrheitswerte notwendigerweise erhalten.

Anders ist der Fall bei Subjunktionen, deren Begriffe mehr als drei Modi innerhalb der Folge aufweisen. Verfährt man nach demselben Verfahren wie bei einer Folge mit drei Nummern, wird man feststellen, dass in einigen Fällen dieselben Indices auftreten werden, in einigen jedoch nicht. Eine Übereinstimmung ist z. B. stets bei dem ersten und letzten Modus aufzufinden. Das ist nicht verwunderlich. Denn die Abfolge ist in beiden Fällen durch das *principium identitatis primi* bestimmt. Somit bestimmt eine Konvertierung der Abfolge den ersten Modus zum Letzten und den Letzten zum ersten. Dieses Verhältnis besteht somit notwendig. Keine Übereinstimmung der Indices tritt indes z.B. bei dem Modus der an der zweiten Stelle steht und dem letzten auf. Trägt der letzte Modus nämlich z.B.den Index fünf, so wird ihm in der konvertierten Reihe der Index eins zukommen, aufgrund des *principium identitatis primi*. Dem Modus dem zuvor der Index zwei zukam, wird jedoch in der konvertierten Reihe der Index vier zuommen.

| 1 | 2 | 3 | 4 | 5 |
| 5 | 4 | 3 | 2 | 1 |

Die jeweils ausgesagte Relation ist nun hinsichtlich ihrer numerischen Prädikation verschieden, obwohl sie zwischen denselben Modi ausgesagt wird. Durch die Konvertierung der Aussage ist somit nicht ersichtlich, dass auch dieselben Wahrheitswerte gegeben sein müssen, weil die numerische Prädikation der jeweils ausgesagten Relation nicht identisch ist.

Zu Recht lässt sich hinterfragen, inwiefern eine numerische Prädikation beweist, dass bei zwei dieselben Modi zum Gegenstand habenden Aussagen unterschiedliche Relationen ausgesagt sind, wenn allein die Abfolge der Modi verschieden ist. Schließlich ist eine numerische Prädikation eine mathematische Bestimmung. Weil die Mathematik Relationen zum Gegenstand hat, ist sie für die logische Analyse von Relationen nützlich. Das unter der Voraussetzung, dass man das Ergebnis für den Bereich auf den sie angewendet erklärt. Ohne Erklärung innerhalb des Bereichs bleibt sie nicht mehr als sie ist, eine Feststellung innerhalb der Grenzen der Mathematik.

Die numerische Prädikation gibt an, dass die ausgesagten Relationen verschieden sind. Diese Verschiedenheit erklärt sich wie folgt: In der ersten Aussage ist der zweite Modus hinreichende Bedingung für den fünften Modus eines Begriffs. Da der zweite Modus nur hinreichend ist, ist nicht ausgeschlossen, dass auch ein anderer Modus die Gegebenheit des fünften Modus gewährleistet. Mit Gewissheit kann man dies für den dritten und vierten Modus nicht sagen. Denn aus ihrer bloßen Gegebenheit folgt noch nicht, dass sie hinreichende Bedingung für die Gegebenheit des fünften Modus sind.

Mit Gewissheit kann man sagen, dass der erste Modus notwendige Bedingung für den zweiten Modus ist. Denn er begründet die Folge. Da der zweite Modus nur dadurch gegeben sein kann, dass der erste Modus gegeben ist, kann der zweite Modus nur hinreichend für die Gegebenheit des fünften Modus sein, wenn der erste gegeben ist. Damit ist ausgesagt, dass die ausgesagte Relation zwischen dem zweiten und dem fünften Modus durch einen weiteren notwendigen Modus bedingt ist. Anders bei der konvertierten Aussage bezüglich derselben Modi. Soll sie auch als Subjunktion gelten, ist die Relation durch keinen anderen Modus bedingt, als den ersten. Weil dieser den Beginn der Folge bestimmt, ist er auch notwendig. D.h. dass er für den vierten Modus als notwendige und hinreichende Bedingung auftritt. Die ausgesagte Relation ist folglich durch keinen anderen Modus bedingt.

Im Fall der ersten Aussage ist somit eine bedingte Relation ausgesagt, während im Fall der zweiten Aussage eine unbedingte Relation ausgesagt wird. Erweitert man die Anzahl der Modi und prüft die dadurch bestimmbaren Relationen hinsichtlich ihrer Bedingtheit durch andere Modi, wird man feststellen, dass man jeweils durch verschiedene Modi bedingte Relationen feststellen kann, wenn die Indices nicht identisch sind. Eine Konvertierung der modalen Abfolge der Begriffe einer Subjunktion ergibt also keine äquivalente Übereinstimmung der ausgesagten Relation. Daher ist die Konversion unzulässig.

Diese Feststellung ist insofern von Bedeutung, da sie zeigt, dass empirischen Aussagen, deren Begriffe je nach Beobachtung viele Modi beinhalten, nicht diesselben Relationen aussagen, wenn die modale Abfolge konvertiert ist. So sagt eine empirsche Wahrscheinlichkeitsaussage, welche die erfolgreiche Zuweisung der Modi von dem Begriff einer Ursache zum Begriff einer Wirkung bestimmt, etwas anderes aus, als eine empirische Wahrscheinlichkeitsaussage, die retrospektiv die erfolgreiche Zuweisung derselben Modi von dem Begriff der Wirkung zum Begriff einer Ursache bestimmt. Immer vorausgesetzt, dass die Zuweisung nicht durch eine Bisubjunktion ausgedrückt werden.

Das bedeutet aber nicht, dass man solche Aussagen nicht auch zueinander in Beziehung setzen kann. Sagen beide Aussagen verschiedene Relationen aus, die durch eine unterschiedliche vorauszusetzende Wahrnehmung bedingt ist, können beide wahr sein, aber auch beide falsch. Die Wahrheit oder Falschheit ist dann jeweils verschieden bestimmt, nämlich dem Modus der Wahrnehmung entsprechend. Ist indessen ausgeschlossen, dass die Aussagen in Hinsicht auf einen Modus der Wahrnehmung wahr sein können, so kann man zumindest schließen, dass die Aussagen des entgegengesetzten Modus wahr sein können. Erfolgt die Bestimmung einer Abfolge durch das *principium identitatis primi* nur in zwei Weisen, können nur zwei Arten von Wahrnehmungen angenommen werden. Ist eine davon erwiesenermaßen widersprüchlich, weil beispielsweise bewiesen ist, dass man aus einer entgegengesetzte Abfolge allein unsinnige Relationen bestimmen kann, muss zwangsläufig die andere Art von Wahrnehmung die Bedingung für die Formulierung wahrheitsdefiniter Aussagen darstellen. Aus den widersprüchlichen Bestimmungen einer Art von Wahrnehmung kann man also auf die Möglichkeit der Wahrheit von Aussagen der entgegengesetzten Art der Wahrnehmung schließen. Tritt beispielsweise in einer Abfolge von Modi von Begriffen auf, dass ein Prädikat eines Begriffs im Modus der Möglichkeit die Gegebenheit des Modus der Notwendigkeit eines anderen Begriffs bedingt, ist dies widersprüchlich. Denn das Notwendige besteht bedingungslos.

Das heißt nicht, dass es nicht die Bedingung für etwas Mögliches sein kann. Wäre die Abfolge anders bestimmt, besteht die Möglichkeit eine wahre Aussage über die Relation zwischen den Modi der Begriffe zu formulieren. Solange die Zuweisungen der Modi in der Form einer Subjunktion geschehen, lässt dies den Schluss auf die Möglichkeit der Wahrheit oder Falschheit der Aussagen des entgegengesetzten Modus der Wahrnehmung zu. Denn auf die Wahrheit oder Falschheit kann man aufgrund der nicht bestehenden Äquivalenz der ausgesagten Relationen zwischen den Modi der Begriffe nicht direkt schließen.

Zu vermuten bleibt letztlich, dass die Bedingtheit der Modi, wenn sie derselben Gattung angehören, unterschiedliche Bedingungsverhältnisse aufweisen. Denn nicht auszuschließen ist, dass zwei Arten von Modi, die derselben Gattung angehören, einander direkt bedingen oder erst durch die Gegebenheit weiterer Modi der Prädikate anderer Begriffe gemeinsam oder separat gegeben sein können.

Dies zu ergründen liegt in der Verantwortung der Wissenschaften, deren Gegenstand die Relationen zwischen den besonderen Arten von Modi der Begriffe von beobachteten Entitäten sind. Wie es z.B. die Physik, Soziologie oder Ökonomie sind.

27 Die verstandestechnische Grundlage der Wahrscheinlichkeitstheorie

Bisher bezog sich die Untersuchung der Grundlagen der Wahrscheinlichkeit größtenteils auf die Anwendung der Wahrscheinlichkeitstheorie auf die Empirie. Dadurch sollte klarer werden, unter welchen Voraussetzungen man die Wahrscheinlichkeitstheorie überhaupt sinnvoll auf unsere Welt anwenden kann. Letzten Endes sind diese Voraussetzungen sehr komplex, was dem Umstand geschuldet ist, dass die Wahrheitsbedingungen empirischer Wahrscheinlichkeitsaussagen durch eine komplexe Welt vorgegeben sind. Auf dieser Tatsache basiert die Analyse.

Im Alltag hat diese Komplexität zur Folge, dass Fragen empirischer Wahrscheinlichkeiten nur selten beantwortet werden, sondern durch Fragen mit einem geringeren Komplexitätsgrad ersetzt werden. Eine Antwort auf die Frage wird dadurch freilich nicht gegeben.[536] Doch auch die reduktionistische Vorgehensweise im Umgang mit komplexen Weltverläufen innerhalb der exakten Naturwissenschaften oder gesellschaftsorientierten Geisteswissenschaften, genügt zur Beantwortung solcher Fragen nicht. Denn die Wahrscheinlichkeiten, die man aufgrund statistischer Theorien aussagt, beruhen meist auf einer idealisierten simplen Welt. Diese Welt wird durch die jeweilige statistische Theorie vorgegeben, so dass die Gegenstände der Empirie in ihrer Komplexität beschnitten werden und nur noch in ihren Eigenarten verstümmelte Entitäten in den Fokus der Untersuchung geraten. Daraus hervorgehende Wahrscheinlichkeitsaussagen sagen, wenn überhaupt, nur Grenzfälle möglicher Relationen aus oder sind reine Fiktion.[537]

Fiktion sind sie deshalb, weil man die Entitäten den Theorien anpasst. Obwohl der Zweck der Theorie doch darin besteht, dass sie die Beschaffenheit und Zusammenhänge der Entitäten erklärt und begründet. Daher ist zu bezweifeln, ob Wahrscheinlichkeitsaussagen solcher Theorien Aussagen über unsere Welt sind, weil sie die Unmöglichkeit einer einfachen Welt zum Gegenstand haben. Stellt eine Theorie das Unmögliche vor, müssen ihre Aussagen falsch sein.

---

[536]   Vgl. Kahnemann, Daniel: Schnelles Denken, langsames Denken. S. 127-130.
[537]   Vgl. Cartwright, Nancy: How the Laws of Physics lie. S. 153f.

Davon unabhängig muss die Grundlage sein, auf der man Wahrscheinlichkeitsaussagen formulieren kann, die sowohl die volle Komplexität der Welt erfassen als auch diese nur in reduktionistischer Weise wiedergeben. Ausgangspunkt beider Arten der Formulierung ist der Verstand oder vielmehr seine Operationen. Denn ohne die Tätigkeit des Verstands besteht keine Wahrscheinlichkeitsaussage von sich aus.

War im vorherigen Abschnitt der Untersuchung primär die Voraussetzung für die Anwendbarkeit von Wahrscheinlichkeitsaussagen auf die Empirie der Gegenstand, so muss dem eine Untersuchung über die formalen Voraussetzungen der Hervorbringung solcher Aussagen folgen. Diese Vorraussetzungen begründen nämlich, welche Verstandesoperationen der Bildung von Wahrscheinlichkeitsaussagen zugrunde liegen, unabhängig davon, dass ihnen bereits irgendein Inhalt zukommen müsste. Sie stellen also das elementare Fundament rationalen Denkens dar, das nicht einmal ein kripkescher Skeptiker[538] unterminieren kann, ohne sich selbst zu widersprechen. Denn der Zweifel, der für ihn aufgrund komplexer Aussagen und Regeln möglich ist, fällt aufgrund der Einfachheit der Grundsätze auf keinen fruchtbaren Boden.

Aus den Grundsätzen ist also ersichtlich, was Wahrscheinlichkeiten in formaler Hinsicht aussagen und welche Eigenschaften ihnen zukommen, bevor sie aufgrund ihres Inhalts unter bestimmten Bedingungen ihrer Anwendung stehen. Somit richtet sich das Augenmerk der folgenden Untersuchung auf die Gesetze des Verstandes, nach denen dieser bestimmte Arten von Aussagen hervorzubringt.

27. 1 Boole und das Fundament des Verstands

Eine Grundlage für diese Untersuchung stellen George Booles (1815-1864) Werke „The Mathematical Analysis of Logic" und „The Laws of Thought" dar. Denn beide Werke explizieren die fundamentalen Operationen des Verstandes hinsichtlich der Hervorbringung von Aussagen. Letzteres stellt nach Booles eigenen Aussagen ein Werk „matured by some years of study and reflection, of a principle of investigation relating to the intellectual operations, [...]"[539] dar, welches auf dem ersteren aufbaut.[540] Daher ist es auch bevorzugt zu behandeln.

Die Explikation geschieht in beiden Werken durch eine mathematische Interpretation der Verstandesoperationen und den Gesetzen, nach denen sich diese richten. Wohlge-

---

[538]   Vgl. Kripke, Saul: Wittgenstein on Rules and Private Language: An Elementary Exposition. S. 8ff.
[539]   Boole, George: The Laws of Thought. Preface S. 1.[7-9]
[540]   Vgl. ebd. S. 1.

merkt, heißt dies für die Untersuchung von Wahrscheinlichkeitsaussagen nicht, dass deren Grundlagen durch die Mathematik allein verstehbar sind.

Wie Boole in einem Artikel im *The Philosophical Magazine, Series 4, vol.i* im Juni des Jahres 1851, also drei Jahre vor dem Erscheinen von *The Laws of Thought*, betont, beruhen Wahrscheinlichkeiten auf der logischen Verbindung (logical connexion) von Aussagen.[541] Sie gründen somit in der Logik, auch wenn sie ihre numerische Anwendung in der Mathematik haben. Dem steht nicht entgegen, dass sich die logischen Gesetze am effizientesten in einer mathematischen Form darstellen und verstehen lassen.[542] Denn schließlich sind sie nicht mit ihrer Darstellungsform identisch. Die Mathematik lässt sich diesbezüglich vielmehr als eine Interpretationsform logischer Sachverhalte interpretieren, während die Logik den Sachverhalt überhaupt erst ausdrücken lässt[543] und ihn so für eine Interpretation zugänglich macht.

Das ist ein Grundtenor, der auch noch ganz in den *Laws of Thought* zu finden ist, wenn Boole beispielsweise darauf verweist, dass man Wahrscheinlichkeitsaussagen aufgrund des Wissens über etwas deduziert.[544] Versteht man Wissen als wahrheitsdefinite Aussagen, so stehen diese unter den feststehenden Bedingungen der Wahrheitsdefinitheit und Aussagenform, wie sie die allgemeine Logik vorgeben. Damit überhaupt eine Wahrscheinlichkeitsaussage abgeleitbar und mathematisch darstellbar ist, muss deren Grundlage den logischen Gesetzmäßigkeiten genügen. Andernfalls wären die Wahrscheinlichkeitsaussage und deren mathematische Darstellung nur Unsinn.

Wird indessen eine Wahrscheinlichkeitsaussage aus dem Wissen über etwas deduziert, so muss das einer Verstandesoperation entsprechen und somit logischen Gesetzen. Denn dann ist auf der Grundlage dieser Gesetze nachvollziehbar, in welcher Weise der Verstand tätig sein muss, um eine bestimmte Art von Aussage hervorzubringen bzw. wofür eine mathematische Darstellung von Wahrscheinlichkeit überhaupt eine Darstellung ist.

---

[541] Vgl. Boole, George: On the Theory of Probabilities, and in particular on Mitchell's Problem oft he Distribution of Fixed Stars. In: A. E. Heath; R. Rhees: Studies in Logic & Probability. George Boole. S. 252$^{1\text{-}10}$.

[542] Vgl. Boole, George: The Laws of Thought. S. 11$^{12\text{-}32}$.

[543] Vgl. ebd. S. 13$^{5\text{-}14}$.

[544] Vgl. ebd. S. 245$^{25\text{-}32}$.

27. 1. α Klassenbegriffe

Boole beginnt seine Untersuchung elementar, indem er feststellt, dass man die Zeichen der Sprache benutzt, um Dinge entweder durch eine festgesetzte Zeichenfolge zu bezeichnen oder durch die Zeichenfolge bestimmte Eigenschaften (qualities) oder zugehörige Umstände (circumstances) der Dinge auszudrücken.[545] Eine Kombination der Zeichen ermöglicht demnach die Präzisierung von Eigenschaften und Umständen, wenn die Zeichenfolgen jeweils Differentes ausdrücken.

Dies ist nur dann der Fall, wenn die Kombination ein Vorgang ist, der aus differenten Zeichenfolgen eine Einheit bildet. Dann ist eine Zugehörigkeit der verschiedenen Zeichenfolgen bestimmt, die sich durch aufeinanderbeziehende Zeichenfolgen ausdrückt. Was man durch sie ausgedrückt, bezieht sich somit auch aufeinander. Die Einheit sagt somit nicht nur eine Ansammlung von Zeichenfolgen aus, sondern zugleich bestimmte Arten von Beziehungen der Zeichenfolgen respektive des Ausgedrückten zueinander. Wie eine Art von Kombination durchzuführen ist, ist nach Boole für die Algebra wie für den Verstand durch Gesetze bestimmt.[546] Denn was man bei der Bildung von Sätzen einer Sprache für Operationen vollzieht, lässt sich in äquivalenter Weise in der Mathematik finden.

Auf der Grundlage dieser gesetzesbestimmten Kombination drückt der Verstand verschiedene Einheiten von Eigenschaften aus. Diese Einheiten beziehen sich entweder auf die Existenz eines individuellen Dings oder mehreren Dingen.[547] Dies erweckt den Anschein, dass Boole eine so gebildete Einheit sowohl als intensionalen als auch extensionalen Begriff versteht. Denn drückt die Einheit die Existenz eines individuellen Dings aus, so wird sie nur auf diesen anwendbar sein. Drückt sie hingegen die Existenz mehrerer Dinge aus, ist sie auf all diese Dinge anwendbar, die die durch die Einheit ausgedrückten Beziehungen und Eigenschaften aufweisen.

Im ersten Fall ist nur ein Ding durch die Einheit erfassbar. Im zweiten sind es mehrere. Nach Die Einheit steht für beide Varianten und ist daher nicht als Art- oder Individualbegriff zu verstehen, sondern als eine Klasse (class). Eine Klasse erfasst sowohl eine Ansammlung von Individuen als auch nur ein einziges Individuum, wenn dieses den ausgedrückten Eigenschaften und deren Beziehungen entspricht.[548] Damit unter-

---

[545]   Vgl. ebd. S. $27^{4\text{-}24}$.

[546]   Vgl. ebd. S. $27^{16\text{-}21}$.

[547]   Vgl. ebd. S. $27^{27\text{-}29}$.

[548]   Vgl. ebd. S. $28^{21\text{-}29}$.

scheidet sich ein Klassenbegriff grundlegend sowohl von einem Artbegriff als auch einem Individualbegriff bezüglich seiner Referenz. Ein Artbegriff ist aufgrund seiner Allgemeinheit auf unendlich viele Individuen anwendbar. Dies gilt selbst dann, wenn seine Intension, d.h. sein Inhalt, zunimmt und gerade nur ein Ding existiert, auf das dieser referiert. Grund dafür ist, dass die ausgesagten Eigenschaften stets universal sind. Ein indexikalischer Bezug und somit eine eineindeutige Identifizierung des Referenzobjekts ist daher nicht möglich. Die Identifizierung des Referenzobjekts ist durch einen Individualbegriff zwar gegeben, doch weisen seine ausgesagten Eigenschaften einen indexikalischen Bezug auf. Das meint, dass die Eigenschaften genau einem Individuum zu einem bestimmten Zeitpunkt zukommen. Die Definition des Individualbegriffs kann daher nicht auch auf verschiedene Dinge referieren.

Leistet der Klassenbegriff beides, indem er sowohl auf ein einzelnes Individuum referieren kann und auf eine Anzahl verschiedener Individuen, muss er mit einem temporalen Existenzindex referieren. Dieser richtet sich immer auf alle Dinge, die zu einem bestimmten Zeitpunkt die durch die Klasse ausgesagten Beziehungen und Eigenschaften aufweisen. Dann erfasst eine Klasse ein einzelnes Individuum, wenn es die Eigenschaften aufweist, und zu einem späteren Zeitpunkt verschiedene Individuen, wenn sie existent sind. Somit besteht bei der Verwendung eines Klassenbegriffs stets eine aktual vollständige Erfassung aller Individuen, die seiner Definition entsprechen. Daher kann Boole auch sagen, dass der Klassenbegriff entweder alles (universe) respektive alles Seiende (all beings) oder nichts (nothing) respektive kein Seiendes (no beings) erfasst, was als einzelnes Individuum existiert.[549] Sind Klassenbegriffe die mentalen Entitäten, die der Verstand nutzt, um etwas auszudrücken, kann er also durch die Verwendung derselben Klasse sowohl ein einzelnes Individuum erfassen als auch eine Anzahl verschiedener Individuen.

Hier drängt sich die Frage auf, ob der Klassenbegriff mit Georg Cantors Begriff der Menge identisch ist. Denn Cantor definiert 1895 die Menge als: „jede Zusammenfassung M von bestimmten wohlunterschiedenen Objekten m unserer Anschauung oder unseres Denkens (welche die ‚Elemente' von M genannt werden) zu einem Ganzen."[550] Eine Menge bzw. der Mengenbegriff erfasst somit eine bestimmte Anzahl von

---

[549] Vgl. ebd. S. $28^{25\text{-}29}$.

[550] Cantor, Georg: Beiträge zur Begründung der transfiniten Mengenlehre. In: Mathematische Annalen 46. S. $481^{14\text{-}17}$.

Individuen, die eine bestimmte Prädikation aufweisen. Diese können existieren oder nicht.

In ähnlicher Weise verwendet Boole in *The Mathematical Analysis of Logic* den Begriff der Einheit (unity). Nur mit dem Unterschied, dass er die *unity* als *class of objects* versteht. Die Klasse gibt dabei die Eigenschaften vor, welche die Individuen erfassen.[551] Wie aus der Präzisierung des Verständnisses des Klassenbegriffs in *The Laws of Thought* hervorgeht, erfasst und referiert somit indes der Klassenbegriff auch auf einzelne Individuen oder aber nichts, wenn nichts existiert, was durch die Prädikation der Klasse erfasst wird. Der Begriff der Menge erfasst nur wohlunterschiedene Objekte. Freilich muss dies, entgegen der heutigen Interpretation der Mengenlehre, eine Menge ohne Elemente ausschließen. Ebenfalls schließt dies eine Menge mit nur einem Element aus, da Wohlunterschiedenheit nur relational, d.h. hinsichtlich zu anderer Elemente bestimmt sein kann.

Booles Klassenbegriff leistet insofern mehr als Cantors Mengenbegriff. Eine Klasse kann nämlich sowohl kein Elemente erfassen, ein Element oder aber eine Vielzahl weiterer Elemente. So gesehen inkludiert der Klassenbegriff die Menge als eine besondere Klasse, die nur mehrere Elemente erfassen kann, egal ob eine solche Klasse überhaupt gegeben sein kann.

Aus diesen Eigenschaften einer Klasse wurde ein interessanter Schluss gezogen, der heutzutage Gültigkeit beansprucht. Dieser lautet verkürzt wie folgt: Wenn eine Klasse gegeben ist, die alle Elemente enthalten kann, so muss diese die größte Extension und die geringste Intension haben. Eine Klasse, die keine Elemente enthalten kann, muss folglich die kleinste Extension und die größte Intension haben. Werden beide Klassen durch eine Konjunktion als Definition einer neuen Klasse ausgesagt, so entspricht dies der Klasse, die keine Elemente enthalten. Die Begründung dafür ist, dass eine Klasse, die keine Elemente enthalten kann, so bestimmt ist, dass sie auf keine Entität anwendbar ist. Insofern scheint sie nur so bestimmt sein können, dass sie zur Klasse, die alle Elemente erfassen kann, kontradiktorische Bestimmungen enthält.[552] Die Vereinigung der Definitionen beider Klassen ist auf keine Entität anwenbar, weil sie einander ausschließen. Somit kann auch der Klassenbegriff keine Elemente erfassen. Dies entspricht zwar dem Verständnis der boole'sche Algebra,[553] doch bleibt aus logischer

551 Vgl. Boole, George: The Mathematical Analysis of Logic. S. 38$^{1-6}$.
552 Vgl. Bar-Am, Nimrod: Extensionalism: The Revolution in Logic. S. 141.
553 Vgl. Boole, Georg: The Mathematical Analysis of Logic. S. 46^{23}-48^{6}.

Sicht unbegründet, wieso eine Klasse, die keine Elemente erfassen kann, entsprechend ihrer Bestimmung als widersprüchlich zu interpretieren ist. Denn eine Klasse, die keine Bestimmung enthält, kann in gleicher Weise keine Elemente erfassen. Des Weiteren wäre die Definition der Vereinigung der obigen Klassen zu einer neuen Klasse identisch mit der Klasse, die alle Elemente enthalten kann. Inwiefern die erstere Interpretation der zweiten vorzuziehen ist, ohne auf die bloße Verwendungsweise in der boole'schen Algebra zu verweisen, bleibt unbegründet.

27. 1. β Grundlegende Verstandesoperationen — das Operieren mit Klassenbegriffen

Weist die Klasse eine bestimmte Prädikation auf, durch die man verschiedene Individuen erfasst, ist ersichtlich, dass die Definition der Klasse beliebig ist. Doch muss sie widerspruchfrei sein, um Individuen erfassen zu können. Welche Anordnung die einzelnen Prädikate innerhalb der Definition der Klasse haben, ist egal. Denn letztlich ist durch jede sinnvolle Kombination der Prädikate dieselbe Klasse ausgedrückt,[554] d.h. dass die Definition des Subjekts stets dieselbe bleibt.[555] Genauer gesagt bleibt die logische Identität der Klasse stets dieselbe, selbst wenn die Anordnung der Prädikate ihrer Definition verschieden ist. Letztlich kommen in jeder Anordnung dieselben Prädikate vor, weshalb Definitionen mit verschiedenen Anordnungen derselben Prädikate aufgrund ihrer Bestimmtheit nicht unterscheidbar sind.[556]

Nach Boole bildet dies ein Gesetz des Denkens, dass man analog zur Mathematik als Kommutativgesetz bezeichnen kann.[557] Die Anordnung der Prädikate ist daher für den Verstand nicht identitätskonstituierend. Ist Identität so bestimmt, dass sie die Einheit bestimmter Qualitäten ist, ist aus der Kenntnis aller Qualitäten stets dieselbe Identität erkennbar. Folglich wird dieselbe mentale Operation vollzogen.

Gleiches gilt, wenn die Definition der Identität mehrfach dieselben Prädikate aufweist. Sofern die Prädikate mehrfach vorkommen und daher dasselbe ausdrücken, ist nur eine bestimmte Identität ausgesagt. Sind die Prädikate hinsichtlich des durch sie Ausgedrückten voneinander nicht verschieden, ist durch sie dasselbe ausgesagt. Der Verstand fasst sie daher wegen ihrer Bestimmheit als identische Einheit auf. Das heißt, dass die durch sie ausgedrückte Identität für den Verstand nicht verschieden ist von

---

[554] Vgl. Boole, George: The Laws of Thought. S. 29$^{6\text{-}26}$.

[555] Vgl. ebd. S. 44$^{24\text{-}37}$.

[556] Vgl. ebd. S. 45$^{20\text{-}25}$.

[557] Vgl. ebd. S. 31$^{3\text{-}13}$.

der Identität, die er durch eine Definition erfasst, in der dasselbe Prädikat nur einmal vorkommt. Demnach ergibt sich ein zweites Gesetz des Denkens, dass gleichbestimmte Prädikate identisch sind und als ein und dasselbe Prädikat zu verstehen sind.[558]

Weil die Identität eines Klassenbegriffs nicht aus einer Bestimmung allein bestehen muss, sondern aus einer Vielzahl von Bestimmungen bestehen kann, ist die Identität als ein verschiedene Teile zukommendes Ganzes verstehbar. Diese Teile bilden wiederum für sich einzelne Ganze, die durch einen Klassenbegriff erfassbar sind. Demnach setzt sich ein Klassenbegriff, der verschiedene Bestimmungen enthält, aus separierbaren anderen Klassenbegriffen zusammen. Dies bedeutet, dass die jeweiligen Klassen für sich betrachtet Individuen mit unterschiedlichen Eigenschaften erfassen.

Ein Klassenbegriff, der alle diese Individuen erfasst, muss also so bestimmt sein, dass die jeweiligen Klassen entsprechend ihren separaten Bestimmungen erkennbar sind. Andernfalls müsste man behaupten, dass die Individuen durch dieselbe Identität erfasst werden. Das bedeutet, dass der Klassenbegriff kein Ganzes darstellt, das in Teile zergliebar ist. Denn dann ist durch die Bestimmtheit des Ganzen alles derart erfasst, dass keine Differenzierung der Individuen der Klasse möglich ist. In dem Fall kann nur ein Individuum durch die Klasse erfasst sein. In allen anderen Fällen muss der Klassenbegriff zusammengesetzt sein.

Demnach muss der Verstand zu seiner Bildung verschiedene andere Klassenbegriffe miteinander verknüpfen. Dies in der Weise, dass die Identität der einzelnen Klassenbegriffe erhalten bleibt. Obwohl sie durch einen einzelnen Klassenbegriff zusammengefasst sind. Daher gilt ein Gesetz für den Verstand, dass zusammengesetzte Klassenbegriffe durch die Verknüpfung von separierbaren Klassenbegriffen geschehen.[559] So lässt sich z.B. aus den Klassenbegriffen „Hunde" und "Katzen" durch eine verknüpfende Verstandesoperation der Klassenbegriff „Hunde und Katzen" bilden. Das „und" im Klassenbegriff steht hierbei für die Verknüpfung separierbarer Klassenbegriffe.

Wie bei der Anordnung der Prädikate innerhalb der Definition eines Klassenbegriffs ist auch die Reihenfolge der Verknüpfung belanglos. Denn die ausgedrückte Identität des Klassenbegriffs „Hunde und Katzen" ergibt sich aus der Bestimmtheit der Identität der beiden Klassenbegriffe. Die ausgedrückte Identität bleibt gleich, egal in welcher

---

[558]   Vgl. ebd. S. 31$^{26\text{-}35}$.
[559]   Vgl. ebd. S. 32^{29}-33^{12}.

Anordnung man die separaten Klassenbegriffe miteinander verknüpft.[560] Demnach muss der Klassenbegriff „Hunde und Katzen" dieselbe Identität ausdrücken, wie der Klassenbegriff „Katzen und Hunde", weil der Verstand entsprechend der Bestimmtheit der Identität nicht unterscheiden kann. Bei diesen Klassenbegriffen handelt es sich also um denselben.

In gleicher Weise lassen sich auch Klassenbegriffe bilden, die ausdrücken, dass sie nicht jedes Individuum erfassen, das sie erfassen könnten. Demgemäß muss der Verstand eine ausschließende Operation ausführen, die einen Klassenbegriff als Ganzes in bestimmte Teile separiert und dadurch eine Identität bestimmt, die nur einen bestimmten Teil des Ganzen ausdrückt. Boole gibt dafür das Beispiel, dass sich der Klassenbegriff „All men except Asiatics" bilden lässt.[561] Dieser Begriff drückt nur einen Teil eines Ganzen aus,[562] nämlich des Klassenbegriffs „men". Damit der Verstand dies leisten kann, muss jedoch bekannt sein, aus welchen weiteren Klassenbegriffen der Begriff „men" zusammengesetzt ist. Ist das nicht bekannt, so ist damit kein Klassenbegriff über den Teil eines Ganzen gebildet. Denn unbekannt ist, wie die Identität des Ganzen bestimmt ist. Diese muss aber bekannt sein. Denn nur dann kann bekannt sein, aus welchen anderen Bestimmungen von Identitäten sich die Identität des Ganzen ergibt. Das darauf beruhende Verstandesgesetz sagt insofern aus, dass die Bildung ausschließender Klassenbegriffe nur auf der Grundlage der Kenntnis eines Klassenbegriffs geschehen kann, dessen Teile separierbar sind.[563] Andernfalls wäre unbestimmt, wovon etwas ausgeschlossen ist.

Sowohl bei der Bildung eines verknüpfenden als auch ausschließenden Klassenbegriffs, können die Identitäten verschiedenen Klassen dieselben Bestimmungen aufweisen. Wie bereits bekannt, kann der Verstand diese nicht voneinander unterscheiden und sieht sie daher als identisch an. Dennoch kann man die Bestimmungen als zu den verschiedenen Klassenbegriffen zugehörig auffassen. Denn sie sind jeweils separierbare Teile selbstständiger Ganzer.[564]

Entsprechend dem Verständnis einer Klasse kann man sagen, wenn die Identitäten zweier Klassen dieselben Bestimmungen aufweisen, dass sie einer bestimmten Klasse zugehörig sein müssen, die genau diese Bestimmung aufweist. Denn eine Klasse er-

---

[560] Vgl. ebd. S. 33$^{5\text{-}12}$.

[561] Vgl. ebd. S. 33$^{30\text{-}32}$.

[562] Vgl. ebd. S. 33$^{28\text{-}30}$.

[563] Vgl. ebd. S. 33^{33}-34^{11}.

[564] Vgl. ebd. S. 34$^{27\text{-}29}$.

fasst alle Individuen, die der Definition der Klasse entsprechen. Demgemäß lassen sich die Bestandteile verknüpfter oder ausschließender Klassenbegriffe als Teile eines Klassenbegriffs verstehen, dem beide zugehörig sind, der aber wegen den Bestimmungen beider Teilklassen unterscheidbar ist. Das heißt, dass die Bestimmungen der Teilklassen diese voneinander differenzierbar machen, jedoch beide aufgrund der Bestimmung einer Klasse, die beide aufweisen, einer Klasse zugehörig sind. Nach Boole wird dies in der Mathematik durch das Distributivgesetz ausgedrückt. Es gilt hinsichtlich der Verstandesoperationen sowohl für verknüpfende als auch ausschließende Klassenbegriffe.[565]

Weniger mathematisch ausgedrückt, lässt sich das Gesetz auch als Gesetz zur Bildung von Artbegriffen bestimmen. Damit ein Artbegriff bildbar ist, setzt dies die Gegebenheit eines Gattungsbegriffes voraus. Der Gattungsbegriff erfasst aufgrund seiner Definition alle Artbegriffe, welche die Bestimmungen seiner Definition aufweisen. Hinsichtlich der Definitionen der Artbegriffe sind sie von ihren Gattungsbegriffen verschieden, weil sie eine vom Gattungsbegriff verschiedene Identität aussagen. Dennoch weisen sie eine Teilidentität mit ihren Gattungsbegriffen durch die geteilten Bestimmungen ihrer Definitionen auf. Weil ein Artbegriff aus einem Gattungsbegriff hervorgeht, kann man keinen Artbegriff ohne die Bestimmungen der Definition des Gattungsbegriffs bilden.

Als Klassenbegriff ausgedrückt heißt dies, dass Artbegriffe zwar eigenständige Klassen bilden, aber immer der Klasse zugehörig sind, die man durch den Gattungsbegriff aussagt. Demnach ist ein Klassenbegriff, der einem Artbegriff entspricht, nur dann bildbar, wenn er zugleich durch den Klassenbegriff erfasst ist, der dem Gattungsbegriff entspricht. Der Verstand muss also bei der Bildung einer Art auch ihre Gattung zuschreiben bzw. bei Klassenbegriffen mit denselben Bestimmungen auch den die Bestimmung beider als identisch erfassenden Klassenbegriff.

Die Analogie zu Art- und Gattungsbegriffen erweist sich jedoch als problematisch. Für gewöhnlich schreibt man ihnen nämlich eine Referenz selbst dann zu, wenn keine Individuen existieren, die durch sie erfasst sind. Die Referenz der Klassenbegriffe besteht hingegen nur, wenn tatsächlich Individuen gegeben sind, die den Bestimmungen der Klasse entsprechen. Demgemäß folgt, dass die Extension des Gattungsbegriffs immer größer ist als die des Artbegriffs. Schließlich erfässt der Gattungsbegriffe alle

---

565 Vgl. ebd. S. 34[19-27].

Artbegriffe, die durch die Erweiterung seiner Intension gebildet werden können. Somit erstreckt sich die Referenzfähigkeit des Gattungsbegriffs und der Artbegriffe auf alles was der Möglichkeit nach sein kann.

Für Klassenbegriffe ist dies aufgrund der Referenz auf tatsächlich vorhandene Individuen auszuschließen. Sind nämlich zwei Klassenbegriffe die Bestandteile eines anderen Klassenbegriffs, erstreckt sich die Extension nur auf die Individuen, die diese beiden Klassenbegriffe erfassen. Demnach lässt sich dieser Klassenbegriff in Anbetracht seiner Intension auch nicht beliebig erweitern. Denn die Anzahl der maximal bildbaren Klassen ist durch die Individuen vorgeben, die durch ihn erfasst sind. Das Maximum ist dann gegeben, wenn für jedes Individuum ein Klassenbegriff gebildet worden ist, der nur das jeweilige Individuum allein erfasst. Im Gegensatz zur Intension von Gattungs- und Artbegriffen ist die Erweiterung der Intension von Klassenbegriffen somit begrenzt und endlich, genauso wie deren Extension.

Weil verknüpfende und ausschließende Teilklassenbegriffe stets zu einem umfassenden Klassenbegriff zugehörig sind, ist zu schließen, dass der Verstand sie entsprechend ihrer Bestimmtheit separat betrachten und ihre Intension ausdrifferenzieren kann. Aber er kann sie nur in Bezug zu ihrem umfassenden Klassenbegriff hervorbringen.

Ohne Berücksichtigung der Zugehörigkeit zu einem Ganzen, könnten die Klassenbegriffe zwar auch hervorgebracht werden, jedoch nicht als Teilklassenbegriffe. Ohne dass sie bereits als Teile eines Ganzen bestimmt sind, ist nicht verstehbar, wie sie Bestandteile von etwas sein können, obwohl unbestimmt ist, was dies ist. Derart kann man also keinen Teilklassenbegriff hervorbringen.[566] Erst indem diese Zugehörigkeit bei ihrer Hervorbringung berücksichtig ist, ergibt sich nämlich die von Boole beschriebene Gleichgültigkeit im Umgang mit diesen Begriffen. D.h. ob erst die Individuen durch die Teilbegriffe erfasst werden und dann durch den umfassenden Begriff oder alle instantan durch den umfassenden Begriff erfasst werden und dann eine Zergliederung stattfindet.[567]

27. 1. γ *Verknüpfungen von Klassenbegriffen*

Da die Klassenbegriffe, miteinander verknüpft werden können, um dadurch bestimmte Relationen zwischen den Begriffen auszudrücken, muss der Verstand wiederum nach

---

[566]   Vgl. ebd. S. $36^{12\text{-}36}$.
[567]   Vgl. ebd. S. $34^{22\text{-}27}$.

einem bestimmten Gesetz operieren. Grundlegend lassen sich nach Boole zwei Relationen aussagen, die durch die Verknüpfung der Begriffe ausdrückbar sind. Sie bestehen in der Zuweisung zweier Klassenbegriffe zu einem sie umfassenden Klassenbegriff und der Zergliederung eines umfassenden Klassenbegriffs durch den Ausschluss eines seiner Teilklassenbegriffe.[568] In beiden Fällen drückt man durch die Verknüpfung der Begriffe Identität aus.

Verknüpft man zwei Klassenbegriffe so miteinander, dass sie einem anderen Klassenbegriff zugewiesen werden, besteht dessen Identität vollkommen aus der Bestimmtheit der Identität der zugewiesenen Klassenbegriffe. Der so ausgedrückte Begriff ist somit von der Identität beider Klassenbegriffe nicht verschieden. Er erfasst alle Individuen beider Begriffe. Schließt man hingegen einen dieser Klassenbegriffe aus, ist die Identität des gebildeten Klassenbegriffs in zweierlei Hinsicht bestimmt. Zum einen entspricht sie der Identität des Klassenbegriffs, der nicht ausgeschlossen ist. Zum anderen ist sie durch den ausgeschlossenen Klassenbegriff bedingt, indem ihre Referenz eingeschränkt ist.

Die Einschränkung der Referenz bedeutet notwendigerweise, dass die Intension des Begriffs derart eingeschränkt ist, dass nur noch ganz bestimmte Individuen erfasst sind. Dieser Sichtweise entsprechend ergibt sich, dass der so gebildete Begriff hinsichtlich der Bestimmtheit seiner Intension vollkommen identisch mit dem Klassenbegriff sein muss, der nicht ausgeschlossen ist. Als Beispiel für die erste Art von Relation dient Boole die Aussage: „The stars are the suns and the planets, [...]"[569] und für die zweite Art die Aussage: „[...] the stars, except the planets, are suns."[570] *stars*, *suns* und *planets* stehen hierbei jeweils für Klassenbegriffe. *are* ist die Relation, die Identität behauptet, *and* die verknüpfende Operation und *except* die ausschließende Operation.

Bildet man im ersten Fall den Klassenbegriff *stars* durch die verknüpfende Operation der Klassenbegriffe *suns* und *planets*, ist die Identität von *stars* vollständig durch die Bestimmtheit der Identitäten von *suns* und *planets* definit. Ist, wie im zweiten Fall, von der Bestimmtheit der Identität von *stars* die Bestimmtheit der Identität von *planets* ausgeschlossen, obschon die Bestimmheit der Identität von *stars* die Verknüpfung der Identitäen von *suns* und *planets* ist, muss die Intension von *stars* gleichbestimmt sein,

---

[568]   Vgl. ebd. S. 35^{24}-36^{8}.

[569]   Ebd. S. 35$^{27\text{-}28}$.

[570]   Ebd. S. 35^{32}.

wie die von *suns*. Denn was beide Begriffe erfassen ist dasselb. D.h. sie sind aufgrund der ausschließenden Operation identisch. Demnach hält sich der Verstand, wie Boole meint, bei der Verknüpfung solcher Begriffe an zwei Gesetze:

"1st. If equal things are added to equal things, the wholes are equal.

2nd. If equal things are taken from equal things, the remainders are equal."[571]

Man kann einwenden, dass Boole den Verstand durch diese Gesetze zu sehr mathematisiert. Schließlich geschieht jede Operation durch die Berücksichtigung von Ganzen und Teilen bzw., wirft man einen anachronistischen Blick auf die Gesetze, durch das Operieren mit Mengen. Man könnte die Frage stellen, ob diese Sichtweise nicht außer Acht lässt, dass Begriffe primär qualitativ bestimmt sind und der Verstand deswegen primär nach Gesetzen der Vereinbarkeit von Qualitäten operiert. Eine Antwort darauf fällt in den Bereich der Epistemologie, nicht der Logik. Denn aus der Bestimmung der Weise der menschlichen Erkenntnis geht hervor, was die Elemente sind, die dem Verstand zur Verfügung stehen, wenn er logische Operationen vollzieht.

Boole ist die Beantwortung dieser Frage egal, da sie seiner Meinung nach in die Gebiete der Metaphysik führen, deren theoretischen Wahrheiten keiner praktischen Überprüfung zugänglich sind.[572] Sein Augenmerk richtet sich daher auf die Gesetze, die auf praktische Weise erkannt werden können, indem der Verstand Operationen vollzieht. Laienhaft gesagt, heißt dies, weil die qualitative Bestimmtheit der Begriffe ohnehin irgendwie von irgendwo gegeben ist, muss diese Tatsache nicht durchdacht werden. Wenn der Verstand eine Operation durchführt, so arbeitet er mit dem, was er hat, und wie er damit arbeitet, das ist praktisch nachweisbar, weil es demonstrierbar ist, z.B. durch die Anwendung von Sprache oder Mathematik.[573]

Demnach ist verständlich, dass die Gesetze der Verstandesoperationen sich auf die aktualen Gegebenheit von Individuen beziehen bzw. deren Anzahl. Wenn der Verstand durch einen Begriff etwas ausdrückt, referiert er zwangsläufig auf etwas, nämlich auf jedes Individuum, dass durch ihn erfasst ist. Ist jedoch kein Individuum gegeben, das durch ihn wegen der ausgedrückten Eigenschaften erfasst ist, besteht auch keine Referenz zu etwas. In diesem Sinne sind die Operationen des Verstandes immer an die Gegebenheit von Individuen gebunden, weil andernfalls keine Operation ausführbar ist,

---

[571]   Ebd. S. 36$^{5\text{-}8}$.

[572]   Vgl. ebd. S. 39^4-41^4.

[573]   Vgl. ebd. S. 40^8-41^{35}.

die mit einer aktualen Referenz und somit mit einem Wahrheitsanspruch verbunden ist. Im Rahmen der praktischen Überprüfbarkeit des Wahrheitswerts von Aussagen ist dies auch nur verständlich, schließlich lässt dieser nur für das metaphysisch tatsächlich Gegebene beweisen, nicht jedoch für nur mögliche Dinge.

Hierauf ist einzuwenden, dass unter der vorangegangenen Darstellung der Verstand nur schwerlich Klassenbegriffe von Abstrakta aufweisen kann, die zudem auch Gegenstand seiner Operationen sein könnten. Denn Abstrakta sind Entitäten, die, anders als Konkreta, nicht aktual physisch in der Welt sind. Sie bieten kein Referenzobjekt und ihre Klassenbegriffe müssten notwendigerweise nichts erfassen. Denn kein Individuum ist gegeben, das ihnen entspräche.

Nimmt man dagegen eine scholastische Sichtweise ein, folgt, dass die Klassenbegriffe von Abstrakta nicht mehr als ihre Bedeutung sind. Ist ein Begriff nicht mehr als seine Bedeutung, referiert er auf sich selbst. Denn nichts anderes ist gegeben, was seiner Definition entspricht, als er selbst. Wenn dies der Fall ist, müsste ein Klassenbegriff nach dieser Interpretation zumindest seine eigene Identität erfassen. Dennl nur diese weist die Eigenschaften auf, die der Bestimmtheit der Identität des Klassenbegriffs entspricht. Ist dass der Fall, kann man folgern, dass die Identität des Klassenbegriffs und somit der Klassenbegriff selbst ein Individuum darstellt. Folglich können Klassenbegriffe von Abstrakta auch Gegenstand der Operationen des Verstandes sein, weil sie stets sich selbst als Individuum erfassen. Daraus folgt, dass die Klassenbegriffe von Abstrakta niemals nichts erfassen können, wenn sie einmal gegeben sind.

Trotz alledem rechtfertigt das nicht, dass Boole die qualitativen Gesetze der Begriffsbildung aus seiner Betrachtung ausschließt. Ohne diese müsste man behaupten, dass man selbst solche Klassenbegriffe bilden kann, die gemäß der Aussagenlogik widersprüchlich sind, wie z.B. der Klassenbegriff „runde Quadrate". Da dieser ein Abstraktum aussagt, was dadurch definiert ist, dass es rund und quadratisch ist, ist man ohne qualitatives Gesetz gezwungen zu sagen, dass dies ein Individuum ist und Gegenstand der Operationen des Verstandes sein kann.

Freilich kann der Verstand solch einen Begriff nicht hervorbringen, weshalb er als Gegenstand einer Verstandesoperation auch nicht gegeben sein kann. Weil Boole aber zurecht darauf verweist, dass in metaphysischer Hinsicht die Anwendung von Begriffen nur auf qualitativ eindeutig bestimmte Entitäten möglich ist, da ein Individuum einer Klasse nicht zugleich eine Qualität aufweisen und nicht aufweisen kann,[574] scheint es sinnvoll für Klassenbegriffe die üblichen qualitativen Gesetzmäßigkeiten für die Bildung wohlgeformter Begriffe vorauszusetzen. Andernfalls führte die Untersuchung zu unverständlichen Folgerungen.

27. 1. δ Kontext von Verstandesoperationen

Jetzt lässt sich die Frage beantworten, ob Boole den Verstand durch seine Gesetze nicht zu sehr mathematisiert. Wie bereits angeklungen, operiert der Verstand nach Boole mit Klassenbegriffen, die Individuen erfassen und daher auf diese referieren. Seine Sichtweise erweist sich als sehr an der Praxis orientiert. Denn anders als theoretische Überlegungen zu den Verstandesoperationen anderer Autoren, wie etwa Rene Descartes oder Christian Wolff (1679-1754), sieht Boole die Operation des Verstandes stets in einem bestimmten Kontext eingebettet und bedingt. Dieser Kontext oder *discourse* gibt die Grenzen vor, auf die sich Verstandesoperationen beziehen.[575]

Damit ist nicht gemeint, dass dadurch die Möglichkeit des Verstandes eingeschränkt ist, sich auch auf andere Kontexte zu beziehen. Damit ist gemeint, dass der Verstand nur in begrenzter Weise mit Begriffen operieren kann, wenn er aktual mit diesen operiert. Insofern kann er nur als ein Vermögen verstanden werden, innerhalb bestimmter Kontexte zu denken. Stellt man beispielsweise eine Untersuchung über den Menschen an, so wird der Verstand mit den Begriffen nur solche Operationen vollziehen, die im Kontext der Untersuchung sinnvoll sind. Das Sinnvolle stellt dabei der Umgang mit den Begriffen dar, die, in Booles Worten, „the universe of the discourse"[576] erfassen, also was man alles in Bezug zum Untersuchungsgegenstand aussagen kann.[577]

In dieser praktischen Hinsicht erweist sich, dass „the operation which we really perform is one of *selection according to a prescribed principle or idea*."[578] Das *universe of the discourse* ist also nicht als absolut universale Aussage zu verstehen, die alles Seiende erfasst.[579] Was der Verstand nämlich letztlich vollzieht, wenn er Begriffe auf etwas anwendet, ist aus der ganzen Gegebenheit des Seins das Seiende herauszufiltern,

---

[574] Vgl. ebd. S. $49^{1\text{-}19}$.

[575] Vgl. ebd. S. $42^{5\text{-}8}$.

[576] Vgl. ebd. S. $42^{18\text{-}19}$.

[577] Vgl. ebd. S. $42^{11\text{-}18}$.

[578] Ebd. S. $43^{16\text{-}17}$.

[579] Vgl. Grattan-Guinness, I.: *1854 George Boole, An investigation of the laws of thought on which are founded the mathematical theory of logic and probability.* In: I. Grattan-Guinness: Landmark Writings in Western Mathematics 1640-1940. S. 473^{38}-474^{8}.

das der Definition des Begriffes entspricht,[580] bzw. festzustellen, dass ein solches Seiendes nicht gegeben ist.[581] Je gehaltvoller dabei die Begriffe sind, desto stärker muss der Verstand unter dem Seienden selektieren.

Daraus ergibt sich, dass die Gesetze nach denen der Verstand seine Operationen ausführt, bestimmte Selektionsgesetze sind. Durch sie bestimmt man, wie das Seiende innerhalb definiter Grenzen voneinander zu differenzieren ist. Dies derart, dass man weiß, was die Gegenstände sind, die man differenziert hat, nämlich Individuen. Eben dies sagt der Begriff der Selektion aus.

Bloßes Differenzieren erweist sich in der Anwendung der Begriffe als defizitär und mit der praktischen Anwendung von Begriffen nicht übereinstimmend. Denn dadurch ist nicht erkennbar ist, was die Enitäten der Unterscheidung sind. Die Differenzierung gibt aufgrund der Definitionen, nach denen man differenziert, nur an, dass etwas von etwas anderem verschieden ist. Sie gibt nicht an, dass verschiedene Individuen durch sie erfasst sind. Weshalb dem Verstand die genauen Referenzobjekte fehlen. Fehlt ihm das genaue Referenzobjekt, so ist die Differenzierung eine bloße Unterscheidung von Begriffen, deren Wahrheit oder Falschheit man nicht beweisen kann. Der Verstand operiert insofern selektiv.

Die Gesetze der Algebra geben eine solche Vorgehensweise auch vor. Doch ist daraus nicht zu schließen, dass diese Übereinstimmung den Verstand mathematisiert. Dazu müsste der Beweis erbracht werden, dass die Mathematik von der Verfasstheit des Verstandes unabhängig ist, der sie anwendet. Ist die Mathematik nämlich durch die Verfasstheit des menschlichen Verstandes bedingt, müsste eher geschlossen werden, dass die Mathematik verständlicht ist, als dass der Verstand mathematisiert werden könnte.

27. 1. ε *Wahrscheinlichkeitsaussagen als eine Klasse von Aussagen*

Gelten die von Boole gegebenen Gesetze im Allgemeinen für die Hervorbringung von Wahrscheinlichkeitsaussagen, ist zu untersuchen, welche Art von Selektionsprozess Wahrscheinlichkeiten betreffen. Aufschlussreich ist diesbezüglich Booles Verweis, dass man Aussagen in zwei Klassen unterteilen kann.

---

[580]   Vgl. Boole, George: The Laws of Thought. S. 42^{34}-43^{8}.

[581]   Vgl. ebd. S. 47$^{19\text{-}28}$.

Diese Unterteilung geschieht nach dem durch sie Ausgedrückten. Demnach lassen sich Aussagen unterscheiden, die Relationen zwischen Dingen ausdrücken und Relationen zwischen Aussagen.[582] Erstere sagen die Bestimmtheit der Existenz von Dingen aus, wie sie vorzufinden sind,[583] während zweiteres das Verhältnis der Wahrheit und Falschheit von Aussagen über die Bestimmtheit der Existenz von Dingen ausdrückt.[584] Wenn nur diese beiden Arten von Aussagen gegeben sein können, so müssen Wahrscheinlichkeitsaussagen einer dieser Klassen zugehörig sein.

Weil Wahrscheinlichkeiten augenscheinlich nicht irgendwie als Dinge existieren, liegt die Vermutung nahe, dass sie zur Klasse von Aussagen zugehörig sind, die Verhältnisse von Aussagen über existierende Dinge ausdrücken. Dies stimmt auch mit Booles Verständnis von Wahrscheinlichkeit überein, sofern man diese auf der Grundlage des Wissens von etwas hervorbringt.[585] Dabei umfässt das Wissen die Bestimmtheit einer Anzahl von Dingen, die, wenn sie gemeinsam auftreten, ein Ereignis hervorbringen oder hervorgebracht haben.[586] Insofern bezieht sich eine Wahrscheinlichkeitsaussage auf Aussagen über ein Ereignis oder mehrere Ereignisse.

Gleichfalls kann man sagen, dass Wahrscheinlichkeitsaussagen auch andere Wahrscheinlichkeitsaussagen zum Gegenstand haben können. Denn nach boolescher Terminologie sind sie selbst als Individuen einer Klasse aufzufassen und somit etwas Seiendes.

Beziehen sich Wahrscheinlichkeitsaussagen auf Ereignisse und drücken die Relation von Aussagen über Seiendes aus, so drückt auch eine Wahrscheinlichkeitssaussage über Wahrscheinlichkeitsaussagen eine Aussage über Ereignisse aus. Auf den ersten Blick erscheint dies absurd, doch lässt sich dies verständlich darlegen. Wenn eine Wahrscheinlichkeitsaussage Relationen von Aussagen über die Bestimmtheit einer Anzahl von Dingen ausdrückt, bezieht sie sich auf die Individuen von Klassen, deren Verfasstheit das Ereigniss bestimmen. Bezieht sich eine Wahrscheinlichkeitsaussage auf andere Wahrscheinlichkeitsaussagen, so beziehen sich ihre Bestandteile auf die Individuen, die jeweils verschiedene Ereignisse bestimmen. Gemäß der Operation mit Klassenbegriffen heißt dies, dass eine solche Wahrscheinlichkeitsaussage etwas über die Relationen der jeweils bestimmten Ereignisse zueinander ausdrückt. Ist durch die

---

[582]   Vgl. ebd. S. $52^{23\text{-}25}$.

[583]   Vgl. ebd. S. $52^{25\text{-}28}$.

[584]   Vgl. ebd. S. $52^{30}\text{-}53^{2;\,12\text{-}14}$.

[585]   Vgl. ebd. S. $245^{25\text{-}27}$.

[586]   Vgl. ebd. S. $245^{27\text{-}32}$.

Aussage nur ein Ereignis erfasst, so gilt dieses Ereignis für Boole als *simple event*. Alle anderen Aussagen über Ereignisse sind demnach *compound events* und drücken die Relationen zwischen *simple events* aus.[587]

Zieht man in Betracht, dass den Wahrscheinlichkeitsaussagen zugrundeliegenden Aussage Relationen von Aussagen über die Bestimmtheit von Seienden ausdrücken, ist ersichtlich, dass die Hervorbringung von Wahrscheinlichkeitsaussagen auf die gesetzesmäßige Beschränktheit des Verstandes zurückzuführen ist. Denn wenn das Wissen darüber vorhanden ist, welche Individuen ein Ereignis konstituieren und wie diese beschaffen sind, ist aufgrund der kombinatorischen Gesetze, nach denen sich der Verstand richtet, nicht eine Relation allein ersichtlich, aus der sich die Bestimmtheit des Ereignisses ergibt. Anders gesagt, ergibt sich im Umgang mit Klassenbegriffen eine Vielzahl an Kombinationsmöglichkeiten der Individuen, die alle zur selben Bestimmtheit der Identität des Ereignisses hinführen. In welcher Weise man diese Identität durch unterschiedliche Relationen zwischen den Individuen durch Aussagen über dieselben bestimmen kann, drückt eine Wahrscheinlichkeitsaussage aus. Dies gilt sowohl für Aussagen über *simple* als auch *compound events*, solange die in ihnen vorkommenden Klassenbegriffe nicht nur ein Individuum erfassen. Denn bereits die Erfassung mehrer Individuen durch einen Klassenbegriff ermöglicht eine vielschichtige relationale Bestimmtheit der Individuen zueinander. Damit bestehen weitreichende Möglichkeiten allein aufgrund der Varianz der Bestimmtheit der Anordnung der Individuen die Identität des Ereignisses zu bestimmen. Ist aber jeweils nur ein Indiviuum durch die Klassenbegriffe erfasst, ist diese Vielschichtigkeit nicht mehr gegeben. Denn das Ereignis ist dann durch dessen Identität vollkommen definit. Eine solche Aussage wäre kategorisch und aufgrund der mangelnden Kombinationsmöglichkeiten ist das dadurch ausgedrückte Ereignis für den Verstand alternativlos bestimmbar.

27. 1. ζ *Das Problem apriorischer Bestimmung des Inhalts von Wahrscheinlichkeitsaussagen*

Dies erweckt den Eindruck, dass bereits durch die Bestimmtheit der Existenz von Dingen ein Wissen von der Kombinierbarkeit der Individuen miteinander besteht, um eine Wahrscheinlichkeitsaussage über ein Ereignis auszusagen. D.h., dass man bereits ohne die Gegebenheit von Individuen die vollständige Varianz aller möglichen Kombinationen derselben durch eine angenommene Anzahl deduzieren kann. Insofern könnte man die Identität jeder Art von Ereignis durch die Bestimmtheit von Klassenbegriffen

---

[587]   Vgl. ebd. S. 14[25-28] und S. 246[12-14].

entsprechend jeder möglichen Kombination von Individuen aussagen, ohne dass diese selbst gegeben sein müssten.

In diesem Fall bestimmt man die Identität eines Ereignisses *a priori*. Denn man folgert allein aus der Bestimmtheit von Begriffen und der Anwendung von Gesetzen der Kombinatorik auf eine imaginäre Anzahl von Individuen, in welchen Weisen die Identität des Ereignisses bestimmt sein kann. Ist z.B. der Klassenbegriff von Münzen gegeben, der so bestimmt ist, dass sie rund-geprägte und zweiseitige platte Kupferstücke erfasst, und der Klassenbegriff des Wurfs, so bilden sie den Klassenbegriff des Ereignisses geworfener gelandeter Münzen. Je nach Anzahl angenommener Individuen kann man dann bestimmen, in welcher Anzahl bestimmte Individuen auftreten können. Bei zwei Individuen kann man bestimmen, dass die Identität des Ereignisses dadurch bestimmt ist, dass die Münzen jeweils Kopf zeigen oder jeweils Zahl oder Kopf und Zahl. Ersichtlich ist das durch die Verknüpfung des Klassenbegriffs der Münzen und des Wurfs und durch die möglichen Kombinationen der duch sie erfassten Individuen.

Freilich ist deren Anzahl in dem Beispiel nur imaginär. Doch scheinen dieselben Kombinationsmöglichkeiten auch in der Empirie aufzutreten. Somit könnte man schließen, wenn dies der Empirie entspricht, dass die Welt das Ereignis nach denselben und nur nach diesen Gesetzen hervorgebracht hat, die auch der Verstand für eine solche Kombination nutzt. Bevor das Ereignis überhaupt gegeben ist, könnte man somit wissen, in welcher Weise es hervorgebracht werden wird. Somit würde ein empirsches Wissen über ein Ereignis bestehen, ohne dass das Ereignis gegeben ist.

Diese Sichtweise ist in verschiedenen Aspekten unsinnig. Darauf hat kurz nach George Booles Tod der Logiker John Venn (1834-1923) — ein Verteidiger der Hauptaspekte der boole'schen Theorien[588] — in seiner Untersuchung zur Wahrscheinlichkeitstheorie und Logik aufmerksam gemacht. Nimmt man an, dass allein aus der Kenntnis der begrifflichen Bestimmtheit von Dingen und bestimmter Regeln ein Ereignis prognostizierbar ist, zwingt man der Beschaffenheit der Welt stillschweigend Beschränkungen auf. Diese führen zu praktischen Dilemmata.

Venn dekliniert dies am Münzbeispiel durch. Wollte man obige Prognose behaupten, müsste man davon ausgehen, dass die Kupfermünzen ideal sind. Diese Idealisierung

---

[588] Vgl. Evra, James Van: *John Venn and Logical Theory*: In: Dov M. Gabbay (Ed.), John Woods (Ed.): Handbook of The History of Logic. Volume 4. British Logic in the Nineteenth Century. S. 509.

lässt sich ganz einfach durch die Anwendung der Feststoffgeometrie vollziehen, indem die Kupfermünzen als „ a circular or cylindrical lamina"[589] gedacht werden.[590] Der Sache entsprechend ist dies keine Erkenntnis, die nicht bereits früher angeführt wurde. Doch worauf Venn zu Recht hinweist und woran die Annahme einer *a priori* angebbaren Wahrscheinlichkeit krankt, ist die Idealisierung der Zufälligkeit (randomness) des Wurfes.

Damit ein Ereignis entsprechend den Kombinationsmöglichkeiten auftreten kann, ist davon auszugehen, dass jeder Wurf zu den Ereignissen führen kann, die durch die Anwendung von Kombinationsregeln möglich sind. D.h., dass eine bestimmte Art von Ereignis störungsfrei durch einheitliche Bedingungen hervorbringbar ist und dass diese Bedingungen als Gesetze ausdrückbar sind.[591] Diesbezüglich bemerkt Venn fragend: „[…]; for will it be asserted that the heads and tails would get their fair chances supposing that, in the act of throwing, I were always to start the same side uppermost?"[592]

Wenn die Hervorbringung eines Ereignisses aus der Anwendung von Kombinationsregeln auf die begriffliche Bestimmtheit imaginärer Individuen erkennbar ist, scheinen die Bedingungen eines Anfangszustandes bedeutungslos. Schließlich sind sie weder Bestandteile der begrifflichen Bestimmtheit der Individuen noch der auf sie angewandten Kombinationsregeln. Blendet man diese Bedingungen aus, ergibt sich zwangsläufig, dass jede mögliche Kombination eines Ereignisses auftreten kann. Dabei ist es egal, ob die Kupfermünze beim Beginn des Wurfs stets Kopf oder Zahl gezeigt hat.

Soll ein solches Gedankenkonstrukt eine mögliche Empirie wiedergeben, ist festzustellen, dass es der Empirie nicht entsprechen kann und Nichts prognostiziert. Denn die idealisierte Zufälligkeit tritt in der Welt in dieser Weise nicht auf. Geht man wie Venn davon aus, dass die Position der Münze beispielsweise durch die eigene körperliche oder mentale Beschaffenheiten bedingt ist, enthebt dies der Zufälligkeit ihre Idealität.[593] Schließlich ist dadurch die ganze Möglichkeit der Kombination durch die Bedingungen eingeschränkt, die der Anfangszustand erlaubt. Vollzieht eine auf Kopf liegende Münze genau dieselbe Bewegung wie eine auf Zahl liegende Münze, so werden sie aufgrund ihres Anfangszustandes, wenn sie ruhen, idealerweise Verschiedenes zei-

---

[589]   Venn, John: The Logic of Chance. S. 30$^{14\text{-}15}$.

[590]   Vgl. ebd. S. 30$^{10\text{-}15}$.

[591]   Dilworth, Craig: The Metapysics of Science. An Account of Modern Science in Terms of Principles, Laws and Theories. Second Edition. S. 123$^{23\text{-}32}$.

[592]   Vgl. Venn, John: The Logic of Chance. S. 30$^{22\text{-}25}$.

[593]   Vgl. S. 31$^{5\text{-}9}$.

gen. Wird der Wurf beider Münzen durch weitere Umstände beinflusst, wie z.B. unterschiedlichstarker Muskelkontraktionen der Wurfhand, entspricht die Hervorbingung des Ereignisses überhaupt keiner Überlegung *a priori* mehr. Daher ist es unsinnig zu behaupten, dass Wahrscheinlichkeitsaussagen über die Welt *a priori* formulierbar sind. Sie geben höchstens Aufschluss darüber, welche Operationen idealiter mit Begriffen und Aussagen durchführbar sind, wenn Wahrscheinlichkeitsaussagen zu bilden sind.

27. 1. η *Bildung von Wahrscheinlichkeitsaussagen als weiterführende Induktion*

Diese Operationen müssen für Bildung von Wahrscheinlichkeitsaussagen über imaginäre und empirisch belegbare Individuen dieselben sein. Denn letztlich wird auf der Grundlage von vorhandenem Wissen selektiert, welche Klassenbegriffe von Individuen zur Deskription von Ereignissen geeignet sind und welche dieser Aussagen mit Aussagen über andere Ereignisse zueinander in Beziehung setzbar sind.

Um imaginäre Individuen durch Klassenbegriffe erfassen zu können, muss genau wie bei der Erfassung empirisch belegbarer Individuen eine Selektierung der Eigenschaften vollzogen worden sein, die durch den Klassenbegriff ausgesagt werden. Da Begriffe den Dingen entsprechen müssen, die durch sie erfasst sind, kann die Selektierung auch nur hinsichtlich der Eigenschaften der Individuen geschehen. Sind sie imaginär, können sie nicht mehr wie Begriffe sein. Denn was durch die bloße Einbildungskraft ist, entspricht in seinem Sein dem Begriff, nach dem man die Einbildung hervorbringt. Keine andere Eigenschaft wird sie aufweisen können, da sie allein durch den Verstand bedingt ist, der sie nach dem Begriff des Dings hervorbringt.

Hieraus folgt, dass die Anzahl imaginärer Individuen desselben Begriffes eine willkürliche numerische Bestimmung ist. Denn ihrer Bestimmtheit nach sind sie nicht unterscheidbar. Spricht man ihnen daher nicht eine beliebige Anzahl zu, sind sie numerisch identisch sind. Das imaginäre Individuum, dass durch seinen Klassenbegriff erfasst ist, muss also mit seinem Klassenbegriff identisch sein. Denn es kann nicht mehr oder weniger Bestimmungen aufweisen, als sie der Klassenbegriff aufweist.

Daran ändert auch die Zuweisung einer bestimmten Anzahl nichts. Denn die Anzahl selbst ist keine Bestimmung, die das imaginäre Individuum hinsichtlich weiterer Bestimmungen von sich selbst differenzierbar macht. Wenn dies der Fall ist, ist klar, weshalb sowohl Boole als auch Venn in ihren Werken die Bestimmung der Wahrscheinlichkeit stets auf der Grundlage empirischen Wissens sehen. Ist der Ausgangspunkt der Bestimmung von Wahrscheinlichkeiten nämlich anders gelegen, bleiben die Wahrscheinlichkeitsaussagen auf die Welt nicht anwendbar. Schließlich befinden sich differente Individuen in der Welt, die Ereignisse konstituieren, und nicht Klassenbegriffe mit numerischen Bestimmungen.

Trotz dieser Erkenntnis handelt es sich bei der Hervorbringung von Wahrscheinlichkeitsaussagen nicht um eine Deduktion. Sie setzt bekanntlich ein bestehendes Wissen über universale unbedingte Wahrheiten voraus. Der Schluss den man vollziehen muss, gleicht vielmehr einer weiterführenden Induktion. Sie selektiert aus bereits bestehendem Induktionswissen, um weitere Erkenntnisse zu gewinnen. Denn wenn Induktionswissen als empirisches Wissen die Grundlage für Wahrscheinlichkeiten darstellt und Wahrscheinlichkeitsaussagen Aussagen über empirische Ereignisse sind und die damit verbundenen Individuen in Beziehung setzen, werden mögliche begriffliche Relationen zwischen ausgewählten Merkmalen bestimmt. Diese Relationen lassen sich somit zwischen bestimmten Merkmalen der zugrundliegenden Ereignisse und ihren Individuen aussagen und gegebenenfalls generalisieren. Wie es der Methode der Induktion entspricht.

Diese Behauptung mutet zunächst geradezu tollkühn an. Denn der Induktion ist die Operation der Selektion zugeschrieben. Diese Gleichsetzung erscheint zunächst unhaltbar, hält man die klassische Definition John Stuart Mills für verständlich. Sie lautet:

„Induction, then, is that operation of mind by which we infer that what we know to be true in a particular case or cases, will be true in all cases which resemble the former in certain assignable respects. [...], Induction is the process by which we conclude that what is true of certain individuals of a class is true of the whole class, or that what is true at certain times will be true in similar circumstances at all times."[594]

Demnach ist die Induktion eine Schlussfolgerung. Sie schließt von Wissen über Individuen auf allgemeine Aussagen. Diese allgemeinen Aussagen beziehen sich auf die Art oder Gattung, denen die Individuen zugehörig sind. Somit schließt man auf der Grundlage des Wissens über einzelne Individuen einer Gattung oder Art, etwas über alle Individuen der Gattung oder Art.

---

[594]   Mill, John Stuart: System of Logic. S. 188[(links)14-(rechts)3].

Grundsätzlich muss man daher annehmen, dass das empirische Wissen über die Individuen vollkommen verschieden ist. Denn jedes Individuum unterscheidet sich vollkommen von einem anderen. Weil die Individuen jeweiligen Arten und Gattungen zugehörig sind, lässt sich durch das Wissen über die Individuen begriffliche Bestimmungen über ihre jeweiligen Arten und Gattungen aussagen. Das ist das, was ihnen gemeinsam ist. Nach Mill ist diese Gemeinsamkeit stets ein Gesetz, dass Aufschluss über die genaue Bestimmtheit einer Art oder Gattung gibt.[595]

Das bedeutet letztlich, dass man durch sie auf der Grundlage von singulären Aussagen immer einen neuen Art- oder Gattungsbegriff folgert. Er modifiziert entweder bestehende Begriffe modifiziert oder bringt einen Begriff erst hervor. In diesem Sinne vollzieht man durch den Verstand aber keine Selektion. Vielmehr erweitert man die Zuschreibung von bekannten Eigenschaften einzelner Individuen auf alle Individuen derselben Art. So z.B. in Mills Beispiel,[596] welches sich als falscher Syllogismus wie folgt darstellen lässt:

1. Prämisse: Dieses Tier dort besitzt ein Nervernsystem.

2. Prämisse: Jenes Tier da besitzt ein Nervensystem.

Konklusion: Es ist ein Gesetz der Natur aller Tiere, dass diese ein Nervensystem besitzen.

Die Eigenschaft des Besitzes eines Nervensystems, das man bei einzelnen Tieren auffindet, ist auf die Definition der Gattung „Tier" erweitert. Ein jedes Tier, auch jene die noch unbekannt sind, wird also ein Nervensystem besitzen müssen. Andernfalls wären es gemäß empirischer Feststellungen keine Tiere.

Wendet man die Vorgehensweise auf die Bildung einer Wahrscheinlichkeitsaussage an, ergibt sich folgendes Schlussschema:

1. Prämisse: Das Strafgericht hat erfolgreich neun Menschen einen Mord zugerechnet.

2. Prämisse: Das Strafgericht hat einem Menschen nicht-erfolgreich einen Mord zugerechnet.

---

595   Vgl. ebd. S. 189[(rechts)27-35].
596   Vgl. ebd. S. 189[(rechts)10-35].

Konklusion: Es ist ein Gesetz der Natur der Zurechnung des Strafgerichts, dass die Zurechnung eines Mordes in insgesamt zehn Zurechnungsfällen bei neun Fällen erfolgreich und bei einem Fall nicht-erfolgreich ist.

Auf der Grundlage empirischen Wissens bestimmt sich, welche Eigenschaft der Zuverlässigkeit dem Strafgericht in der Zurechnung von Morden zukommt. Weil die Induktion diese Bestimmung zum Gesetz für den Begriff erhebt, wird man die ausgesagte Relation, i.e. die Wahrscheinlichkeit, für alle Zurechnungen annehmen müssen, die durch das Strafgericht vollzogen werden.

In gleicher Weise lassen sich die angeführten Prämissen selbst als Konklusionen von Induktionsschlüssen verstehen. Das macht den Induktionsschluss einer Wahrscheinlichkeitsaussage zu einem Induktionsschluss aus Induktionsschlüssen. Denn ist durch das Wissen von Einzelfällen induziert, dass Strafgerichte in Hinsicht auf ihre Mordzurechnung stets neun Menschen erfolgreich zurechnen und einem nicht-erfolgreich, so müsste dies nach Mill jeweils zum Gesetz der Natur des Strafgerichtsbegriffs erhoben werden. Dieser Betrachtung entsprechend wäre die Wahrscheinlichkeitsaussage auch für alle Strafgerichte gültig und nicht nur für ein einzelnes.

Durch die Anführung der Methode der Induktion ist nicht viel für das Verständnis der Verstandesoperationen gewonnen, die zur Bildung von Wahrscheinlichkeitsaussagen führen. Denn worauf sowohl John Venn als auch der in der Mathematik bewanderte Gelehrte William Whewell (1794-1866) hingewiesen haben, ist, dass der Ausgangspunkt der Induktion Individuen sind. In den Prämissen sind diese ausdrücklich gekennzeichnet, wie oben durch die Verwendung der deiktischen Ausdrücke *dieses* und *jenes* geschehen. Von den Individuen weiß man aber nicht von vornherein, welcher Art oder Gattung sie angehören. Innerhalb der Prämissen der Induktion die Individuen durch Begriffe bereits erfasst zu haben, ist ohne vorherige Rechtfertigung unverständlich. Ist der Ausgangspunkt der Prämissen nämlich bei den Individuen zu sehen, muss man für diese erst einen Begriff bilden.

Für die Verwendung von Klassenbegriffen bedeutet dies, dass man einen Begriff bilden muss, der auf die Eigenschaften des Individuums verweist und somit durch ihn erfasst ist. Daraus muss ein empirischer Begriff hervorgehen, der allein auf das Individuum anwendbar ist. Davon auszugehen, dass ein Individuum ein Tier ist und dass dem Individuum die Eigenschaft der Sterblichkeit zukommt, setzt bereits die Kenntnis dieser Begriffe voraus. Zwei oder mehr Individuen diese Begriffe zuzuschreiben, ist aber erst dann möglich, wenn man von der universalen Gültigkeit der Begriffe weiß bzw. dass sie durch einen Klassenbegriff erfasst sind. Erst dann lässt sich ein Gattungsbegriff, wie der des Tieres, auch zwei Individuen zuschreiben. Ohne dass diese als vollkommen voneinander verschieden betrachtet werden müssten. Dann betrachtet man sie nämlich nur hinsichtlich der ihnen zukommenden universalen Begriffe. Dass diese Begriffe universal gültig sind, soll durch die Induktion jedoch erst herausgefunden werden. Insoweit lässt sich Mills Beschreibung als unvollständig ansehen, da sie nur den letzten Teil der Induktion darstellt.

Will man Whewell und Venn glauben, so besteht der primäre Bestandteil der Induktion vielmehr im Selektionsprozess des Verstandes, der die Eigenschaften der einzelnen Individuen immer wieder aussondert (singled out) und von einer Vielzahl gleicher oder ähnlicher Phänomene unterscheidet.[597] Aufgrund dessen werden die verschiedenen Qualitäten eines Individuums miteinander in Relation gesetzt, was eine Aussage über das einzelne Individuum ermöglicht.[598]

Demgemäß ist die Induktion zunächst als Begriffsbildungsprozess zu verstehen, der die Grundlage für Wissen und somit Wissenschaft legt.[599] Denn durch den Verstand bildet sich der Mensch aufgrund separierter Betrachtungen der Eigenschaften des Individuums Begriffe von denselben und möglichen Zusammenhängen, die zwischen den Eigenschaften bestehen. Somit ist er nicht nur Betrachter sondern Interpret des von ihm Wahrgenommen, was ihn, metaphorisch gesprochen, zum Studenten der Sprache der Natur macht.[600] Schließlich stellt sich die Natur dar, wie ein fremdsprachlicher Text eines Buches, der bei der Kenntnis der Grammatik und eines ausreichenden Vokabulars verstehbar ist. Deshalb lässt sich nach Whewell die Induktion auch als die „experience or observation *consciously* looked at in a *general* form."[601] verstehen. Denn durch die Betrachtung des durch die Empirie Gegebenen kann man mit Hilfe einer geeigneten Grammatik die Bestimmtheit der Individuen verstehen.

Das Resultat dieses Vorgangs sind die Prämissen für jedes betrachtete Individuum. Danach ist erst eine Gemeinsamkeit der Begrifflichkeiten feststellbar. Auf diese folgt

---

[597]   Venn, John: The Logic of Chance. S. $197^{10\text{-}15}$.

[598]   Vgl. ebd. S. $197^{15\text{-}20}$.

[599]   Vgl. Whewell, William: Of Induction, with especial reference to Mr. J. Stuart Mill's System of Logic. S. $15^{1\text{-}4}$.

[600]   Vgl. ebd. S. $34^{19}\text{-}35^{1}$.

[601]   Ebd. S. $15^{4\text{-}6}$.

erst die Konklusion der Induktion.[602] Weil die Selektion der Eigenschaften und die Generierung des darauf gründenden Klassenbegriffes keiner allgemeinen Gesetzmäßigkeit unterwerfbar ist, da ein jeder Mensch die Individuen unterschiedlich betrachtet, sind die Begriffe unterschiedlich extensional und intensional bestimmt.

Dies ist der Grund, weshalb Mill Whewells Position ablehnt. Denn sie scheint nicht wissenschaftlich und zudem willkürlich zu sein. Letztlich ist sie zwar für den momentanen Gebrauch geeignet, doch nicht zum Beleg eines Gesetzes, zu dem nach Mill die Induktion dient.[603] Rechtfertigen kann man dies damit, dass bereits die Kenntnis dessen bestehen muss, für welche Entitäten dass Gesetz ein Gesetz sein soll, wenn ein Gesetz durch eine Induktion belegt werden soll. Man kann das Gesetz aber nur dann überprüfen, wenn die Individuen vorhanden sind, die durch das Gesetz erfasst sein sollen. Die Überprüfung setzt also die Übereinstimmung der Individuen mit den Begriffen voraus, die durch das Gesetz vorgegeben sind.

Wenn das Gesetz von allen verstanden werden kann, müssen auch alle darin vorkommenden Begriffe für seine Anwender verstehbar sein. Deshalb kann auch jeder das Gesetz mit geeigneten Individuen erneut überprüfen. Wohlgemerkt, bleibt hiernach unbegreiflich, wie der Mensch zur Erkenntnis des Inhalts des Gesetzes kommt bzw. zum Gesetz selbst. Ist dies innerhalb einer Induktion nicht einsichtig, bleibt sie selbst unverständlich. Denn es ist überhaupt nicht wissbar, welche Bedingungen diese voraussetzt, um gültig sein zu können. Anders gesagt, bleiben durch die Ablehnung von Whewells Position die Bedingungen der Möglichkeit dunkel, einen Induktionsschluss vollziehen zu können.

Auch Venn mag den Vorwurf der Willkürlichkeit nicht zu entkräften, wenn er darauf verweist, dass man die Individuen stets hinsichtlich bestimmter Präliminarien betrachtet, die den Selektionsprozess leiten.[604] Diese Präliminarien scheinen nicht mehr als Vermutungen (guesses) zu sein,[605] die im Moment der Betrachtung der Individuen progressiv aufkommen können und als Rechtfertigungen für die Bildung bestimmter Begriffe und deren Relationen dienen.[606]

---

[602]   Vgl. ebd. S. $36^{10\text{-}30}$.
[603]   Vgl. Mill, John Stuart: System of Logic: S. $188^{(\text{Fußnote links})46\text{-}(\text{Fußnote rechts})60}$.
[604]   Vgl. Venn, John: The Logic of Chance. S. 198^{21}-199^{6}.
[605]   Vgl. ebd. S. $194^{19\text{-}26}$.
[606]   Vgl. ebd. S. $201^{5\text{-}28}$.

Grundgedanke dahinter ist die von Venn ausgeführte und aufgenommene whewell'sche Auffassung, dass die Wissensgewinnung empirischer Wissenschaften einem ständigen Generalisierungsprozess durch einzelne Individuen ausgesetzt ist.[607] Dieser besteht in einer zunehmenden Vertrautheit mit den untersuchten Gegenständen. Durch sie bemerkt man Auffälligkeiten, die den Untersuchenden bestimmte gesetzesartige Zusammenhänge vermuten lassen. Werden diese Vermutungen überprüft, so ist der Gegenstand der Untersuchung vertrauter. Denn man kann über ihn etwas Allgemeingültiges aussagen. Wird ein Gegenstand daraufhin erneut untersucht, so können sich erneute Vermutungen auf der Grundlage des neuen Wissens ergeben. Was über die Dinge gewusst wird, ist somit bei jedem Vollzug einer erfolgreichen Überprüfung einer Vermutung allgemeiner.

Whewell selbst gibt dafür Newtons Gravitation an, deren Erkenntnis die Bewegungsgesetze voraussetzt bzw. die Vertrautheit mit den Gesetzen, wie sie Kepler und Galileo aufgestellt haben.[608] Weil das Aufkommen solcher Vermutungen nicht aufgrund bestimmter Handlungsanleitungen kausierbar ist, ist auch nicht nachvollziehbar, wie das betrachtende Individuum zu seinen Vermutungen kommt. Wenn die Nachvollziehbarkeit von empirischen Schlussfolgerungen mit der Nachverfolgung von bestimmten Methoden einhergeht, dann bleibt der Vorgang des Induzierens nicht-nachvollziehbar. Er ist also auch nicht wissenschaftlich.

Dennoch bleibt diese Annahme für die Durchführbarkeit der Induktion plausibel. Denn letztlich muss ein Grund geben sein, aus dem hervorgeht, dass man als Urteilender zwei Individuen bestimmte Begriffe zuweist, die gleichbestimmt sind. Andernfalls müsste man mit Venn darauf hinweisen, dass Individuen eine Vielzahl von Eigenschaften besitzen, welche die Bildung einer indefiniten Anzahl von Klassenbegriffen zulässt, die allesamt die jeweiligen Individuen erfassen.[609] So ließe sich für zwei Individuen, die beide zweifelsfrei der Gattung *aves* zugehören, auch beliebig bestimmen, dass das eine Individuum durch einen in der Gattung enthaltenen Klassenbegriff erfasst ist. Ein Individuum könnte z.B. durch den Klassenbegriff *columba livia* und das andere Individuum durch einen Klassenbegriff der die Extension der Gattung übersteigt, wie z.B. der Klassenbegriff *Krallenfüßer* erfasst sein.

---

[607]   Vgl. ebd. S. 195^{17}-202^{10}.

[608]   Vgl. Whewell, William: Of Induction, with especial reference to Mr. J. Stuart Mill's System of Logic. S. 68^{5}-71^{11}.

[609]   Vgl. Venn, John: The Logic of Chance. S. 198$^{21-27}$.

Weist man den Individuen aufgrund ihrer Eigenschaften einen jeweiliger Klassenbegriff zu, ohne dass beiden derselbe Klassenbegriff zukommt, ist die Induktion nichtvollziehbar. Wenn nicht von vornherein ein Grund gegeben ist, der ersichtlich macht, dass beiden Individuen derselbe Begriff zukommen muss, dann ist auch kein Gesetz für eine Gattung oder Art folgerbar. Dieser Grund kann nicht durch die Individuen selbst gegeben sein. Denn sie sind von Natur aus vollkommen verschieden. Weshalb aus der bloßen Beobachtung der Dinge nur ihre individuelle Verschiedenheit ersichtlich ist. Vielmehr muss der Grund durch den Beobachtenden selbst bestimmt oder gegeben sein. Denn er weist den Individuen Begriffe bzw. einen Begriff mehreren Individuen zu.

Ist der Grund durch das Individuum gegeben, wäre man gezwungen, eine Theorie eingeborener Begriffe zu vertreten, die dem Beobachteten genau in dem Moment gewahr werden, sobald er Individuen derselben Gattung oder Art wahrnimmt. Damit bleibt das Problem weiter bestehen, dass man nicht nachvollziehen kann, wieso beispielsweise zwei Felsentauben eher der Klassenbegriff *columba livia* zukommt als der Klassenbegriff *aves* oder *Krallenfüßer*. Wenn diese Begriffe dem Verstand bereits eingeboren wären, dann müsste er eine Operation ausführen, die den Dingen die Begriffe zuweist, die für die Bestimmtheit der Dinge passend sind. Potenziell sind das indefinit viele Begriffe. Denn die Anzahl der Bestimmungen ist selbst indefinit, die ein Ding aufweist. Demnach müsste man wiederum nach dem Grund fragen, der die Zuweisung der eingeborenen Begriffe begründet. Denn jeder Begriff, der eine oder mehrere Eigenschaften der Individuen erfasst, ist dazu geeignet, die Individuen selbst zu erfassen und in einem letzten Schritt ein Gesetz über die Bestimmtheit dieser Begriffe zu folgern. Ein solcher Grund müsste dann außerhalb der Rationalität gesucht werden. Sind nämlich alle Begriffe zugleich geeignet, ist kein Grund gegeben, dass einem von ihnen der Vorzug vor einem anderen zu gegeben ist.

Bestimmt den Grund indes das Individuum, wird der Verstand nach einem bestimmten Prinzip operieren müssen, dass die durch ihn hervorgebrachten empirischen Begriffe miteinander abgleicht und die Begriffe eliminiert, die entsprechend des Grundes ungeeignet für eine Induktion sind. Das ist z.B. dann der Fall, wenn nach einer bereits bekannten Theorie eine begriffliche Einteilung der Individuen stattfindet. Ein solcher Grund lässt sich bereits vor jeglicher Kenntnis einer Theorie anführen, wenn man wie Boole dem Menschen von Natur aus die Fähigkeit zuschreibt, dass dieser Ordnungen erkennt bzw. die Prinzipien der Ordnung der Natur.[610] Arbeitet der Verstand nach dem Prinzip der Ordnungserkennung und folgt die Natur Ordnungsprinzipien, bildet das die Grundlage induktiven Schließens.[611]

Der durch Whewell und Venn aufgeworfenen Problematik der Begriffszuweisung ist unter dieser Annahme zu entgegnen, dass der Verstand ohnehin nur die der Ordnung entprechenden Begriffe hervorbringt, die bei einem Individuum erkennbar sind. Im Rahmen der Anatomie von Lebewesen derselben Art kann man behaupten: Da die Ordnung der Gliedmaßen stets gleichbleibend ist, bringt der Verstand ohnehin nur einen solchen empirischen Begriff hervor, der ihrer Anatomie entspricht. Für jedes Individuum derselben Art, wird somit aufgrund des Prinzips der Ordnungserkennung des Verstands stets derselbe empirische Begriff gebildet. Weil man stets denselbe empirischen Begriff bildet, erfolgt seine Bildung bei Individuen derselben Art nach einem allgemeinen Gesetz; nämlich, dass die Begriffe solcher Individuen nur durch bestimmte Prädikate definierbar sind.

27. 1. θ Zur Bestimmung begrifflichen Inhalts einer jeden Induktion

Wenn induktive Schlüsse bildbar sind, weil sie auf der Naturordung beruhen und der Mensch die Fähigkeit besitzt, diese Ordnung kraft seines Verstandes zu erkennen, ist für die Bildung von Wahrscheinlichkeitsaussagen zu schließen, dass sie eine erkennbare Ordung der Natur ausdrücken. Denn sie sind Induktionsschlüsse. Schließlich beziehen sie sich auf Eigenschaften von bestimmten Individuen bzw. aller Individuen, die durch einen Klassenbegriff erfasst sind.

Richtet sich der Verstand auf diese Klassenbegriffe und ist eine Ordnung gegeben, kann man mit Boole folgern, dass man auch die der Ordnung entsprechende Wahrscheinlichkeitsaussage bilden wird. Dazu passen die bereits angeführten Gesetze, nach denen unser Verstand operiert. Schließlich dienen diese Operationen ausschließlich der Begriffbildung (conception),[612] also der Formulierung von Erkenntnissen.

Folgt der Verstand in seiner Tätigkeit diesen Gesetzen muss er entweder bereits vorhandene Klassenbegriffe nutzen oder einen neuen Klassenbegriff hervorbringen. Denn ohne sie ist überhaupt keine inhaltlich bestimmte Verstandesoperation durchführbar. Hervorbringen wird er einen solchen wegen der Eigenschaft eines Individuums müs-

---

[610]   Vgl. Boole, Georg: Laws of Thought. S. 403$^{17\text{-}20}$.
[611]   Vgl. ebd. S. 403$^{17\text{-}32}$.
[612]   Vgl. ebd. S. 43^{9}-44^{4}.

sen, da die Definition des Klassenbegriffs die Eigenschaften von Individuen erfasst. Ist aber nur ein Klassenbegriff ein Bestandteil der Operation, fehlt zu deren Durchführung ein Element. Richtet sich die Operation auf die Individuen einer Klasse, ist klar, dass sie nur durch einen Klassenbegriff durchführbar ist, der eine weitere Eigenschaft dieser Individuen erfasst. Andernfalls ist die Operation nicht durchfürbar. Welche Eigenschaft das ist, ist auf den Selektionsprozess des Individuums zurückzuführen, dass entweder einen neuen Begriff durch Komparation und Abstraktion individueller Eigenschaften hervorbringt oder einen bereits bestehenden nutzt. Daraus geht ein neuer Klassenbegriff hervor, der aus der Kombination der verwendeten Klassenbegriffe bestehen muss. Dies entspricht dem Vorgehen bei einer einfachen Induktion, weil man auf der Grundlage individueller Eigenschaften einen Klassenbegriff bildet, der diesen Individuen gemeinsam ist, aber auch all jene Individuen erfassen könnte, die nicht aktual gegeben sind, es aber einst waren und sein werden.

Weil Wahrscheinlichkeitsaussagen bereits induziertes Wissen voraussetzen, scheint der Prozess der Begriffsneubildung für die Bestandteile der Verstandesoperation zu entfallen. Dies ist nicht der Fall. Denn ein einzelner Bestandteil stellt nicht das Ganze dar, das man von etwas wissen kann. Folglich muss man zur Durchführung der Operation eine weitere Aussage generieren, die den Bestandteil zu einem Ganzen komplettiert. Weil sich die Operation der Bildung der Wahrscheinlichkeitsaussage nur auf das Wissen von dem durch einen Bestandteil Ausgesagtem richtet, ist ersichtlich, dass nur eine sich auf Gewusstes beziehende Aussage als Bestandteil in Frage kommen kann.

In diesem Fall kann man einen Begriff von nicht direkt Gewusstem bilden, aus dem Bekanntes herleitbar ist. Das Resultat dieser Operation ist bedingt durch den Inhalt, der durch den bekannten Bestandteil vermittelt ist. Ist z.B. durch ihn folgende Aussage gegeben: „Aureus-Münzen zeigen bei Würfen fünfmal Vespasian." lässt sich bei dem Versuch eine Wahrscheinlichkeitsaussage über die Aurei durch eine Operation mithilfe des Kommutativgesetzes zu formulieren sagen, dass unbestimmt bleibt, was über Aurei hinsichtlich der Art des Ereignisses noch wissbar ist. Schließlich ist unbestimmt, ob die Münzen hinsichtlich eines fünfmaligen Wurfes bestimmt sind oder eines Vielfachen davon. Denn die Grenze des Intervalls der Würfe wie der Münzen ist unbestimmt. Daher bleibt auch die daraus resultierende Wahrscheinlichkeitsaussage entsprechend ihrem Inhalt partiell dunkel. Die Wahrscheinlichkeitsaussage, die man dadurch bilden kann, lautet: „Aureus-Münzen zeigen bei Würfen fünfmal Vespasian und bei Würfen ist nicht bestimmt, ob und wie oft Aureus-Münzen Vespasian zeigen oder

Fortuna. Es besteht also eine Wahrscheinlichkeit von 5 zu unbestimmt, dass Aureus-Münzen bei Würfen Vespasian zeigen."

Klar ist die resultierende Wahrscheinlichkeitsaussage, wenn die gewussten Bestandteile die Ordnung bzw. eine mögliche Verlaufsordnung, die durch das Ereignis vorgegeben ist, eindeutig bestimmen. Ist z.B. die Aussage gegeben: „Eine Aureus-Münze zeigt bei sechs Würfen fünfmal Vespasian." ist hinsichtlich des Ereignisses des Wurfes bestimmt, dass ein Wurf gegeben sein muss, bei dem die Aureus-Münze nicht Vespasian zeigt. Das Ereignis gibt also eine Ordnung erfolgreicher und nicht erfolgreicher Anzeigen vor. Aus dieser Information kann man die Wahrscheinlichkeitsaussage bilden: „Eine Aureius-Münze zeigt bei 6 Würfen fünfmal Vespasian und einmal nicht Vespasian." Die genaue Bestimmung des Ereignisses ermöglicht, dass dem Klassenbegriff *Aureius-Münze, die sechsmal gewurfen werden* die Klassenbegriffe *fünfmal Vespasian* und *einmal nicht Vespasian* zuschreibar sind.

Die beiden Beispiele zeigen, dass die Bildung von aussagekräftigen Wahrscheinlichkeitsaussagen nur dann erfolgreich ist, wenn das empirische Wissen einen Selektionsprozess erfahren hat, der ausreichend klare Begriffe hervorgebringt. Diese Selektionsprozesse scheinen ausreichend mithilfe der boolschen Gesetze für Verstandesoperationen erklärbar zu sein, sofern jede Verstandesoperation der Begriffsbildung dient. Auch ist man damit in der Lage, die Bildung von Wahrscheinlichkeitsaussagen zu beschreiben, solang ein bestimmtes allgemeines Wissen über eine Art von Sachverhalt bzw. Ding gegeben ist.

Für die praktische Anwendung von Induktionen sind diese Gesetze zur Überprüfung ihrer Gültigkeit und der ihnen zugrundeliegenden Gesetze hilfreich. Denn sie geben ein formales Überprüfungskriterium an, aus dem man erkennt, ob das durch die Induktion Geschlossene für einen Verstand nachvollziehbar ist.

Trotzdem ist noch nicht verstehbar, welches Gesetz der Verstand befolgen muss, um einen die Eigenschaften eines Individuums erfassenden Begriff auch auf andere Individuen anwenden zu können. Ein solches Gesetz, dass die Grundlage für eine Verstandesoperation bietet, die der Induktion überhaupt erst ihren Inhalt bereitsstellt, muss man für jegliche andere Verstandesoperation voraussetzen. Andernfalls muss man behaupten, dass der Verstand in einem Sinne aktual tätig sein kann, der rein formal ist. Dies wäre die Konsequenz, die zu ziehen ist, wenn für die Umsetzung der Verstandestätigkeiten nach den boolschen Verstandesgesetzen nicht von vornherin ein bestimmter Inhalt gegeben sein muss.

Eine solche Verstandesoperation ist in Hinsicht auf die Mittel unbestimmt, mit denen man die Operation durchführt. Denn selbst wenn man sagen würde, dass man die Operation mit Begriffen und Aussagen vollzieht, sind sie ohne bestimmten Inhalt doch nur formal bestimmt. Wohlgemerkt, lässt sich über formal Bestimmtes nicht sagen, was es ist. Denn die Bestimmung gibt nur an, in welcher Ordnung etwas ist, wenn ihm die formale Bestimmung hinzukommt. Eine Ordnung ist nichts, wenn keine Bestandteile gegeben sind, hinsichtlich derer die Ordnung besteht. So ist auch formal Bestimmtes nichts, wenn nichts gegeben ist, dass danach bestimmt ist. Folglich kann auch der Verstand nicht rein formal operieren. Denn nichts wäre gegeben, was diese Operationen ermöglicht.

Vor der Gegebenheit der Begriffe und Aussagen muss also eine Operation gegeben sein, die nach einem Gesetze verfährt, welches die singuläre Erkenntnis über Individuen, d.h. ästhetische Erkenntnis, zu einer begrifflichen Erkenntnis über eine Art oder Gattung transferiert und somit den Weg für jegliche Induktion und Verstandesoperation ebnet.

Sicherlich ist man geneigt, diese Operation in der Abstraktion zu sehen. Sie ist allgemeinhin so bestimmt, dass man von bestimmten Eigenschaften eines Dings absieht, um einen Begriff von diesem Ding zu bilden, der nur einige Eigenschaften desselben erfasst. Wie Peter Geach anhand des Aufführens von Beispielen gezeigt hat, ist diese Operation als problematisch anzusehen, da hinsichtlich der Generierung von Begriffen damit scheinbar ungelöste Probleme bestehen.[613]

Mit Alexander Aicheles Baumgarten-Interpretation kann man den Vorgang als das Abesehen von dunklen Bestandteilen der Erkenntnis von einer singulären Entität, die aufgrund gezielter Aufmerksamkeit besteht. Diese dunklen Bestandteile sind die relationalen Bestimmungen zwischen Entitäten — die sie in der Welt als eine Singularität bestimmen. Vorausgesetzt ist, dass man die ästhetische Erkenntnis, die durch die Wahrnehmung besteht, gezielt bezüglich ihrer Bestandteile graduell differenzieren kann. D.h. dass man eine bestimmte Aufmerksamkeit auf einzelne Bestimmungen der ästhetischen Erkenntnis richten kann. Die Differenzierung durch die Aufmerksamkeit

---

[613]   Vgl. Geach, Peter: Mental Acts. Their Content and Their Objects. (Studies in Philosophical Psychology) S. 18-38.

bringt weitere Erkenntnisse über einen wahrgenommenen Gegenstand hervor, weil man bestimmte Eigenschaften klarer, d.h. problemlos, dem Gegenstand zuschreiben kann als andere. Dies sind die am differenziertesten von anderen Eigenschaften wahrgenommen.

Somit kann man die ästhetische Erkenntnis hinsichtlich der Differenzierbarkeit der sie beinhaltenden Bestandteile derart einteilen, dass daraus die Erkenntnis graduell differenzierter Bestandteile hervorgehen kann. Je differenzierter eine Erkenntnis von etwas ist, desto klarer ist sie; je weniger differenziert sie ist, desto dunkler und verworrener ist sie. Besteht nämlich die Erkenntnis von etwas derart, dass ein Ding von allen anderen Dingen differenzierbar ist, kann es in Anbetracht einer begrenzten Anzahl von Dingen, die durch die Wahrnehmung als ästhetische Erkenntnis gegeben sind, eindeutig zugewiesen werden, aufgrund welchen Dings die Erkenntnis besteht. Im anderen Fall ist dies nicht möglich, weshalb man nicht genau sagen kann, warum eine solche Erkenntnis besteht, wenn sie denn überhaupt besteht.

Wenn der Verstand aus den gewonnenen Erkenntnissen von alle dunklen Bestandteilen absieht, bleibt nur noch die Erkenntnis eines Dings, die es eindeutig von anderen Dingen differenzieren lässt. Die Erkenntnis eines Dings ist insofern nicht unabhängig von der Erkenntnis auf dem die Hervorbringung der ersteren beruht — woraus folgt, dass sie nicht in isolierter Weise generierbar ist.[614] Dies ist scheinbar als universaler Begriff zu verstehen, weil die Erkenntnis unabhängig von anderen singulären Bestimmungen nur jene Bestimmungen beinhaltet, die eine genaue Differenzierung des Dings von anderen Dingen ermöglicht.[615]

Dem ist auf den ersten Blick einzuwenden, dass ein Begriff, den man per Abstraktion gewinnt, zweifelsfrei weder universal noch partikulär ist. Schließlich abstrahiert man von einer ästhetischen Erkenntnis, die wie die Eigenschaften eines Individuums singulär ist. Somit weist sie vollständige individuelle Verschiedenheit zu anderen Erkenntnissen von den Eigenschaften eines Dings oder Weltzustands auf. Selbst wenn man nur bestimmte Eigenschaften durch den abstrahierten Begriff erfasst, erfasst er ausschließlich Eigenschaften eines bestimmten Individuums. Schließlich ist der Begriff

---

[614] Aichele, Alexander: *Ich denke was, was Du nicht denkst, und das ist Rot.* In: Manfred Baum (Hrsg.); Bernd Dörfling (Hrsg.); Heiner F. Klemme (Hrsg.): Kant-Studien. Band 103, Heft 1. S. 42^{17}-43^{7}.

[615] Aichele, Alexander: Wahrscheinliche Weltsweisheit. A.G. Baumgartens Metaphysik des Erkennen und Handelns, Manuskript Halle 2014 (im Erscheinen). S. 102-107.

allein aufgrund der singulären Erkenntnis innerhalb der ästhetischen Erkenntnis des Individuums gebildet.

Ein Universalienrealismus ist demnach abzulehnen. Denn es isst nicht ersichtlich, wie die Dinge hinsichtlich ihrer Eigenschaften vollständig verschieden sein können und dennoch universelle Eigenschaften miteinander teilen. Aber auch eine konstruktivistische Position ist abzulehnen, die so beschaffen sein ist, dass man einen universaler Begriff durch die Kombination erneut abstrahierter Begriffe konstruiert. Denn selbst wenn von einem singulären Begriff erneut abstrahiert würde, ist der daraus hervorgehende Begriff wiederum durch die singulären Prädikate bestimmt, die dem zugrundliegendem Begriff zu Eigen sind. Wollte man daher von den abstrahierten Begriffen alle Prädikate bis auf eines absehen und dieses Prädikat einer Reihe von anderen Prädikaten anderer abstrahierter Begriffe hinzutun, um einen universalen Begriff zu bilden, verweisen die Prädikate dieser Chimäre doch nur auf die Eigenschaften einzelner Individuen.

Beruhen beispielsweise die Bestandteile der Definition Hesiods der Chimäre: „πρόσθε λέων, ὄπιθεν δὲ δράκων, μέσση δὲ χίμαιρα"[616] auf einer solchen Abstraktion, verweist doch jedes Prädikat auf ein Singulum, das durch eine singuläre Erkenntnis bekannt ist. Denn dem definierten Begriff der Chimäre fehlt der zureichende Grund, der die Referenz der einzelnen Prädikate ihrer Singularität enthebt. So wird das Prädikat „von vorne Löwe" auf einen bestimmten Löwen referieren, das Prädikat „von hinten Drache" auf einen bestimmten Drachen und „in der Mitte Ziege" auf eine bestimmte Ziege, ohne dass in Hinsicht auf die Referenz des definierten Begriffes eine einheitliche Referenz besteht. Weil augenscheinlich keine Chimäre in der Welt existiert und somit keine Referenz auf ein Einzelding geben sein kann, dass dem Begriff entspricht, müsste dieser doch wenigstens auf sich selbst referieren können. Das vermag er unter den angegebenen Umständen aber nicht. Denn der Gebrauch singulärer Prädikate in einem universalen Urteil bedeutet die Bildung einer Aussage, deren Referenz sich nicht auf eine Entität richtet, sondern auf alle singulären Entitäten, deren Prädikate sie enthält.

Trotz des Vorhergehenden ist ersichtlich, dass diesem Einwand mit einer genaueren Erklärung der Bildung partikulären und universalen Begriffen entgegenzukommen ist. Dies kann man anhand der Explizierung zweier Verstandesoperationen zur Bildung

---

[616]   Hesiod: Theogony, edited with Prolegomena and Commentary by M. L. West. 323.

partikulärer und universaler Begriffe durchführen. Eine davon folgt dem Gesetz der Substitution und die andere einem Gesetz der Äquivaluation.

Substitution ist die Operation des Verstandes, die verschiedene Individuen hinsichtlich einer Erkenntnis derart betrachtet, dass sie entsprechend der Erkenntnis wechselseitig ersetzbar sind. Dieser Vorgang ist notwendig, wenn verschiedene Individuen durch eine bestimmte Erkenntnis bzw. einen abstrahierten Begriff erfasst sein sollen. Ohne dass ein Individuum nicht durch ein anderes als Referenzobjekt substituierbar ist, werden sie nämlich durch den Verstand nicht durch denselben Begriff erfassbar sein können.

Die Äquivaluation ist die Operation des Verstandes, welche die Erkenntnis hervorbringt, dass Erkenntnisse über zwei verschiedene Individuen gleichbedeutend sind. Auch eine solche Operation ist notwendig. Denn dadurch ist überhaupt erst die Erkenntnis eines partikulären Begriffs gegeben. Erst dadurch kann man durch Induktionsschlüssen zu immer allgemeineren Begriffen fortschreiten.

Wie lassen sich nun jedoch die dahinterstehenden Gesetze bestimmen? Wenn die Grundlage der Operationen singuläre Begriffe sind, ist auf den ersten Blick unverständlich, wie eine Substitution vollziehbar ist. Denn wenn zwei Individuen vollständig voneinander verschiedenen sind, müssen auch die von ihrer ästhetischen Erkenntnis abstrahierten Begriffe vollständig verschieden sein. Bedenkt man, dass der Verstand, wenn er einen Begriff bildet, diesen aufgrund einer bestimmten Form bildet, die dadurch definit ist, dass einem Subjekt verschiedene Prädikate zugesprochen werden, erhellt, dass durch den Verstand der Grund für die Substituierbarkeit von Individuen gegeben ist. Dieser liegt darin, dass die formale Bestimmtheit der singulären Begriffe jeweils identisch ist. Denn der Verstand kann auf keine andere Weise Begriffe bilden. Ist sie identisch, ist der Gegenstand, von dem abstrahiert wird, vollständig ersetzbar. Auch wenn dies für den Inhalt des Begriffes keine Gültigkeit beanspruchen kann. Somit kann man für die Operation der Substitution festsetzen, dass dieser ein Gesetz zur Bestimmung formaler Identität zugrundeliegen muss. Dieses lautet wie folgt: „Ist die formale Bestimmtheit der Erkenntnis zweier Individuen nicht unterscheidbar, ist ein Individuum durch ein anderes ersetzbar, da die Erkenntnis, welche von beiden abstrahiert ist, formal identisch ist."

Hinsichtlich der Äquivaluation besteht das Problem, dass bei der Gegebenheit zweier Begriffe, die vollkommen Differentes erfassen, man eine Erkenntnis über die inhaltliche Gleichbedeutung der Bestimmtheit hervorbringen muss. Rein logisch verstanden heißt das, dass der Wahrheitswert zweier Prädikate zweier singulärer Begriffe auf dieselbe Weise begründet sein muss. Das in der Weise, dass ihre Wahrheitswerte ununterscheidbar sind. D.h. dass sie auf dasselbe referieren, so dass sie nicht mehr voneinander unterscheidbar sind, und identisch sind. Andernfalls referierte jedes Prädikat hinsichtlich seines Wahrheitswertes auf ein jeweils verschiedenes Referenzobjekt, was somit seine vollkommene inhaltliche Differenz zu anderen Prädikaten begründet. Da man davon ausgehen muss, dass die Grundlage empirschen Wissens für das Individuum nur mittelbar durch die Wahrnehmung gegeben ist besteht auch nur eine Referenz der Prädikate hinsichtlich der Wahrnehmung. Denn kein Verstand hat unmittelbaren Zugriff auf einzelne Individuen hat.

Wenn durch die Wahrnehmung bei bestimmten Qualitäten unterschiedlicher Dinge nicht bereits eine Differenzierung erfolgt, wird man auch jeweils nur eine solche Erkenntnis aus dem Wahrgenommenen bilden können, die diese Differenzierung nicht aufweist. Abstrahiert der Verstand von dem Wahrgenommenen, ohne dass durch die Wahrnehmung bei bestimmten Qualitäten bereits eine Differenzierung erfolgt ist, bildet er für nicht differenzierte Qualitäten zwangsläufig dasselbe Prädikat. Das auch dann, wenn unterschiedliche Individuen wahrgenommen wurden. Nimmt man beispielsweise die Farben des Grases auf einer Wiese wahr, so wird man aufgrund der deffizitären menschlichen Wahrnehmung verschiedene Gründtöne als identisch wahrnehmen. Das obwohl sie alle vollkommen voneinander verschieden sind. Andere der Grüntöne können hingegen hinsichtlich der einzelnen Wahrnehmung als vollkommen differente und einzelnen Individuen zuordenbar wahrgenommen werden.

Die Prädikate, die man aufgrund dieser Wahrnehmung bildet, sind also entweder partikulär oder singulär. Kommen erstere solcher Prädikate in abstrahierten Begriffen von Entitäten vor, sind sie hinsichtlich ihrer Referenzweise vollkommen identisch mit den Prädikaten, die in den abstrahierten Begriffen anderer Entitäten enthalten sind. Denn sie erfassen in indifferenterweise alles was die Qualität entsprechend der Wahrnehmung aufweist. Anders gesagt, ergibt sich daraus, dass in beispielsweise zwei abstrahierten Begriffen Prädikate auftreten können, die gemäß der Begründung ihrer Wahrheitswerte gleichbedeutend sind. Denn sie sind unabhängig von der Verknüpfung sind, die sie mit den anderen Prädikaten der abstrahierten Begriffe aufweisen. Weshalb sie dieselben durch die Wahrnehmung gegebenen Individuen erfassen.

Diese Erkenntnis kann für den Verstand nicht von sich aus bestehen, sondern erfordert die Bewertung aller einzelnen Prädikate der abstrahierten Begriffe hinsichtlich der Begründung ihrer Wahrheitswerte. D.h., ob die Wahrheitswerte der Wahrnehmung entsprechend singulär oder partikulär gelten. Diese Operation der Äquivaluation bietet die Erkenntnis, dass abstrahierten Begriffen bestimmte Prädikate gemeinsam sind, so dass sie durch dieselben erfassbar sind. Das Gesetz nach dem der Verstand bei diese Operation verfährt, ist: „Wenn der Wahrheitswert der Bestandteile verschiedener Begriffe ununterscheidbar hinsichtlich der zugrundeliegenden wahrgenommenen Referenzobjekte ist, dann sind die Bestandteile identische Begriffe und referieren auf dasselbe." Somit sind die ersten partikulären Begriffe gegeben, die Ausgangspunkt für die Induktion sind. Womit der Forderung von Venn und Whewell für die Grundlage der Induktion Genüge getan ist.

Sind die angeführten Verstandesoperationen die Grundlage für jede Induktion, ist zu zeigen, dass dies auch für die Induktion aus Induktionsschlüssen der Fall ist. Sonst blieben sie Behauptung unbegründet. Anders als bei der Induktion, die auf der Verwendung partikulärer Begriffe aufbaut, generiert man eine Wahrscheinlichkeitsaussage aufgrund von komplexen empirischen Wissens. Dies bedeutet, dass Begriffe in unterschiedlichen Begriffsverknüpfungen vorliegen, die dazu geeignet sind, um etwas über einen Sachverhalt auszudrücken.

Geht eine Wahrscheinlichkeitsaussage aus einer Induktion hervor, muss sie in ihrer einfachsten Form zwei Prämissen aufweisen. Sie müssen mindestens in der Form kategorischer Aussagen formuliert sein. Weil es sich dabei um die einfachste und grundlegenste Begriffsverknüpfung handelt. Des Weiteren müssen die Prämissen inhaltlich verschieden sein. Denn andernfalls sagen sie stets dasselbe über einen Sachverhalt aus. Folglich könnte man aus ihnen auch nichts Neues folgern. Sagen beide Prämissen etwas Unterschiedliches über ein und denselben Sachverhalt aus, sind sie aufgrund ihres Inhaltes voneinander vollkommen different. Doch erweisen sie sich auch hinsichtlich der Gültigkeit ihrer Wahrheitswerte als vollkommen different. Denn ihnen liegt jeweils ein anderer Induktionsschluss zugrunde. Eine jede Prämisse stellt schließlich empirisches Wissen dar, welches aus einer Induktion gewonnen wurde. Daher sind beide Prämissen als individuell verschieden zu verstehen.

Weil die Prämissen Aussagen sind, müssen sie dieselbe formale Bestimmtheit aufweisen. Dahingehend sind beide Prämissen formal identisch, wenn man von ihrem Inhalt absieht. Beide Aussagen sind also hinsichtlich ihrer Form substituierbar. Weil beide

Aussagen bezüglich ihres Inhaltes als Ganzes vollkommen voneinander verschieden sind, kann nicht von vorherein die Erkenntnis bestehen, dass die Prämissen etwas über denselben Sachverhalt aussagen. Deswegen bedarf es einer Bewertung der Bestandteile der jeweiligen Aussagen, aus der hervorgeht, dass einige Bestandteile in derselben Weise ein Referenzobjekt erfassen und somit der Begründung ihrer Wahrheitswerte entsprechend identisch sind. Sind z.B. die Aussagen gegeben:

P1: „Ein zweimal geworfener Spielwürfel kommt einmal auf der eins auf."

und

P2: „Ein zweimal geworfener Spielwürfel kommt einmal auf der sechs auf."

So sind diese inhaltlich als Ganze vollkommen different. Doch kann man zwischen den Bestandteil „Ein zweimal geworfener Spielwürfel" inhaltlich in den Aussagen nicht unterscheiden. Denn durch die Definition dieser Bestandteile erfasst man jeweils ein Referenzobjekt in indifferenter Weise. Schließlich sind sie in beiden Aussagen ununterscheidbar ist.

Daraus folgt, dass der Wahrheitswert jeweils eine gleiche Begründung erfährt und somit identisch ist. Beide Aussagen sagen daher etwas über denselben Sachverhalt aus. Sie kann nur dann nicht hervorgehen, wenn die Definitionen der Bestandteile an irgendeiner Stelle differieren. Doch welch begrenzter Verstand soll diese Differenz bemerken können? Lägen ihm in diesem Fall doch dieselben Zeichen für verschiedene Begriffe vor, wenn nicht die Begriffe selbst gegeben sind. Was der Mensch nicht erkennen kann, kann er auch nicht bewerten.

Nimmt man die weiteren Bestandteile der Prämissen in den Fokus der Betrachtung, ist ersichtlich, dass sie jeweils die Verschiedenheit der Aussagen begründen. Denn was den Prämissen nicht gemein ist, das ist eine unterschiedliche Prädikation der gemeinsamen Bestandteile. Bezieht sich diese Prädikation allein auf die Explikation empirischen Wissens, wird dem Begriff ein und desselben Sachverhalts Unterschiedliches prädiziert. In diesem Fall ist streng genommen durch eine jede Prämisse die Definition eines Artbegriffs angegegeben, die einen in der Aussage vorkommenden Gattungsbegriff spezifiziert. Denn der den beiden Aussagen gemeinsame Bestandteil, ist als Gattungsbegriff zu verstehen, der aufgrund der Allgemeinheit seiner Definition durch einen nicht gemeinen Bestandteil eine Spezifikation erfährt. So verstanden stellen beide

Prämissen einen jeweils differenten empirischen Artbegriff dar, der hinsichtlich eines empirischen Gattungsbegriffes wahrheitsdefinit aussagbar ist.

Mit der Induktion aus Induktionsschlüssen ist genau dies festzustellen, dass man beide Artbegriffe einem empirischen Gattungsbegriff wahrheitsdefinit zusprechen kann. Denn worauf man letztlich schließt, ist eine allgemeine Bestimmung des zugrundeliegenden Gattungsbegriffs, der durch seine Artbegriffe vollständig bestimmt ist. Nach obigen Beispiel ist daher zu schließen, dass ein zweimal geworfener Spielwürfel einmal auf der eins und einmal auf der sechs aufkommt bzw. dass dem Gattungsbegriff „zweimal geworfener Spielwürfel" die empirischen Artbegriffe „ein zweimal geworfener Spielwürfel, der einmal auf der eins aufkommt" und „ein zweimal geworfener Spielwürfel, der einmal auf der sechs aufkommt" wahrheitsdefinit zukommen.

Freilich mutet dies zunächst seltsam an. Schließlich geht daraus die Erkenntnis hervor, dass Individuen, denen der Gattungsbegriff des zweimalgeworfenen Würfels zukommt durch nur zwei empirische Artbegriffe erfasst sind. Wer mit Würfeln vertraut ist, wird sofort einwenden, dass dieser sechs Flächen aufweist und er somit auf jeder der Flächen bei einem der Würfe liegen bleiben kann. Wenn sich die Gattung durch ihre Artbegriffe vollständig bestimmen lässt, müsste doch für das Liegenbleiben auf einer jeden Fläche ein Artbegriff gegeben sein.

Dem ist zu entgegenen: Wenn Empirie die Grundlage des Schlusses ist, kann auch nur zulässigerweise auf das geschlossen werden, was durch sie gegeben ist. Freilich kann man durch die Empirie erkennen, dass ein Spielwürfel sechs Flächen hat. Aber wenn bei bloß zweimaligem Wurf des Würfels nur die Erfahrung besteht, dass dieser auf der eins oder der sechs liegen bleibt, kann man dem Gattungsbegriff nur diese zwei empirischen Artbegriffe wahrheitsdefinit zuweisen. Dass dies der Fall ist, ist daran zu sehen, dass so mancher geneigt ist, wenn ein Würfel oft auf ein und derselben Fläche zum Liegen kommt, nur die Zuschreibung jener Artbegriffe als wahrheitsdefinit ansieht, die dem häufigen Auftreten entsprechen.

Schwerwiegender ist der Einwand, der die Konklusion einer solchen Induktion als Wahrscheinlichkeitsaussage kennzeichnet. Denn es ist nicht ausgeschlossen, dass man über einen empirischen Gattungsbegriff wahrheitsdefinite empirische Artbegriffe aussagt, die man in Anerkennung eines korrespondenztheoretichen Wahrheitsbegriffes nicht alle zugleich in wahrer Weise aussagen kann. So ist ausgeschlossen, dass dem Gattungsbegriff des zweimal geworfenen Würfels vier Artbegriffe zukommen, von denen jeweils ausgesagt wird, dass der Würfel auf der eins, drei, fünf und sechs liegen bleibt. Erfahrungsgemäß können nur zwei Artbegriffe referieren.

Besteht die Erfahrung hinsichtlich der Individuen, die durch den Gattungsbegriff erfasst sind, muss man die vier daraus resultierenden Artbegriffe wahrheitsdefinit zusprechen. Ausgeschlossen ist, dass man alle vier zugleich wahrheitsdefinit aussagen kann, wenn die Empirie der Maßstab für die Wahrheit der Definition des Gattungsbegriffs ist. Sollten alle vier Artbegriffe zugleich in Wahrheit aussagbar sein, müsste man behaupten, dass dem Gattungsbegriffs entsprechend eine Erfahrung gegeben ist bzw. war, die einen zweimal geworfenen Würfel sowohl auf der Fläche mit der eins, der drei, der fünf und sechs darstellt. Eine solche Erfahrung kann nicht gemacht werden.

Dennoch sind die Artbegriffe dem Gattungsbegriff wahrheitsgemäß zusprechbar. Denn bestimmen seine Intension vollständig. Denkt man den Gattungsbegriff ausschließlich empirisch, ist die Intension gleichbedeutend mit der Erfassung aller Fälle bzw. Individuen entsprechend denen man den Gattungsbegriff bildet hat. Denn ist er das Resultat einer Induktion, ist seine Definition den Eigenschaften der wahrgenommenen Individuen entsprechend bestimmt. Er sagt also auch nicht mehr aus, als durch die Individuen gegeben ist bzw. war.

Hieraus ergibt sich, dass eine Spezifikation eines solchen empirischen Gattungsbegriffs, der identisch mit den oben bereits angeführten Klassenbegriffen erscheint, die Eigenschaften der durch ihn bereits erfassten Individuen genauer darlegt. Denn konstituiert sich der Gattungsbegriff durch die Eigenschaften der Individuen, die diesen gemein sind, werden seine Artbegriffe nur genauer bestimmt sein können, wenn die Individuen bestimmter sind. Diese geben schließlich vor, was für Bestimmungen durch den Gattungsbegriff noch erfasst sind. Denn sie sind durch bestimmte Gemeinsamkeiten durch ihn erfasst, weil sie durch ihn hinsichtlich bestimmter Gemeinsamkeiten erfasst werden.

Bestimmt man die Individuen ausgehend von diesen Gemeinsamkeiten genauer, ist eine Vielzahl von Bestimmungen gegeben. Allesamt sind mit Blick auf den Gattungsbegriff und die damit zugrundeliegenden Erfahrung wirklich gegeben bzw. möglich. Wirklich sind sie, wenn tatsächlich ein Artbegriff gegeben ist, der auf der Grundlage des Gattungsbegriffs gebildet ist. Denn dessen Bildung setzt die Präsenz eines Individuums voraus, das durch den Artbegriff und den Gattungsbegriff erfasst ist. Möglich sind sie, weil dadurch nur eine Weise angegeben ist, wie der Gattungsbegriff auf empirischer Grundlage spezifizierbar ist. Wenn er mehr als ein Individuum erfasst, kann man weitere Spezifizierungen durchführen.

So verstanden kann man beantworten, warum man einem Gattungsbegriff verschiedene Spezifizierungen wahrheitsgemäß zusprechen kann. Obwohl ausgeschlossen ist, dass sie über ein Individuum allein aktual aussagbar sind. Was dem Gattungsbegriff zusprechbar ist, sind die Artbegriffe, die durch ihn erfassten Individuen bildbar sind. Was durch etwaige Artbegriffe erfasst ist, ist auch durch den Gattungsbegriff erfasst. Denn Erstere weisen Prädikate auf, die erst durch Letzteren gegeben sind. Insofern ist es wahr zu sagen, dass die Artbegriffe eine Spezifikation eines Gattungsbegriffes aussagen. Sie ergänzen ihn um mögliche mit der Empirie übereinstimmbare Bestimmungen. Falsch ist es hingegen zu sagen, dass jede dieser Spezifizierungen jedem Individuum aktual zukommt, das durch den Gattungsbegriff erfasst ist. Denn die Artbegriffe geben nur eine mögliche Spezifizierung an, die hinsichtlich bestimmter Individuen tatsächlich besteht.

Hieraus geht hervor: Wenn der Gattungsbegriff und die möglichen Artbegriffe bekannt sind, aber unbekannt ist, durch welchen Artbegriff ein Individuum erfasst ist, ist es nur durch den Gattungsbegriff erfasst. Wenn jeder der bekannten Artbegriffe für den Gattungsbegriff eine möglich Spezifizierung darstellt, ist nicht auszuschließen, dass das Individuum durch einen der Artbegriffe erfasst ist bzw. erfasst werden kann. Solange dies nicht entschieden ist, kann man wahrheitsgemäß aussagen, dass das Individuum der Möglichkeit nach durch jeden der Artbegriffe erfassbar ist. Denn auf der Grundlage des ihm zukommenden Gattungsbegriffs kann jeder Artbegriff es erfassen. Allein der Möglichkeit nach erfasst ein jeder Artbegriff wahrheitsgemäß das Individuum, auch wenn es tatsächlich nur durch einen Artbegriff erfassbar sein kann.

Wenn die Induktion aus Induktionsschlüssen aufzeigt, welche Artbegriffe man einem Gattungsbegriff wahrheitsgemäß zuschreiben kann, handelt es sich dabei offenbar um das Aufzeigen der Möglichkeit hinsichtlich der Wirklichkeit. Denn die Prämissen sagen über einen Sachverhalt in unterschiedlicher Weise aus, was tatsächlich ist bzw. war, und in der Konklusion ist dies als Prädikation eines Begriffes zusammengefasst. Somit ist eine Wahrscheinlichkeitsaussage eine Aussage über die Möglichkeit der empirischen begrifflichen Bestimmtheit eines Individuums, dem ein bestimmter Gattungsbegriff zukommt.

Beruht die Bildung einer solchen Wahrscheinlichkeitsaussage allein auf Empirie, ist ersichtlich, dass die Bestimmung der Möglichkeit, wie ein Individuum bestimmt sein kann, in eben dieser Empirie seine Grenzen findet. Das bedeutet, dass die Wahrscheinlichkeitsaussage keine Prädikation aufweisen kann, die nicht aus einer gemachten Erfahrung hervorgegangen ist.

Dies führt zwangsläufig zu der Behauptung, dass in keiner Weise aus den Bestimmungen des Gattungsbegriffs ableitbar ist, welche Artbegriffe ihm entgegen aller Erfahrung noch zukommen können. Sollte daher kein Mensch seit Anbeginn der Würfelspiele jemals die Erfahrung gemacht haben, dass ein Spielwürfel auf der mit einer sechs markierten Stelle zum Ruhen kommt, ist der Begriff dieses Ereignisses auch kein Artbegriff, den man dem Gattungsbegriff des Spielwürfels zuschreiben könnte. Absurderweise besteht dann ein Wissen davon, dass ein Spielwürfel sechs Flächen hat, doch nur auf fünf der sechs Flächen zum Ruhen kommen kann. Schließlich ist durch die Erfahrung nicht gegeben, dass ein Spielwürfel jemals auf der sechsten Fläche zum Ruhen kam. Ist aus der induzierten Wahrscheinlichkeitsaussage daher ersichtlich, dass man dem Gattungsbegriff des Spielwürfels fünf verschiedene Artbegriffe für das Ruhen auf einer Fläche wahrheitsgemäß zuschreiben kann, müsste man folgern, dass das Individuum, dem der Gattungsbegriff zukommt, durch einen der fünf Artbegriffe erfasst sein kann. Anders gesagt, bestünde somit für das Ruhen des Spielwürfels auf einer bestimmten Fläche eine Wahrscheinlichkeit von eins zu fünf, obwohl sechs Flächen gegeben sind.

Daraus ist ersichtlich, wenn man Wahrscheinlichkeitsaussagen allein aufgrund empirischen Wissens bilden kann, der Verstand blind für mögliche Prädikationen sein müsste, die bereits durch die Prädikate des Gattungsbegriffes vorgegeben sind. Somit unterstellt man dem Verstand und der aus ihm hervortretenden Erkenntnis eine vollständige Determinierung durch die Empirie. Denn dann ist keine Wahrscheinlichkeitsaussage bildbar, die nicht gemachten Erfahrungen entspräche. Dann sind für die Bildung einer Wahrscheinlichkeit die Eigenschaften der Entitäten bzw. Ereignisse belanglos, von denen man die Wahrscheinlichkeit aussagt. Denn nicht aufgrund der Eigenschaften und bestimmten Verstandesregeln der Kombinatorik folgert man, welche Wahrscheinlichkeit für das erfolgreiche Zusprechen eines Artbegriffes besteht, sondern allein aufgrund gemachter Erfahrung mit den Dingen.

Somit würden sich die Prinzipien der Wahrscheinlichkeitsrechnung als unsinnig erweisen. Denn durch sie soll etwas möglich sein, was nicht möglich sein kann; nämlich eine Wahrscheinlichkeitsaussage über die Möglichkeit von etwas noch nicht-Aktualen wie beispielsweise Zukünftigen zu bilden. Schließlich wäre ausgeschlossen, dass man durch den Verstand eine Wahrscheinlichkeitsaussage bilden könnte, die allein auf der Kenntnis der Eigenschaften von Dingen und Kombinationsregeln beruht.

27. 2 Die formale Struktur von Wahrscheinlichkeitsaussagen

Auch wenn dem Verstand eine bestimmte Erfahrung mangelt, sind durch ihn dennoch Wahrscheinlichkeitsaussagen generierbar, die etwas über die Möglichkeit von etwas Nicht-Aktualem aussagen. Dass dem so ist, ist durch Erfahrung unmittelbar einsehbar. Der Grund dafür ist nicht in der Empirie zu suchen, sondern in den Bedingungen, entsprechend denen man die Wahrscheinlichkeitsaussage bildet und wegen dem erst ersichtlich ist, ob ein Begriff als Artbegriff des Gattungsbegriffs gilt oder nicht. Hans Reichenbach (1891-1953) hat dies in seiner Wahrscheinlichkeitslehre klar herausgestellt, indem er die formale Struktur von Wahrscheinlichkeitsaussagen bestimmt hat. Demnach ist eine eineindeutig bestimmte Relation zwischen Aussagen bzw. Begriffen nur dann gegeben, wenn sie inhaltlich einander zugeordnet sind.[617] Dies geschieht nicht einfach dadurch, dass sie durch eine aussagenlogische Relation miteinander verknüpft werden. Denn letztlich bleiben die Begriffe und Aussagen diesbezüglich vollkommen different voneinander und weisen somit keine inhaltliche Dependenz auf. Die muss bei empirischen Aussagen aber gegeben sein, wenn sie eine Abhängigkeit von Erfahrungen zueinander aussagen. Vielmehr ist die inhaltlich Verknüpfung durch die Angabe bestimmter Eigenschaften gegeben, durch die Begriffe und Aussagen bedingt sind. Anders in moderner fregescher Manier gesagt, kommt den Begriffen und Aussagen ein bestimmtes Prädikat bzw. eine Funktion zu, die eine inhaltliche Verknüpfung erst ermöglichen.[618] Beides ist dahingehend als Grund verstanden, der den Inhalt eines Begriffes mit dem Inhalt eines anderen Begriffes verknüpft. Erst dann ist logisch gewährleistet, dass zwischen den Begriffen eine interne Beziehung besteht und keine externe aussagenlogische, die sich allein auf den Wahrheitswert von Aussagen bezieht. D.h. dass die inhaltliche Bestimmung eines Begriffs notwendige Bedingung für die inhaltliche Gegebenheit eines anderen Begriffes ist. Denn in Anbetracht der Bedingungen kann eine Aussage inhaltlich nicht ohne die andere bestimmt sein. Nur weil beispielsweise der Begriff eines sechseitigen Würfels gegeben ist und die Aussage,

---

[617] Vgl. Reichenbach, Hans: Wahrscheinlichkeitslehre. S. 58^{36}-59^{5}.
[618] Vgl. Frege, Gottlob: Begriffsschrift, eine der arithmetischen nachgebildete Formalsprache des reinen Denkens. S. 16$^{28-34}$.

dass ein sechseitiger Würfel auf der eins zur Ruhe kommt, stehen diese Aussagen von sich aus inhaltlich in keiner angebaren Relation zueinander.

Hieraus lässt sich logisch nicht rechtfertigen, dass ihre Verknüpfung zur Wahrscheinlichkeitsaussage führt: „Wenn etwas ein sechseitiger Würfel ist, dann besteht eine Wahrscheinlichkeit von 1 zu 6, dass er auf der eins zur Ruhe kommt." Die Rechtfertigung für eine solche Aussage ist vielmehr erst dann geschaffen, wenn die Einzelaussagen der konditionalen Aussage durch eine gemeinsame Eigenschaft verknüpft sind. In diesem Fall ist diese, dass beide Aussagen durch dieselben geometrisch-mechanischen Voraussetzungen bedingt sind. Geometrische und mechanische Voraussetzungen rechtfertigen erst, dass man beide Aussagen ihrem Inhalt entsprechend in ein Verhältnis setzen kann. Wie Reichenbach herausstellt, nützt das Wissen darum, dass ein Würfel sechs Flächen hat, für die Formulierung einer Wahrscheinlichkeit nichts, wenn man nicht voraussetzt, dass er geworfen wird. Denn ohne einen vorausgesetzten Wurf und die damit verbundenen Aussagen, kann man nichts über ein Ereignis sagen, das augenscheinlich durch einen Wurf hervorgebracht wurde. Formal gesehen gilt diese Bedingtheit durch eine gemeinsame Eigenschaft für alle Wahrscheinlichkeitsaussagen, die durch eine Funktion ausdrückbar ist. Weshalb sie nach Reichenbach stets als Angaben relativer Wahrscheinlichkeiten anzusehen sind.[619] Ohne dass den Bestandteilen der Wahrscheinlichkeitsaussage dieses verbindende Glied zukommt, bleibt unbestimmt, dass sie eine inhaltliche Abhängigkeit aufweisen.

Ist eine Aussage oder ein Begriff unter Berücksichtigung bestimmter Voraussetzungen die Bedingung für den Inhalt einer anderen Aussage, weist dies die formale Bestimmung einer Implikation auf. Diese formale Bestimmung ist auch aus der Induktion aus Induktionsschlüssen erkennbar. Denn die Prämissen des Induktionsschlusses lassen sich wie bei einem Deduktionsschluss in konditionale Aussagen umformulieren. Dies in der Weise, dass damit als Ganzes eine Wahrscheinlichkeitsaussage bestimmt ist. So lassen sich die oben angegebenen Prämissen inhaltlich wie folgt umformulieren:

P1: Wenn ein zweimal geworfener Spielwürfel einmal auf der eins und einmal auf der sechs zur Ruhe kommt, dann kann ein zweimal geworfenen Spielwürfels auf den Flächen zur Ruhe kommen, welche die eins und sechs aufweisen.

P2: Ein zweimal geworfener Spielwürfel kommt einmal auf der eins und einmal auf der sechs zur Ruhe.

---

[619] Vgl. Reichenbach, Hans: Wahrscheinlichkeitslehre. S. 61$^{5\text{-}17}$.

K: Ein zweimal geworfener Spielwürfel kann auf den Flächen mit der eins und sechs zur Ruhe kommen.

Verkürzt ausgedrückt ergibt dies die Wahrscheinlichkeitsaussage:

Wenn etwas ein zweimal geworfener Spielwürfel ist, dann kann er auf der Fläche mit der eins und sechs zur Ruhe kommen.

Weil der Begriff des Spielwürfels das Prädikat der Sechsflächigkeit enthält ist durch diese Wahrscheinlichkeitsaussage behauptet, dass man nur zwei mögliche Spezifizierungen wahrheitsgemäß über einen zweimal geworfenen Würfel aussagen kann. Obwohl ein Würfel sechs Flächen hat. D.h., dass auch nur eine Wahrscheinlichkeit von eins zu zwei besteht, dass der Würfel bei einem Wurf auf der eins oder sechs zur Ruhe kommen wird.

Freilich ist dies nur der Fall, solange die Empirie allein die Grundlage der Bildung der Wahrscheinlichkeitsaussage ist. Nimmt man hingegen Reichenbachs Hinweis ernst und zieht hinzu, was im Begriff des geworfenen Spielwürfels bereits explizit ist, nämlich dass dieser geworfen ist, und somit unter den Bedingungen einer geometrisch-mechanischer Axiomatik steht, erweitern diese Bedingungen die Anzahl der Prämissen um weitere von der Erfahrung unabhängige Prämissen. Denn die Prämissen, die nicht Induktionsschlüssen zugrundeliegen, ergeben sich aus der Verknüpfung der Aussagen über die Bedingungen mit den Begriffen und Aussagen, die bereits bekannt sind.

So kann man aus der Kenntnis der obigen Prämissen und dem Wissen über die klassische Mechanik sagen, dass man für einen Kubus bei wiederholter Krafteinwirkung und bei unterschiedlichen Winkeln und Rotationsgeschwindigkeiten alle Lageveränderungen herbeigeführen kann, die mit den Eigenschaften des Kubus vereinbar und nicht nur empirisch nachgewiesen sind. Weil der Würfel eine Mechanik und Geomtrie voraussetzt und auch die Ereignisse, die unter seiner Ingebrauchnahme hervorgegangen sind, die Mechanik und Geometrie voraussetzen, sind deren Aussagen direkt auf alle Bestandteile der Wahrscheinlichkeitsaussage anwendbar. Sie ergänzen somit die erfahrene Empirie um die Möglichkeiten, die hinsichtlich der Voraussetzungen bestehen, welche die Aussagen über verschiedene Ereignisse und Entitäten inhaltlich einander bedingen.

Wie man aus Hilary Putnams Explizierungen zur reichenbachschen Theorie entnehmen kann, erstreckt sich die angeführte Ergänzung auch auf die Ableitung von Aussagen über Entitäten, die sich einer makroskopischen Betrachtung entziehen. Wenn man durch Gesetze Aussagen ableiten kann, die das Auftreten makroskopische Ereignisse durch die Eigenschaften und das Verhalten mikroskopischer Entitäten erklären können, kann man ein Wissen über das Bestehen von möglichen Bedingungen erlangen, dass sich aus der bloßen Beobachtung der Ereignisse nicht formulieren ließe.[620]

Erkennt man dies an, kann man mit Reichenbach die formale Struktur einer Wahrscheinlichkeitsaussage so bestimmen, dass sie eine Implikation ist. In ihrem Antezedens ist zum einen festgelegt, aus welcher Aussage die Konsequenz folgen soll und zum anderen entsprechend welchem axiomatischen System die Aussagen im Antezedens und im Konsequenz inhaltlich miteinander verbunden sind. In seiner einfachsten Form enthält eine solche Wahrscheinlichkeitsimplikation folglich mindestens eine Aussage im Antezedens und eine im Konsequenz. Diese können für sich genommen unabhängig voneinander wahr oder falsch sein. Der Aussage im Antezedens tritt durch eine Konjunktion aber eine Aussage hinzu, welche die beiden voneinander unabhängigen Aussagen in Antezedenz und Konsequenz entsprechend einer bestimmten Axiomatik inhaltlich als voneinander abhängig bestimmt.[621] Die Axiomatik respektive ein axiomatisches System wie beispielswiese eine Theorie bestimmt somit, dass aufgrund ihres Inhalts beide Aussagen inhaltlich einander im Sinne einer logischen Implikation bedingen.

Hieraus ist einzuwenden, dass die Grundlage axiomatischer Systeme unmittelbar einsehbar wahre Aussagen darstellen. Weshalb man Theorien, die auf Empirie beruhen, nicht als solche auffassen kann. Denn empirische Theorien beinhalten Aussagen, deren Wahrheit sich erst durch die Gegebenheit einer bestimmten Empirie erweisen. Der Wahrheitswert ist folglich nicht unmittelbar einsehbar, weil die Aussagen keine Axiome sind.

Wie schon Przełęcki diesbezüglich bemerkt hat, liegt diese Ansicht einem falschen Verständnis der Axiomatisierung von Aussagen zugrunde. Axiomatisierung besteht in der inhaltsunabhängigen Darstellung der relationalen Abhängigkeiten einer Anzahl von Aussagen. D.h. in der Aufzeigung der Folgerungsbeziehungen bestimmter Aussa-

---

[620] Vgl. Putnam, Hilary: Reichenbach's Metaphysical Picture. In: Wolfgang Spohn (Ed.): Erkenntnis Orientated: A Centennial Volume for Rudolph Carnap and Hans Reichenbach. S. 70^{17}-71^4.

[621] Vgl. Reichenbach Wahrscheinlichkeitsimplikation. S. $57^{2\text{-}13}$.

gen.[622] Insofern sind sowohl Theorien, die sowohl auf Deduktion als auch auf Induktion beruhen, als axiomatische Systeme aufzufassen. Freilich sagt dies nichts über den Inhalt der Aussagen selbst aus. Denn die Axiomatisierung ist unabhängig vom Wahrheitswert der sie betreffenden Aussagen. Dahingehend erweist sich auch ihre Schwäche. Denn die Axiomatik selbst ist inhaltlich und bezüglich der Wahrheitswerte zu interpretieren.

Nur weil formal gesehen Aussagen aus Aussagen folgen, sagt dies gemäß der deduktiven oder induktiven Methode weder aus, was der Inhalt der abgeleiteten Aussagen ist, noch ob diese wahr oder falsch sind. Jedoch kann mit Przełęcki festgestellt werden, dass sich der Inhalt auf drei Arten von Aussagen beschränken muss, von denen sich nur eine als problematisch erweist. So wird das axiomatische System analytische, kontradiktorische oder synthetische enthalten.

Die analytischen Aussagen sind unabhängig von der Erfahrung wahrheitsdefinit,[623] die kontradiktorischen Aussagen sind durch die analytischen Aussagen definit,[624] die synthetischen Aussagen sind hinsichtlich der Erfahrung definit.[625] Nur bei letzteren besteht die Problematik, dass sie wegen ihrer Interpretation unbestimmt sein können. Weshalb man ihnen nicht immer einen eindeutigen Wahrheitswert zuweisen kann. Ist dies der Fall, sind es unentscheidbare Aussagen.[626] In der Tat ist Letzteres in vielfacher Hinsicht der Fall. Beinhalten Aussagen beispielsweise deiktische Ausdrücke, die wie im Fall der Urknalltheorie temporale Indexikalisierungen vornehmen, oder referieren auf Entitäten, die wie z.B. die Elementarteilchen sich einer direkten Wahrnehmung entziehen, ist nicht-entscheidbar, ob Aussagen darüber wahr oder falsch sind. Denn in diesen Fällen entzieht sich der Gegenstand der Aussage der menschenmöglichen Empirie.

Die Behauptung besteht ungerechtfertigterweise, dass man aufgrund der Voraussetzungen die Grenzen der Empirie umgehen kann, welche die einzelnen Aussagen über verschiedene Ereignisse und Entitäten inhaltlich einander bedingen. Unbekannt ist nämlich, woher die Kenntnis des Inhaltes der Axiomatik kommt, aus der ersichtlich sein soll, dass alles, was durch die Axiomatik aussagbar ist, auch auf die inhaltlich

---

[622]   Vgl. Przełęcki, M. :*Die Logik empirischer Theorien*. In: Roland Posner; Georg Meggle: Grundlagen der Kommunikation. S. 50$^{24\text{-}35}$.

[623]   Vgl. ebd. S. 84$^{20\text{-}22}$.

[624]   Vgl. ebd. S. 84$^{26\text{-}29}$.

[625]   Vgl. ebd. S. 84^{35}-85^{6}.

[626]   Vgl. ebd. S. 86^{3}.

miteinander verbundenen Aussagen anwendbar ist. Reichenbach selbst gibt zwei mögliche Quellen dafür an. Entweder kann diese Kenntnis bereits durch die Mathematik oder sonst ein axiomatisches System durch darin enthaltene Vorschriften von sich aus gegeben sein oder sie werden praktisch durch das Auszählen des Auftretens von Ereignissen gewonnen, also durch Erfahrung.[627]

Ist ein erfahrungsunabhängiges axiomatisches System die Quelle der Kenntnis der die Aussagen verbindenen Bestimmungen, erweist sich die Rechtfertigung der Anwendung solcher Aussagen als problematisch. Denn die Anwendung erfahrungsunabhängiger axiomatischer Systeme auf Erfahrungsgegenstände beruht darauf, dass eine Abgleichung der Eigenschaften der Erfahrungsgegenstände mit den durch die Axiome ausgesagten Eigenschaften stattfindet. Anders gesagt, setzt die Anwendung voraus, dass man Gegenstände ausfindig machen kann, die den Axiomen entsprechen.[628] Sind beispielsweise die euklidische Geometrie und die klassische Mechanik solche axiomatischen Systeme, ist leicht einzusehen, dass deren Gegenstände keine Gegenstände der Erfahrung sind. Denn weder lässt sich in der Welt etwas finden, das Länge ohne Breite oder gar ein Massepunkt ist.

Wohlgemerkt bedeutet dies nicht, dass nicht etwa Welten wie Edwin A. Abbotts (1838-1926) Flatland existieren könnten, in denen ausschließlich zweidimensionale Entitäten existieren, die einander als Linien wahrnehmen.[629] Doch sind diese Welten nicht Gegenstand unserer Wahrnehmung, da die Entitäten unserer Welt für gewöhnlich mindestens über drei Ausdehnungen definit sind. Deswegen können Gegenstände solcher axiomatischen Systeme wie der euklidischen Geometrie auch nicht durch Erfahrung zugänglich sein.

Dahingehend erweist sich, dass durch die Kenntnis axiomatischer Systeme keine Ergänzung der Empirie erfolgen kann. Denn deren Definitionen bestimmen Entitäten, die in der Welt nicht vorkommen. Anders wäre zu schließen, wenn Gewissheit darüber bestünde, dass das axiomatische System eine vollständige und adäquate Erfassung aller Entitäten unserer Welt ermöglichen würde. In diesem Fall ist von jedem Einzelding und einem jeden Prozess eine vollständige Definition angegeben. Ein solches System bestünde nur aus Axiomen, deren Anzahl unermesslich ist und deren Wahrheit nur von einem nicht begrenzten Verstand erkennbar ist. Denn aus jedem Axiom wäre die mög-

---

[627]   Vgl. Reichenbach, Hans: Wahrscheinlichkeitslehre. S. 82$^{41\text{-}46}$ und S. 325^{29}-326^2.
[628]   Vgl. ebd. S. 333$^{12\text{-}27}$.
[629]   Vgl. Abbott, Edwin A.: Flatland. A Romance of Many Dimensions. S. 3$^{2\text{-}19}$.

liche Abfolge von Veränderungen durch eine Entität ersichtlich. Bei der Gegebenheit begrenzten empirischen Wissens durch die Anwendung der Axiomatik, wäre dann erkennbar, was für mögliche Veränderungen in Bezug auf andere Dinge in der Welt bestehen kann.

Eine solche *scientia rerum natura* ist dem Menschen nicht gegeben. Womit die Begründung für Reichenbachs Meinung gegeben ist, dass Menschen „[…] niemals mit Sicherheit sagen können, ob auch nur eine annäherungsweise Erfüllung des Axiomensystems vorliegen wird."[630] Schlichtweg ist dies nur entscheidbar, wenn vollständige Einsicht in die Bestimmtheit der Dinge besteht. Denn nur dann ist feststellbar, ob die Bestimmtheit der Dinge, den begrifflichen Bestimmungen des Verstandes entspricht. Inwiefern des Weiteren der Mensch durch die bloßen Gegebenheit axiomatischer Systeme davon Kenntnis erlangt, bleibt gleichfalls problematisch. Denn vollkommen dunkel ist aus empiristischer Sicht, wie der Verstand Kenntnis von einem Wissen erlangen kann, das keine Referenzobjekte in der Welt aufweist. Daher muss die Gegebenheit solcher axiomatischer Systeme für den Verstand eine gesonderte Begründung erfahren.

Entgegen der einfachen Gegebenheit eines erfahrungsunabhängigen axiomatischen Systems ist dafür zu plädieren, dass einem jeden axiomatischen System die Erfahrung zugrundeliegt. D.h. dass man die Axiome aufgrund von Erfahrung formuliert. Dies dergestalt, dass sie eine Art abstrakter Deskriptionen — was auch immer dies an dieser Stelle heißen mag — gemachter Erfahrungen darstellen. Legt man diesen rein empirischen Ansatz dem menschlichen Erkenntnisvermögen zugrunde, ist die Bestimmtheit eines jeden axiomatischen Systems durch die Eigenschaften wahrnehmbarer Gegenstände begründet. Können dem menschlichen Verstand ohnehin nur Begriffe gegeben sein, denen eine Erfahrung zugrundeliegt, kann das axiomatische System keine Begriffe beinhalten, die nicht der Erfahrung entnommen sind. Reichenbach rechtfertigt daher, genau wie auch Newton seine Mechanik, die Kenntnis um die bedingenden aus der Wahrscheinlichkeitstheorie ersichtlichen Eigenschaften damit, dass die Wahrscheinlichkeitsgesetze auf das Feststellen von Häufigkeiten zurückzuführen sind.[631] Denn wendet man die Wahrscheinlichkeitsgesetze an, gehen daraus Aussagen über Häufigkeiten bzw. die Grenzen hervor, innerhalb derer sie feststellbar sind.[632]

---

[630]   Reichenbach, Hans: Wahrscheinlichkeitslehre. S. 333[42-43].
[631]   Vgl. ebd. S. 335[25-34].
[632]   Vgl. ebd. S. 335[38-40].

Weil Häufigkeiten auf der Auszählung des Auftretens von Ereignissen beruhen, ist zu schließen, dass diesen Häufigkeiten Referenzobjekte korrespondieren. Weshalb Aussagen darüber wahr oder falsch sein können. Voraussetzung dafür, dass aufgrund beschränkten empirschen Wissens etwas über die Wahrscheinlichkeit des Auftretens eines bestimmten Ereignisses aussagbar ist, ist somit, dass jemand aufgrund des Auszählens des Auftretens von Ereignissen ein axiomatisches System aufgestellt hat und dass dieses angewandt wird. Für die Würfelproblematik heißt dies, dass bei begrenzten empirischen Wissen um das Auftreten von Ereignissen mit einem Würfel, nur etwas über die Möglichkeit weiterer Ereignisse aussagbar ist, wenn jemand die Häufigkeiten ausgezählt hat, mit der ein Würfel auf seinen Flächen zum Ruhen kam, und aufgrund dessen ein axiomatisches System formuliert hat.

Ist dieses axiomatische System bekannt, kann man Aussagen über die Möglichkeit des Eintretens eines Ereignisses aussagen. Obwohl keine eigene Erfahrung über die Verwirklichung eines solchen Ereignisses besteht. Genauer gesagt, reicht, wie Reichenbach an dem Roulettebeispiel Jules Henri Poincaré (1854-1912) zur Rechtfertigung von Gleichwahrscheinlichkeitsannahmen zeigt,[633] die Kenntnis von nur einem axiomatischen Systems für die Bestimmung des Eintretens eines möglichen Ereignisses nicht aus. Geschieht ein Ereignis durch das Zusammenwirkung verschienener Entitäten, ist jedes axiomatische System in Anwendung zu bringen, das dieses Zusammenwirken erklärt. Wendet man in der Bestimmung des Eintretens nicht alle axiomatischen Systeme an, welche die Bedingungen der Möglichkeit eines Ereignisses ersichtlich machen, bleibt jede Aussage über die Möglichkeit des Eintretens der einzelnen Ereignisse unbegründet. Warum beispielsweise beim Roulette das Ruhen der Kugel für jeden Sektor gleichwahrscheinlich ist und für die Kugel die Möglichkeit besteht, dass sie auf jeden der Sektoren zur Ruhe kommen kann, wenn sie eingespielt wird, ist nicht durch Wahrscheinlichkeitsgesetze allein ersichtlich. Vielmehr ergibt sich diese Erkenntnis erst durch die Verknüpfung von Wahrscheinlichkeitsgesetzen und geometrisch-mechanischen Gesetzen, die man auf das Roulette anwendet. Denn die Wahrscheinlichkeitsgesetze geben nur an, wie mit Häufigkeiten umzugehen ist. Dass eine Häufigkeit besteht, z.B. im Auftreten gleichgroßer markierter Sektoren an einem Festkörper, muss man erst feststellen; womit die Axiome der Geometrie und Mechanik Anwendung finden müssen. Erst dann lässt sich mit Rekurs auf die jeweiligen axiomatischen Systeme begründen, weshalb bestimmte Möglichkeiten des Eintretens eines Ereignis-

---

[633] Vgl. ebd. S. 342^{32}-344^{7}.

ses vorliegen.[634] Anders gesagt, muss erst bestimmt sein, dass eine Häufigkeit vorliegt, damit die Axiomatik der Wahrscheinlichkeitstheorie anwendbar ist. Ohne diese Bestimmung liegt keine inhaltliche Bedingtheit der Begriffe und Aussagen untereinander vor. Denn sie wären hinsichtlich einer Häufigkeit unbestimmt.

Erfolgt die Bestimmung durch die Empirie aufgrund des Vorliegens von Einzelfällen, besteht damit ein nicht minderschweres Problem für Wahrscheinlichkeitsaussagen. Nämlich, „[...], daß die Häufigkeitsdeutung der Wahrscheinlichkeit auf völlig unentscheidbare Aussagen führt, [...]".[635] Was man durch die Anwendung der Axiomatik hervorbringen möchte, sind für artspezifische Entität gültige Aussagen. So soll die Anwendung der Axiomatik der Wahrscheinlichkeitsrechnung, der Geometrie und Mechanik auf das Roulette eine für jedes Roulette gültig Aussage hervorbringen. Führt man die Axiomatik der Wahrscheinlichkeit von Ereignissen für das Roulette auf die Erfahrung zurück, so ist sie zwangsläufig auf die Ereignisse begrenzt, die der Erfahrung entsprechen. Somit besteht eine temporale Einschränkung der Gültigkeit der Aussage, die diese alles andere als allgemeingültig kennzeichnet. Die bestimmte Häufigkeit des Auftretens wahrgenommener Ereignisse stellt insofern „nur einen ersten Abschnitt [dar], und ihr unendlicher Rest gehört der Zukunft an; [...]".[636] Man kann damit also nichts über das Auftreten von Ereignissen aussagen, die nicht einem Glied des Abschnittes der bestimmten Häufigkeit entsprechen.

Dieser Problematik, die auf vortreffliche Weise aus der Induktion folgt, kann man mathematisch entgegenkommen, indem man die Reihe der Glieder, auf der die Häufigkeit beruht, ins unermessliche fortsetzt. Doch ist die daraus resultierende Wahrscheinlichkeitsaussage inhaltlich nicht auf die Welt anwendbar.[637] Wie bereits früher zu Bernoullis Gesetzes der großen Zahl gezeigt, entbehrt die Ausdehnung einer endlichen Reihe von Gliedern auf eine nicht-endliche Fortsetzung jeglicher empirischen Grundlage. Daher kann man durch diesen Kunstgriff auch keine Wahrscheinlichkeitsaussage bilden, der irgendeine Häufigkeit korrespondieren könnte.

Somit folgt, dass dadurch bis auf ein Faktum nichts über die Möglichkeit des Auftretens irgendeines Ereignisses in der Welt aussagbar ist, nämlich dass das Eintreten in unbestimmter Weise möglich ist.

---

[634]   Vgl. ebd. S. 344^{18}-345^{26}.
[635]   Ebd. S. $353^{9\text{-}11}$.
[636]   Ebd. S. $353^{14\text{-}15}$.
[637]   Vgl. S. 353^{35}-354^{3}.

27. 2. α Grenzen der Aussagbarkeit von Wahrscheinlichkeitsaussagen

Inwiefern kann man nun überhaupt etwas durch eine Wahrscheinlichkeitsaussage aussagen? Rein formal sagt eine Wahrscheinlichkeitsaussage eine Implikation aus, deren Bestandteile durch axiomatische Systeme inhaltlich bedingt sind. Des Weiteren kann man alle Bestandteile durch Induktion hervorbringen, sofern jeder Begriff auf die Empirie zurückführbar ist. Demnach lassen sich auch verschiedene Individuen, aufgrund deren die empirischen Begriffe gebildet wurden sind, diesen Begriffen im Einzelfall zuordnen. Gleiches gilt für die Axiomatik. Denn auch sie ist auf der Grundlage dieser Individuen gebildet. Nur mit dem Unterschied, dass sie relationale Bestimmung zwischen den Individuen bzw. deren Zuständen aussagt. Formal gesehen sagt daher eine Wahrscheinlichkeitsaussage jede mögliche Relation aus, die hinsichtlich der Individuen bestimmbar ist. Denn der Verstand führt eine Operation durch, welche qualitative Bestimmungen mit quantitativen Bestimmungen von Individuen verknüpft, so dass Aussagen daraus folgen. Diese geben an, welche möglichen Verknüpfungen zwischen beiden Arten der Bestimmungen abzuleiten sind.

Die formale Sichtweise besteht indes nur idealiter. Denn ihre Elemente sind nicht bedingt bzw. sie ermöglicht eine uneingeschränkte Sichtweise auf die logische Struktur einer Wahrscheinlichkeitsaussage, die alle Elemente erkennbar macht, die für die Durchführung der Verstandesoperation nötig sind. Sie stellt also die Sichtweise eines Verstandes dar, der über ein klares und deutliches Wissen von den Elementen verfügt, mit denen er eine Wahrscheinlichkeitsaussage hervorbringt. Nur ein solcher unbeschränkter Verstand kann demnach Wahrscheinlichkeitsaussagen bilden, die etwas über die Möglichkeit des Auftretens noch nicht aktualer Ereignissen aussagen. Denn für ihn ist durch die vollständige Erkenntnis der Definition des Begriffes ersichtlich, inwieweit die Möglichkeit des Auftretens des Ereignisses hinsichtlich des axiomatischen Systems besteht. Vorausgesetzt, dass ein Begriff der Wahrscheinlichkeitsaussage das Auftreten eines noch nicht aktualen Ereignisses bezeichnet.

Dass hierbei nur die Erkenntnis um die Möglichkeit eines Ereignisses gegeben sein kann, ist damit begründet, dass der Begriff etwas noch nicht Seiendes bezeichnet. Seiner ermangelt ein aktual gegebenes Referenzobjekt. Weshalb die vollständige Erkenntnis des Begriffes nicht die Erkenntnis über den Wahrheitswert eines aktualen Ereignisses beinhaltet, sondern nur dessen Möglichkeit. D.h. ob die Verknüpfung dieses Begriffes den Axiomen entsprechend mit Begriffen von aktualen Ereignissen widerspruchsfrei besteht oder nicht. Vorbehaltlich eines solchen vollständigen Wissen sind also auch Wahrscheinlichkeitsaussagen über alle Modi des Seins möglich.

Der Mensch ist aber auf die Grenzen beschränkt, welche die Bestimmtheit seiner empirischen Begriffe ihm vorgeben. Entstammen diese allein der Erfahrung, können Wahrscheinlichkeitsaussagen nur soweit etwas über Ereignisse aussagen, wie die begrifflichen Bestimmungen dies zulassen. Das ist sehr begrenzt. Denn empirische Begriffe weisen niemals eine vollständige Definition der Dinge auf, die sie bezeichnen. Weshalb sie teilweise dunkel und verworren sind. D.h. was die Begriffe aussagen, ist nicht vollständig erkennbar, weil unbekannt ist, welche Bestandteile diese noch enthalten bzw. worauf diese noch referieren.

Beruht die Hervorbringung eines axiomatischen Systems auch auf Empirie, so ist auch dieses innerhalb einer Wahrscheinlichkeitsaussage so defizitär, wie die Begriffe aus denen dieses besteht. Letztlich sind durch dieses nur die relationalen Bestimmungen erfassbar, die den Einzelfällen von Erfahrungen entsprechen. Doch aus einem Einzelfall der Erfahrung kann man nur erkennen, was tatsächlich ist bzw. war. Damit ermangelt dem Erkenntnisvermögen des Menschen ein Grund für die Erkenntnis über Mögliches. Denn allein aus der Erkenntnis des Wirklichen und Notwendigen, folgt nicht sofort die Erkenntnis, dass diesem seine Möglichkeit vorausgehen muss. Demnach begründet das axiomatische System nur die relationalen Bestimmungen, die tatsächlich gegeben sind oder waren. Dies schränkt den Inhalt einer Wahrscheinlichkeitsaussage also auf die Angabe dessen ein, was in der Erfahrung geschehen ist und wie dies zu begründen ist. Obwohl sie aus formaler Sicht alle Möglichkeiten angibt, die der qualitativen und quantitativen Bestimmtheit der Individuen entsprechend bestehen können.

Demnach ist unhaltlich nicht das Mögliche Gegenstand einer Wahrscheinlichkeitsaussage, sondern das Wirkliche oder in Anbetracht der Vergangenheit das Notwendige. Dies führt unweigerlich zu absurden Folgerungen. Wenn man bedenkt, dass die Struktur von Wahrscheinlichkeitsaussagen für die Erklärung und Begründung von erfahrungsgebundenen Ereignissen maßgeblich ist. Denn Aussagen über bestimmte Sachverhalte bezieht man hinsichtlich einer relationalen gesetzesartigen Beschreibung aufeinander. Daraus ist erkennbar, dass ein Sachverhalt wegen eines anderen Sachverhalts besteht. Schließlich ist eine Erklärung nur innerhalb eines Kontinuums definiter Abfolgen verständlich, weil damit begründet ist, dass Ereignisse nach bestimmten Gründen einander bedingen.

Wenn der menschlichen Verstand durch die Empirie auf die Erkenntnis des Aktualen und Vergangenen beschränkt wäre, müsste ihm der Begriff des Möglichen abgehen. Denn jeder Begriff und jede Aussage wäre durch die Eigenschaften bestimmt, die der Empirie entsprechend durch die Wahrnehmung vermittelt sind. Somit wäre aufgrund dieses Erkenntnisdefizits kein Begriff für den Menschen bildbar der auf Mögliches referiert, noch könnte er verstanden werden. Denn letztlich stellt sich die Welt durch das Erkenntnisvermgen des Verstandes als vollständig determiniert dar. Denn für den einzelnen Menschen ist auf der Grundlage seiner empirisch gewonnenen Begriffe immer nur eine Erklärung verständlich. Das ist jene, die seiner Erfahrung entspricht. Somit wäre es ausgeschlossen, dass man überhaupt Aussagen bilden könnte, die Mögliches zum Gegenstand haben, wie sie z.B. für geplantes Handeln oder bloße Fiktion notwendig sind. Letztlich bliebe für den menschlichen Verstand nämlich unverständlich, was durch solche Aussagen ausgesagt werden soll, da sie Unsinn wären.

Dieser würde darin bestehen, dass ein Begriff des Möglichen für den Verstand als in sich widersprüchlich erkannt wird und somit der eigenen Erkenntnis entsprechend nicht auf die Welt anwendbar sein kann. Demnach wäre auch auszuschließen, selbst wenn eine Lehre existierte, die von dem Möglichen handelt, dass man sie erlernen könnte. Schließlich müsste sich diese für den Verstand als die Lehre vom Unsinn darstellen. Denn sie begründet und beschreibt die Verwendung und Bildung von in sich widersprüchlichen Begriffen.

Diese Ansicht ist nur für Vertreter des Determinismus wahrhaft. Weshalb ihnen von sich aus nicht gegeben ist, dass sie sinnvolle Aussagen über Mögliches aussagen können. Schließlich können sie nicht über Begriffe verfügen, die Mögliches aussagen oder darauf referieren. Falls sie dennoch darüber verfügten und von sich aus sinnvolle Aussagen mit diesen Begriffen formulierten, dürften sie selbst nicht verstehen, was sie aussagen. Was ohnehin belanglos ist, schließlich steht es ihnen nicht frei, davon Abstand zu nehmen.

Die formale Struktur der Wahrscheinlichkeitsaussage weist indes einen Weg auf, der zumindest in theoretischer Hinsicht aufzeigt, dass durch sie alles ausgesagbar ist, was durch die begrifflichen Bestimmungen möglich ist. Verknüpft man die Begriffe nach einem axiomatischen System miteinander, gibt dieses vor, welche Bestandteile der Begriffe miteinander verknüpftbar sind und welche nicht. Bleibt diese Axiomatik zunächst rein formal, gibt sie nur an, dass die Bestandteile der Begriffe miteinander verknüpfbar sind. Potenziell ist daher jeder Bestandteil mit einem anderen verknüpfbar, wenn die Axiomatik nicht inhaltlich bestimmt ist.

Dies zeigt die Bedingungen der Möglichkeit für die Erkenntnis der Möglichkeit selbst auf, nämlich dass diese erst gegeben ist, wenn die Bestandteile der Begriffe durch ein axiomatisches System unterschiedlich miteinander verknüpfbar sind. Wenn die gebildete Axiomatik inhaltlich je nach Erfahrung verschieden sein muss, ist daraus erkennbar, dass man Begriffe jeweils in unterschiedlicher Weise miteinander verknüpfen kann. D.h., dass die Axiomatik in Hinsicht auf ihre Form nicht notwendigerweise besteht.

Wer diese Ansicht ablehnt, ist gezwungen zu behaupten, dass empirische Begriffe immer nach derselben Axiomatik miteinander verknüpft sind. Das kann nicht sein, weil sie selbst durch die jeweilige Erfahrung bedingt ist. Höchsten ist dies bei Erfahrungen der Fall, die derselben Art zugehörig sind. Bezüglich induktiven Schließens wären die Individuen, die das erfahrene Ereignis konstituieren, der Art des Ereignisses entsprechend gleich bestimmt. Die gebildeten Begriffe der Individuen müssten also auch gleichbestimmt sein.

Wenn dem Verstand vor aller Erfahrung bestimmt ist, wie er operieren kann, und die formale Struktur der Wahrscheinlichkeitsaussage eine solche Bestimmung ist, ist aus ihr erkennbar, dass mehr Verknüpfungen bestehen können, als nur eine. Denn durch die inhaltliche Bedingtheit des axiomatischen Systems sind unterschiedliche Arten von Verknüpfungen zwischen den Bestandteilen der Begriffe ersichtlich. Axiome der Mechanik ermöglichen andere Verknüpfungen als Axiome der Geometrie oder die Axiome allgemeiner Bauernweisheiten. Dies tun sie, weil sie die Struktur der formalen Axiomatik inhaltlich jeweils Anderes bedingen, die für Wahrscheinlichkeitsaussagen notwendig ist. Ist dies einmal erkannt, kann man Begriffe in unterschiedlicher Weise miteinander verknüpfen. D.h., dass von Verstandes wegen bereits die Möglichkeit zu verschiedenen Verknüpfungen gegeben ist und somit zu möglichen Schlussfolgerungen, die über die Erfahrung hinausgehen.

Hierauf ist einwenden, dass man dies auch bei der inhaltlichen Bedingtheit der empirischen Begriffe erkennen kann. Schließlich ergibt sich für die Form des Begriffs, dass auch sie durch unterschiedliche Inhalte bedingt sein kann.

Dieser Einwand verfehlt den Kernpunkt des Arguments. Denn ein Begriff bleibt unabhängig von seinem Inhalt formal stets gleichbestimmt. Ein Begriff besteht stets aus einem Subjekt, einer Kopula und Prädikaten. Wenn die formal bestimmte Axiomatik vorgibt, dass jeder Bestandteil eines Begriffes mit einem anderen verknüpfbar ist und inhaltliche Bestimmungen diese Verknüpfungen bedingen, ändert dies auch die Form der jeweiligen Axiomatik. Denn es sind nicht mehr alle möglichen Verknüpfungen durch die Form vorgegeben, sondern nur noch ganz bestimmte. Indem durch den Inhalt die formale Bestimmtheit verändert ist, ist eine Möglichkeit gegeben, wie man die formale Axiomatik einem Inhalt entsprechend formal bestimmen kann. Bei Begriffen ändert sich diese formale Bestimmtheit hinsichtlich des Inhalts nicht, weil sie vom Verstand nur in einer Weise gebildet werden können. Demnach besteht die Form der Begriffe notwendigerweise, die des axiomatischen Systems nur bedingterweise, je nachdem, was die Begriffe für Inhalte vorgeben.

Dies bedeutet, dass selbst bei gleichem Inhalt nicht stets dasselbe axiomatische System bestimmt sein muss, sondern dass die Anzahl der möglichen axiomatischen Systeme durch den Inhalt der Begriffe bedingt ist. Auch wenn bei einer ersten Erfahrung nur ein axiomatisches System vorliegen sollte.

Sind die Bestandteile der Begriffe in verschiedener Weise miteinander verknüpftbar, ist auch die Möglichkeit gegeben, inhaltlich verschiedene axiomatische Systeme hervorzubringen. Durch die Struktur der Wahrscheinlichkeitsaussage ist somit dem Verstand gegeben, dass er mehr als nur eine Begründung bzw. Erklärung für das Auftreten eines Ereignisses oder die Korrelation von Entitäten zu einer bestimmten Art von Ereigniss angeben kann. D.h. er besitzt das Vermögen, dass er wahrheitsfähige Aussagen über Mögliches formulieren kann. Das ist selbst dann gültig, wenn man an den Dingen selbst nur Aktuales erkennt und demgemäß nur empirische Begriffe bilden kann, die darauf referieren. Denn das Vermögen zur Erkenntnis der Möglichkeit ist dem Verstand und nicht den Dingen inhärent. Das Bestehen des Vermögens ist schließlich nicht von den Dingen abhängig, sondern nur seine Aktualisierung ist dies.

Somit ergibt sich, dass man aufgrund der Struktur der Wahrscheinlichkeitsaussage auch Mögliches aussagen kann. Unter der Voraussetzung der Erkenntnis, dass man durch die Axiomatik nur bedingte Verknüpfungen erkennt und sie selbst veränderbar ist. Dadurch ist ersichtlich, dass die Wahrscheinlichkeitsaussage nicht zwangsläufig als kausale Aussage zu interpretieren ist. Denn die Verknüpfung von Begriffen als axiomatisches System der Kausalität ist nur eine Möglichkeit hinsichtlich derer Begriffe und deren Prädikate miteinander verknüpfbar sind. Daher ist für Wahrscheinlichkeitsaussagen die Rede von der Möglichkeit nicht gleichzusetzen mit der Möglichkeit des Auftretens eines Ereignisses und seiner kausalen Bedingungen. Vielmehr gewinnt der Begriff der Möglichkeit seine genaue Bedeutung erst mit Blick auf die Axiome, die begründen, dass auf der Grundlage bestehenden Wissens bestimmte Aussagen über kausal Mögliches folgen.

Hieraus ist Einiges über die Relation von Wahrscheinlichkeitsaussagen zu den Begriffen *Wahrheit* und *Falschheit* auszusagen. Greift man Aristoteles Korrespondenztheorie der Wahrheit auf, sind nur solche Aussagen wahr, die adäquat aussagen, welche Eigenschaften einem Ding zukommen oder nicht zukommen. Die dahinterstehende Axiomatik lässt nur solche Begriffsverknüpfungen zu, die auf Aktuales und Notwendiges referieren. Im Sinne des Aristoteles sind darunter auch potenzielle Eigenschaften zu subsumieren. Denn sie bestehen aktual aufgrund des aktual Gegebenen. Das zeigt, dass sich dieser Theorie eine bestimmte Metaphysik anschließt, welche die Modi der Referenz der Begriffe bedingt. Aus ihr ist aufgrund von Definitionen ersichtlich, was unter einem Ding zu verstehen ist. Somit ist auch ersichtlich, wie deren Begriffe bestimmt sein können, ob deren Prädikate also auf Aktuales, Mögliches und Notwendiges referieren. Der Inhalt bedingt also wiederum die möglichen Verknüpfungen zwischen den Begriffen.

Bildet man auf der Grundlage der Korrespondenztheorie die Wahrscheinlichkeitsaussage: „Wenn eine Münze geworfen wird und der Wurf der Münze wie dessen Landung auf Kopf oder Zahl im Rahmen aristotelischer Theorie stattfindet, dann landet die Münze entweder auf Kopf oder Zahl.", kann man über die Möglichkeit einer realen Münze sagen, dass diese Aussage wahr ist. Aber man kann auch angeben, warum sie wahr sein muss. Dies nur, wenn die Kenntnis der aristotelischen Theorie vorausgesetzt ist.

Allgemeinhin ist zu bestreiten, dass hier noch ein korrespondenztheoretischer Begriff von Wahrheit Anwendung findet. Dass diese Aussage wahr ist, folgt nämlich aus der aristotelischen Theorie und kann aus seiner Physik auch abgeleitet werden. Daher müsste man hier von kohärenztheoretischer Wahrheit sprechen. Denn letztlich ist die Konsequenz eine Folge aus dem im Antezedens angeführten Aussagen und Bedingungen. Weshalb sie nur eine Ableitung der Verknüpfung beider ist.

Würden nur Begriffe und Aussagen vorliegen, die ohne bestimmtes metaphysisches Fundament daherkommen, wäre dies ebenso folgerichtig. Denn würden im Antezedens nur Begriffe stehen, die nicht mehr wie ihre Bedeutung sind und höchstens auf sich selbst referieren, ließe sich durch die alleinige Anwendung von logischen Operationen der Umformung der Begriffe und Aussagen zeigen, dass die Konsequenz eine Ableitung ist. Schließlich folgt sie dann aus der Bedeutung der Aussagen im Antezedenz. Durch die aristotelische Theorie ist aber eine Bedingung innerhalb der Axiomatik gegeben, die jeden Begriff zu mehr macht als seine bloße Bedeutung. Sie besteht darin, dass sie mit einem Gültigkeitsanspruch im Bezug auf diese eine Welt auftritt. Demgemäß sollen die verwendeten Begriffe auch auf etwas in dieser Welt referieren. Die Wahrheit oder Falschheit der obigen Aussage steht also nicht von vornherein fest, sondern muss erst unter Anleitung der aristotelischen Theorie erwiesen werden. Durch diese regelgeleitete Herbeiführung eines Ereignisses ist erst feststellbar, ob der Fall ist, was der Fall ist bzw. ob nicht der Fall ist, was nicht der Fall ist, indem man die Wahrheit der Referenz der einzelnen Teilaussagen überprüft.

Demnach folgt, dass die Wahrscheinlichkeitsaussage aufgrund ihrer Struktur aufgrund mindestens zweier Wahrheitsbegriffe betrachtbar ist. Betrachtet man die einzelnen Aussagen nur allein bezüglich ihrer Bedeutung, besteht die Wahrheit der Aussage allein in der Ableitbarkeit des Konsequens aus den Bedeutungen der Aussagen des Antezedens. Damit ist nichts über die Welt ausgesagt, sondern allein über die Kohärenz der Verknüpfung der Bedeutung von Aussagen. Anders ist die Axiomatik von Wahrscheinlichkeitsaussagen zu betrachten. Sie führt die Bedeutung der Begriffe auf die Bestimmtheit der Entitäten in der Welt zurück. Dann erweist sich die Wahrheit oder Falschheit nicht durch die bloße Ableitbarkeit von Aussagen, sondern in der Überprüfung der Referenz der Aussage, wie sie durch die Axiomatik vorgegeben ist. Freilich muss man die Überprüfung nicht auf die Mittel der eigenen Wahrnehmung allein beschränken. Schließlich schließen manche axiomatische Systeme Theorien über Werkzeuge mitein, welche eine andere Art der Überprüfung der Referenz der Aussage vorschreiben.

Hieraus ist zu sehen, dass Wahrscheinlichkeitsaussagen keine korrespondenztheoretische Wahrheit zukommen kann, wenn nicht zugleich durch die Axiomatik angegeben ist, wie die Referenz der Begriffe zu überprüfen ist und in welcher Hinsicht diese Referenz begründet ist. Ist ersteres nicht gegeben, ist nicht ersichtlich, inwiefern die Begriffe überhaupt referieren. Ist zweiteres nicht gegeben, bleibt unbekannt, welche Welt der Referenz zugrundeliegt bzw. welche Teilaspekte der Welt. Anders gesagt, ist durch die Axiomatik weder eine Erkenntnistheorie noch Metaphysik gegeben, kann man durch die Wahrscheinlichkeitsaussage auch nichts Wahrheitsfähiges aussagen. Diese beiden Disziplinen geben schließlich vor, auf welche Weise etwas erkennbar ist und warum das Erkannte so ist, wie es ist. Der Wahrheitswert einer Wahrscheinlichkeitsaussage muss daher eine Erkenntnistheorie und Metaphysik voraussetzen, soll sie auf die Welt anwendbar und verständlich sein. Andernfalls bleibt entweder unverständlich, was dadurch ausgesagt werden soll oder sie ist selbst nicht mehr wie ihre Bedeutung und referiert auf sich selbst.

Daraus ergibt sich für die beiden Wahrheitsbegriffe ein weiterer Aspekt. Dem kohärenztheoretischen Wahrheitsbegriff entsprechend tritt die Eigentümlichkeit einer Wahrscheinlichkeitsaussage nicht zu Tage; nämlich dass man dadurch verschiedene relationale Bestimmungen aussagt, die allesamt der Erfahrung entsprechen können. D.h. dass die disjunktiv verbundenen Aussagen im Konsequenz bei der Gegebenheit der Bedingungen, die im Antezedens angegeben sind, zumindest in Betracht ihrer logischen Möglichkeit referieren, wenn das zugehörige Referenzobjekt aktual ist. Ein solches Referenzobjekt, das von den Aussagen selbst verschieden ist, kommt in kohärenztheoretischer Sicht aber nicht in Betracht, weil die Aussagen nur hinsichtlich ihrer Ableitbarkeit zu betrachten sind. Als abgeleitete Aussagen sind sie stets wahr, weil sie aus anderen Aussagen ableitbar sind. Demgemäß kann man den Bestandteilen des Konsequenz auch stets ein eineindeutiger Wahrheitswert zusprechen. Er erweist sich darin, dass die Glieder der Disjunktion keinen Widerspruch bei der logischen Verknüpfung mit den Gliedern des Antezedens aufweisen. Korrespondenztheoretisch kann man über den Wahrheitswertes der Glieder der Disjunktion nur sagen, wenn diese jeweils etwas logisch Mögliches aussagen, dass erst für die Glieder der Disjunktionen der Konsequenz ein definiter Wahrheitswert besteht, wenn ihre Referenzobjekte gegeben sind. Dann ist ersichtlich, welches der Glieder aktual referiert und welches nicht. Bis die Referenzobjekte gegeben sind, bleiben die Glieder aufgrund ihrer Widerspruchsfreiheit nur wahrheitsfähig und können in gleicher Weise aus den Bedingungen folgen, die der Antezedens vorgibt, was sie wahrscheinlich macht.

Hieraus beantwortet sich die Frage, wie man überhaupt von den Gliedern in der Konsequenz in korrespondenztheoretischer Weise weiß, wenn ihnen kein definiter Wahrheitswert zukommen kann, da ihnen die Referenzobjekte fehlen. Augenscheinlich kann man diese Frage damit beantworten, dass man aufgrund kohärenztheoretischer Ableitungen von ihnen weiß. Wenn die im Konsequenz vorkommenden Glieder bloße Ableitungen sind, die sich aus den Aussagen im Antezedenz ergeben, ist durch den Vollzug einer jeden möglichen Ableitung erkennbar, welche Aussagen hinsichtlich der

Bedingungen tatsächlich folgen können. Unter diesen Aussagen müssen sich auch alle Aussagen befinden, die in korrespondenztheoretischer Sicht gegeben sein können. Nur dass sie ihrem Wahrheitswert entsprechend unentschieden sind, weil er auf der Korrespondenz zwischen Begriffen und Dingen beruht. So ergibt sich die Kenntnis aller Glieder des Konsequenz einer Wahrscheinlichkeitsaussage erst durch die Ableitung und die damit einhergehende Bestätigung des Wahrheitswertes in kohärenztheoretischer Sicht. Die damit verbundene Verstandesoperation ermöglicht also erst, dass man überprüfen kann, ob das, was der Verstand vorgibt, in der extramentalen Welt der Fall ist oder nicht der Fall ist. So gesehen setzt die Erkenntnis der korrespondenztheoretischen Wahrheit der Bestandteile einer Wahrscheinlichkeitsaussage kohärenztheoretische Wahrheit voraus. Denn ohne deren Feststellung bleibt unbekannt, welche Bestandteile wahrheitsgemäß aus dem Antezedens ableitbar sind.

27. 2. β *Deduktiv-nomologische Erklärung versus Wahrscheinlichkeitsaussage*

Kenner des deduktiv-nomologischen Erklärungsmodells Carl Gustav Hempels (1905-1997) und Paul Oppenheims (1885-1977) werden nun sicherlich meinen, dass die hier dargelegte Struktur der Wahrscheinlichkeitsaussage der Struktur einer wissenschaftlichen Erklärung gleicht. Das Explanans der letzteren Struktur muss schließlich wahre empirische Aussagen aufweisen und generelle Gesetze, welche dazu geeignet sind, dass Aussagen über ein zu erklärendes Phänomen, i.e. das Explanandum, deduziert werden können.[638] Die empirischen Aussagen des Explanans werden dabei anscheinend inhaltlich mit der Aussage über das Phänomen des Explanandum durch die generellen Gesetze verbunden. Dies ermöglicht, sowohl die Erklärung eines Phänomens als auch die Vorhersage eines Phänomens derselben Art.[639]

Dem ist zu widersprechen. Die Struktur der Wahrscheinlichkeitsaussage ist verschieden, weil Hempel und Oppenheim meinen, das die Erklärung eines Phänomens „consists in its subsumtion under laws or under a theory."[640] Bevor der Einwand folgt, ist klar zustellen, was hier unter „law" zu verstehen ist. Denn wenn man eine Subsumtion von Aussagen unter ein Gesetz nur dann vollziehen kann, wenn das Gesetz gegeben ist, dann ist dieses scheinbar eine notwendige Bedingung für das Bestehen der Struktur einer Erklärung. Ohne die notwendige Bedingung zu verstehen, bleibt auch die Struktur unverstanden. Die Gesetze, unter welche die Erklärung des Phänomens

---

[638]   Vgl. Hempel, Carl G.; Oppenheim, Paul: Studies in the Logic of Explanation. In: Philosophy of Science. Vol. 15, No. 2 (Apr.,1948) S. 137^{12}-138^{11}.

[639]   Vgl. ebd. S. $138^{17\text{-}35}$.

[640]   Ebd. S. 152^{14}.

subsumiert werden sollen, sind von beiden so beschrieben, dass sie wahre Aussagen sein müssen.[641]

Auch wenn dies nicht explizit gesagt wird, sind damit absolut wahre Aussagen gemeint. Denn wie sie innerhalb ihrer Darstellungen der Titius-Bode-Reihe zur Bestimmung der Planetenabstände versuchen zu zeigen, scheint ein Begriff der Wahrheit der Gesetze, die nur relativ zu einem bestimmten Kenntnisstand besteht, nicht der wissenschaftlichen Praxis zu entsprechen. Die Begründung dafür ist, dass mit der Erweiterung des Kenntnisstands sich das Gesetz als falsch heraustellen kann und somit von vornherein nicht als Gesetz anzusehen ist. Unter der Voraussetzung, dass die Wahrheit des Gesetzes nur relativ zu einem Kenntnisstand bestimmt ist. Deshalb ist bei der Formulierung der Erklärung stets davon auszugehen, dass ein absolut wahres Gesetz ausgesagt ist.[642]

Die Pauschalisierung dieser Behauptung ist unbegründet und erscheint auf den ersten Blick absurd. Dies würde dem Wissenschaftler, der ein solches Gesetz aufgrund seines Kenntnisstands formuliert, zum einen die Voraussicht absprechen, dass sich das formulierte Gesetz hinsichtlich eines anderen Kenntnisstands als unbrauchbar erweisen könnte. Zum anderen würde es ihm die Einsicht aberkennen, dass die Formulierung des Gesetzes selbst auf der Grundlage eines bestimmten Kenntnisstands beruht. Entgegen einer Annahme grundloser Offenbarung absolut wahrer Gesetze ist nicht davon auszugehen, dass Gesetze, die dazu dienen, empirische Phänomene zu erklären, unabhängig von einem Wissen über die Empirie auffindbar sind. Findet man sie daher nur durch ein solches Wissen auf, ist auch kein Grund gegeben, weshalb ein innerhalb einer Erklärung angewandtes Gesetz unbedingt wahr sein kann. Ausgenommen, wenn der Beweis für eine solche uneingeschränkte Gültigkeit vorliegt, was ohne den Kunstgriff für empirische Gesetze schwer fallen dürfte.

Des Weiteren muss ein Gesetz den allgemeinen logischen Gesetzen entsprechen. Denn damit ist die „possible exception of truth"[643] begründet. Damit ist gemeint, dass eine den gesetzen dder Logik entsprechende Aussage wahrheitsfähig ist und nur noch eines ihre Wahrheit erweisenden Grundes bedarf. Für gewöhnlich ist dieser Grund im Auftreten von Referenzobjekten zu sehen.

---

[641]   Vgl. ebd. S. 152^{21}.

[642]   Vgl. ebd. S. 152$^{22-35}$.

[643]   Ebd. S. 153^{6}.

Weiterhin heben beide durch die Angabe von Beispielen hervor, dass ein solches Gesetz stets die logische Struktur einer universalen Konditionalaussage haben muss. Denn ein Gesetz gibt an, dass bei Vorliegen bestimmter Bedingungen eine bestimmte Wirkung erfolgt.[644] Aus der Universalität des Gesetzes folgt des Weiteren, dass die darin vorkommenden Ausdrücke niemals so interpretiert werden dürfen, dass nur eine ganz bestimmte Menge von Entitäten erfasst ist. Dies würde das Gesetz seiner Universalität entheben, wenn ihm die Gültigkeit nur für eineindeutig bestimmte Singularia zukäme. Das bedeutet nicht, dass nicht auch Gesetze Eingang in Erklärungen finden, die nur auf eine Teilmenge von Entitäten bezogen sind. Ein solches partikuläres Gesetz gilt schließlich immer noch in universaler Weise. Denn dadurch sind alle Entitäten erfassbar, die der Art von Ding angehören, welche die Teilmenge bilden.

Problematisch ist diesbezüglich das Verhältnis eines Gesetzes, das für eine Teilmenge gilt, zu den Gesetzen die für deren Gesamtmenge gelten. Gilt das Prinzip *pars pro toto*, ist auszuschließen, dass ein Gesetz einer Teilmenge den Gesetzen der Gesamtmenge entgegensteht. Hempel und Oppenheim greifen hierfür auf das Beispiel der Keplerischen Gesetze zurück. Diese kann man Gesetze begreifen, die im Wissen darüber formuliert worden sind, dass sie nur Konsequenzen unbegrenzt gültiger Gesetze sind.[645] Vor diesem Hintergrund schließen sie mit Bezug auf Reichenbach, dass anscheinend zwei Arten von Gesetzen gegeben sein können.

Entweder ist ein fundamentales Gesetz gegeben, das unbegrenzt ist, oder ein abgeleitetes Gesetz, das nur bestimmte Entitäten erfasst.[646] Hieraus ist zu sehen, dass man ein fundamentales Gesetz als Gesetz einer Gesamtmenge ansehen muss, denn jenes begreift alle anderen Gesetze in sich, die — wie auch immer dies zu verstehen ist — aus ihm hervorgehen können. Die Gültigkeit abgeleiteter Gesetze kann somit nur noch für Teilmengen bestehen. Gilt ein fundamentales Gesetz in uneingeschränkter Weise, und erfasst ein abgeleitetes Gesetz nur bestimmte Entitäten, gilt dies nur in beschränkter Weise. Ist mithin ein fundamentales Gesetz für alle Entitäten gültig, kann keine Entität sein, die nicht diesem Gesetz entspricht. Das fundamentale Gesetz ist also die notwendige Bedingung für das Bestehen eines abgeleiteten Gesetzes. Denn letzteres kann man ohne ersteres nicht formulieren. Für dessen Formulierung würden nämlich schlichtweg die Entitäten fehlen, hinsichtlich derer das Gesetz bestimmbar ist.

---

[644] Vgl. ebd. S. 153$^{17\text{-}27}$.

[645] Vgl. ebd. S. 154$^{11\text{-}14}$.

[646] Vgl. ebd. S. 154$^{15\text{-}20}$.

Hieraus erklärt sich Hempel und Oppenheims Verständnis von Gesetzen. Ein Gesetz, unter welches eine Erklärung eines Phänomens subsumiert wird, ist eine absolut wahre universale oder partikuläre Aussage, die den Gesetzen der Logik genügt und somit wahrheitsfähig ist. Ist die Aussage partikulär, so impliziert sie die Gegebenheit einer universalen Aussage, deren Ableitung sie ist. Insofern stellt das Gesetz eine Aussage dar, durch die mit einer Erklärung unbedingte Gültigkeit beansprucht wird. Also kann ihre Gültigkeit nicht durch andere Aussagen bedingt sein.

Die Struktur von Wahrscheinlichkeitsaussagen weist hier bereits einen Unterschied auf. Denn ein axiomatisches System, das verschiedene Aussagen inhaltlich miteinander verknüpft, hat nur eine Gültigkeit relativ zu allen Aussagen, die dieses System enthält. Damit ist nicht auszuschließen, dass man einzelne Aussagen in einem fremden axiomatischen Systemen als falsch ansehen muss. Obwohl sie in bekannten Systemen wahr sind. Begründet ist dies in erster Linie darin, dass jede Aussage entsprechend einem solchen System falsch sein muss, wenn eine gegensätzliche Aussage aus den Axiomen ableitbar ist.

Dies liefert letztlich auch die Begründung dafür, weshalb beispielsweise Vertreter des ptolemäischen Weltbildes die Aussagen von Vertretern des heliozentrischen Weltbilds als falsch ansehen müssen. Obwohl beiden Arten von Vertretern dieselbe empirische Grundlage gegeben ist. Trotz dass aus den Axiomen beider Systeme jeweils gleichlautende Aussagen ableitbar sind, ist eine Vielzahl anderer abgeleiteter Aussagen als falsch anzusehen. Denn es ist Gegensätzliches ausgesagt. Was die Wahrheit solcher Aussagen betrifft, ist diese, was die Ableitungen angeht, stets relativ zur Axiomatik, die festlegt, welche begrifflichen Verknüpfungen erlaubt sind und welche nicht. Daher sind dies nur Wahrscheinlichkeitsaussagen. Inwiefern die einzelnen abgeleiteten Aussagen unabhängig von der Axiomatik wahr sind, ist eine andere Frage, deren Beantwortung durch eine Metaphysik und Erkenntnistheorie zu gegeben ist.

Hieraus ergibt sich ein wesentlicher Unterschied zwischen der Subsumtion der Erklärung eines Phänomens unter ein Gesetz und der Struktur einer Wahrscheinlichkeitsaussage. Versteht man unter der Subsumtion, dass die Wahrheit empirischer Aussagen der Wahrheit eines Gesetzes untergeordnet ist, weil ohne das Gesetz keine der bekannten referierende empirische Aussage gegeben wäre, wird man dadurch nur angeben können, was die Bedingungen sind, unter deren empirische Aussagen aktual referieren bzw. referiert haben. Denn soll die Erklärung unter ein Gesetz subsumiert sein und ist die Wahrheit des Gesetzes die notwendige Bedingung für die Wahrheit der Bestandteile der Erklärung, dann sind durch das Gesetz nur die notwendigen begrifflichen Verknüpfungen angegeben, um eine bestimmte empirische Aussage aus anderen folgen zu lassen. In dieser Hinsicht ist das Gesetz ein determinierendes. Denn es begründet, weshalb eine aktuale Referenz der einzelnen Aussagen besteht bzw. bestanden hat.[647] Wäre demnach das Gesetz nicht wahr, müsste man rückschließen, dass auch die Wahrheit der empirischen Aussagen nicht bestehen kann. Wenn letztere durch die Empirie gegeben sind und das Gesetz die notwendigen Verknüpfungen angibt, um die Aussagen in der Weise aufeinander beziehen zu können, so dass sie sich inhaltlich einander bedingen, dann scheint das Gesetz auch die notwendige Bedingung für die Erklärung des Phänomens zu sein, das man durch die empirischen Aussagen beschreibt.[648] Eine solche Erklärung entspricht somit einem reduktionistischen Erklärungsmodell. Denn die Erklärung führt nur an, welche Aussagen minimal nötig sind, um das Zu-erklärende erklären zu können. Das axiomatische System innerhalb einer Wahrscheinlichkeitsaussage gibt dementgegen an, welche anderen Verknüpfungen der Axiomatik entsprechend noch gegeben sein können. Damit sagt die Wahrscheinlichkeitsaussage weit mehr aus als nur eine Erklärung empirischer Sachverhalte. Denn sie gibt nicht nur an, welche Verknüpfungen notwendig sind, um bestimmte empirische Aussagen inhaltlich aufeinander zu beziehen, sondern auch, welche Verknüpfungen man fernab bereits gegebener empirischer Aussagen bilden kann. Grundlage bleibt dabei immer das jeweils axiomatische System. Weshalb die Wahrheit abgeleiteter Aussagen nur relativ zur Axiomatik und dem Kenntnisstand, auf den sie angewandt wird, zu interpretieren ist.

Insofern unterscheidet sich also die Struktur einer Wahrscheinlichkeitsaussage von dem wissenschaftlichen Erklärungsmodell von Hempel und Oppenheim. Denn durch sie ist eine weitreichendere Erkenntnis ermöglicht, als sie eine bloße Erklärung leistet. Die Struktur der Wahrscheinlichkeitsaussage gewährt also die begriffliche Einsicht in die Alternativen, wie etwas erklärt werden und nach welchen Regeln man die Möglichkeiten dieser Alternativen aktualisieren kann.

---

[647]   Vgl. Brülisauer, Bruno: Was können wir wissen? Grundprobleme der Erkenntnistheorie. S. 125[22-29].

[648]   Vgl. Fetzer, James H.: The Philosophy of Carl G. Hempel. Studies in Science, Explanation and Rationality. S. 89[6]-90[11].

VI Zusammenfassende Betrachtung

In der Einleitung wurde erwähnt, dass man unter Wahrscheinlichkeit ein bestimmtes Maß versteht. Für gewöhnlich wissen wir nicht, wie dieses Maß zustande kommt noch was die Bedingungen für seine Möglichkeit sind.

Die Untersuchung hat gezeigt, dass man ganz genaue Bedingungen ausmachen kann und auch erklärbar ist, wie sich Wahrscheinlichkeit konstituiert. Auch wenn die Frage nach dem Zustandekommen von Wahrscheinlichkeiten schon von anderen gestellt wurde, bleibt der eingeschlagene Weg ungewöhnlich. Schließlich führt er nicht zu einem subjektiven Bayesianismus, der z.B. in Ramsey's Fall zu einem nicht nachvollziehbaren *degree of belief* führt[649] oder im Fall de Finetti's zum Ausdruck persönlicher Erwartungen.[650] Genauso führt sie nicht zu einem objektivistischen Wahrscheinlichkeitsbegriff, der die Wahrscheinlichkeit für das Eintreten eines zukünftigen Ereignisses aufgrund relativer Häufigkeiten berechenbar macht. Das liegt daran, dass diese Wahrscheinlichkeitsbegriffe aus dem Standpunkt der vorliegenden Arbeit bereits Interpretationen des Wahrscheinlichkeitsbegriffes darstellen. Sie setzen seine Gegebenheit also bereits voraus und stellen nicht die Frage, was seine Möglichkeit begründet. Ohne eine Antwort auf diese Frage zu geben, ist das Reden über Wahrscheinlichkeiten analog zu den Disputationen und Werken der Alchemisten um die *Lapis philosophorum*[651] zu sehen. Zum einen redet man über etwas, von dem man nicht weiß, ob es überhaupt Gegenstand der Welt sein kann. Zum anderen zeigt man stolz Ergebnisse vor, von denen man aufgrund des fehlenden Fundaments überhaupt nicht wissen kann, ob der rote Klumpen in der Hand der Stein der Weisen ist oder einfach nur Zinnober. Mit dem Fundament der modernen Chemie weiß man, dass der Stein der Weisen kein möglicher Gegenstand der Welt ist und Zinnober als Quecksilbersulfid von anderen roten Stoffen aufgrund seiner Eigenschaften gut unterscheidbar ist.

Das Fundament für die Konstituierung von Wahrscheinlichkeit stellt zum einen die Beschaffenheit der Welt dar und zum anderen unsere Verstandesoperationen. Die Welt gibt die Bedingungen vor, was in ihr möglich ist und wie wir Kenntnis von den Dingen

---

[649] Vgl. Ramsey, Frank Plumpton: Truth and Probability. in Foundations of Mathematics and other Logical Essays. Ch. VII. S. 166-184

[650] Vgl. de Finetti, Bruno: Wahrscheinlichkeitstheorie: Einführende Synthese mit kritischem Anhang. S. 108.

[651] [Der Stein der Weisen]

in ihr erlangen können. Unsere Verstandesoperationen geben vor, wie wir unsere Erkenntnisse verarbeiten können. Weil Wahrscheinlichkeiten sich immer auf eine Welt beziehen und wir sie durch unseren Verstand bilden, liegen die Bedingungen ihrer Konstituierung sowohl in der Beschaffenheit Welt als auch des Verstandes begründet.

Die Beschaffenheit der Welt sagt man durch eine Metaphysik aus. Sie gibt an, welche Bedingungen vorauszusetzen sind, damit Seiendes in der Welt so beschaffen sein kann, wie es ist bzw. war. In diesem Sinne liefert sie die Rechtfertigungsgründe für die Erkenntnisse moderner Wissenschaften. Denn sie gibt an, warum man diese Erkenntnisse für wahr halten muss oder sie schlichtweg unsinnig sind. Wenn man Wahrscheinlichkeiten auf eine Welt anwendet, kann man also nur etwas über die Welt aussagen, wenn die Wahrscheinlichkeitsaussage der Beschaffenheit der Welt entsprechend ist. Andernfalls sagt sie nichts über die Welt aus, sondern über eine davon verschiedene Welt oder ist selbst Unsinn.

Weil wir von der Welt nur vermittelst von Wahrnehmung Kenntnis erlangen, beruhen Wahrscheinlichkeiten auch auf ihren Prinzipien. Diese Prinzipien sind durch die Ästhetik ausgesagt, sofern sie die Lehre von der Wahrnehmung ist. Die Ästhetik gibt somit vor, wie wir von den Dingen in der Welt Kenntnis erlangen. Sagt eine Wahrscheinlichkeitsaussage etwas aus, das diesen Prinzipien widerspricht, so ist diese Aussage entweder unverständlich oder Unsinn. Denn entweder setzt die Aussage eine differente Art von Ästhetik voraus oder sie sagt etwas aus, das Gegenstand keiner Wahrnehmung sein kann. Ersteres ist z.B. der Fall, wenn die Wahrscheinlichkeit aufgrund der Sensordaten eines Meßinstruments gebildet ist. Wenn die Sensoren des Meßinstruments die Welt im Vergleich zur menschlichen Wahrnehmung anders wahrnehmen, z.B. nur im Infrarot-Bereich, dann unterliegt sie anderen Bedingungen. Letzteres ist der Fall, wenn die Aussage selbst eine Ästhetik voraussetzt, die den Prinzipien der Beschaffenheit der Welt widersprechen auf die man die Aussage anwendet. Man müsste dann annehmen, dass es in der Welt eine Art von Wahrnehmung geben könnte, die in der Welt nicht möglich ist. Das ist in sich selbst widersprüchlich. Deswegen dürfen die Prinzipien der Ästhetik den Prinzipien der Metaphysik nicht widersprechen. Nur so ist erklärbar, wie man durch die Wahrnehmung überhaupt von der Welt wissen kann.

Um auf eine Welt referierende Wahrscheinlichkeitsaussagen formulieren zu können, bedarf es letztlich unserer Verstandesoperationen. Durch sie generieren wir aus der Wahrnehmung Erkenntnisse und verknüpfen sie zu neuen Erkenntnissen. Nach boole'scher Manier ist für die Beschreibung dieser Operationen eine zweiwertige Logik vollkommen ausreichend. Denn auch komplexere Operationen lassen sich letztlich auf auf die Operationen einer zweiwertigen Logik zurückführen. Dies ist durch die Praxis bewiesen. Die Logik in praktischer Anwendung, i.e. die Programmierung von Programmen aufgrund des Binärcodes, zeigt das.[652] Schließlich basieren aufgrund mangelnden Quantenprozessors die Programme zur Durchführung komplexer mathematischer oder logischer Operationen auf der binären Logik von 0 und 1.[653]

Aus der Zweiwertigkeit der Operationen und dem Inhalt der Begriffe des Verstandes konstituiert sich die Wahrscheinlichkeit. Nicht jeder Begriff ist für den menschlichen Verstand vollständig einsehbar. Denn entweder ist seine Definition nicht vollständig oder wir verstehen einzelne Prädikate seiner Definition nicht vollständig. Dennoch sind wir in der Lage mit diesen Begriffen logische Operationen durchzuführen. Schließlich handelt es sich dabei um Verstandesoperationen. Durch sie verarbeitet der Verstand nur, was ihm begrifflich vorgegeben ist. Wenn dies von minderer Qualität ist, kann auch der Verstand letztlich nicht mehr daraus machen, als es ist.

Wahrscheinlichkeiten basieren sowohl auf den Verstandesoperationen als auch solchen unvollkommenen Begriffen. Denn durch die Verknüpfung unvollkommener Begriffe zur Generierung neuer Erkenntnisse, gelangt man zu Aussagen, deren Wahrheitswert man nicht vollständig beweisen kann. Schließlich ist die Aussage selbst durch andere unvollkommene Aussagen und Begriffe bedingt. Weil man von diesen auch nicht weiß, ob sie tatsächlich auf die Welt referieren, ist ihr Wahrheitswert in korrespondenztheoretischer Sicht nicht ersichtlich. Wenn eine Wahrscheinlichkeit aus dem unvollständigen Wissen durch die Verstandesoperationen ableitbar ist, erweist sie sich kohärenztheoretisch als eine wahre Aussage. Denn lassen unsere Verstandesoperationen eine solche Ableitung zu, so ist die Aussage ein Bestandteil des Ganzen, was aus dem unvollständigen Wissen abgeleitbar ist.

Auf dieser Ebene stellt sich eine Wahrscheinlichkeitsaussage also als kohärenztheoretisch wahr aber korrespondenztheoretisch indefinit dar. Insofern sagt der Begriff der Wahrscheinlichkeit eine Qualität einer Aussage aus, die allein hinsichtlich Dichotomie der Wahrheitswerte von Wahrheit und Falschheit besteht. Damit noch überhaupt nicht gesagt, wie diese Qualität interpretiert werden kann.

---

[652]   Vgl. Anderson, Stuart: Microprocessor Technology. S. 57f.
[653]   Vgl. Ceruzzi, Paul E.: Computing : A Concise History. S. Xf.

Dies lässt sich am besten durch die darin enthaltene Implikation veranschaulichen. Bleiben wir auf dieser Ebene stehen, ohne die Qualität der Wahrscheinlichkeit zu interpretieren. Leitet man z.B. aus zwei unterschiedlichen unvollständigen Wissen jeweils eine Aussage ab, die dasselbe aussagt, ist jede Aussage jeweils für sich individuell wahrscheinlich. Man kann dagegen einwenden, dass sie, wenn sie dasselbe aussagen, doch auch gleichwahrscheinlich sein müssten. Das geht aber zu weit. Die Qualität der Wahrscheinlichkeit konstituiert sich schließlich jeweils aufgrund vollkommen differenten Wissens. Somit ist die Identität der Qualität der einen Wahrscheinlichkeitsaussage verschieden von der anderen Wahrscheinlichkeitsaussage. Allein auf dieser elementaren Ebene macht sie das unvergleichbar.

Wie man aus der Untersuchung sehen kann, werden sie erst dann vergleichbar, wenn man ihnen eine Klasse zuschreibt. Dann erfasst man die Individuen unter einer oder mehrer Eigenschaften, die man ihnen zuspricht. Im Fall der beiden Aussagen müssen diese erst durch den Klassenbegriff der Wahrscheinlichkeitsaussage erfasst sein. Dadurch begreift man beide als die zwei Elemente, die die eine Einheit des Klassenbegriffs bilden. Allein durch die Einheit lässt sich dann aussagen, inwiefern ihre Individuen einander gleichen oder voneinander verschieden sind. Wohlgemerkt, der Klassenbegriff steht hier nur für die einfachste Art einer Klasse. Denn für gewöhnlich ist durch eine bestimmte Theorie angegeben, aufgrund welcher Eigenschaften verschiedene Individuen als eine Einheit zu verstehen sind und warum sie so zu verstehen sind. Eine Theorie macht dies nur sehr viel komplexer.

Dieses Zusprechen verbindender Eigenschaften und die Begründung für diese Verbindung ist die zweite Ebene, auf der die Interpretation von Wahrscheinlichkeiten erst möglich ist. Denn erst hier legt man fest, was unter einen gemeinsamen Begriff fallen soll, wie man mit den Begriffen weiter operiert und was durch die Begriffe letztlich ausgesagt werden soll. Das gehört jedoch nicht mehr zur vorliegenden Untersuchung.

Literaturverzeichnis

Primärquellen:

Abelard, Peter: *Logica Ingredientibus*. In: Martin Grabmann (Hg.): Beiträge zur Geschichte der Philosophie des Mittelalters. Texte und Untersuchungen. Band 21. Münster: Aschendorffsche Verlagsbuchhandlung (1933). S.1-109.

Al-Ghazali; Kamali, Sabih Ahmad (Übers.): Tahafut Al-Falasifah [Incoherence oft he Philosophers]. In: Pakistan Philosophical Congress Publication No.3. Lahore: Pakistan Philosophical Congress. (1963).

Aristoteles: Rhetorik. In: Immanuel Bekker: Aristoteles Grace edidit Academia Regia Borussica. Volume Alterum. Berlin: Georg Reimer (1831).

—: Topik. In: Immanuel Bekker: Aristoteles Grace edidit Academia Regia Borussica. Volumen Prius. I. Berlin: Georg Reimer (1831).

—: De Motu Animalium. Transl. by Nussbaum, Martha Craven Princeton: Princeton University Press (1985).

—: Metaphysics. Books 1-9. Loeb Classical Library. Transl. by Hugh Tredennick. Edited by Jeffrey Henderson. Aristotle XVII. London : Havard University Press (1933).

—: Metaphysics. Books 10-14. Oeconomica. Magna Moralia. Loeb Classical Library. Transl. by Hugh Tredennick and G. Cyril Armstraong. Edited by Jeffrey Henderson. Aristotle XVIII. London : Havard University Press (1935).

—: The Nicomachean Ethics. Loeb Classical Library. Transl. by H. Rackham. Edited by Jeffrey Henderson. Aristotle XIX. London : Havard University Press (1934).

—: Physics Books 1-4. Loeb Classical Library. Transl. by P. H. Wicksteed and F. M. Cornford. Edited by Jeffrey Henderson. Aristotle IV. London : Havard University Press (1957).

—: On the Soul. Parva Naturalia. On Breath. Loeb Classical Library. Transl. by W. S. Hett. Edited by Jeffrey Henderson. Aristotle VIII. London : Havard University Press (1957).

—: Categories. On Interpretation. Prior Analytics. Loeb Classical Library. Transl. by H. P. Cooke and Hugh Tredennick. Edited by Jeffrey Henderson. Aristotle I. London : Havard University Press (1938).

—: On Heavens. Loeb Classical Library. Transl. by W. K. C. Guthrie. Edited by Jeffrey Henderson. Aristotle VI. London : Havard University Press (1939).

Arnauld, Antoine: Logique De Port-Royal. Suive des trois fragments de Pascal sur l'autorité en matière de philosophie, l'esprit géométrique et l'art de persuader. Avec une introduction et des notes par Charles Jourdain. Paris: Hachette (1854).

Augustinus: Patrologiae cursus completus | sive bibliotheca universalis, integra, uniformis, commoda, oeconomica, omnium ss. patrum, doctorum scriptorum que ecclesiasticorum qui ab aevo apostolico ad usque Innocentii III tempora floruerunt (...) accurante J.-P. Migne, Parisiis: Excudebat Migne (...). Patrologiae Tomus XXXVIII. S. Aurelii Augustini. Tomus Quintus (Pars Prior). (1845).

—: Patrologiae cursus completus | sive bibliotheca universalis, integra, uniformis, commoda, oeconomica, omnium ss. patrum, doctorum scriptorum que ecclesiasticorum qui ab aevo apostolico ad usque Innocentii III tempora floruerunt (...) accurante J.-P. Migne, Parisiis: Excudebat Migne (...). Patrologiae Tomus XXXIV. S. Aurelii Augustini. Tomus Tertius (Pars Prior). (1845).

—: Patrologiae cursus completus | sive bibliotheca universalis, integra, uniformis, commoda, oeconomica, omnium ss. patrum, doctorum scriptorum que ecclesiasticorum qui ab aevo apostolico ad usque Innocentii III tempora floruerunt (...) accurante J.-P. Migne, Parisiis: Excudebat Migne (...). Patrologiae Tomus XLIV. S. Aurelii Augustini. Tomus Decimus (Pars Prior). (1865).

—: Patrologiae cursus completus | sive bibliotheca universalis, integra, uniformis, commoda, oeconomica, omnium ss. patrum, doctorum scriptorum que ecclesiasticorum qui ab aevo apostolico ad usque Innocentii III tempora floruerunt (...) accurante J.-P. Migne, Parisiis: Excudebat Migne (...). Patrologiae Tomus XXXII. S. Aurelii Augustini. Tomus Primus. (1877).

Bacon, Francis: Franscisci Baconis de Verulamio summi Angliae Cancellarii, Novum Organum Scientiarum. Editio prima Veneta. Venedig: Gasparis Girardi (1762).

Bartholomé de Medina: Expositio in tertiam D. Thomae Partem usque ad questionem sexagesiam complectens tertium librum Sentatentiarum. Venetiis, Apud SS. Ioannem, & Paulum. (MDLXXXII).

—: Scholastica commentaria in D. Thomae Aquinatis Doct. Anglici. Primam Secundae. Coloniae Agrippomae: Sumptibus Petri Hennungii Bibliopolae sub signo Cuniculi. [1577] (1618).

Baumgarten, Alexander Gottlieb: Aesthetica. Scripsit Alexand. Gottlieb Bavmgarten Prof. Philosophiae. Ioannis Christiani Kleyb (1750).
—: Metaphysica. Editio VI. Halle: Carl Hermann Hemmerde (1768).
—: Acroasis Logica. Editio Secunda. Halle: Carl Hermann Hemmerde (1773).

Beltrami, Eugenio; Hoepli, Ulrico (Ed.): Opere matematiche di Eugenio Beltrami. Tomo 1. Milano : Publicate Per Cura Della Facoltà Di Scienze Della R. Università Di Roma (1902).

Bernard von Clairvaux: Operum Tomus Quartus. Tractatus varios et Opuscula complectens, omnia nunc recens in capita distincta, Castigata & Notis illustrata. Lyon: Societatis Bibliopolarum. (1679).

Bernoulli, Jakob: Ars Conjectandi. Opus Posthumum. Accedit Tractatus de Seriebus Infinitis. Et Epistola Gallice scripta De Ludo Pilae Reticularis. Basel: Impensis Thurnisiorum Fratrum (1713).

Boole, George: The Laws of Thought; with an introduction by John Corcoran. New York: Prometheus Books (2003) [1854].
—: On the Theory of Probabilities, and in particular on Mitchell's Problem oft he Distribution of Fixed Stars. In: A. E. Heath; R. Rhees: Studies in Logic & Probability. George Boole. S.386-424.
—: The Mathematical Analysis of Logic, being an Essay Towards a Calculus of Deductive Reasoning. Halle/Saale: Hallischer Verlag (2001) [1847].

Clarke, Samuel: A Collection of Papers, Which passed between the late Learned Mr. Leibnitz, and Dr. Clarke, In the Years 1715 and 1716. Relating tot he Principles of Natural Philosophy and Religion. London: James Knapton, at the Crown in St. Paul's Church-Tard. (1717).

Cicero; Hubbell, H. M. (Übrs.): On Invention. Best Kind of Orator. Topics. Loeb Classical Library. Cambridge, MA: Harvard University Press (1949).

Domingo Bañez: Commentaria in secundam sacundae angelici D. Thomae. Quibus, quae ad Fidem, Spem, & Charitatem spectant, clarissime explicantur. Venedig: Altobellum Salicatium, (1587).

—: *Diversos escritos inéditos de Báñez sobre la materia de auxiliis*. In : R.P. Mtro. Vicente Beltran de Heredia O.P.: Biblioteca de Teologos Españoles. Dirigida por los Dominicos de las Provincias de España. Volumen 24 – (A12) : Domingo Báñez y las controversias sobre la gracia. Textos y documentos. Salamanca : Apartado 17 (1968). S.613-644.

—: Scholastica commentaria in primam partem Angelici Doctoris D. Thomae. Venedig: Ad signum Concordiae (1585).

Euklid; Thaer, Clemens (Hg./Übrs.): Die Data von Euklid. Nach Menges Text aus dem Griechischen übersetzt und herausgegeben von Clemens Thaer. Mit 89 Figuren. Berlin, Heidelberg: Springer (1962).

—: The Thirteen Books of Euclid's Elements. Translated from the text of Heiberg with introduction and commentary by Sir Thomas L- Heath. Second Edition. Revised with Additions. Volume II. Books III-IX. New York: Dover / Cambridge University Press (1956).

Euler, Leonhard: Vollständige Anleitung zur Algebra. Erster Theil von den verschiedenen Rechnungsarten, Verhältnissen und Proportionen. Mit Röm. Kayserl. Und Churfürstl. Sächß. Allergnädigsten Privilegiis. St. Petersburg: Kayserliche Akademie der Wissenschaften (1771).

Fermat, Pierre de; Tannery, Paul (Hg.); Henry, Charles (Hg.): Oeuvres de Fermat. Tome deuxième, Correspondance. Paris: Gauthier-Villars et Fils, Imprimeurs-Libraires (1894).

de Finetti, Bruno: Wahrscheinlichkeitstheorie: Einführende Synthese mit kritischem Anhang. [Übers. aus d. Ital. von Dierk Hildebrandt]. Wien/München: R. Oldenourg Verlag (1981).

Frege, Gottlob: Begriffsschrift, eine der arithmetischen nachgebildete Formalsprache des reinen Denkens. Halle an der Saale: Louis Nebert (1879).

Heinrich von Gent: Summae Quaestionum Ordinarium Theologi recepto praeconio Solemnis Henrici a Gandavo: cum duplici repertorio : Tomos prior [-posterior]. Parisiis: Badii Ascensií, (1520).

Hempel, Carl G.; Oppenheim, Paul: *Studies in the Logic of Explanation*. In: Philosophy of Science. Vol. 15, No. 2 (Apr.,1948). S.135-175.

Hispanus, Petrus: Summulae Logicales cum Verorii Parisiensis Clarissima Expositione. Venedig : F. Sansovinum (1572).

Hume, David: A Treatise of Human Nature. Mineola: Dover (2003) [1739-1740].

Huygens, Christian; Schooten, Frans van (Hrsg.): Exercitationum Mathematicarum, Liver V. Continens Sectiones triginta miscellaneas. Lugduno-Batava: Johannis Elsevirii (1657).

Ibn Sīnā; Horten, Max (Hg./Übrs.): Die Metaphysik Avicennas enthaltend die Metaphysik, Theologie, Kosmologie und Ethik. Halle a. Saale/New York: Rudolf Haupt (1907).

Jansen, Cornelius : Augustinus seu doctrina S. Augustini de Humanae naturae sanitate, aegritudine, medicinâ adversus Pelagianos & Massilienses. Tomus III. in quo Genuina sentential profundissimi Doctoris de Auxilio gratia medicinalis CHRISTI Salvatoris, & de praedestinatione hominum & Angelorum proponitur, ac dilucide ostenditur. Lovanii: Iacobi Zegeri (1640.)

Johannes Calvin: Institutio christianae religionis. Genf: Vignon & Ioannis le Preux (1585).

Johannes Duns Scotus: Opera Omnia. Vol. 17: Lectura I, dist. 8–45, edited by C. Balic, C. Barbaric, S. Buselic, P. Capkun-Delic, B. Hechich, I. Juric, B.Korosak, L. Modric, S. Nanni, S. Ruiz de Loizaga, C. Saco Alarcón, and O. Schäfer (Città del Vaticano: Typis Polyglottis Vaticanis, 1966).

Kant, Immanuel: Gesammelte Schriften. Abtheilung I: Werke: Gesammelte Schriften / Akademieausgabe, Bd.2 (Abt.1, Werke, Bd.2), Vorkritische Schriften, II, 1757 – 1777. Berlin: De Gruyter (1969).

Laplace, Pierre-Simon: Essai Philosophieque sur les Probabiliés; par M. Le Marquis de Laplace. Cinquième Édition, Revue et Augmentée par l'auteur. Paris: Bachelier, Successeur de M. V. Courcier (1825).
—: Exposition du Système du Monde. [1835]. Paris: Fayard (1984).

Leibniz, Gottfried Wilhelm: Monadologie. In: Hans Heinz Holt: G.W.Leibniz Kleine Schriften zur Metaphysik. Philosophische Schriften Band 1. Frankfurt am Main: Suhrkamp (1996). S.439-483.

—: Essais de Théodicée sur la bonté de dieu, la liberté de l'homme et l'origine du mal. /Die Theodizee von der Güte Gottes, der Freiheit des Menschen und dem Ursprung des Übels. In : Herbert Herring (Übrs.) : Philosophische Schriften Band 2.1. Frankfurt am Main : Suhrkamp (1996) [1710].

Liebig, Justus von: Ueber Francis Bacon von Verulam und die Methode der Naturforschung. München: Literarisch-artistische Anstalt Cotta' sche Buchhandlung (1863).

Linné, Carl: Systema Naturae, Sive Regna Tria Naturae Systematice Proposita Per Classes, Ordines, Genera, & Species. (1735^1-1768^{12}).

Lobkowitz, Caramuel y: Caramuelis Praecursor Logicus. Complectens Grammaticam audacem, Methodica, Metrica, Critica. Frankfurt: Johann Gottfried Schönwetter (1654).

—: Apologema pro antiquissima, et universalissima doctrina de probabilitate. Contra novam, singularem, improbabilemque D. Prospero Fagnani Opinationem. Nunc primum prodit. Lugduni : Lavrentii Anisson (1663).

—: Theologiae moralis fundamentalis liber quartus, qui est Dialexis de Non-Certitudine. Lugduni : Anissoniana (1675).

Locke, John: An Essay Concerning Human Understanding. [1690] Amherst: Prometheus Books (1995).

Luis de Molina: Commentaria in primam Divi Thomae partem, In duos Tomos divisa. Venedig: Minimam Societatem (1602).

—: Concordia Liberi Arbitrii cum Gratiae Donus, Divina Praescientia, Providentia, Praedestinatione, et Reprobatione, ad nonnullos primae partis D. Thomae articulos. Olyssipone: Antonium Riberium (1588).

—: De Iustitia Tomus Primus, Complectens Tractatum Primum, et ex secundo Disputationes 251. usq ; ad ultimas voluntates inclusive. Conchae : Ioannis Masselini (1593).

— : De Iustitia et Iure, Tomus Quartus. De Justitia Commutativa circa bona corporis, personarumq, nobis coniunctarum. Coloniae Agrippinae : Hermanni Mylil (1614).

Mandelbrot, Benoît B.: Die fraktale Geometrie der Natur. Basel, Boston: Birkhäuser (1987).

Moivre, Abraham de: The Doctrine of Chances or, A Method of Calculating the Probabilities of Events in Play. Third Edition. Fuller, Clearer, and more Correct than the Former. London: A. Millar, in the Strand (1736).

Nemesius von Emesa: De Natura Hominis Liber Utilissimus. Lugduni apud Seb. Gryphim. (1538).

Newton, Isaac: Philosophiae Naturalis Principia Mathematica. Editio tertia aucta & emendata. London (1726).

Ockham, Wilhelm von: Doctoris Invinvibilis, et Nominalium Principis, Summa Totius Logicae. Oxford: Typis L.L.Acad. Typog. Impensis J. Crosley. (1675).

Pascal, Blaise: Oeuvres de Blaise Pascal. Tome Quatrieme. A La Haye: chez Detune, Libraire, (1779).

Platon: Platonis Opera. Ex Recensione R. B. Hirschigil. Graece et Latine. Volumen Primum. Paris : Ambrosio Firmin Didot (1856).
—: Platonis Opera. Ex Recensione E. Ch. Schneideri. Graece et Latine. Volumen Secundum. Paris: Ambrosio Firmin Didot. (1846)

Poncius, Johannes: Integer Philosophiae Cursus ad Mentem Scoti. Parisiis: Antonii Bertier (1649).
—: Theologiae Cursus Interger ad Mentem Scoti. Lugduni: Ioannis-Antonii Hugvetan,& Guilleli Barbier. (1671).

Sherwood, William of; Brand, Hartmut (Übers.); Kann, Christoph (Übers.): Introductiones in Logicam. Einführung in die Logik. Lateinisch-Deutsch. Hamburg: Meiner (1995).

Freud, Sigmund: Jenseits des Lustprinzips. Dritte, durchgesehene Auflage. Leipzig/Wien/Zürich : Internationaler Psychoanalytischer Verlag (1923).

Suárez, Francisco : Opera Omnia. Editio Nova, A D. M. André, Canonico Rupllensi, Auctore Operis cui Titulus: Cours de droit Canon, juxta Editionem Venetianam XXIII Tomos In-F^e continentem, accurate recognita reverendissimo ill. Domino Sergent, Episcopo Corisopitensis, ab Editore dicata. Tomus Quartus. Paris: Apud Ludovicum Vivès (1856).

Thomas von Aquin: Opera Omnia. Iussu Leonis XIII P.M. Edita. Tomus XLIII. De Principiis Naturae. De Aeternitate Mundi. De Motu Cordis. De Mixtione Elementorum. De Operationibus Occultis Naturae. De Iudiciis Astrorum. De Sortibus. De Unitate Intellectus. De Ente Et Essentia. De Fallaciss. De Propositionibus Modalibus. Rom : Santa Sabina (1976).

—: Opera omnia Iussu Leonis XIII P.M. Edita. Tomus. 24/1: Quaestiones disputatae de anima. Ed.: B. C. Bazán. Roma – Paris: Commissio Leonina - Éditions du Cerf (1996).

—: Opera omnia Iussu Leonis XIII P.M. Edita. Tomus XXIII: Quaestiones Disputatae de Malo. Roma – Paris: Commissio Leonina: J. Vrin (1982).

—: Divi Thomae Aquinatis ordinis praedicatorum Doctoris Angelici a Leone XIII P. M. Gloriose regnant catholicarum scholarum patroni coelestis renunciati Summa Theologica editio altera Romana ad emendatiores editiones impressa et noviter accuratissime recognita. Pars Prima. Romae: Ioannis Bardi (1925).

—: Divi Thomae Aquinatis ordinis praedicatorum Doctoris Angelici a Leone XIII P. M. Gloriose regnant catholicarum scholarum patroni coelestis renunciati Summa Theologica editio altera Romana ad emendatiores editiones impressa et noviter accuratissime recognita. Prima Secundae Partis. Romae: Ioannis Bardi (1925).

—: Divi Thomae Aquinatis ordinis praedicatorum Doctoris Angelici a Leone XIII P. M. Gloriose regnant catholicarum scholarum patroni coelestis renunciati Summa Theologica editio altera Romana ad emendatiores editiones impressa et noviter accuratissime recognita. Pars Tertia. Romae: Ioannis Bardi (1925).

—: Summa contra Gentiles seu de veritate catholicae fidei. Reimpresso XXI stereotypa. Taurin : Marietti (1935).

Venn, John: The Logic of Chance. An Essay on the Foundations and Providence of the Theory of Probability, with especial Reference to its Application to Moral and Social Science. London and Cambridge: Macmillan and Co. (1866).

Walter Burleigh: De puritate artis logicae tractatus. Übersetzt und mit Einführung und Anmerkungen hrsg. von Peter Kunze. Hamburg: Meiner (1988).

Whewell, William: Of Induction, with especial reference to Mr. J. Stuart Mill's System of Logic. London: John W. Parker (1849).

Wittgenstein, Ludwig: Philosophische Untersuchungen. Frankfurt am Main: Suhrkamp (1967).

Sonstige Primärquellen:

Abbott, A. Edwin: Flatland. A Romance of Many Dimensions. Mineola: Dover (1992) [1884].

Horaz; Growers Emily (Ed.): Satires. Book I. Cambridge: Cambridge University Press (2012).

Heliodor; Reymer, Rudolf (Übrs.): Die Abenteuer der schönen Chariklea. AITHIO-PIKA. Zürich: Artemis (1950).

Hesiod: Theogony, edited with Prolegomena and Commentary by M. L. West. Oxford: Clarendon Press 1966 (1978).

Lukian von Samosata; Wieland, Christoph Martin (Übrs.): Lügengeschichten und Dialoge. Nördlingen: Franz Greno (1985).

Sapkowski, Andrzej; Simon Erik (Übrs.): Das Erbe der Elfen. München: Deutscher Taschenbuch Verlag (2009).

Benutzte Sekundärliteratur:

Aichele, Alexander : The Real Possibility of Freedom : *Luis de Molina's Theory of absolute Willpower in Concordia I*. In: Alexander Aichele (Ed.); Matthias Kaufmann (Ed.): A Companion to Luis de Molina. Leiden / Boston: Brill (2014). S.3-54.
—: Ontologie des Nicht-Seienden. Aristotles' Metaphysik der Bewegung. Göttingen: Vanderhoeck & Ruprecht (2009).
—: Wahrscheinliche Weltsweisheit. A.G. Baumgartens Metaphysik des Erkennen und Handelns, Manuskript Halle 2014 (im Erscheinen bei Meiner).
—: *Ich denke was, was Du nicht denkst, und das ist Rot.* In: Manfred Baum (Hrsg.); Bernd Dörfling (Hrsg.); Heiner F. Klemme (Hrsg.) Kant-Studien. Band 103, Heft 1. Berlin: DeGruyter (2012). S.25-46.

Anderson, Stuart: Microprocessor Technology. Routledge: London and New York (2011).

Bar-Am, Nimrod: Extensionalism: The Revolution in Logic. Springer Netherlands (2008).

Bennett, Deborah J.: Randomness. Cambridge: Havard University Press (1998).

Bodmer, Frederick: Die Sprachen der Welt. Köln: Kiepenheuer & Witsch (1997).

Bosch, Karl: Statistik für Nichtstatistiker: Zufall und Wahrscheinlichkeit. 6. Auflage. München: Oldenbourg (2012).

Brülisauer, Bruno: Was können wir wissen? Grundprobleme der Erkenntnistheorie. Stuttgart: Kohlhammer (2008).

Büchter, A.; Henn, H.-W.: Elementare Stochastik. Eine Einführung in die Mathematik der Daten und des Zufalls. 2., überarbeitete und erweiterte Auflage. Berlin, Heidelberg: Springer (2007).

Campe, Rüdiger: Spiel der Wahrscheinlichkeit. Literatur und Berechnung zwischen Pascal und Kleist. Göttingen: Wallstein Verlag (2002).

Cartwright, Nancy: How The Laws of Physics Lie. Oxford: Oxford University Press (1983).

Ceruzzi, Paul E.: Computing : A Concise History. The MIT Press: Cambridge (2012).

Chomsky, Noam: New Horizons in the Study of Language and Mind. Cambridge University Press (2000).

Daston, Lorraine: *Probability and evidence*. In: Daniel Garber (Ed.); Michael Ayers (Ed.): The Cambridge History of Seventeenth-Century Philosophy. Volume II. Cambridge: Cambridge University Press (1998) S.1108-1144.

Dilworth, Craig: The Metapysics of Science. An Account of Modern Science in Terms of Principles, Laws and Theories. Second Edition. Dordrecht: Springer (2007).

Doederlein, Ludwig: Handbuch der lateinischen Etymologie. Leipzig: Friedr. Christ. Wilh. Vogel (1841).

—: Handbuch der lateinischen Synonymik. Leipzig: Friedr. Christ. Wilh. Vogel (1840).

Enskat, Rainer: Authentisches Wissen. Prolegomena zur Erkenntnistheorie in praktischer Hinsicht. Göttingen: Vanderhoeck & Ruprecht (2005).

Evra, James Van: *John Venn and Logical Theory*: In Dov M. Gabbay (Ed.), John Woods (Ed.): Handbook of The History of Logic. Volume 4. British Logic in the Nineteenth Century. Amsterdam: North-Holland (2008). S. 507-514.

Fetzer, James H.: The Philosophy of Carl G. Hempel. Studies in Science, Explanation and Rationality. New York: Oxford University Press (2001).

Fleming, A. Julia: Defending Probabilism. The Moral Theology of Juan Caramuel. Washington: Georgtown University Press (2006).

Forschner, Maximilian: Thomas von Aquin. München: C.H.Beck (2006).

Fraassen, Bas van: Laws and Symmetry. New York: Oxford University Press (1989).

Franklin, James: The Science of Conjecture. Evidence and Probability before Pascal. Baltimore: The John Hopkins University Press (2001).

Frede, Dorothea: *Aquinas on phantasia*. In: Dominik Perler (Ed.): Ancient and Medieval Theories of Intentionality. Leiden: Brill (2001). S. 155-184.

Geach, Peter; Holland, R.F. (Ed.): Mental Acts. Their Content and Their Objects. (Studies in Philosophical Psychology). London: Routledge & Kegan Paul (1957).

Georges, Karl Ernst: Ausführliches lateinisch- deutsches Handwörterbuch, aus den Quellen zusammengetragen und mit besonderer Bezugnahme auf Synonymik und Antiquitäten unter Berücksichtigung der besten Hilfsmittel ausgearbeitet. Unveränderter Nachdruck der achten verbesserten und vermehrten Auflage, von Heinrich Georges 1. und 2. Band, Darmstadt: Wissenschaftliche Buchgesellschaft (1998).

Goetz, Hans-Werner: Proseminar Geschichte: Mittelalter. 3. Auflage. Stuttgart: UTB (2006).

Grattan-Guinness, I.: 1854 George Boole, An investigation of the laws of thought on which are founded the mathematical theory of logic and probability. In: I. Grattan-Guinness: Landmark Writings in Western Mathematics 1640-1940. Amsterdam: Elsevier (2005). S. 470-479.

Guicciardini, Niccolò: The development of Newtonian calculus in Britain 1700-1800. Cambridge: Cambridge University Press (1989).

Hacking, Ian: The emergence of Probability. A Philosophical Study of early ideas about probability, induction and statistical inference. Second Edition. Cambridge: Cambridge University Press (2006).

Hald, Anders: A History of Probability and Statistics and Their Application before 1750. New Jersey: John Wiley & Sons (2003).

Hahn, Roger: Pierre Simon Laplace, 1749-1827: A Determined Scientist. Cambridge: Harvard University Press (2005).

Hailperin, Theodore: Sentential Probability Logic. Origins, Development, Current Status, and Technical Applications. Cranbury: Associated University Presses (1996).

Hardon, John A. (S.J.): Catholic Dictionary. An Abridged and Updated Edition of Modern Catholic Dictionary. New York: Random House (2013).

Hartmann, Nicolai: Möglichkeit und Wirklichkeit. Berlin: Walter de Gruyter (1966).

Hermanni, Friedrich: Luther oder Erasmus? Der Streit um die Freiheit des menschlichen Willens. In: Friedrich Hermanni (Hg.); Peter Koslowski (Hg.): Der freie und der unfreie Wille. Philosophische und theologische Perspektiven. München: Wilhelm Fink (2004). S. 165-188.

Howie, David: Interpreting Probability : Controversies and Developments in the Early Twentieth Century. New York: Cambridge University Press (2002).

Hruschka, Joachim: Strafrecht nach logisch-analytischer Methode. Systematisch entwickelte Fälle mit Lösungen zum Allgemeinen Teil. 2. Auflage. Berlin / New York: Walter de Gruyter (1988).

Inwagen, Peter van: Metaphysics. Third Edition. Boulder: Westview Press (2009).

Kahnemann, Daniel: Schnelles Denken, langsaames Denken.. München: Pantheon-Verlag (2014) [2011].

Keil, Geert: Willensfreiheit. Berlin: De Gruyter (2013).

King, Peter: *Metaphysics.* In: Jeffrey E. Brower (Ed.); Kevin Guilfoy (Ed.): The Cambridge Companion to Abelard. New York: Cambridge University Press (2004). S. 65-125.

Kohn, Wolfgang: Statistik: Datenanalyse und Wahrscheinlichkeitsrechnung. Berlin, Heidelberg: Springer (2005).

Kripke, Saul: Wittgenstein on Rules and Private Language: An Elementary Exposition. Havard University Press (1982).

Langston, Douglas C.: Conscience and other virtrues: from Bonaventure to MacIntyre. University Park: The Pennsylvania State University (2001).

Leimbach, Karl Alexander: Untersuchung über die verschiedenen Moralsysteme. Hamburg: Severus Verlag (2010). Nachdruck der Originalausgabe, Fulda (1894).

Löbl, Rudolf: Texnh-Techne. Untersuchung zur Bedeutung dieses Worts in der Zeit von Homer bisAristoteles. Band II: Von den Sophisten bis zu Aristoteles. Würzburg: Königshausen & Neumann (2003).

Mahoney, John: Probabilismus. In: Gerhard Krause (Hg.), Gerhard Müller (Hg.): Theologische Realenenzyklopädie. Band 27. Politik/Politologie-Publizistik/Presse. Berlin; New York: de Gruyter (1997). S.465-468.

Maryks, Robert Aleksander: Saint Cicero and the Jesuits. The Influence of the Liberal Arts on the Adoption of Moral Probabilism. (Catholic Christendom, 1300-1700). Aldershot: Ashgate (2008).

Mausbach, Joseph : Die Ethik des Heiligen Augustinus. Zweiter Band: Die sittliche Befähigung des Menschen und ihre Verwirklichung. [1909] Hamburg: Serverus Verlag (2010).

Meier, Jakob: Synthetisches Zeug. Technikphilosophie nach Martin Heidegger. Göttingen: Vandenhoeck & Ruprecht unipress (2012).

Mohanty, Jitendranath N.: Classical Indian philosophy. Oxford: Rowman & Littlefield (2000).

O'Connor, Timothy (Ed.); Sandis, Constantine (Ed.): A Companion to the Philosophy of Action. Chichester: Wiley-Blackwell (2013).

Pape, Wilhelm: Handwörterbuch der Griechischen Sprache. In drei Bänden, deren dritter die Griechischen Eigennamen enthält. Zweiter Band. A- Ω. Braunschweig: Freidrich Vieweg und Sohn (1843).

Partee, Charles: Calvin and classical Philosophy. Leiden: Brill (1977).

Perler, Dominik; Horstmann, Rolf-Peter (Hg.); Kemmerling, Andreas (Hg.): Zweifel und Gewissheit. Skeptische Debatten im Mittelalter. Frankfurt am Main: Klostermann (2006).

Przełęcki, M. :*Die Logik empirischer Theorien*. In: Roland Posner; Georg Meggle: Grundlagen der Kommunikation. Berlin / New York: Walter de Gruyter (1983). S. 43-96.

Putnam, Hilary: Reichenbach's Metaphysical Picture. In: Wolfgang Spohn (Ed.): Erkenntnis Orientated: A Centennial Volume for Rudolph Carnap and Hans Reichenbach. Dordrecht: Springer (1991).

Rapp, Christof: Aristoteles Werke in deutscher Übersetzung. Begründet von Ernst Grumach. Herausgegeben von Hellmut Flashar. Band 4. Rhetorik. Erster Halbband. Berlin: Akademie Verlag (2002).

Rhonheimer, Martin: Praktische Vernunft und Vernünftigkeit der Praxis: Handlungstheorie bei Thomas von Aquin in ihrer Entstehung aus dem Problemkontexten der aristotelischen Ethik. Berlin: Akad. Verl. (1994).

Rose, Miriam :Fides caritate formata. Das Verhältnis von Glaube und Liebe in der Summa Theologiae des Thomas von Aquin. Göttingen: Vandenhoeck & Ruprecht (2007).

Rosen, Joe: Symmetry Rules. How Science and Nature are Founded on Symmetry. Berlin/Heidelberg: Springer (2008).

Scarre, Geoffrey: Mill on induction and scientific method. In: John Skorupski (Ed.): The Cambridge Companion to Mill. Cambridge: Cambridge University Press (1998). S. 112-138.

Schulze, Peter M.; Porath, Daniel: Statistik: mit Datenanalyse und ökonomischen Grundlagen. 7. Auflage. München: Oldenbourg Wissenschaftsverlag (2012).

Schüßler, Rudolf: Moral im Zweifel. Band I. Die scholastische Theorie des Entscheidens unter moralischer Unsicherheit. Paderborn: Mentis (2003).

—: Moral im Zweifel. Band II. Die Herausforderung des Probabilismus. Paderborn: Mentis (2006).

—: *Moral Self-Ownership and Ius Possessionis in Late Scholastics*. In: Virpi Mäkinen (Ed.); Petter Korkman (Ed.): Transformations in Medieval and Early-Modern Rights Discourse. The New Synthese Historical Libary. Volume 59. Dordrecht: Springer (2006). S.149-172.

Schwartz, Thomas : Zwischen Unmittelbarkeit und Vermittlung. Das Gewissen in der Anthropologie und Ethik des Thomas von Aquin. Münster/Hamburg/Berlin/London: Lit Verlag (2001).

Shapiro, Stewart: Philosophy of Mathematics and Ist Logic: Introduction. In : Stewart Shapiro (Ed.): The Oxford Handbook of Philosophy of Mathematics and Logic. New York: Oxford University Press (2007). S.3-27.

—: Philosophy of Mathematics. Structure and Ontology. New York: Oxford University Press (1997).

Siciliano, Ernest A. : *"Conscience", the Jesuits, and the Quijote.* In: Martinus Nijhoff: Aquila. Chestnut Hill Studies in Madern Languages and Literatures. Volume II. Den Haag: Springer (1973). S. 278-298.

Spruit, Leen: Species Intelligibilis : From Perception to Knowledge. I. Classical Roots and Medieval Discussions. Leiden: Brill (1994).

Stigler, Stephen M. : The History of Statistics: The Measurement of Uncertainty Before 1900. Ninth printing, 2003. Harvard University Press (1986).

Stucco, Guido: The Catholic Doctrine of Predestination from Luther to Jansenius. Xlibris (2014).

Tellkamp, Jörg Alejandro: Sinne, Gegenstände und Sensibilia: Zur Wahrnehmungslehre des Thomas von Aquin. Leiden: Brill (1999).

Walten, N. Douglas: Legal argumentation and evidence. The Pennsylvania State University Press (2002).

Williams, Michael: Problems of Knowledge. A critical Introduction to Epistemology. New York: Oxford University Press (2001).

Winternitz, Moriz: A History of Indian Litratur. Vol I. Dehli: Motilal Banarsidass Publisher Private Limited. (1996).

Worstbrock, Franz Josef: Die *Rhetorik* des Aristoteles im Spätmittelalter. In: Jochaum Knape (Hg.); Thomas Schirren (Hg.): Aristoteles Rhetorik-Tradition: Akten der 5. Tagung der Karl und Gertrud Abel-Stiftung vom 5.-6. Oktober 2001 in Tübingen. Band 18 von Philosophie der Antike. Franz Steiner Verlag (2005). S.164-196.

zur Mühlen; Karl-Heinz; Lexutt, Athina(Hg.); Ortmann, Volkmar (Hg.): Reformatorische Prägungen: Studien zur Theologie Martin Luthers und zur Reformationszeit. Göttingen: Vanderhoeck & Ruprecht (2011).

Internetquelle:

Hájek, Alan, "Interpretations of Probability", *The Stanford Encyclopedia of Philosophy* (Winter 2012 Edition), Edward N. Zalta (ed.), URL = <https://plato.stanford.edu/archives/win2012/entries/probability-interpret/>

Johannes von Jandun: Questiones in libros Rhetoricorum Aristotelis. (Transkription der Questionen zur aristotelischen Rhetorik des Johannes von Jandun von Bernadette Preben-Hansen und Sten-Ebbesen: http://www.preben.nl/pdf/JandunRH.pdf [zuletzt abgerufen am 16.08.2015])

Siglenverzeichnis

Aristoteles

An.	De anima:	Über die Seele
An. pr.	Analytica priora	Ersten Analytiken
Post. An.	Analytica posteriora	Zweiten Analytiken
Cat.	Categoriae:	Kategorien
De cael.	De caelo:	Über den Himmel
EN.	Ethica Nicomachea:	Nikomachische Ethik
Int.	De Interpretatione:	Hermeneutik
Mot. an.	De motu animalium:	Über die Bewegung der Tiere
Rhet.	Ars rhetorica:	Rhetorik
Phys.	Physica:	Physik
Top.	Topica:	Topik

Cicero

De inv.	De inventione

Kant

BDG	Der einzig mögliche Beweisgrund zu einer Demonstration des Daseins Gottes
KrV	Kritik der reinen Vernunft

Platon

Gor.	Gorgias
Pol.	Politeia
Tht.	Theaitetos

Thomas von Aquin

STh I	Summa Theologica pars prima
STh I-II	Summa Theologica pars prima secundae
STh III	Summa Theologica pars tertia
ScG	Summa contra Gentiles
De ver.	De veritate
Q. d. de anima	Quaestio disputata de anima
De ente.	De ente et essentia
Mal.	De malo

Bibelstellen zitiert nach der Biblia Sacra Vulgata

Ex	Exodus
Io	Johannes-Evangelium
Iob	Buch Hiob
Gn	Genesis

Index nominum

S

T

V

W

Index rerum